生态环境科学与技术应用丛书

环境污染与植物修复

李雪梅 主 编
韩 阳 邵 双 副主编

Environmental Pollution and Phytoremediation

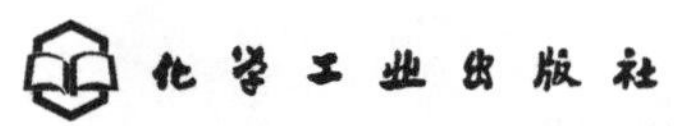

·北京·

本书系统介绍了环境污染与植物的相互作用，着重阐述了植物对污染环境的修复功能。本书共分6章，分别阐述了环境污染物的种类、性质、来源及其迁移转化规律；典型污染物质对植物形态、生理代谢的影响和危害以及植物对环境污染的响应；植物对污染环境的净化功能；植物对污染环境的修复潜力及植物修复技术的应用实例；植物对环境污染的监测等内容。

本书可供环境科学与工程、生物技术与工程等领域的工程技术人员、科研人员和管理人员参考，也供高等学校相关专业师生参阅。

图书在版编目（CIP）数据

环境污染与植物修复/李雪梅主编. —北京：化学工业出版社，2017.1（2021.2重印）
（生态环境科学与技术应用丛书）
ISBN 978-7-122-26525-8

Ⅰ.①环… Ⅱ.①李… Ⅲ.①植物-作物-环境污染-污染防治 Ⅳ.①X506

中国版本图书馆CIP数据核字（2016）第051510号

责任编辑：刘兴春 刘 婧　　文字编辑：林 丹
责任校对：宋 玮　　装帧设计：史利平

出版发行：化学工业出版社（北京市东城区青年湖南街13号 邮政编码100011）
印 装：涿州市般润文化传播有限公司
787mm×1092mm 1/16 印张17½ 字数430千字 2021年2月北京第1版第3次印刷

购书咨询：010-64518888
售后服务：010-64518899
网 址：http://www.cip.com.cn
凡购买本书，如有缺损质量问题，本社销售中心负责调换。

定 价：85.00元

《环境污染与植物修复》
编写人员

主　　编： 李雪梅

副 主 编： 韩　阳　邵　双

编写人员： 李雪梅　韩　阳　邵　双　逄守杰　姜凤英　朱延姝

16～17世纪以来，特别是工业革命以后，人类的生产得到了巨大的发展，出现了现代化大工业，大大提高了人类利用自然、改造自然的能力。人类在创造出高度物质文明的同时，也给自己的生存环境带来了巨大危害，近代工业的高速发展使地球环境面貌发生了很大的改变，大气质量下降，二氧化硫、氟化物、一氧化碳、氮氧化合物增多；流入江河的化学物质、废热和病原微生物，正破坏着水生生态系统；水污染和水枯竭使地球面临严重的水荒；固体废物、有毒物质和放射性废物日益堆积；二氧化碳等温室气体所引起的全球变暖将影响地球生物的生态分布。来自海、陆、空三方面的环境污染使得全球生物的生存受到严峻的挑战。

环境污染是指主要源于人类活动引起环境质量下降而有害于人类（以及其他生物）正常生存和发展的现象。环境污染按环境要素可分为大气污染、水污染、土壤污染和生物污染；按污染物性质分为物理污染、化学污染、生物污染；按污染物的分布范围分为局部性污染、区域性污染、全球性污染；按污染方式分为直接污染、间接污染。

植物作为生物圈生态系统的重要成员，既是环境的感受者，又是环境的改造者。环境的变化必然影响到植物的生长发育乃至生存，同时植物的生活又改变了它周围的环境。由于植物在维系生态平衡中的特殊地位，人们对于植物与环境的关系格外关注，试图充分认识环境对植物的影响及植物对环境变化的反应，以达到利用植物修复受污染的生态系统，改善生存条件的目的。

本书系统介绍了环境污染与植物的相互作用，着重阐述了植物对污染环境的修复功能。本书共分6章，分别阐述了环境污染物的种类、性质、来源及其迁移转化规律；典型污染物质对植物形态、生理代谢的影响和危害以及植物对环境污染的响应；植物对污染环境的净化功能；植物对污染环境的修复潜力及植物修复技术的应用实例；植物对环境污染的监测等内容。本书的编写注重知识的系统性、可读性，同时力求反映相关领域的最新研究成果，可供环境科学、环境工程、生物科学、生物技术、生物工程等相关专业的师生参考，也可供关注环保事业的人士阅读。

本书编者均长期从事环境生物学方面的研究，对该领域的研究成果有着自己独到的见解，在编写本书的过程中又对不同的观点进行了归纳总结。

本书为《环境科学与技术应用丛书》中的一分册，由李雪梅（沈阳师范大学）主编，第

1章由逄守杰（沈阳市于洪区环境保护局）、姜凤英（沈阳农业大学）编写，第2章、第5章由李雪梅编写，第3章由朱延姝（沈阳农业大学）、李雪梅编写，第4章由邵双（沈阳化工学院）编写，第6章由韩阳（辽宁大学）编写；最后全书由李雪梅统稿、定稿。

本书的编写得到国家自然科学基金面上项目（31270369，31470398）以及辽宁省高等学校优秀科技人才支持计划（LR2015061）的资助。参编者期望本书对读者有所帮助，并为此做出了努力，但由于编者水平和编写时间所限，书中不足和疏漏之处在所难免，敬请读者批评指正。

编　者

2016年6月于沈阳

目录
CONTENTS

第4章 植物修复工程 151

第1章 环境污染物及其迁移规律

随着社会生产力水平的不断提高和科学技术的不断进步，人类在开发环境、利用环境创造和丰富物质文明的同时，也在污染和破坏着自身的生存环境。按环境要素划分，环境污染可分为大气污染、水体污染、土壤污染、固体废弃物污染及光、热、噪声污染等。本章就环境污染的种类、性质、来源、危害及其迁移转化规律分别阐述。

1.1 大气中的污染物质

1.1.1 大气污染定义

大气污染是指由于人类的生产和生活活动所产生的各种污染物排放到大气中，当污染物积聚超过了空气稀释自净能力，持续一定时间，从而对人体健康或对动植物以及建筑、物品等造成直接或间接危害和影响的现象。大气污染的形成有自然原因，如火山爆发、森林火灾、岩石风化等；也有人为原因，如各类燃烧物释放的废气和工业排放的废气等。目前，世界各地的大气污染主要是人为因素造成的，尤其是在人口稠密的城市和工业区域，这种影响更大。

1.1.2 大气污染分类

大气污染可以从不同角度进行类型的划分。

(1) 按大气污染影响范围分类

按大气污染影响范围分为以下 4 种类型

① 局部地区大气污染　如某工厂烟囱造成污染。

② 区域性大气污染　指工业区、城市污染。

③ 广域性大气污染　指大工业地带。

④ 全球性大气污染　跨国、波及整个地球大气，如酸雨、温室效应、臭氧层破坏。

上述分类方法中所涉及的范围只能是相对的，没有具体的标准。

(2) 按污染物的化学性质及其存在的大气环境状况分类

以污染物的化学性质及其存在的大气环境状况为依据，大气污染可分为 3 种类型。

① 还原型（煤炭型）污染　这种大气污染常发生在以使用煤炭为主，同时也使用石油的地区。这类污染的主要污染物是 SO_2、CO 和颗粒物。在风速很小、低温、高湿度的阴天，若伴有逆温存在，一次污染物扩散受阻，容易在低空聚积，生成还原型烟雾。伦敦烟雾事件就是这类还原型污染的典型代表，故这类污染又称伦敦烟雾型。

② 氧化型（石油型）污染　这种类型的污染多发生在以使用石油燃料为主的地区，污

染物的主要来源是汽车尾气、燃油锅炉以及石油化工企业。主要的一次污染物是 CO、NO_x、烃类化合物等。这些污染物在太阳光的照射下能够引起光化学反应，生成二次污染物—O_3、醛类、过氧乙酰硝酸酯等物质。这类物质具有极强的氧化性，对人的眼睛等黏膜有强刺激作用。洛杉矶光化学烟雾就属于此型污染。

③ 全球型大气污染，CFCS 破坏臭氧、CO_2 温室效应。

(3) 按照燃料的性质和大气污染物的组成及反应分类

根据燃料的性质和大气污染物的组成和反应，大气污染划分以下 4 种类型。

① 煤炭型　煤炭型污染的代表性污染物是由煤炭燃烧时放出的烟气、粉尘、SO_2 等构成一次污染物，以及由这些污染物质发生化学反应而产生的硫酸、硫酸盐类气溶胶等二次污染物。造成这类污染的污染源主要是工业企业烟气排放物，其次是家庭炉灶等取暖设备的烟气排放。

② 石油型　石油型污染的主要污染物来自汽车排放、石油冶炼及石油化工厂的排放，主要包括 NO_2、烯烃、链烷、醇、烃类化合物，以及他们在大气中形成的 O_3、各种自由基及反应生成的一系列中间产物与最终产物。

③ 混合型　此种污染类型包括以煤炭为燃料的污染源排放的污染物，以及从各类工厂企业排出的各种化学物质等。在混合型工业城市，如日本的横滨、川崎等地所发生的污染事件，就属于该污染类型。

④ 特殊型　这类污染是指由工厂排出特有的污染物，造成的污染常限于局部范围之内。如氯碱工厂周围形成的氯气污染等。

前 3 种污染类型造成的污染范围较大，而第 4 种污染所涉及的范围较小，主要发生在污染源附近的局部地区。

1.1.3 主要大气污染物

大气污染是人类当前面临的主要环境污染问题之一。目前已经被人们注意到的或已经对环境和人类产生危害的大气污染物约有 100 多种。

大气污染物的分类有很多方式，可以从不同角度进行类型的划分。

1.1.3.1 依污染物形成过程的不同分类

(1) 一次污染物

指直接从各种排放源进入大气的各种气体、蒸汽和颗粒物，如 SO_2、碳氧化物、氮氧化物、烃类化合物和颗粒物等都是主要的一次污染物。一次污染物又可分为反应物质和非反应物质，前者不稳定，在大气中常与某些其他物质发生化学反应，或者作为催化剂，促进其他污染物之间的反应，如 SO_2 和 NO_2 等；后者不发生反应，或反应极为缓慢，是较稳定的物质，如 CO 等。

(2) 二次污染物

指由一次污染物在大气中互相作用或与大气中正常组分作用，经化学反应或光化学反应形成的与一次污染物的物理、化学性质完全不同的新的大气污染物，其毒性往往比一次污染物更强。如大气中的烃类化合物和 NO_x 等一次污染物，在阳光作用下发生光化学反应，生成臭氧、醛、酮、过氧乙酸硝酸酯（PAN）等二次污染物。这类光化学反应的反应物（一次污染物）与生成物（二次污染物）形成特殊混合物即被称为“光化学烟雾”。产生光化学烟雾污染是二次污染物作用的结果。

1.1.3.2 依污染物存在状态的不同分类

(1) 颗粒状污染物

指除气体之外的包含于大气中的物质，包括各种各样的固体、液体和气溶胶。其中有固体的灰尘、烟尘、烟雾，以及液体的云雾和雾滴，其粒径范围主要在200～0.1μm之间。按粒径的差异，可以分为降尘和飘尘两种。

① 降尘 指粒径大于10μm，在重力作用下可以降落的颗粒状物质。一般产生于固体破碎、燃烧残余物的结块及研磨粉碎的细碎物质。自然界刮风及沙尘暴也可以产生降尘。

② 飘尘 指粒径小于10μm的煤烟、烟气和雾在内的颗粒状物质。由于粒径小、质量轻，在大气中呈悬浮状态，且分布极为广泛，可以通过呼吸道被人吸入体内，对人体健康危害极大，故又称可吸入尘。由于粒径小于10μm的颗粒物还具有胶体的一些特性，所以又称气溶胶。它通常包括所说的烟、雾、尘等。

烟是指燃煤时所生成的煤烟和高温熔炼时产生的烟气，是固态凝集型气溶胶。产生这种气溶胶的物质，在通常情况下是固体，但在高温下由于蒸发或升华作用变成气体逸散于大气中，低温后又凝集成微小的固体颗粒，悬浮在大气中构成烟。其粒径一般为0.01～1μm。

雾是液态分散型气溶胶和液态凝集型气溶胶的统称。形成前者的物质，在常温下是液体。当它们因飞溅、喷射等原因被雾化后，即可形成微小的液滴分散在大气中。而后者则是由于加热使液体变为蒸气散发在大气中，遇冷后形成微小的液滴悬浮在大气中。雾的粒径一般在10μm以下。

通常说的烟雾，是固、液混合的气溶胶，具有烟和雾的二重性，即当烟和雾同时形成时就构成烟雾。烟雾中又有硫酸烟雾和硝酸烟雾。

霾也称灰霾，是空气中的灰尘、硫酸、硝酸、有机烃类化合物等粒子使大气混浊，视野模糊并导致能见度降低，如果水平能见度<10000m时，将这种非水成物组成的气溶胶系统造成的视程障碍称为霾或灰霾。霾粒子的分布比较均匀，而且灰霾粒子的尺度比较小，粒径范围为0.001～10μm，平均直径大约在1～2μm，含有肉眼看不到的有害颗粒物。霾是一种自然现象，多发生于污染较重的工业城市。霾与雾相似，较难区分。雾和霾相同之处都是视程障碍物。但雾与霾的形成原因和条件却有很大的差别。霾与雾的区别在于发生霾时相对湿度不大，而雾中的相对湿度较大。一般相对湿度小于80%时的大气混浊视野模糊导致的能见度恶化是霾造成的，相对湿度大于90%的大气混浊视野模糊导致的能见度降低是雾造成的。霾的日变化一般不明显。当气团没有大的变化，空气团较稳定时，持续出现时间较长，有时可持续10天以上。而雾一般持续时间较短，多是早晚出现，白天散去。雾的厚度小，一般只有几十米到200m，霾的厚度较大，有1～3km。雾的颜色是乳白色或青白色，霾则是黄色或橙灰色。雾的边界很清晰，过了雾区就是晴空万里，但是霾与周围的边界不明显。由于阴霾、轻雾、沙尘暴、扬沙、浮尘、烟雾等天气现象，都是因浮游在空中大量极微小的尘粒或烟粒等影响，致使有效水平能见度小于10km，有时使气象专业人员都难于区分。必须结合天气背景、天空状况、空气湿度、颜色气味及卫星监测等因素来综合分析判断。灰霾作为一种自然现象，其成因有三方面因素：一是水平方向静风现象的增多；二是垂直方向的逆温现象出现；三是大气中悬浮颗粒物的增加。由灰尘、硫酸、硝酸等粒子组成的霾，其散射波长较长的光比较多，因而霾看起来呈黄色或橙灰色，故称灰霾。随着空气质量的恶化，

阴霾天气现象出现增多，危害加重，中国已把阴霾天气现象作为灾害性天气做出黄色、橙色、红色预警。

尘是固体分散型微粒，它包括交通车辆行驶时所带起的扬尘，粉碎和混合固体物时所产生的粉尘。

（2）气态污染物

① 硫化物　硫常以二氧化硫和硫化氢的形态进入大气，也有一部分以亚硫酸及硫酸（盐）微粒形式进入大气。大气中的硫约2/3来自天然源，其中以细菌活动产生的硫化氢最为重要。人为源产生的硫排放的主要形式是SO_2，主要来自含硫煤和石油的燃烧、石油炼制以及有色金属冶炼和硫酸制造等。一般来说，煤的含硫量在0.5%～5%之间，其中约80%属于可燃性的硫，在燃烧过程中生成SO_2而排放到大气中。石油中含硫量一般在1%左右，各种石油燃烧时产生SO_2的数量取决于石油的质量。我国主要是以煤为燃料，SO_2排放量最大，是主要的大气污染物。

SO_2是一种无色、具有刺激性气味的不可燃气体，是一种分布广、危害大的主要大气污染物。SO_2和飘尘具有协同效应，两者结合起来对人体危害更大。

SO_2在大气中极不稳定，最多只能存在1～2天。在相对湿度比较大，以及有催化剂存在时，可发生催化氧化反应，生成SO_3，进而生成H_2SO_4或硫酸盐，所以，SO_2是形成酸雨的主要因素。硫酸盐在大气中可存留1周以上，能飘移至1000km以外，造成远离污染源以外的区域性污染。SO_2也可以在太阳紫外光的照射下，发生光化学反应，生成SO_3和硫酸雾，从而降低大气的能见度。

由天然源排入大气的硫化氢，会被氧化为SO_2，这是大气中SO_2的另一主要来源。

② 碳氧化物　碳氧化物主要包括CO和CO_2，其中CO_2是大气的正常组分，CO则是排放量极大的大气污染物。CO主要是由含碳物质不完全燃烧产生的，而天然源较少。主要排放源有汽车尾气、工业锅炉、家庭炉灶、煤气加工业等，其中城市中汽车尾气排放的CO占总排放量的80%。可见，CO主要是由汽车等交通车辆造成的。

CO是无色、无嗅的有毒气体。其化学性质稳定，在大气中不易与其他物质发生化学反应，可以在大气中停留较长时间。CO在一定条件下，可以转变为CO_2，然而其转变速率很低。人为排放大量的CO，对植物等会造成危害；高浓度的CO可以破坏血液中的血红蛋白吸收，而对人体造成致命伤害。

CO_2是大气中一种“正常”成分，它主要来源于生物的呼吸作用和化石燃料等的燃烧。CO_2参与地球上的碳平衡，有重大的意义。然而，由于当今世界上人口急剧增加，化石燃料的大量使用，使大气中的CO_2浓度逐渐增高，这将对整个地-气系统中的长波辐射收支平衡产生影响，并可能导致温室效应，从而造成全球性的气候变化。

③ 氮氧化物　氮氧化物（NO_x）种类很多，包括一氧化二氮（N_2O）、一氧化氮（NO）、二氧化氮（NO_2）、三氧化二氮（N_2O_3）、四氧化二氮（N_2O_4）和五氧化二氮（N_2O_5）等多种化合物，但主要是NO和NO_2，它们是常见的大气污染物。

天然排放的NO_x，主要来自土壤和海洋中有机物的分解，属于自然界的氮循环过程。人力活动排放的NO_x大部分来自化石燃料的燃烧过程，如汽车、飞机、内燃机及工业窑炉的燃烧过程；也来自生产、使用硝酸的过程，如氮肥厂、有机中间体厂、有色及黑色金属冶炼厂等。在高温燃烧条件下，NO_x主要以NO的形式存在，最初排放的NO_x中NO约占95%。NO本身并没有高的毒性，但是NO在大气中极易与空气中的氧发生反应，生成

NO_2，在温度较大或有云雾存在时，NO_2进一步与水分子作用形成硝酸而沉降，是酸雨的重要来源。在有催化剂存在时，如加上合适的气象条件，NO_2转变成硝酸的速率会加快。特别是当NO_2与SO_2同时存在时，可以相互催化，形成硝酸的速率更快。另外，NO和NO_2也是形成光化学烟雾的重要成分。

此外，NO_x还可以因飞行器在平流层中排放废气，逐渐积累，而使其浓度增大。NO_x再与平流层内的臭氧发生反应生成NO_2与O_2，NO_2与O_2进一步反应生成NO和O_2，从而打破臭氧平衡，使臭氧浓度降低，导致臭氧层的耗损。

④ 烃类化合物　烃类化合物是由烷烃、烯烃和芳烃等复杂多样的物质组成。大气中大部分的烃类化合物来源于植物的分解，人类排放的量虽然少，却非常重要。

烃类化合物的人为来源主要是石油燃料的不充分燃烧和石油类的蒸发过程。在石油炼制、石油化工生产中也产生多种烃类化合物。燃油的机动车亦是主要的烃类化合物污染源，交通线上的烃类化合物浓度与交通密度密切相关。

烃类化合物是形成光化学烟雾的主要成分。在活泼的氧化物如原子氧、臭氧、氢氧基等自由基的作用下，烃类化合物将发生一系列链式反应，生成一系列的化合物，如醛、酮、烷、烯以及重要的中间产物——自由基。自由基进一步促进NO向NO_2转化，造成光化学烟雾的重要二次污染物——臭氧、醛、过氧乙酰硝酸酯（PAN）。

烃类化合物中的多环芳烃化合物，如3,4-苯并芘，具有明显的致癌作用，已引起人们的密切关注。

1.1.4　大气污染物主要来源

人类活动是产生大气污染的主要来源。

① 工业污染源　燃料燃烧是大气污染的重要来源。如钢铁厂、炼焦厂、火力发电厂等，主要污染物为CO、SO_2、NO_x和有机化合物。

② 农业污染源　指农业机械运行时排放的尾气，施用农药和化肥，农作物田地释放CH_4气。

③ 交通污染源　指汽车、火车、飞机、摩托车等交通工具产生CO、氮氧化物、含铅污染物、苯并芘等。尤其在大城市汽车数量较多，是市区的主要污染源。

④ 生活污染源　指家庭炉灶、取暖设备等，一般是燃烧化石燃料。另外，城市垃圾的堆放和焚烧也向大气排放污燃物。

有资料报道，我国主要大城市的大气污染物中有50%以上来自汽车尾气排放。值得一提的是，室内空气污染日益被人们所重视，除了炊事、家具建筑装饰材料等释放的无机物、有机物和放射性物质外，还有生物污染物，如生物孢子、霉菌、细菌、螨虫、过敏原等。

1.1.5　大气污染的危害

① 对植物的危害　植物对许多大气污染物有一定的吸收作用，是降低大气污染影响的重要途径之一。但超过一定的阈值，大气污染物会对城市园林绿化植物和花卉、果树等经济作物以及森林植被造成重大影响。尤对植物的叶片、花及生殖器官危害较大。

② 对人体的危害　大气污染物侵入人体主要有3条途径，即人体暴露在污染物中，经表面接触；通过饮食，食入含污染的食物和水；通过呼吸，吸入被污染的空气。其中以第3

条途径最为重要。大气污染物对人体健康的危害主要表现为引起呼吸道疾病。在突然的高浓度污染物作用下可造成急性中毒，甚至在短时间内死亡。长期接触低浓度污染物，会引起支气管炎、哮喘、肺气肿和肺癌等病症。

③ 对建筑和材料的危害　大气污染物会对建筑物、纺织品、皮革、金属和橡胶等产生损害。以气态污染物的损害较为严重。因为在湿度较高时，气态污染物可形成酸雾和酸雨，不仅腐蚀建筑材料，而且对钢铁、纺织品、橡胶等也有较强的腐蚀作用。

1.2 水体污染类型及其典型污染物

1.2.1 水体污染的定义

水体污染是指某种物质进入水体，而导致水体的化学、物理、生物或者放射性等方面特性的改变，从而影响水的有效利用，危害人体健康或者破坏生态环境，造成水质恶化的现象。水体污染有多种含义，但其基本要点是指在一定时期内引入水体中的某种污染物所造成的不良效应。有些效应是影响人类健康方面的，例如致病菌的引入，有毒化学品或元素的引入等；另有一些效应是影响感官性状方面，例如颜色、臭味等。引入水环境的污染物中较常见的有四类，即持久性污染物、非持久性污染物、酸和碱（以 pH 值表征)、热污染物（以温度表征)。持久性污染物是指在地面水中不能或很难由物理、化学、生物作用而分解、沉淀或挥发的污染物，例如在悬浮物甚少、沉降作用不明显水体中的无机盐类、重金属等。在水环境中难溶解、毒性大、易长期积累的有毒化学品亦属于此类。非持久性污染物是指地面水中由于物理、化学或生物作用而逐渐减少的污染物，例如耗氧有机物。

1.2.2 水体污染的类别

水体污染源是指造成水体污染的污染物的发生源。通常是指向水体排入污染物或对水体产生有害影响的场所、设备和装置。根据污染源、污染成因以及污染的性质可以对水体污染类别进行划分。

1.2.2.1 根据污染源划分

(1) 点源

点源指以点状形式排放而使水体造成污染的发生源。一般工业污染源和生活污染源产生的工业废水、生活污水等通过管道、沟渠集中排入水体。这种点源含污染物多，成分复杂，其排放特点一般具有连续性，水量的变化规律取决于工矿的生产特点和居民的生活习惯，一般既有季节性又有随机性。有一些废水、污水经过处理后再排入水体。

(2) 面源

面源指以面积形式分布和排放污染物而造成水体污染的发生源。如农田排水、矿山排水、城市和工矿区的路面排水等。这些排水有时由地面直接汇入水体，有时通过管道或沟渠汇入水体。其特点是发生时间都在降雨形成径流之时，具有间歇性，其变化遵从降雨和形成径流的规律，并受地面状况（植被、铺装情况、坡度）的影响。

1.2.2.2 根据污染成因划分

(1) 自然污染

指由于特殊的地质或自然条件，使一些化学元素大量富集，或天然植物腐烂中产生的某些有毒物质或生物病原体进入水体，从而污染水质。

(2) 人为污染

指由于人类生活、生产活动引起地表水水体污染。

1.2.2.3　根据污染的性质划分

(1) 物理性污染

指水的浑浊度、温度和水的颜色发生改变，水面的漂浮油膜、泡沫以及水中含有的放射性物质增加等。

(2) 化学性污染

指有机化合物和无机化合物的污染，如水中溶解氧减少、溶解盐类增加、水的硬度变大、酸碱度发生变化或水中含有某种有毒化学物质等。

(3) 生物性污染

指细菌、污水微生物等进入水体引起污染。

1.2.2.4　根据污染的来源划分

(1) 生活污染源

生活污水是人们在日常生活中所产生的废水，主要包括厕所排水、厨房洗涤排水以及沐浴、洗衣排水等。其来源除一般家庭生活污水外，还包括集体单位和公用事业单位排出的污水。污水主要含一些无毒有机物，如糖类、淀粉、纤维素、油脂、蛋白质以及尿素等，其中含氮、磷、硫等植物营养元素较高，且含有大量细菌、病毒和寄生虫卵。此外，还伴有各种合成洗涤剂，它们对人体有一定危害。主要特征是性质比较稳定、浑浊、深色，具恶臭，呈微碱性。按其形态可分为：a. 不溶物质，这部分约占污染物总量的 40%，它们或沉积到水底，或悬浮在水中；b. 胶状物质，这部分约占污染物总量的 10%；c. 溶解性物质，约占污染物总量的 50%，这些物质多为无毒、含无机盐类氯化物、硫酸盐、磷酸和钠、钾、钙、镁等重碳酸盐。城市污水则是排入城市污水管网的各种污水的总和，除生活污水外，还包括部分工业废水、医院污水、地面雨、雪水等。

(2) 工业污染源

工业废水是在工业生产过程中所排出的废水，其成分主要取决于生产过程中采用的原料以及所应用的生产工艺。工艺废水又可分为生产污水和生产废水。所谓的生产废水是指较为清洁、不经处理即可排放或回用的工业废水（例如冷却水）。而那些污染比较严重，必须经过处理后方可排放的工业废水就称为生产污水。在我国废水中，工业废水占排放总量的 70%以上，而且含污染物种类比较多，成分复杂，含有大量的有毒有害物质，有些成分在水中不易净化，处理难度比较大。总的来说，排放量大、成分复杂、有毒物质含量高、污染严重并难以处理是其主要特征。

(3) 农业污染源

农业废水主要指农作物栽培、牲畜饲养、食品加工等过程排出的废水。农业生产中使用的化肥、农药等，只有极少部分发挥了作用，多数残留在土壤或飘浮在大气中，通过降雨、沉降和径流的冲刷进入地表水或地下水。如降水所形成的径流和渗流把土壤中的氮、磷（化肥的使用）和农药带入水体；由牧场、养殖场、农副产品加工厂的有机废物（畜禽的粪尿等）排入水体，它们都可以使水体的水质发生恶化，造成河流、水库、湖泊等水体污染，有的导致水体富营养化。农业污染源往往是非点源污染，具有三大不确定性，即在不确定的时间内，通过不确定的途径，排放不确定数量的污染物质。上述三个不确定性也就决定了不能用治理点污染源的措施去防治非点源污染源。

1.2.3 水体污染物及其危害

废水中的污染物种类大致可分为固体污染物、需氧污染物、营养性污染物、酸碱污染物、有毒污染物、油类污染物、生物污染物、感官性污染物、热污染等。

1.2.3.1 固体污染物

固体污染物主要指悬浮物和泥沙，通常用悬浮物和浊度两个指标表示，地面径流中的主要组分是固体污染物。

(1) 悬浮物

悬浮物是一项重要的水质指标，它的存在不但增加水体的浑浊度，影响水体美观，妨碍水中植物的光合作用，对水生生物不利，而且使管道及设备堵塞、磨损，干扰废水处理及回收设备的工作。悬浮物还有吸附凝聚重金属及有毒物质的能力。

(2) 浊度

浊度是对水的光传导性能的一种测量，其值可表征废水中胶体和悬浮物的含量。主要是水体中含有泥沙、有机质胶体、微生物以及无机物质的悬浮物和胶体物产生的浑浊现象，以至于降低水的透明度，从而影响感官甚至影响水生生物的生活。

固体污染物在水中以三种状态存在：溶解态（直径小于 1nm）、胶体态（直径介于 1～200nm）和悬浮态（直径大于 100nm）。水质分析中把固体物质分为两部分：能透过滤膜（孔径约 3～10μm）的叫溶解固体（DS）；不能透过的叫悬浮固体或悬浮物（SS），两者合称为总固体（TS）。在水质监测中悬浮物（SS）是一个比较重要的指标。

1.2.3.2 需氧污染物

碳水化合物、蛋白质、脂肪和酚、醇等有机物可在微生物作用下进行分解，分解过程中需要消耗氧，因此被统称为耗氧性有机物。生活污水和许多工业废水，如食品工业、石油化工工业、制革工业、焦化工业等废水中都含有这类有机物。大量耗氧性有机物排入水体，会引起微生物的繁殖和溶解氧的消耗。当水中的溶解氧耗尽后，有机物将由于厌氧微生物的作用而发酵，生成大量硫化氢、氨、硫醇等带恶臭的气体，使水质变黑发臭，造成水环境严重恶化。耗氧有机物污染是水体污染中最常见的一种污染。

耗氧有机物种类繁多，组成复杂，难以分别对其进行定量、定性分析，因而没有特殊要求一般不对它们进行单项定量测定，而是利用其共性间接地反映其总量或分类含量。在工程实际中，采用以下几个综合水质污染指标来描述。

(1) 化学需氧量（COD）

化学需氧量是指在酸性条件下，用强的化学氧化剂将有机物氧化成 CO_2、H_2O 所消耗的氧化剂量，折算成以每升水消耗氧的毫克数表示（mg/L），COD 值越高，表示水受有机污染物的污染越严重。目前常用的氧化剂主要是重铬酸钾和高锰酸钾。由于重铬酸钾氧化作用很强，所以能够较完全地氧化水中大部分有机物和无机还原性物质（但不包括硝化所需的氧量），此时化学需氧量用 COD_{Cr} 表示，主要适用于分析污染严重的水样，如生活污水和工业废水。若采用高锰酸钾作为氧化剂，则写作 COD_{Mn}，适用于测定一般地表水，如海水、湖泊水等。目前，根据国际标准化组织（ISO）的规定，化学需氧量指COD_{Cr}，而称COD_{Mn}为高锰酸钾指数。

与BOD_5相比，COD_{cr}能够在较短时间内（规定为2h）较为精确地测出废水中耗氧物质的含量，不受水质限制。其缺点是不能表示可被微生物氧化的有机物量，此外废水中的还原性无机物质也能消耗部分氧，会造成一定的误差。

（2）生化需氧量（BOD）

在有氧条件下，由于微生物的活动降解有机物所需的氧量，称为生化需氧量，以每升水消耗氧的毫克数（mg/L）表示。生化需氧量越高，表示水中耗氧有机物污染越严重。

（3）总需氧量（TOD）

有机物主要元素是C、H、O、N、S等，在高温下燃烧后，将分别产生CO_2、H_2O、NO和SO_2，所消耗的氧量称为总需氧量（TOD）。TOD的值一般大于COD的值。

TOD的测定方法是：向氧含量已知的氧气流中注入定量的水样，并将其送入以铂为触媒的燃烧管中，在900℃高温下燃烧，水样中的有机物即被氧化，消耗掉氧气流中的氧气，剩余氧量可用电极测定并自动记录。氧气流原有氧量减去剩余氧量即得总需氧量TOD。TOD的测定仅需要几分钟，但TOD的测定在水质监测中应用比较少。

（4）总有机碳（TOC）

总有机碳是近年来发展起来的一种水质快速测定方法，可测定水体中所有有机物的含碳量。通过测定废水中的总有机碳量可以表示有机物的含量。总有机碳的测定方法是：在特殊的燃烧器（管）中，以铂为催化剂，在900℃高温下，向氧含量已知的氧气流中注入定量的水样，使水样气化燃烧，并用红外气体分析仪测定在燃烧过程中产生的CO_2量，再折算出其中的含碳量，就是TOC值。为排除无机碳酸盐的干扰，应先将水样酸化，再通过压缩空气吹脱水中的碳酸盐。TOC的测定时间也仅需几分钟，TOC虽可以用总有机碳元素量来反映有机物总量，但因排除了其他元素，仍不能直接反映有机物的真正浓度。

1.2.3.3　无机无毒物质（酸、碱、盐污染物）

无机无毒物质主要指排入水体中的酸、碱及一般的无机盐类。酸主要来源于矿山排水、工业废水，如化肥、农药、石油等的废水及酸雨。碱性废水主要来自碱法造纸、化学纤维制造、制碱、制革等工业的废水。酸碱废水的水质标准中以pH值来反映其含量水平。酸性废水和碱性废水可相互中和产生各种盐类；酸性、碱性废水亦可与地表物质相互作用，生成无机盐类。所以，酸性或碱性污水造成的水体污染必然伴随着无机盐的污染。

酸性和碱性废水的污染使水体的pH值发生变化，破坏了水体的自然缓冲能力，抑制了细菌和微生物的生长，妨碍了水体的自净，使水质恶化，土壤酸化或盐碱化。此外，酸性废水也对金属和混凝土材料造成腐蚀。同时，还因其改变了水体的pH值，增加了水中的一般无机盐类和水的硬度。

1.2.3.4　富营养化污染物

生活污水和某些工业废水中常含有一定数量的氮、磷等营养物质，农田径流中也常携带大量残留的氮肥、磷肥。这类营养物质排入水体会引起藻类及其他浮游生物迅速繁殖，水体溶解氧含量下降，鱼类及其他生物大量死亡，这称为水体富营养化。藻类死亡腐败后会消耗溶解氧，并释放出更多的营养物质。如此周而复始，恶性循环，最终将导致水质恶化，鱼类死亡，加速了湖泊等水体的老化。其次，水中大量的NO_3^-、NO_2^-若经食物链进入人体，将危害人体健康或有致癌危险。

1.2.3.5 有毒污染物

水体中能对生物引起毒性反应的化学物质，称有毒污染物。目前工业上使用的有毒化学物质已超过12000种，而且以每年500种的速度递增。

毒物是重要的水质指标，各类水质标准对主要的毒物都规定了一定的限值。废水中的毒物可分为三大类：无机有毒物质、有机有毒物质和放射性物质。

（1）无机有毒物质

这类物质具有强烈的生物毒性，它们排入天然水体，常会影响水中生物，并可通过食物链危害人体健康，这类污染物都具有明显的累积性，可使污染的影响持久和扩大。无机有毒物质包括金属和非金属两类。

金属毒物在环境污染研究中最重要的是汞、镉、铬、铅、砷等，也包括具有一定毒性的一般重金属，如镍、铜、锌、钴、锰、钛、钒、钼和铋等，特别是前几种危害更大，如汞进入人体后被转化为甲基汞，有很强的溶脂性，易进入生物组织，并有很高的蓄积作用，在脑组织中积累，破坏神经功能，无法用药物治疗，严重时能造成死亡。镉进入人体后，主要贮存在肝、肾组织中，不易排出，镉的慢性中毒主要使肾脏吸收功能不全，降低机体免疫能力以及导致骨质疏松、软化，并引起全身疼痛、腰关节受损、骨节变形，如八大公害之一的骨痛病，有时还会引起心血管病等。铅对人体也是积累性毒物，铅能引起贫血、肾炎、破坏神经系统和影响骨骼等。

重要的非金属有毒物有砷、硒、氟、硫、氰、亚硝酸盐等。砷是传统的剧毒物，长期饮用含砷的水会慢性中毒，主要表现是神经衰弱、腹痛、呕吐、肝痛、肝大等消化系统障碍，并常伴有皮肤癌、肝癌、肾癌、肺癌等发病率增高现象。无机氰化物的毒性表现为破坏血液，影响运送氧和氢的机能而导致死亡。亚硝酸盐在人体内还能与仲胺生成硝酸铵，具有强烈的致癌作用。

（2）有机有毒物质

有机有毒物质种类繁多，作用各不相同。“中国环境优先污染物黑名单”包括的12类68种有毒化学物质中，有机物占了58种，主要包括卤代烃类、苯系物、氯代苯、多氯联苯、酚类、硝基苯类、苯胺类、多环芳烃、丙烯腈、亚硝胺类、有机农药等。这些有毒物质有的排放量很大，如酚类；有的具有强致癌作用，如多环芳烃。而且这些物质在自然界一般难以降解，可以在生物体内高度富集，对人体健康极为有害。

（3）放射性物质

放射性是指原子核衰变而释放射线的物质属性。主要包括X射线、α射线、β射线、γ射线及质子束等。天然的放射性同位素^{238}U、^{226}Ra、^{232}Th等一般放射性都比较弱，对生物没有什么危害。人工的放射性同位素主要来自铀、镭等放射性金属的生产和使用过程。自然水体有一定的放射性本底值，并不对人体造成危害。水中放射性污染源主要来自核试验、核事故对水体的污染，使用放射性材料的工农业生产，医院、科研等部门排放的废物，其浓度一般较低，主要引起慢性辐射和后期效应，如诱发癌症、促成贫血、白血球增生、对孕妇和婴儿产生损伤，引起遗传性损害等。

1.2.3.6 感官性污染物

废水中能引起异色、浑浊、泡沫、恶臭等现象的物质，虽然没有严重的危害，但也引起人们感官上的极度不快，被称为感官性污染物。如印染废水污染往往使水色变为红或其他染料颜色，炼油废水污染可使水色呈黑褐色等。水色变化，不仅影响感官，破坏风景，有时还很难处理。对于供游览和文体活动的水体而言，感官性污染物的危害则较大。各类水质标准中，对色度、臭味、浊度、漂浮物等指标都做了相应规定。

1.2.3.7　生物污染物质

生物污染物质主要指废水中的致病性微生物，包括致病细菌、病虫卵和病毒。未污染的天然水中的细菌含量很低，水中的生物污染物主要来自生活污水、医院污水和屠宰肉类加工、制革等工业废水。主要通过动物和人排泄的粪便中含有的细菌、病菌及寄生虫类等污染水体，引起各种疾病传播，如生活污水中可能含有能引起肝炎、伤寒、霍乱、痢疾、脑炎的病毒和细菌以及蛔虫卵和钩虫卵等。生物污染物污染的特点是数量大、分布广、存活时间长、繁殖速度快，必须予以高度重视。

1.2.3.8　油类污染物

油类污染物包括“石油类”和“动植物油”两项。在沿海及河口石油的开发、油轮运输、炼油工业废水的排放、内河水运以及生活废水的大量排放等，都会导致水体受到油污染，其危害是多方面的。如油类污染物能在水面上形成油膜，影响氧气进入水体，破坏了水体的富氧条件，油类黏附在鱼鳃上，可使鱼窒息；黏附在藻类、浮游生物上，可使它们死亡，它还能附着于土壤颗粒表面和动植物体表，影响养分的吸收和废物的排出。同时，油污染还会使水产品品质劣化，破坏海滩休养地、风景区的景观与鸟类的生存等。

1.2.3.9　热污染

热污染是工矿企业向水体排放高温废水造成的。热污染使水温升高，水中化学反应、生化反应的速率随之加快，产生的危害主要有以下几点。

① 水温升高，使水中的溶解氧减少，相应的亏氧量随之增大，故大气中的氧向水中传递的速率减慢；另一方面，水温升高会导致生物耗氧速率的加快，促使水体中的溶解氧进一步耗尽，使水质迅速恶化，造成鱼类和其他水生生物死亡。

② 水温升高，加快藻类繁殖，从而加快水体的富营养化进程。

③ 水温升高，导致水体中的化学反应加快，使水体中的理化性质如离子浓度、电导率、腐蚀性发生变化，可能导致对管道和容器的腐蚀。

④ 水温升高，加速细菌生长繁殖，增加后续水处理的费用。

⑤ 水温升高，还会使水中某些有毒物的毒性升高。

1.2.4　海洋污染

海洋约占地球面积的71%，是地球上最大的水体，也是地球上最稳定的生态系统，由陆地流入海洋的各种物质被海洋接纳，而海洋本身却没有发生显著的变化。但近几十年来，海洋生物资源过度利用和海洋污染日趋严重，有可能导致全球范围的海洋环境质量和海洋生产力的退化，并有继续发展的趋势。

海洋的污染主要发生在靠近大陆的海湾。由于密集的人口和工业，大量的废水和固体废物倾入海水，加上海岸曲折造成水流交换不畅，使得海水的温度、pH值、含盐量、透明度、生物种类和数量等性状发生改变，对海洋的生态平衡构成危害。目前，海洋污染突出表现为石油污染、赤潮、有毒物质累积、塑料污染和核污染等几个方面；污染最严重的海域有波罗的海、地中海、东京湾、纽约湾、墨西哥湾等；就国家来说，沿海污染严重的是日本、美国、西欧诸国和前苏联。我国的渤海湾、黄海、东海和南海的污染状况也相当严重，虽然汞、镉、铅的浓度总体上尚在标准允许范围之内，但已有局部的超标区；石油和 COD 在各海域中有超标现象，污染最严重的渤海，已造成渔场外迁、鱼群死亡、赤潮泛滥、有些滩涂养殖场荒废、一些珍贵的海生资源正在丧失。

1.2.4.1 海洋污染的特点

① 污染源多而复杂 除了在海上航行的船只、海上油井外，还有沿海和内陆地区的城市和工矿企业排放的污染物，最后大都进入海洋。

② 污染的持续性强，危害性大 海洋是各地区污染物的最后归宿。污染物进入海洋后，很难再转移出去，不能溶解和不易分解的污染物便在海洋中积累起来，数量逐年增多，还能通过迁移转化而扩大危害。

③ 污染范围大，难以控制。

1.2.4.2 海洋环境中的污染物

(1) 海洋环境中的无机污染物

重金属对海洋环境的污染是现代海洋污染研究中的重要内容。导致海洋环境污染比较重要的重金属有 Hg、Cd、Pb、Zn、Cr、Co、Ni、Ag 等。As、Se 是非金属，但其毒性及某些性质类似于重金属，所以在环境化学中多把它们作为类金属研究。

① 汞污染 20 世纪 50 年代曾引起日本“水俣病”的汞污染水域，汞的含量高达 2000mg/kg，而非污染区内汞的含量仅为 0.4～3.1mg/kg。总的说来，未受污染的岩石、沙土等物质，其汞的含量为 0.01～0.5mg/kg。估计每年因岩石风化释放出来并且最终进入海洋的汞为 3500t，同时陆地上的汞还通过大气而进入海洋。一般认为，大气中以灰尘颗粒状态存在的汞为 12000t。估计每年进入表层海水的汞达 5×10^4t。地壳深层中的汞偶然也会进入海水中。因岩石圈释放的气体而进入海洋中汞的数量估计每年为 2.5×10^4～15×10^4t。

② 镉污染 镉是一种毒性非常强的元素，在日本等国已经发生了因镉中毒而引起的致命病症，同时高血压也证实与镉污染有明显的关系。沿海地区由于工业废水和淤泥污染，海产品中镉的含量较高，并可能对人体健康产生危害。全世界所有的镉矿每年产镉大约为 1.5×10^4t。以海水中镉含量 0.1μg/L 计，世界大洋水域中共含约为 1.4×10^8t。显然人类生产是不可能影响大洋中的镉含量的。但由于海洋中镉迁移能力所限，镉在海洋中的分布是不均匀的。如向沿海水域排放含镉污染物，将会导致该海域海产品中含镉量增加，危害海洋生物及人类的健康。

③ 铅污染 在地壳物质中铅远比汞和镉的含量丰富。人类使用铅已有 4000 多年的历史，据估计远在 1850 年之前被熔炼的铅已有 1.3×10^8t，现在大约每年开采 3.5×10^6t。估计每年通过大气进入海洋的铅大约为 3000t。在过去 40 年中，大约已有 1.0×10^7t 铅转化成四乙酸铅。当汽油燃烧后，铅则逸散到大气中变成微小颗粒。估计每年因汽油燃烧而进入海洋的铅为 37000t。海洋的铅更多来自路面径流、油漆以及含铅物质的表面风化经江河进入海洋。对于海洋生物来说，铅的毒性不像汞和镉那样强。一般把 0.1mg/L 这个值看做是显示出有害作用的临界值。科学家们认为，现在海洋生物的含铅量比几千年前的海洋生物体的含铅量增加了大约 20 倍。

(2) 海洋环境中的有机污染物

海洋的有机物有两大类：一类是人工合成的有机物，它们包括合成有机氯、有机磷和其他有机化工产品，据美国 USTC 报道，到 20 世纪 60 年代末，这类污染物年产量为 10^7 t，全世界产量约为它的 3 倍；另一类为天然产物，如生物毒素、石油和天然气等。下面介绍海洋中几种重要的有机污染物。

① 油污染　在海洋各种污染物中，石油污染是最普遍和最严重的一种。海上浮油主要来自海上运输和海底开发等海洋直接污染。从海底自然溢出的油，相当于因海上事故而进入海洋油的总量。碳氢化合物与其他石油组分也可通过大气进入海洋，据估计每年可达 1.0×10^7 t。通过江河、生活污水、路面径流进入海洋中的石油是非常可观的，估计总量达 2.5×10^6 t。因近海石油钻探溢出的油每年就有 10×10^4 t 以上。大量实验结果表明，当海水中油的含量为 1mg/L 或溶于水的石油组分的含量为 1μg/L 时，就能对敏感生物的繁殖产生危害。另外，当海面漂浮着大片油膜时，降低了表层水的日光辐射，妨碍了浮游植物的繁殖，而浮游植物是海洋食物链的最低一环，其生产力为海洋总生产力的 90%左右，它的数量减少，势必引起食物链高环节上生物数量的减少，从而导致整个海洋生物群落的衰退。同时浮游植物光合作用所释放出来的氧，也是地球上氧的主要来源之一，因此浮游植物数量的减少，将影响海-空氧的交换和海水中氧的含量，最终也会导致海洋生态平衡的失调。因此每当发生一次大的溢油事故，对周围海域的海洋生物都将是一次灭顶之灾。

② 合成有机化合物的污染　有机氯、有机磷农药和多氯联苯等人工合成物质，在环境中和石油一样是不易降解的一类污染物。有人把它和重金属以及石油一起统称为“永久性”污染物。人工合成的杀虫剂、除草剂等化学农药已有数千种，它们在农业生产上起了很大的作用，同时农药对保持环境卫生、除害灭病方面也是不可缺少的。但是这些农药多半毒性强、残效长、稳定性高（目前大多致力于长效和低毒农药的合成）。如 DDT 在环境中要使其毒性成分减低一半，需经 10～15 年的时间。它们不仅污染了农田牧场，而且残留在菜、果、谷物以及禽畜肉、蛋中，通过各种途径最终进入海洋环境，积蓄在鱼、贝、虾、蟹体内，对海洋水产资源造成严重的危害。许多海洋生物对有机磷和有机氯具有很高的富集能力。DDT 的存在会抑制水中动植物的正常生长发育，打乱原有的生态平衡。实验结果表明，每升海水中含 10μg 的 DDT 就对马尾藻海域的硅藻类中的小环藻产生有害影响，而只需 0.1μg 的多氯联苯就对硅藻类中的海链藻产生明显的毒性作用。现有的数据表明，每升海水多氯联苯的含量在 1～10μg 就会对沿海生物量和养殖的浮游植物的细胞大小产生不利影响，从而减少了细胞的分裂次数，降低了光合作用的效率。值得庆幸的是，近几年来各国都严格控制了有害作用的氯代烃如 DDT 的生产和使用。通过科学家的监测表明，海洋生物的 DDT 含量正呈逐年下降的态势。

③ 富营养化作用与赤潮　食品工业的废渣、蛋白质、农业废水和生活污水等有机物质进入海洋，经细菌的生物降解作用，不仅释放出 CO_2 和 H_2O，同时还释放氮、磷化合物，它们原来都是植物和动物所含蛋白质的组分，只有这些营养盐不断地释放出来，才能维持自然界中物质的循环。但如果某一海域引入的养分多于植物正常生长所需要的量，其结果是这些海域中养分过多，从而使植物生长过于茂盛，以致影响了正常藻类区系的生长。比如过量营养物质的存在，将会引起夜光虫（粉红色）、硅藻（红褐色）、鞭毛虫（绿色）等浮游植物大量繁殖而成为优势种，并使海水呈现各种颜色，通常称这种现象为“赤潮现象”。赤潮易发生在具特定的气候条件和水动力条件的富营养化海域。赤潮影响了浮游植物的光合作用，破坏了鱼类的正常洄游路线。更主要的是，浮游植物的大量生长和富营养有机物的氧化分

解，耗掉了水中大量溶解氧，甚至产生有毒的 H_2S 等物质。溶解氧若得不到及时补充，将使鱼、虾、蟹、贝等海洋生物窒息死亡。当赤潮生物耗尽了海中的溶解氧之后，将使该海区失去自净能力，随着污染物质源源不断地注入，该海区的污染将进一步加剧，甚至发生又一次赤潮。如此一来，赤潮加重了海水污染，污染又引起了赤潮，最后将彻底毁坏该海区的生物资源。赤潮一般发生在港湾、沿岸水域，是由于营养过剩而引起的常见的水质污染。近十几年来，我国四大海区频发的海洋赤潮已造成了数百亿的经济损失。

(3) 放射性污染

海洋环境中存在着多种放射性物质，如 ^{40}K、^{87}Rb、^{234}U、^{3}H、^{239}Po、^{14}C、^{90}Sr、^{137}Cs 等。放射性辐射不仅直接影响生物的生理作用过程，并且还影响染色体的基因或者损坏染色体，使之以碎片形式存在或者以非自然状态聚结，其结果是引起基因的变化和产生形变。

地球上最早的放射性沉降物是在第二次世界大战末期，由于在新墨西哥州、广岛和长崎发生的原子弹爆炸而产生的。到 1968 年全世界共爆炸了 470 枚核武器。核武器的燃料采用浓缩的铀和钚。铀和钚在核裂变和核聚变过程中可产生 200 多种不同的放射性裂变产物和同位素，特别是在空中和水里进行的爆炸尤其如此。部分以粉尘形式存在的放射性物质，则直接进入海洋。钚属剧毒物质，天然钋和铀具有类似的特性，即水溶性低，易沉淀，但能以有机络合物的形式在沉积物中重新富集起来。据有关消息报道，储存在核超级大国武器库里的核武器中钚的放射性强度为 10^8Ci（1Ci＝37GBq）。现在一些国家正在建设安全利用核能的核反应堆发电站。在其运转时，^{3}H、^{85}Kr、^{14}C、^{137}Cs 和 ^{134}Cs、^{90}Sr、^{131}I 和 ^{60}Co 等元素也会对其周围环境产生少量的放射性污染。目前全世界有上千艘核动力军舰。核潜艇启动航行时，由于冷却剂循环膨胀而产生一定的放射性，同时在离子交换器内用作软化冷却剂的合成树脂也产生放射性同位素。到目前为止，因人类的活动导致的世界性的海洋放射性污染还是非常有限的，尽管有过局部区域的严重污染。不过许多国家贮存的大量核武器对人类以及整个地球的生态环境始终是潜在的威胁。

1.3 土壤污染及其典型污染物

土壤是环境中特有的组成部分，介于生物界和非生物界之间。它是一个复杂的物质体系，组成的物质有无机物和有机物，组成的单元有无生命的矿物和有生命的有机胶体。在地球表面，土壤处于大气圈、岩石圈、水圈和生物圈之间的过渡地带，是联系有机界和无机界的中心环节，也是生态系统物质交换和物质循环的中心环节，是连接地理环境各组成要素的枢纽。土壤由固、液、气三项物质组成，是环境的各个部分相互作用的地方，物质交换最为频繁，它是人类宝贵资源之一。

1.3.1 土壤污染

从环境科学角度来看，土壤在环境中起着三种作用。首先，由于土壤有各种各样微生物和土壤动物，从外界进入的各种物质能分解和转化，对环境能起净化作用。其次，由于土壤中有复杂的有机的和无机的胶体体系，有巨大的表面积，能吸着、吸附各种阴离子、阳离子和某些分子，对某些物质起到蓄积作用。第三，由于土壤介于岩石圈、大气圈、水圈、生物圈之间，植物直接生长在土壤上，土壤是植物的营养物质最主要供应地，也是营养物制造工厂和储藏仓库，起着物质转化和转移作用。

从外界进入土壤中的物质除肥料外，大量广泛的是农药，此外还有由废气、废水和废渣所带来的多种有害物质，这些物质有的能够被分解转化，有的可能蓄积在土壤中，有的被植物吸收，转移到生物体中。农药和“三废”带来有害物质在土壤中有 3 条转化的途径：a. 被转化为无害物质，甚至是营养物质，从而被植物利用；b. 停留在土壤中，引起土壤污染；c. 转移到生物体中，通过生物链传递，危害动植物，形成环境污染。

可以说，土壤是各类废弃物的天然收容和净化处理场所，土壤接纳污染物，并不表明土壤即受到污染，只有当土壤中收容的各类污染物过多，影响或超过了土壤的自净能力，从而在卫生学上和流行病学上产生了有害的影响，才表明土壤受到了污染。因此，土壤污染主要是指人类活动产生的污染物质通过各种途径输入土壤，其输入数量和速度超过了土壤净化作用的速率，使污染物质的积累过程逐渐占优势，从而导致土壤自然正常功能的失调，使土壤质量下降，并影响到作物的生长发育以及产量和品质。

1995 年我国颁布了《土壤环境质量标准（GB 15618—1995）》，2008 年进行第一次修订（GB 15618—2008），本次修订的标准与原标准相比，污染物由 10 项增加到 76 项，有机污染物增加较多，包含挥发性有机污染物、半挥发性有机污染物、持久性有机污染物和有机农药等；标准分类由原来以农业用地土壤为主扩展到居住、商业和工业用地土壤。根据土壤应用功能，划分四类用地土壤。

Ⅰ农业用地土壤：种植粮食作物、蔬菜等地土壤。

Ⅱ居住用地土壤：城乡居住区、学校、宾馆、游乐场所、公园、绿化用地等地土壤。

Ⅲ商业用地土壤：商业区、展览场馆、办公区等地土壤。

Ⅳ工业用地土壤：工厂（商品的生产、加工和组装等）、仓储、采矿等地土壤。

根据保护目标，划分三级标准值。

第一级：环境背景值

基本上保护土壤处于环境背景水平，是保护土壤环境质量的理想目标。适用于国家规定的自然保护区（原有背景重金属含量高的除外）、集中式生活饮用水源地、牧场和其他需要特别保护地区的土壤。土壤有机污染物的环境质量第一级标准值见表 1-1。土壤无机污染物的环境质量第一级标准值，由各省、直辖市、自治区政府依据附录 A《土壤无机污染物环境质量第一级标准值编制方法要点》自行制定。

第二级：筛选值

初步筛查判识土壤污染危害程度的标准。土壤中污染物监测浓度低于筛选值，一般可认为无土壤污染危害风险；高于筛选值的土壤是具有污染危害的可能性，但是否有实际污染危害，尚需进一步调研与确定。适用于各类用地土壤。土壤无机污染物、有机污染物的环境质量第二级标准值见表 1-2、表 1-3。

第三级：整治值

土壤发生实际污染危害的临界值。适用于各类用地的污染场地土壤。

表 1-1　土壤有机污染物的环境质量第一级标准值

序号	污染物	ca/nc[①]	第一级标准限值/(mg/kg)
1	苯并[a]蒽	ca	0.005
2	苯并[a]芘	ca	0.010
3	苯并[b]荧蒽	ca	0.010

续表

序号	污染物	ca/nc①	第一级标准限值/(mg/kg)
4	苯并[*k*]荧蒽	ca	0.010
5	二苯并[*a*,*h*]蒽	ca	0.005
6	茚并(1,2,3-*cd*)芘	ca	0.005
7	䓛	ca	0.010
8	萘	nc	0.015
9	菲	nc	0.020
10	苊	nc	0.005
11	蒽	nc	0.010
12	荧蒽	nc	0.015
13	芴	nc	0.005
14	芘	nc	0.010
15	苯并[*g*,*h*,*i*]苝	nc	0.008
16	苊烯(二氢苊)	nc	0.005
17	滴滴涕总量②	ca	0.050
18	六六六总量③	ca	0.010
19	多氯联苯总量④	ca	0.015
20	二噁英总量(ngI-TEQ/kg)⑤	ca	1.0
21	石油烃总量	nc	100
22	邻苯二甲酸酯类总量⑥	nc	5.0

① nc 表示非致癌性，ca 表示致癌性。

② 滴滴涕总量为滴滴伊、滴滴滴、滴滴涕三种衍生物总和。

③ 六六六总量为 α-六六六、β-六六六、γ-六六六、δ-六六六四种异构体总和。

④ 多氯联苯总量为 PCB28、52、101、118、138、153 和 180 七种单体总和。

⑤ 二噁英总量为 2,3,7,8-四氯二苯二噁英、1,2,3,7,8-五氯二苯二噁英、1,2,3,4,7,8-六氯二苯二噁英、1,2,3,6,7,8-六氯二苯二噁英、1,2,3,7,8,9-六氯二苯二噁英、1,2,3,4,6,7,8-七氯二苯二噁英、1,2,3,4,6,7,8,9-八氯二苯二噁英、2,3,7,8-四氯二苯呋喃、2,3,4,7,8-五氯二苯呋喃、1,2,3,7,8-五氯二苯呋喃、1,2,3,4,7,8-六氯二苯呋喃、1,2,3,6,7,8-六氯二苯呋喃、1,2,3,7,8,9-六氯二苯呋喃、2,3,4,6,7,8-六氯二苯呋喃、1,2,3,4,6,7,8-七氯二苯呋喃、1,2,3,4,7,8,9-七氯二苯呋喃、1,2,3,4,6,7,8,9-八氯二苯呋喃等十七种物质总和。

⑥ 邻苯二甲酸酯类（酞酸酯类）总量为邻苯二甲酸二甲酯（DMP）、邻苯二甲酸二乙酯（DEP）、邻苯二甲酸二正丁酯（DnBP）、邻苯二甲酸二正辛酯（DnOP）、邻苯二甲酸双-2-乙基己酯（DEHP）、邻苯二甲酸丁基苄基酯（BBP）六种物质总和。

表 1-2　土壤无机污染物的环境质量第二级标准值　　单位：mg/kg

序号	污染物	农业用地按 pH 值分组				居住用地	商业用地	工业用地
		≤5.5	5.5～6.5	6.5～7.5	>7.5			
1	总镉					10	20	30
	水田	0.25	0.30	0.50	1.0			
	旱地	0.25	0.30	0.45	0.80			
	菜地	0.25	0.30	0.40	0.60			

续表

序号	污染物	农业用地按 pH 值分组				居住用地	商业用地	工业用地
		≤5.5	5.5～6.5	6.5～7.5	＞7.5			
2	总汞					4.0	20	20
	水田	0.20	0.30	0.50	1.0			
	旱地	0.25	0.35	0.70	1.5			
	菜地	0.20	0.3	0.4	0.8			
3	总砷					50	70	70
	水田	35	30	25	20			
	旱地	45	40	30	25			
	菜地	35	30	25	20			
4	总铅					300	600	600
	水田、旱地	80	80	80	80			
	菜地	50	50	50	50			
5	总铬					400	800	1000
	水田	220	250	300	350			
	旱地、菜地	120	150	200	250			
6	六价铬	—	—	—	—	5.0	30	30
7	总铜					300	500	500
	水田、旱地、菜地	50	50	100	100			
	果园	150	150	200	200			
8	总镍					150	200	200
	水田、旱地	60	80	90	100			
	菜地	60	70	80	90			
9	总锌	150	200	250	300	500	700	700
10	总硒	3.0				40	100	100
11	总钴	40				50	300	300
12	总钒	130				200	250	250
13	总锑	10				30	40	40
14	稀土总量	一级标准值＋5.0	一级标准值＋10	一级标准值＋15	一级标准值＋20	—		
15	氟化物(以氟计)	暂定水溶性氟 5.0				1000	2000	2000
16	氰化物(以 CN^- 计)	1.0				20	50	50

注：1. “—”表示未作规定。

2. 稀土总量是由性质十分相近的镧、铈、镨、钕、钷、钐、铕、钆、铽、镝、钬、铒、铥、镱、镥等15种镧系元素和与镧系元素性质极为相似的钪、钇共17种元素总和。

表 1-3　土壤有机污染物的环境质量第二级标准值　　单位：mg/kg

序号	污染物	ca/nc	农业用地按土壤有机质含量分组		居住用地	商业用地	工业用地
			≤20 g/kg	＞20 g/kg			
一、挥发性有机污染物							
1	甲醛	nc	—	—	20	30	30
2	丙酮	nc	—	—	500	1000	1000

续表

序号	污染物	ca/nc	农业用地 按土壤有机质含量分组		居住用地	商业用地	工业用地
			≤20 g/kg	>20 g/kg			
3	丁酮	nc	—	—	500	1000	1000
4	苯	ca	—	—	0.50	3.0	5.0
5	甲苯	nc	—	—	100	500	500
6	二甲苯	nc	—	—	5.0	40	50
7	乙苯	nc	—	—	20	230	250
8	1,4-二氯苯	ca	—	—	6.0	10	10
9	氯仿	ca	—	—	0.50	2.0	2.0
10	四氯化碳	ca	—	—	0.50	2.0	2.0
11	1,1-二氯乙烷	nc	—	—	3.0	25	30
12	1,2-二氯乙烷	ca	—	—	0.50	2.0	2.0
13	1,1,1-三氯乙烷	nc	—	—	5.0	50	50
14	1,1,2-三氯乙烷	ca	—	—	1.0	5.0	5.0
15	氯乙烯	ca	—	—	0.10	0.30	0.30
16	1,1-二氯乙烯	nc	—	—	1.0	8.0	8.0
17	1,2-二氯乙烯(顺)	nc	—	—	1.0	8.0	8.0
18	1,2-二氯乙烯(反)	nc	—	—	1.0	8.0	8.0
19	三氯乙烯	ca	—	—	0.50	5.0	8.0
20	四氯乙烯	ca	—	—	0.50	6.0	10
二、多环芳烃类有机污染物							
21	苯并[*a*]蒽	ca	0.10	0.20	1.0	5.0	10
22	苯并[*a*]芘	ca	0.10	0.10	0.50	1.0	1.0
23	苯并[*b*]荧蒽	ca	0.10	0.30	1.0	5.0	10
24	苯并[*k*]荧蒽	ca	0.20	0.50	1.0	5.0	10
25	二苯并[*a*,*h*]蒽	ca	0.10	0.20	0.50	1.0	1.0
26	茚并(1,2,3-*cd*)芘	ca	0.10	0.30	0.50	5.0	10
27	䓛	ca	0.10	0.20	0.50	3.0	3.0
28	萘	nc	0.10	0.30	5.0	30	50
29	菲	nc	0.50	1.0	5.0	30	50
30	苊	nc	0.50	1.0	5.0	30	50
31	蒽	nc	0.50	1.0	5.0	5.0	5.0
32	荧蒽	nc	0.50	1.0	5.0	30	50
33	芴	nc	0.50	1.0	5.0	30	50
34	芘	nc	0.50	1.0	5.0	30	50
35	苯并[*g*,*h*,*i*]苝	nc	0.50	1.0	5.0	30	50
36	苊烯(二氢苊)	nc	0.50	1.0	5.0	30	50

续表

序号	污染物	ca/nc	农业用地 按土壤有机质含量分组		居住用地	商业用地	工业用地
			≤20 g/kg	>20 g/kg			
三、持久性有机污染物与化学农药							
37	艾氏剂	ca	—	—	0.06	0.30	0.30
38	狄氏剂	ca	—	—	0.06	0.30	0.30
39	异狄氏剂	nc	—	—	2.0	10	10
40	氯丹	ca	—	—	3.0	5.0	10
41	七氯	ca	—	—	1.0	4.0	4.0
42	灭蚁灵	ca	—	—	1.0	5.0	5.0
43	毒杀芬	ca	—	—	0.50	5.0	5.0
44	滴滴涕总量	ca	0.10	0.10	1.0	4.0	4.0
45	六氯苯	ca	—	—	0.50	2.0	3.0
46	多氯联苯总量	ca	0.10	0.20	0.50	1.5	1.5
47	二噁英总量(ngI-TEQ/kg)	ca	4.0	4.0	8.0	10	10
48	六六六总量	ca	0.05	0.05	1.0	4.0	4.0
49	阿特拉津	ca	0.10	0.10	2.0	6.0	6.0
50	2,4-二氯苯氧乙酸(2,4-D)	nc	0.10	0.10	50	500	500
51	西玛津	ca	0.10	0.10	4.0	10	10
52	敌稗	nc	0.10	0.10	50	500	500
53	草甘膦	nc	0.50	0.50	—	—	—
54	二嗪磷(地亚农)	nc	0.10	0.20	10	50	50
55	代森锌	nc	0.10	0.10	—	—	—
四、其他							
56	石油烃总量	nc	500	500	1000	3000	5000
57	邻苯二甲酸酯类总量	nc	10	10	—	—	—
58	苯酚	nc	—	—	40	40	40
59	2,4-二硝基甲苯	nc	—	—	1.0	4.0	4.0
60	3,3-二氯联苯胺	ca	—	—	1.0	5.0	5.0

注："—"表示未做规定，其他同表 1-1。

1.3.2 土壤污染类型

土壤污染的类型目前并无严格的划分，如从污染物的属性来考虑，一般可分为以下4种。

① 化学性污染　包括无机污染物和有机污染物。无机污染物如 Hg、Cd、Pb、As 等重金属，过量的 N、P 植物营养元素以及氧化物和硫化物等；有机污染物如各种化学农药、石油及其裂解产物，以及其他各类有机合成产物等。

② 物理性污染　指来自矿山等的固体废弃物如尾矿、废石和工业垃圾等。

③ 生物性污染　如各类病虫害、菌类污染。

④ 放射性污染物　指各种放射性核素。

土壤污染中最大量与最经常的污染是化学性污染，其次是生物性污染，最后是物理污染。

1.3.3 土壤污染物来源

土壤污染物主要来源于工业和城市的废水和固体废物、农药和化肥、牲畜排泄物、生物残体以及大气沉降物等。

① 工业及城市的废水和固体废物　污水灌溉和污泥作为肥料施用，常使土壤受到重金属、无机盐、有机物和病原体的污染。

② 农药和化肥　现代农业大量使用农药和化肥，有机氯杀虫剂如DDT、六六六等能在土壤中长期残留，并在生物体内富集。氮、磷等化学肥料，凡未被植物吸收利用和未被根层土壤吸附固定的养分，都在根层以下积累，或转入地下水，成为潜在的环境污染物。土壤侵蚀是使土壤污染范围扩大的一个重要原因。凡是残留在土壤中的农药和氮、磷化合物，在发生地面径流或土壤风蚀时，就会向其他地方转移，扩大土壤污染范围。

③ 牲畜排泄物和生物残体　禽畜饲养场的厩肥和屠宰场的废物，其性质近似人粪尿。利用这些废物作肥料，如果不进行物理和生化处理，则其中的寄生虫、病原菌和病毒等可引起土壤和水域污染，并通过水和农作物危害人群健康。

④ 大气沉降物　大气中的二氧化硫、氮氧化物和颗粒物，通过沉降和降水而降落到地面。雨水酸度增大，引起土壤酸化，土壤盐基饱和度降低。

⑤ 大气层核试验的散落物　可造成土壤的放射性污染。放射性散落物中，^{90}Sr、^{137}Cs的半衰期较长，易被土壤吸附，滞留时间较长。

1.3.4 土壤污染物种类、性质

土壤的污染源十分复杂，因而土壤污染物的种类极为繁多。土壤污染有化学污染、物理污染、生物污染和放射污染。因此，可将土壤污染物分为三类：第一类是病原体；第二类是有毒化学物质；第三类是放射性物质。

1.3.4.1 病原体

病原体包括肠道致病菌、肠道寄生虫（蠕虫卵）、钩端螺旋体、炭疽杆菌、破伤风杆菌、肉毒杆菌、霉菌和病毒等。它们主要来自人畜粪便、垃圾、生活污水和医院污水等。用未经无害化处理的人畜粪便、垃圾做肥料，或直接用生活污水灌溉农田，都会使土壤受到病原体的污染。这些病原体能在土壤中生存较长时间，如痢疾杆菌能在土壤中生存22～142天，结核杆菌能生存一年左右，蛔虫卵能生存315～420天，沙门氏菌能生存35～70天。

被病原体污染的土壤能传播伤寒、副伤寒、痢疾、病毒性肝炎等传染病。这些传染病的病原体随病人和带菌者的粪便以及他们的衣物、器皿的洗涤污水污染土壤。通过雨水的冲刷和渗透，病原体又被带进地面水或地下水中，进而引起这些疾病的水型爆发流行。因土壤污染而传播的寄生虫病（蠕虫病）有蛔虫病和钩虫病等。人与土壤直接接触，或生吃被污染的蔬菜、瓜果，就容易感染这些蠕虫病。土壤对传染这些蠕虫病起着特殊的作用，因为在这些蠕虫的生活史中有一个阶段必须在土壤中度过。例如，蛔虫卵一定要在土壤中发育成熟，钩

虫卵一定要在土壤中孵出钩蚴才有感染性等。

有些人畜共患的传染病或与动物有关的疾病，也可通过土壤传染给人。例如，患钩端螺旋体病的牛、羊、猪、马等，可通过粪尿中的病原体污染土壤。这些钩端螺旋体在中性或弱碱性的土壤中能存活几个星期，并通过黏膜、伤口或被浸软的皮肤侵入人体，使人致病。炭疽杆菌芽孢在土壤中能存活几年甚至几十年；破伤风杆菌、气性坏疽杆菌、肉毒杆菌等病原体，也能形成芽孢，长期在土壤中生存。破伤风杆菌、气性坏疽杆菌来自感染的动物粪便，特别是马粪。人们受伤后，伤口被泥土污染，特别是深的穿刺伤口，很容易感染破伤风或气性坏疽病。此外，被有机废弃物污染的土壤，是蚊蝇滋生和鼠类繁殖的场所，而蚊、蝇和鼠类有是许多传染病的媒介。因此，被有机废弃物污染的土壤，在流行病学上被视为特别危险的物质。

1.3.4.2 有毒化学物质

土壤的化学污染最为普遍、严重和复杂。土壤的化学污染物，可分为无机污染物和有机污染物两大类。土壤中常见典型有毒化学物质见表1-4。

表1-4 土壤中常见典型有毒化学物质

名称	主要化合物	正常状态下状况	地壳火成岩中元素丰度/(μg/g)	对生物是否必需	从土壤中消失时间(正常生态环境条件下)	主要来源
铅	铅白、铅氯化物、四乙基铅、四甲基铅	固态	16	非必需	10000年	金属矿山，颜料，蓄电池，汽油
汞	氧化汞、氯化汞、氟化汞、有机汞	固、液、气态	0.5	不需要	—	冶炼、制碱、灯泡、化工、农药
铜	硫酸铜、氧化铜、醋酸铜	固态	70	必需	1000年	矿山、冶炼、电镀、化工
铬	三价铬化合物、五价铬化合物	固态	200	必需	100000年	电镀、化工、制革
镉	氟化镉、氯化镉	固态	0.15	非必需	100年	铅锌厂、冶炼，电镀，化工
砷	氟化砷，氧化砷，砷化氢	固态，气态	5	非必需	100年	硫酸，农药，化肥
氟	氟化氢，氧化氟	气态	—900	必需	—	冶炼，磷肥
氰化物	含氰基化合物如氰铬化物，氰化氢等	固态，液态	—	非必需	—	电镀，焦化，石油化工
酚类	苯酚，间苯二酚，甲酚，邻苯三酚等	固态，液态	—	非必需	1～15天	炼油，焦化，化肥，农药
有机氯农药	DDT，六六六等	固态，液态	—	不需要	95%需30年消失	农药厂，农业喷洒
有机磷	对硫磷，地虫磷	固态	—	不需要	几天至3个月	农药厂，农业喷洒

(1) 无机污染物

无机污染物指对动、植物有危害作用的元素及其化合物。硝酸盐、硫酸盐、氯化物、氟化物、可溶性碳酸盐等化合物，是常见而大量的土壤无机污染物。硫酸盐过多会使土壤板结，改变土壤结构；氯化物和可溶性碳酸盐过多会使土壤盐渍化，肥力降低；硝酸盐和氟化物过多会影响水质，在一定条件下并导致农作物含氟量升高。

汞、镉、铅、砷、铜、锌、镍、钴、钒等元素也会引起土壤污染。汞主要来自厂矿排放的含汞废水。积累在土壤中的汞有金属汞、无机汞盐、有机络合态或离子吸附态汞。土壤组成与汞化合物之间有很强的相互作用，所以汞能在土壤中长期存在。镉、铅污染主要来自冶炼排放和汽车废气沉降。磷肥中有时也含有镉。公路两侧的土壤易受铅的污染。砷被大量用作杀虫剂、杀菌剂、杀鼠剂和除草剂，因而引起土壤的砷污染。硫化矿产的开采、选矿、冶炼也会引起砷对土壤的污染。

无机污染物在土壤中的化学行为同土壤的物理性质和化学性质有关，如重金属元素在土壤中的活性，在很大程度上取决于土壤的吸附作用。土壤中的黏粒和腐殖酸对重金属有很强的吸附能力，能够降低重金属的活性。土壤酸碱度对土壤中重金属的活性有明显的影响。例如镉在酸性土壤中溶解度增大，对植物的毒性增大；在碱性土壤中则溶解度减小，毒性降低。

土壤受铜、镍、钴、锰、锌、砷、钒、硼等元素污染，能引起植物生长发育障碍；而受镉、铅、汞等元素的污染，一般不会引起植物生长发育障碍，但这些污染物能在植物可食部位蓄积。也有另外一种情况，例如大豆受镉毒害，生长发育受到严重障碍。这些重金属和微量元素在土壤中存在着复杂的相互关系，例如铁与铜、锰、镉之间，镉与铜、锌之间存在拮抗作用。此外，影响植物生长发育的还有土壤的 pH 值、土壤氧化还原电势和土壤代换吸收性能等因素。正是这些因素影响各种污染元素的物理、化学和生物学效应。为了使各元素的生物学毒性的度量具有可比性，土壤化学家采用了“锌当量”的概念，参照毒理学试验结果，把各元素的相对生物学毒性统一换算成无量纲的锌当量（以锌的毒性为 1），并提出土壤中毒性元素的最大允许量：应用 0.1mol/L 盐酸浸提的全部重金属和微量元素总锌当量，不得超过该土壤阳离子代换总量的 5%、10%、20%（相应土壤的 pH 值为 6.0、6.5、7.0）。

（2）有机污染物

农药是土壤的主要有机污染物，目前有杀虫效果的化合物超过 6 万多种，大量使用的农药约有 50 种。直接进入土壤的农药，大部分可被土壤吸附。残留于土壤中的农药，由于生物和非生物的作用，经历着转化和降解过程，形成具有不同稳定性的中间产物，或最终成为无机物。质地黏重的土壤对农药的吸附能力强，沙土对农药的吸附能力弱。水分增加时，土壤对农药的吸附减弱、蒸发加强。随着土壤水分的蒸发，农药从土壤中逸出。土壤有机质含量高、微生物种类多时，会加速土壤中农药的降解，减少农药的残留量。石油、多环芳烃、多氯联苯、三氯乙醛、甲烷、酚等也是土壤中常见的有机污染物。

被有机废弃物污染的土壤还容易腐败分解，散发出恶臭，污染空气。有机废弃物或有毒化学物质又能阻塞土壤孔隙，破坏土壤结构，影响土壤的自净能力；有时还能使土壤处于潮湿污秽状态，影响居民健康。

利用未经处理的含油、酚等有机污染毒物的污水灌溉农田，会发生土壤中毒和植物生长发育障碍。如中国沈阳某灌区曾用未经处理的炼油厂废水灌溉，田间观察发现，水稻严重矮化：初期症状是叶片披散下垂，叶尖变红；中期症状是抽穗后不能开花授粉，形成空壳，或者根本不抽穗；正常成熟期后仍继续无效分蘖。植物生长发育状况同土壤受有机毒物污染程度有关。

在室温条件下进行油污染的单因子盆钵试验结果表明，100g 土壤含油量大于 1000mg，水稻明显出现类似缺氮的生长和发育障碍，但未出现类似田间发生的水稻矮化的典型综合症状。一般认为，水稻矮化现象是石油污水中油、酚等有机物和其他因素综合作用的结果。

农田在灌溉或施肥过程中，可产生三氯乙醛（植物生长紊乱剂）及其在土壤中转化产物三氯乙酸的污染。三氯乙醛能破坏植物细胞原生质的极性结构和分化功能，使细胞和核的分裂产生紊乱，形成病态组织，阻碍正常生长发育，甚至导致植物死亡。小麦最容易遭受危害，其次玉米，再次是水稻。根据研究，栽培小麦的土壤每千克中三氯乙醛含量不得超过 0.3mg。

1.3.4.3　放射性物质

放射性物质主要来自核爆炸的大气散落物，工业、科研和医疗机构产生的液体或固体放射性废弃物。它们释放出的放射性物质进入土壤，能在土壤中形成积累，形成潜在的威胁。由核裂变产生的两个重要的长半衰期放射性元素是^{90}Sr（半衰期为 28 年）和^{137}Cs（半衰期为 30 年）。空气中的放射性^{90}Sr 可被雨水带入土壤中。因此，土壤中含^{90}Sr 的浓度与当地降水量成正比。此外，^{90}Sr 还吸附于土壤的表层，经雨水冲刷也将随泥土流入水体。^{137}Cs 在土壤中吸附的更为牢固。有些植物能积累^{137}Cs，因此，高浓度的放射性^{137}Cs，能随这些植物进入人体。当土壤被病原体、有毒化学物质和放射性物质污染后，便能传播疾病，引起中毒和诱发癌变。

土壤被放射性物质污染后，通过放射性衰变，能产生 α、β、γ 射线。这些射线能穿透人体组织，使机体的一些组织细胞死亡。这些射线对机体既可造成外照射损伤，又可通过饮食或呼吸进入人体，造成内损伤，使受害者头昏、疲乏无力、脱发、白细胞减少或增多，发生癌变等。

1.3.5　土壤污染的防治

为了防治土壤污染，主要应采取以下措施：a. 对粪便、垃圾和生活污水进行无害化处理；b. 加强对工业废水、废气、废渣的治理和综合利用；c. 合理使用农药和化肥，积极发展高效、低毒、低残留的农药；d. 积极慎重地推广污水灌溉，对灌溉农田的污水进行严格监测和控制。

1.4 固体废弃物

1.4.1　固体废弃物的定义

被丢弃的固体和泥状物质，包括从废水、废气中分离出来的固体颗粒，简称废物。所谓废物是具有相对性的，即在特定过程或在某一方面没有使用价值，而并非在一切过程或一切方面都没有使用价值。某一过程的废物，往往是另一过程的原料，所以废物又有“放在错误地点的原料”之称。

1995 年 10 月 30 日颁布的《中华人民共和国固体废物污染环境防治法》中明确规定：“固体废物是指在生产建设、日常生活和其他活动中产生的污染环境的固态、半固态废弃物。”

固体废物主要来源于人类的生产和生活活动。人们在开发资源和制造产品的过程中，必然产生废物，而且任何产品经过使用和消费后，都会变成废物。美国在投入使用的物品中，食品罐头盒、饮料瓶等均几个星期就变成废物，汽车平均 9.5 年，建筑材料使用期限最长，但一百年或几百年后，也将变成废物。

1.4.2 固体废弃物的种类

固体废弃物的种类很多，按照不同的分类方法，可将固体废弃物具体划分为不同种类。按其化学性质可分为有机废物和无机废物；按它的危害状况可分为有害废物和一般废物；按它的形状可分为固体废物和泥状废物。1995 年 10 月 30 日颁布的《中华人民共和国固体废物污染环境防治法》把固体废物分为三大类：工业固体废物、城市生活垃圾和危险废物。

通常按固体废物的来源可将其分为矿业废物、工业废物、城市垃圾、农业废弃物和放射性废物五类。矿业废物来自矿山开采和矿物选洗过程；工业废物来自冶金、煤炭、电力、化工、交通、食品、轻工、石油等工业的生产和加工过程；城市垃圾主要来自居民的生活和消费、市政建设和维护以及商业活动；农业废弃物主要来自农业生产和禽畜饲养。放射性废物主要来自核工业生产和放射性医疗等。表 1-5 列举了几种主要固体废物的来源及组成。

表 1-5　几种主要固体废物的来源及组成

来源	主要组成物
采矿、选矿	废石、尾矿、金属、木、砖瓦和水泥、沙石等建筑材料
冶金、金属结构、交通、机械工业	金属、渣、砂石、模型、芯、陶瓷、涂层、管道、绝热和绝缘材料、黏结剂、污垢、木、塑料、橡胶、纸、各种建筑材料
建筑材料工业	金属、水泥、黏土、陶瓷、石膏、石棉、砂石、纸、纤维等
食品加工	肉、谷物、蔬菜、硬壳果、水果、烟草等
橡胶、皮革、塑料工业	橡胶、塑料、皮革、布、线、纤维、染料、金属等
石油化工工业	有机和无机药物、金属、塑料、橡胶、玻璃、陶瓷、沥青、柏油、毡、石棉、涂料等
电器、仪器仪表工业	金属、玻璃、木、橡胶、塑料、化学药品、研磨料、陶瓷、绝缘材料等
纺织服装业	布、纤维、金属、橡胶、塑料等
造纸、木器印刷	刨花、锯末、碎木、化学药品、金属填料、塑料等
居民生活	食品垃圾、纸、木、布、庭院植物剪修物、金属、玻璃、塑料、陶瓷、燃料灰渣、脏土、碎砖瓦、废器具、粪便、杂品等
商业、机关	同上，另有管道、碎砌体、沥青及其他建筑材料，含有易爆、易燃、腐蚀、传染及反应性、放射性废物、汽车、电器、器具等
市政维护、污水处理	脏土、碎砖瓦砾、树叶、死禽畜、金属、锅炉灰渣、污泥等
农业	作物秸秆、蔬菜、水果、果树剪枝、糠秕、禽畜及人类粪便、农药等
核工业及放射性医疗	金属、含放射性废渣、粉尘、污泥、器具及废建筑材料

1.4.2.1 *矿业固体废物*

主要指采矿和选洗矿石过程中产生的废石和尾矿。

各种金属和非金属矿石均与围岩共同构成。在开采矿石过程中，必须剥离围岩，排出废石。采得的矿石通常也需要经过选洗以提高品位，因而排出尾矿。

随着工业生产的发展，总的趋势是富矿日益减少，越来越多地使用贫矿。在 20 世纪初，一般铜矿含铜率为 3%，目前已减至 1%左右。美国在 20 世纪初，铁矿石几乎可以直接入高炉冶炼，近年来已需采取富集措施，这就导致矿业废物数量迅速增加。目前全世界每年约排放矿物废物 300 多亿吨。大量的矿业废物成为人类环境的重要污染源。

矿业废物大量堆存，污染土地，或造成滑坡、泥石流等。废石风化形成的碎屑和尾矿，或被水冲刷进入水域，或溶解后渗入地下水，或被刮入大气，以水、气为媒介污染环境。这些废物中，有的含有砷、镉等剧毒元素，有的含有放射性元素，都有害人类健康。有的矿物在生产过程中排出的废水，含有毒药剂（如氰化物、硫化物）也污染环境。

1.4.2.2 农业废弃物

指农业生产、农产品加工和农村居民生活排出的废弃物品。

农业废弃物可分为：作物和果园残留物，如秸秆、残株、杂草、落叶、外壳、藤蔓、树枝和其他废物；牲畜和家禽粪便以及栏圈铺垫物等；农产品加工废弃物；人粪尿以及生活废弃物。

畜牧业正向大型畜牧场发展，以舍饲方式大规模饲养家禽家畜如鸡、猪、牛等。对大量排放出来的粪便以及铺垫物，如果注意农牧业结合，就可成为一项重要的有机肥源；如果这些物质不加处理，将使环境遭受污染。例如未经处理或处理不完善的粪便排入江河湖泊，会使水质污浊，生化需氧量（BOD）负荷增加，形成富营养化，散发恶臭，威胁鱼类、贝类和藻类的生存，也会传染疾病，影响居民健康。如果灌溉用水受到农业废弃物的严重污染，会使水中的氨氮和蛋白氮含量过高，从而造成水稻徒长、倒伏、晚熟或不熟。此外，还可能使地下蓄水层中有过量的硝酸盐，或者使周围环境滋生大量苍蝇和其他害虫。

1.4.2.3 放射性固体废物

指含有不同种类和数量的放射性物质为特点的固体物质。这种废物可以通过各种途径进入人体产生内照射，或以外照射方式危害人类健康。随着核能源的日益发展，迅速增加，控制和防止环境中放射性污染，是保护环境的一个重要方面。

放射性固体废物主要来源有以下几方面。

① 从含铀矿石提取铀过程中产生的废矿渣。

② 由铀精致厂、核燃料元件加工厂、反应堆、核燃料后处理厂以及使用放射性同位素进行研究、医疗等单位产生的沾有人工及天然放射性物质的各种物件，包括设备、仪器、管道、离子交换树脂、防护用品、废纸等。

③ 经过浓缩处理的放射性废液。为了便于长期处置或贮存，除铀矿渣外，其余按其放射性强度分别将它们转化成水泥、沥青、玻璃、陶瓷等固体形态。

铀矿开采为核燃料生产的第一环节。铀矿石的种类繁多，凡含氧化铀的平均品位为0.22%者属于富矿，有工业开采价值的品位一般在0.05%以上。铀常与其他金属如钍、钒、钼、铜、镍、铅、钴、锡等共生，甚至在磷酸盐岩、硫化矿物和煤中也有铀。可见，含铀矿渣中不仅有放射性，而且有其他伴生重金属元素污染环境。

1.4.2.4 城市垃圾

指城市居民的生活垃圾，商业垃圾、市政维护和管理中产生的垃圾，而不包括工厂所排出的工业固体废物。

自19世纪以来，工业发展引起的世界性的人口迅速集中，城市规模不断扩大，城市环境受到很大影响，由此而产生的垃圾的处理问题变得日益尖锐。

1.4.2.5 工业固体废物

指工业生产过程以及人类对环境污染控制过程中排出的废渣、粉尘、污泥等。

随着工业生产的发展，工业废物数量日益增加。美国1976年排出约3.44×10^8t，日本

1978 年为 3.2×10^8 t，中国 1979 年为 3×10^8 t。其中以冶金、煤炭、火力发电等工业排放量最大。一些主要工业固体废物的来源和排放率见表 1-6。

表 1-6 主要工业固体废弃物的来源和排放率

名称	主要来源	排放率 /(t/t 产品)
高炉渣	高炉冶炼生铁时矿石中的杂质、燃料中的灰分和造渣剂	0.21～1
钢渣	转炉、平炉、电炉炼钢过程中铁水杂质、造渣剂、炉衬熔蚀等	0.11～0.3
赤泥	从铝土矿中提炼氧化铝后排出的废渣	0.6～2
重有色金属渣	火法和湿法冶炼铜、铅、镍、锌等金属排出的废渣	
煤矸石	巷道掘进采煤和湿法选煤厂等排出的矸石	
粉煤灰	燃煤电厂烟道气中回收的细灰	1t/kW
煤渣	以煤为燃料的燃烧设备和装置排出的废渣	
硫铁矿渣	用硫铁矿制造硫酸过程中产生的废渣	0.5
废石膏	由磷酸盐矿石制取磷酸等工业生产中排出的废渣	0.5
盐泥	电解食盐制取烧碱的废渣	

工业废物问题主要发生在城市。由于工业废物数量庞大、种类繁多、成分复杂，处理起来相当困难。目前只对有限的几种工业废物加以利用，如美国、瑞典等国的钢铁渣，日本、丹麦等国的粉煤灰。其他工业废物仍以消极堆存为主，部分通过填埋、焚烧、化学转化、微生物处理法进行处置，有的投入海洋。

消极堆存不仅占用大量土地，造成人力物力的浪费，而且因为许多工业废渣含有易溶于水的物质，造成土壤和水体污染。粉状的工业废物，随风飞扬，污染大气。有的废物甚至淤塞河道，污染水系，并影响生物生长，危害人身健康。

1.4.3 工业有害废渣

工业有害废渣是指工业生产中所排放的有毒的、易燃的、有腐蚀性的、传染疾病的、有化学反应性的以及其他有害的固体废弃物。

工业有害固体废物种类很多，如浸油废物、固体焦油物质、焦油蒸馏后的污泥，以及含芳烃、含氰化物、含铬酸、含氯酚、含生物碱、含碳化物、含硫和含重金属等固体废弃物；还有含有机有毒溶剂、废涂料、废酸等废弃物和农药配制后的残留物等。为了便于管理，一般将这些废弃物分为下述几类。

① 有毒的　对任何一类特定的遗传活动测定呈阳性反应的；对生物蓄积的潜在性试验呈阳性结果的；超过“特定化学制剂表列”中规定的含量的；根据所选用的分析方法或生物监测方法，超过所规定的浓度的。

② 易燃的　含燃点低于 60℃的液体的废弃物；在物理因素作用下，容易起火的含液体和气体的废弃物；在点火时剧烈燃烧，易引起火灾的和含氧化剂的废弃物等。

③ 有腐蚀性的　含水废弃物、不含水但加入等量水后的浸出液的 pH 值为 3 以下或 12 以上的废弃物；最低温度为 55℃时，对钢制品的腐蚀深度大于 0.64cm/a 的废弃物。

④ 能传播疾病的　医院或兽医院未经消毒排出的含有病原体的；含致病性生物的污泥等。

⑤ 有化学反应性的 容易引起激烈化学反应但不爆炸的、易和水激烈反应可形成爆炸性混合物的；和水混合时释放有毒烟雾的；在有强烈起始源（加热或和水作用）产生爆炸性或爆炸性反应的；在常温常压下，可能引起爆炸性反应或分解的；属于A级或B级的炸药，包括引火物质、自动聚合物和各种氧化物等。

1.4.3.1 有色金属渣

指有色金属矿物在冶炼过程中产生的废渣。有色金属渣按生产工艺可分为两类：一类是有色金属矿物在火法冶炼中形成的熔融炉渣；另一类是这种矿物在湿法冶炼中排出的残渣。按金属矿物的性质，可分为重金属渣、轻金属渣和稀有金属渣。

长期以来对有色金属渣采用露天堆置的处理方法，占用大量的土地，又受大气侵蚀和雨水的淋浸，对土壤、水系和大气造成污染。有的有色金属渣还含有铅、砷、镉、汞等有害物质，给堆置地区的居民和动植物造成严重的威胁。中国某锌冶炼厂排出的锌渣含镉量达到80mg/kg，排出的砷渣含镉量达1900mg/kg，日积月累，致使厂区一公里半径内的空气含镉量增大260倍，井水中含镉量增大6倍，土壤中含镉量增大100倍，该地区所产的大米中含镉量增大80倍，鸡兔肾中含镉量增大600倍。

1.4.3.2 尾矿

指选矿厂对金属矿石选剔后留下的残余脉石。黑色冶金矿石的尾矿一般占矿石总量的50%～70%；有色冶金矿石的尾矿量高达90%以上。如1t铜矿石，含铜有时不到7kg。中国目前每年约排出尾矿4亿多吨。

尾矿的主要化学成分是二氧化硅、三氧化二硅、氧化铁、三氧化二铝、氧化钙等，有的还含有有色和稀有金属。

尾矿一般以浆状从选矿厂排出。尾矿中含有大量尾矿微和选矿时所用的有毒药剂，排放后对环境造成危害。如使用矿浆浮水灌溉农田，会使田面增高，土壤板结，造成农业减产。有的虽然筑坝堆存，但在决口或塌陷时，尾矿随水淹没农田、村庄，直接危害环境。尾矿排入江河，污染水系或通过地表渗入地下，污染地下水。尾矿粒度一般为0.001～1mm。0.074mm以下颗粒含量有时含量高达85%，干燥后随风飞扬，污染大气。

1.4.3.3 煤矸石

洗煤厂的洗矸、煤炭生产中的手选矸、半煤巷和岩巷掘进中排出的煤和岩石以及和煤矸石一起堆放的煤系之外的白矸等的混合物。中国积存煤矸石已达10×10^8t以上，每年还将排出煤矸石1×10^8t。

煤矸石由氧化硅、氧化铝、氧化钙、氧化镁、氧化铁和某些稀有金属组成。其化学成分见表1-7。

表1-7 煤矸石化学成分

SiO_2	Al_2O_3	Fe_2O_3	CaO	MgO	TiO_2
51%～65%	16%～36%	2.28%～14.63%	0.42%～2.32%	0.44%～2.41%	0.90%～4%
P_2O_5	K_2O+Na_2O	Ge	Ga	V_2O_5	
0.078%～0.24%	1.45%～3.9%	<17μg/g	(21～58)μg/g	0.008%～0.01%	

煤矸石弃置不用，堆积地面，占用大片土地。煤矸石中的硫化物严重污染大气、农田和

水体。有些矸石山还会自燃发生火灾，或在雨季造成崩塌，淤塞河流造成灾害。自 20 世纪 60 年代开始，煤矸石的处理与利用引起了很多国家的重视，利用途径主要有：

① 回收煤炭和黄铁矿；

② 发电；

③ 制造建筑材料；

④ 提取化工产品。

1.4.3.4 煤渣

火力发电厂、工业和民用锅炉及其他设备燃煤排出的废渣，又称炉渣。

煤渣的化学成分为 SiO_2 40%～50%、Al_2O_3 30%～35%、Fe_2O_3 4%～20%、CaO 1%～5%及少量镁、硫、碳等。其矿物组成主要有钙长石、石英、莫来石、磁铁矿和黄铁矿、大量的含硅玻璃体（$Al_2O_3 \cdot 2SiO_2$）和活性 SiO_2、活性 Al_2O_3 以及少量的未燃煤等。

煤渣弃置堆积，不仅占用土地，放出含硫气体污染大气，危害环境，有时甚至会自燃起火。

20 世纪以来，世界各国都在进行煤渣的综合利用，日本、丹麦等国煤渣已全部得到利用。目前煤渣的主要利用途径是制作建筑材料。

1.4.3.5 粉煤灰

煤燃烧所产生的烟气中的细灰。一般是指燃煤电厂从烟道气体中收集的细灰。

粉煤灰是煤粉进入 1300～1500℃的炉膛后，在悬浮燃烧条件下经受热面吸热后冷却而形成的。由于表面张力的作用，粉煤灰大部分呈球状，表面光滑，微孔较小。一部分因在熔化状态下相互碰撞而粘连，成为表面粗糙、棱角较多的蜂窝状组合粒子。

粉煤灰排放量与燃煤中的灰分有直接关系，灰分愈高，排放量愈大。据中国燃用煤的情况，燃用 1t 煤约产生 250～300kg 粉煤灰。中国目前每年约排放 3000 多万吨。大量的粉煤灰不加处理时，会产生扬尘污染大气，排入水系会造成河流淤塞，而其中的化学物质还会对人体和生物造成危害。

1.4.3.6 高炉渣

高炉炼铁过程中排出的渣，又称高炉矿渣，可分为炼钢生铁渣、铸造生铁渣、锰铁矿渣等。一些地区使用钛磁铁矿炼铁，排出钒钛高炉渣。依矿石品位不同，每炼 1t 铁排出 0.3～1t 渣，矿石品位低，排渣量大。中国目前每年约排放 2000 多万吨。矿渣弃置不用，占用土地，浪费资源，污染环境。

1.4.3.7 钢渣

炼钢排出的渣，依炉型分为转炉渣、平炉渣、电炉渣等。排出量约为粗钢产量的15%～20%，中国目前每年约排放 6×10^6 t。

钢渣主要由钙、铁、硅、镁和少量的铝、锰、磷等的氧化物组成。

1.4.3.8 赤泥

从铝土矿中提炼氧化铝后排出的工业废渣，一般含有较多的氧化铁，外观与赤色泥土相似，因而得名。但有的因含氧化铁较少而呈棕色，甚至灰白色。

生产 1t 氧化铝要排出 0.6～2t 赤泥。铝土矿品越低，赤泥排出量越大。赤泥排入海中，由于含有碱等有害物质而污染海洋，危害渔业生产。有的赤泥在陆地堆放，占用农田，污染水系，干燥后随风飘扬又污染大气。为了减少污染，赤泥堆场底部应采用不透水材料，在赤泥堆上面铺土种植植物。但积极合理的办法是把它作为一种资源，开展综合利用，如用以生产建筑材料、土壤改良剂，以及回收其中的金属等。

1.4.3.9　废石膏

以硫酸钙为主要成分的一种工业废渣。按其来源不同，人们给废石膏以不同的俗称，如把采用磷酸盐矿石和硫酸为原料制造磷酸所产生的废渣称为磷石膏；把利用氟化钙和硫酸制取氢氟酸时所产生的石膏称为氟石膏；把由海水制取食盐过程中产生的石膏称为盐石膏；把由钛铁矿石制取二氧化钛过程中，利用废硫酸进行中和反应所生成的石膏称为钛石膏；把苏打工业和人造丝工业中由氯化钙和硫酸钠反应生成的石膏称为苏打石膏等。

废石膏呈粉末状，一般以料浆形式排出，颗粒直径在5～150μm之间。主要成分硫酸钙的含量一般在80%以上。硫酸钙通常有三种结晶形态：二水石膏（$CaSO_4 \cdot 2H_2O$），半水石膏（$CaSO_4 \cdot 1/2H_2O$），硬石膏（$CaSO_4$）。各国废石膏总量中，磷石膏占大多数，由于它是工业废渣，化学成分波动范围很大。

每生产1t磷酸约排出5t磷石膏，许多国家磷石膏的排放量超过天然石膏的开采量。废石膏如不加以利用，将会占用大片土地，污染土壤和水系。例如氟石膏中含氟量达3.07%，其中2.05%是水溶性的，如果治理不当，则会危害人畜。

1.4.3.10　盐泥

氯碱工业中，以食盐为主要原料用电解方法制取氯、氢、烧碱过程中排出的泥浆，主要成分为$Mg(OH)_2$、$CaCO_3$、$BaSO_4$和泥砂。采用汞法生产（用汞为电极）的盐泥含有汞的化合物。含汞盐泥排放到环境中，污染土壤和水体。而且毒性较小的无机汞在自然环境中会转化为毒性很强的甲基汞。

当采用优质盐制碱时，每生产1t碱约产出盐泥10～25kg；中国的原盐杂质较多，每生产1t碱约出盐泥50～60kg。汞法生产烧碱，每生产1t碱在盐泥中沉淀损失的汞约150～200g。

1.4.3.11　硫酸渣

利用黄铁矿制造硫酸或亚硫酸过程中排出的渣，又称黄铁矿烧渣，简称烧渣。硫酸渣是由铁、硅、铝、钙、镁、硫等的氧化物组成的，一般还含有铜、钴等物质。

1.4.3.12　废金属

冶炼业、金属加工工业丢弃的金属碎片、碎屑，以及报废的汽车、电器和器皿等。工业越发达，废金属排放量越大。回炉冶炼是废金属主要的用途，尤其利用废钢炼钢，深受各国重视。许多国家都限制废钢铁的出口，以保证本国市场的需要。利用废金属的边角料，生产机器、设备、仪器、用具等的零部件，也是经济合理的用途。

1.4.3.13　电石渣

电石和水反应生成乙炔过程中产生的浅灰色细粒沉淀物。电石渣的主要成分是$Ca(OH)_2$，并含有微量的有毒PH_3、AsH_3、H_2S等。

电石渣主要来源于电石法聚氯乙烯与乙酸乙烯生产。每生产1t聚氯乙烯耗电石约1.45t，每吨电石水解后有1t多电石渣产生，故每生产1t聚氯乙烯排出2t多电石渣，如不经处理排放会堵塞下水道，壅积河床。电石渣含碱量大，又含有硫、砷等有害物质，会危害渔业生产。在陆地堆放则占用土地，并污染周围环境和大气。

1.4.3.14 铬渣

生产金属铬和铬盐过程中产生的废渣。铬渣主要由二氧化硅、三氧化二铝、氧化钙和氧化镁等组成，其化学成分见表1-8。铬渣所含主要矿物有方镁石（MgO）、硅酸钙（$2CaO \cdot SiO_2$）、布氏石（$4CaO \cdot Al_2O_3 \cdot Fe_2O_3$）和1%～10%的残余铬铁矿等。

表1-8 铬渣化学成分

单位：%

SiO_2	Al_2O_3	Fe_2O_3	CaO	MgO	Cr_2O_6	$Na_2Cr_2O_7$
4～30	5～10	2～11	26～44	8～36	0.6～0.8	1

在无还原剂时，重铬酸钠的水溶液含有剧毒的六价铬离子。在有还原剂的酸性条件下，或在有碱金属硫化物、硫氢化物的碱性条件下，以及在有硫、碳和碳化物的高温、缺氧条件下，都可使六价铬还原为毒性较低的三价铬。

露天堆放的铬渣，受雨雪浸淋，所含的六价铬被溶出渗入地下水或进入河流、湖泊中，构成对生态环境的污染。严重污染带内的水中六价铬含量可高达每升数十毫克，超过饮用水标准若干倍。六价铬、铬化合物以及铬化合物气溶胶等，能以多种形式危害人畜健康。如引起皮炎、湿疹、支气管和肺部疾病、嗜伊性红白细胞增加、消瘦、浮肿、肠胃炎、溃疡、癌症等。因此，铬渣的堆存场必须采取铺地防渗设施和加设棚罩。

1.5 光、热、噪声污染

1.5.1 光污染

1.5.1.1 光污染的含义

光污染，也称噪光（noisy light）。在环境科学领域里，把过量的光辐射侵入空间环境，并对空间环境造成不良影响或对人体健康造成危害的现象，称为“光污染”（light pollution）（左玉辉，2002）。物理意义上的光污染，有广义和狭义之分。广义上的光污染是指自然界和人类活动产生的光辐射，进入空间，危害环境的一切光污染现象，如雷雨中的闪电、火山爆发的火光、森林大火等。狭义的光污染主要是指人类活动产生的光辐射，进入空间危害环境的光污染现象，如玻璃幕墙的反光、城市景观的过渡照明、汽车的远视灯、建筑工地电焊作业产生的弧光、相机的闪光、激光、紫外线和红外线，以及人类爆炸原子弹和氢弹的光辐射等。在环境科学领域里研究的光污染问题主要是狭义上的光污染。

1.5.1.2 光污染的来源

目前城市的光污染，主要来自景观过度照明、商业霓虹灯、汽车远视灯、电焊作业的弧光、以及紫外线、红外线和激光设备等（杨新兴等，2013）。

(1) 夜间景观照明产生的光污染

城市夜间照明灯具，主要用于广场、机场、商业街、交通道路、景观点和市政设施的照明。随着城市照明工程的迅速发展，特别是大功率、高强度气体放电光源的广泛采用，使夜间照明过度，形成严重的光污染。

(2) 商业霓虹灯产生的光污染

彩光污染主要来自商业街五彩缤纷的霓虹灯、电子商业广告牌以及歌舞厅、夜总会、酒吧、酒店等场所的黑光灯、旋转灯、荧光灯和闪烁的彩色光源发出的彩色光辐射。五光十色的彩光污染，已经成为现代城市地区的一项严重环境公害。

（3）汽车远视灯的光污染

汽车远视灯不适当的应用构成严重的光污染。汽车远视灯突然开启，使迎面来车司机和行人眼前一片眩光，无法看清路面，是造成交通事故的一个重要原因。

（4）电焊作业弧光产生的光污染

建筑工地电焊作业的高亮度弧光是光污染的一个重要来源。如果防护不当，也会造成光污染。

（5）红外线产生的光污染

红外线辐射指波长自 $760\sim10^{6}$nm 范围的电磁辐射，亦称热辐射。自然界的红外辐射以太阳为最强。在绝对零度（－273℃）以上的物体都辐射红外能量，由于波长、强度和发射功率的不同，所产生的能量各有不同。物体的温度越高，其辐射的波长越短，发射的热量则越多。人工红外辐射源有加热金属、熔融玻璃、发光硅碳棒、钨灯、氯灯、红外激光器等。

（6）紫外线产生的光污染

紫外线是波长范围 10～390nm 的电磁波，其频率范围在 $(0.7\sim3)\times10^{5}$ Hz，相应的光子能量为 3.1～12.4eV（电子伏特）。自然界里的紫外线同样主要来自于太阳辐射。人类活动产生紫外线主要来自于电弧和气体放电。在医学上，紫外线用于消毒灭菌。在微生物方面，用于菌种诱变。在粮油食品方面，利用紫外线测定食品的物质结构和成分含量。黑光灯可以用于诱捕害虫。如果紫外线设备防护不当，它们产生的紫外线，进入空间环境，就会造成光污染。

当紫外线作用于排入大气污染物 HCl 和 NO_x 等时，会发生光化学反应导致烟雾污染，即通常所称的光化学烟雾污染。

（7）激光产生的光污染

激光光谱除部分属红外线和紫外线外，多属可见光范围，因其具有指向性好、能量集中、颜色纯正等特点，在医学、生物学、环境监测、物理、化学、天文学以及工业上的应用日见广泛。激光光强度在通过人眼晶状体聚焦到达眼底时，可增大数百倍至数万倍，从而对眼睛产生较大伤害；大功率的激光能危害人体深层组织和神经系统，故激光污染日益受到重视。

（8）照相机闪光灯产生的光污染

在现代化的大城市里，数码相机几乎人人都有，闪光灯的使用不可避免。在某些特殊场合，连续使用照相机闪光，对人们眼睛的伤害无疑是严重的。但是目前这一问题尚未引起人们的注意。

1.5.1.3　光污染的主要形式

光污染的形式有：玻璃幕墙反射、彩色光、眩光、散射光、杂散光、溢散光、紫外线、红外线和激光等。其中，眩光污染是最普遍、最广泛、最重要的光污染形式。

在环境科学研究领域里，眩光污染是指在空间环境里，高强度光源的直射，或者物体的高强度反射产生光辐射，或者视野中的物体与背景之间巨大的亮度差，或者由于其急剧变化所引起的视觉不适或视力损伤的光污染现象。

1.5.1.4 光污染的危害

光污染已经成为一个很重要的环境公害问题。光污染不仅危害人体健康，威胁交通安全，甚至影响到动植物的正常生存。

(1) 光污染对人体健康的危害

环境中的可见光污染，能伤害人眼睛的角膜和虹膜，导致视力下降，甚至双目失明。长期在可见光污染的环境里活动，还会使人感到头晕目眩，引起失眠、心悸，食欲不振。严重的可见光污染，还可能导致皮肤灼伤、烧伤。

过量紫外线照射会对人的眼睛造成损伤。眼睛长期暴露在紫外线里，引发急性角膜炎、白内障，产生皮肤红斑、色素沉淀、角质增生。人体长时间处于黑光灯辐射下，会导致鼻子出血、牙齿脱落、白血病等。

过量的红外线照射会对人体造成伤害。可以对眼睛视网膜、角膜、虹膜产生伤害，引发白内障；皮肤出现灼痛、红斑，或者烧伤。

人的眼球晶状体的聚焦作用可使激光光强度增大数万倍。激光集聚于感光细胞时，由于强烈的热效应，引起蛋白质不可逆的凝固变性，造成眼睛的永久失明。功率很大的激光辐射能进入人体的深层组织，对肌肉组织和神经系统造成严重伤害。

(2) 光污染对交通安全的影响

各种交通道路上的照明设施，以及附近的高楼大厦的玻璃幕墙、商场、体育馆、饭店、旅馆、酒吧、文化娱乐场所的照明设备和广告霓虹灯发出的溢散光，都会严重影响车辆驾驶员的视线，影响行车安全。在夜间里，司机们突然开启远视灯，使迎面来车的司机眼前一片眩光，无法看清路面。

(3) 光污染对动植物的影响

道路、街道两旁的树木、花卉、绿草，受到路灯的长时间照射，其生活的光周期被打乱，从而影响到它们的正常生长和发育，甚至导致死亡。过量的光辐射，会改变动物的生活习性。环境中的光污染，还会使候鸟改变迁徙飞行方向，致使它们不能到达目的地。

(4) 光污染对天文观测的影响

天文观测依赖于夜间天空的亮度和被观测星体的亮度。夜空的亮度越低，就越有利于天文观测的进行。各种照明设备发出的光波，由于空气和大气中悬浮颗粒物的散射，使夜空的亮度增加，从而对天文观测产生不良影响。

1.5.2 热污染

1.5.2.1 热污染的含义

由于人类的某些活动，使全球环境或局部环境温度升高，并可能形成对人类和生态系统产生直接或间接、即时和潜在的危害的现象称为热污染或环境热污染。热污染可以污染大气和水体。火力发电厂、核电站和钢铁厂的冷却系统排出的热水，以及石油、化工、造纸等工厂排出的生产性废水中均含有大量废热。这些废热排入地面水体之后，能使水温升高。在工业发达的美国，每天所排放的冷却用水达 $4.5\times10^8 m^3$，接近全国用水量的 1/3；废热水含热量约 $1.047\times10^{12} kJ$，足够 $2.5\times10^8 m^3$ 的水温度升高 10℃。近一个世纪以来，全球气候逐渐变暖，这与人类改变地表状态大面积的增加，与人类能源消费大量增加相吻合，因此，对人类活动可以造成环境热量状况改变取得一致的共识。至于人类这些活动对热污染造成多大影响，以及其对全球范围的影响程度，则尚在研究与探讨中，还没有权威性的定论。

1.5.2.2 *热污染排放源*

(1) 自然界的热污染源

在自然界里，火山爆发、森林大火、地热异常排放，都可能导致环境温度的异常升高，所以它们都是热污染源。太阳是热源，但不是热污染源。因为它释放的热量，不会造成环境温度的异常升高，而是稳定地表和大气温度稳定的热量来源。此外，裸露地面的热辐射，也是热污染源。地表的草地、森林植被减少，土地沙漠化，将增加更多的裸露地面积。裸露地面的增加，地面热辐射增强，热排放增加。

(2) 人为热污染源

人为活动中向外界排放热量的设施、设备和装置，称为人为热污染源。锅炉、蒸汽机、火箭发动机、电动机、变压器、空调机等设施、设备和装置，以及原子弹爆炸、实弹射击等活动，向外界释放热量，导致环境温度异常升高，所以它们都是人为热污染源。

根据热排放的特点和方式不同，人为热污染源分为以下几种。

① 电器散热　运行中电动机、发电机及其他许多电器，通过散热装置向环境中释放热量，导致环境气温异常升高，因此，它们都是很重要的人为热污染源。在炎热的夏天，人们已经把空调机作为通风降温的理想设备。空调机遍布机关、商场、饭店宾馆、文化娱乐场所和普通百姓家。空调机排放的热风，导致环境中的温度异常升高，造成环境的热污染。空调机的热排放，已经成为很重要的一类人为热污染源。

② 燃料燃烧散热　例如，工业和民用锅炉，冶炼工厂的窑炉散热，以及汽车、飞机、轮船，甚至火箭燃料燃烧产生的热排放，都是人为热污染源。

③ 物理和化学反应过程散热　例如，核反应堆的散热，化工厂的反应炉散热，都是人为热污染源。

④ 工厂废热水、废气排放散热　火力发电厂、核电站、钢铁厂的冷却系统排放的温度很高的废水，不仅造成江河、湖泊等水体温度升高，同时也导致地面气温升高，是造成空气环境热污染的重要热源。火电厂燃料燃烧产生的热量中，12%随烟气排放到大气里，40%转化为电能，48%使冷却水升温。在核电站里，能耗的33%转化为电力，67%转入冷却水，水体温度的升高实际上也会导致空气温度的升高。

⑤ 军事工程散热　例如，原子弹和氢弹爆炸过程释放巨大的热量，导致环境温度急剧升高。原子弹和氢弹爆炸是人类最可怕的热污染源。

⑥ 人体散热　与环境温度相比，每一个人都是一个高温热源。这个热源的温度是36.7℃。一个成年人的身体向环境的辐射热量相当于一个146W的电热器所发出的能量。

⑦ 其他热源　餐饮行业加工食品的过程的热排放，街头的无序烧烤，春节期间的烟花爆竹燃放，烟民的抽烟等活动，都向环境排放热量，它们也都是人为的热污染源。

1.5.2.3 *热污染的危害*

热污染主要表现在对全球性的或区域性的自然环境热平衡的影响，即使热平衡遭到破坏。目前尚不能定量地指出由热污染所造成的环境破坏和其长远影响，但已经可以证实由于热污染使大气和水体产生了增热效应，并对生物界产生了危害。

(1) 改变地表状态引起的灾害

20世纪60年代末，非洲撒哈拉牧区曾发生6年的干旱，饥饿致死超过150万人。形成这样大的灾害，热污染是其原因之一。从地区上看，主要的人力因素是过度放牧，引起土地裸露，地面反射率增高，吸收太阳辐射减少，沿地面空气获得的热减少，上升气流减弱，阻碍云、雨形成，形成连锁反应。从大范围看，由于大气中 CO_2 和颗粒物增多，改变了不同纬度和经度的温度分布状况，影响大气循环过程，使季风和雨区南移，形成干旱。

由于农业、畜牧业的发展，使大片森林改变成农田、草场，很多地区更由于开垦不当而形成沙漠。这样就大面积的改变了地面的反射率，改变了环境的热平衡，形成热污染，见表 1-9。

表 1-9　农牧业引起的地表状态变化

项目	指标
森林变为农田、草原	占陆地面积的 18%～20%，反射率从 0.12～0.18 增至 0.2
农田、草原变为沙漠	占陆地面积的 5%，反射率从 0.2 增至 0.28
灌溉面积	占陆地面积的 1.5%
由于灌溉减少径流	5%
由于灌溉增加陆地蒸发	2%
灌溉面积蒸发	100%～1000%
人工水库面积	占陆地面积的 0.2%

(2) 热岛效应及其对环境的影响

在城市、商业区，由于人口稠密、工业集中造成温度高于周围地区的现象称为热岛。如美国洛杉矶市区年平均温度比周围农村高出 0.5～1.5℃。城市温度的分布一般是商业区和人口集中的市中心区最高，温度随着距中心的距离增加而降低。在静风情况下，热岛昼夜全存在。热岛现象可以造成局部地区的对流性环流。城市大气温度较高，空气上升流向农村，而郊区农村的较冷空气就从近地面流入城市。如果城市大气污染严重，则会通过此种环流影响郊区农村。此外，热岛效应还可使城市上空云量增多，降水量有所增加。如英国伦敦，因雷雨而产生的降雨量比郊区大 30%，市区的降水量比正常降水量平均增多5%～10%。

城市是人类改变地表状态的最大场所，城市建设使大量的建筑物、混凝土或沥青路面代替了原有的植被，大大改变了地表反射率和蓄热能力，形成了同农村差别显著的热环境。Roden 发现 1861～1964 年间美国西部的 3 个大城市站增温趋势显著，而乡村站和小城镇站没有明显的增温（Roden，1966）；此外，在美国 Fairbanks（Magee 等，1999）和 Tucson（Comrie，2000）在城市站的气温序列中均发现了明显的城市化增温；相对于乡村站，韩国首尔在 1973～1996 年呈现 0.56℃的增温（Kim 和 Baik，2002）；近年来对北京、天津、上海、武汉、昆明等地区的研究均发现显著的城市热岛增温（郭军等，2009；王学锋等，2010；何萍等，2009；田武文等，2006；朱家其等，2006；Ren 等，2007；李书严等，2008）；北京地区的 2 个国家基本、基准站（北京站和密云站）城市化增温率为 0.16℃/10a，占同期两站平均增温的 71%，成为观测的气温变化的主要原因（初子莹和任国玉，2005）；对北京和武汉两个案例城市的研究表明，年平均地面气温变化趋势的 65%～80%可由增强的城市热岛效应解释（Ren 等，2007）。表 1-10 列出了针对中国地区地面气温资料序列中城市化影响研究的若干代表性结果。由于所用资料、乡村站选择标准和分析时段与地区不同，这些研究结果存在比较明显的差异。但是，大多数研究，特别是近年采用更密集站网资料和更严格乡村站遴选标准的研究，一般表明城市化对中国各类城市站和国家级台站地面年和季节平均气温观测记录具有明显的影响。

表 1-10　对中国地面气温资料中城市化影响的部分研究结果（任玉玉等，2010）

作者	研究区域	研究时段	站点类型	温度变化/(℃/10a)	城市化增温/(℃/10a)
Wang 等(1990)	东部地区	1954～1983	乡村站	0.08	
			城市站	0.12	0.04
Jones 等(1990)	东部地区	1954～1983	乡村站	0.08	—
			城市站	0.13	0.05
			CRU 格点	0.06	−0.02
赵宗慈(1991)	全国	1951～1989	>100 万人	0.07	0.06
			100 万～50 万人	0.12	0.11
			50 万～100 万人	0.05	0.01
			1 万～10 万人	0.03	0.02
			<1 万人	0.01	—
			基准站	0.05	0.04
Portman(1993)	华北平原	1954～1983	乡村站	−0.02	—
			小城市站	0.02	0.04
			大城市站	0.08	0.10
黄嘉佑等(2004)	南方	1951～2001	>100 万人	0.29	0.38
	沿海	(气候自然变	100 万～50 万人	0.31	0.46
	地区	化与城市热	50 万～30 万人	0.31	0.45
		岛效应之和)	30 万～10 万人	0.27	0.50
			10 万～3 万人	0.33	0.55
			<3 万人	0.29	0.64
Li 等(2004)	全国	1954～2001	基准基本站		<0.0012
周雅清等(2005)	华北地区	1961～2000	乡村站	0.18	
			基本基准站	0.29	0.11
			小城市站	0.25	0.07
			中等城市站	0.28	0.10
			大城市站	0.34	0.16
			特大城市站	0.26	0.08
陈正洪等(2005)	湖北	1961～2000	乡村站	0.03	—
			基本基准站	0.12	0.09
			全部站点	0.14	0.11
唐国利等(2008)	西南地区	1961～2004	乡村站	0.06	—
			基本基准站	0.12	0.06
任玉玉(2008)	中东部	1951～2004	乡村站	0.17	—
			基本基准站	0.23	0.06
张爱英等(2010)	全国	1961～2004	乡村站	0.20	—
			基本基准站	0.28	0.08
白虎志等(2006)	甘肃	1961～2002	城市站	0.38	0.15
			乡村	0.23	—
			基本基准站	0.29	0.06

(3) 水体的热污染

水体的热污染主要来源于含有一定热量的工业冷却水。工业冷却水大量排入水体使局部水域温度发生变化，这种变化与排出口位置、排水量、水温以及外界条件包括气候季节、风速、浪速等因素有关。向水体排放温热水量最大的企业是电力部门，其次为冶金、石油、化工、造纸及机械等。

以火力发电厂为例，由于它的热效率一般在 37%～38%，其废热中的 10%～15%自烟囱逸散，余下部分则以冷却水的形式排入水体。核电站的热效率因反应堆型而异，轻水堆大约为33%，气冷堆为39%～41%。以上数字说明，不同类型电厂所生产的热量约有2/3不得不弃排于环境。对水环境而言，如此大量的工业废热混入水体，势必使水体温度升高，对水质产生影响。热污染对水体的影响体现在以下几个方面。

① 对水质的影响　温度变化对水的各种物理性质均有影响。当温度上升时，由于水的黏度降低，密度小，从而可使水中沉淀物的空间位置和数量发生变化，导致水库、流速平缓的江河与港湾中的污泥沉积量增多。水温升高，还引起氧的溶解度下降，其中存在的有机负荷会因消化降解过程增快而加速耗氧，出现氧亏。此时，可能使鱼类由于缺氧导致难以存活，甚至死亡。此外，接受有机废水的河流，河水中溶解氧含量随废水排出口的运移距离延伸而迅速下降。这种氧垂的变化与水温有直接关系。水温升高，在一定距离内的耗氧速度加快，亏氧与复氧速率差增大，河流的自净期延长。水体中热量的增加将使水中化学物质的溶解度提高，并使其生化反应加速，从而影响在一定条件下存活的水生生物的适应能力。

② 对水生生物的影响　水为多种生物的存活提供了良好环境。通常水体的温度、化学组分和流速的变化，将不同程度地影响赖其生存的水生生物的数量和种群。

在同样条件下，不同种类的微生物或较高级生物耐受水温变化的能力有明显的差异。有些细菌如生活污水主要指示物大肠杆菌，在温度升高时有最佳的生长条件。此外，反映生物氧化速率的重要指数生化需氧量（BOD）也是随着温度升高而增加的，在30℃左右达到最高点。在有机物污染的河流中，水温上升时，一般可使细菌的数量增高。

此外，水温在很大程度上也影响水体中优势种群的生长。例如，在未受污染的河流中，最适宜于硅藻生长的温度为18～20℃，绿藻为30～35℃，而蓝绿藻为35～40℃。若水温由10℃升至38℃，占生长优势的种群将由硅藻变为绿藻，再变为蓝绿藻。随着温度的上升，一些属于某种藻群中的较耐高温的物种可与占优势的藻群（如蓝绿藻）继续存在，而此群中的若干耐热性差的种群则将与消亡的藻类（如硅藻和绿藻）一起死掉。这种现象也会因季节的改变而发生，影响水体的感观和嗅味。

③ 对鱼类的影响　水温变化对鱼类和其他冷血水生动物的生长和生理学关系同水生植物一样具有重要作用。据研究，在不适合的季节，河流水温只要增高5℃，就会破坏鱼类的生活。鱼在热应力作用下发育受到阻碍，甚至死亡。水生动物的生殖周期、消化率、呼吸率及其他过程，在一定程度上也与温度有关。由于水生物种各有不同的最佳适宜温度范围，对某一水生物种而言，原来的冷水经过加温所产生的影响可能对它是有利的，但若持续升温，特别当温升幅度过高过速时，则可能对此一物种的幸存权会有所减少，而对另一物种的发育趋势会有所增加。

研究表明，适当控制热排量，某些具有商品价值的水生物种的繁殖能力将强化，同时，其成熟期的时间提前。但若已为鱼类所适应的温度突然降低，则将使之失去均衡状态而造成灾难。出现在热电站启动或停车时所排冷却水的水温会引起受体水域产生急剧的温度变化，严重影响存活于其中的水生生物。总之，水温升高的增热效应是导致死亡率提高的重要原因。当严寒季节，受体水温较低，发生的这种现象尤为明显。

环境热污染对人类的危害大多是间接的。首先会影响到对温度敏感的生物，破坏原有生态平衡，然后以食物短缺、疫病流行等形式波及人类。危害的出现往往要滞后较长时间。

1.5.3 噪声污染

1.5.3.1 噪声的含义及主要特征

在人类生活的环境里有各种声波，其中有的是用来传递信息和进行社会交往的，这是人们需要的；也有些会影响人的工作和休息、甚至危害人体健康，是人们所不需要的声音，这种声音称为噪声。这样，从环境保护角度来说：凡是干扰人们正常休息、学习和工作的声音，即人们不需要的声音，可统称为噪声。如飞机、机器的轰鸣声、各种交通工具的马达声、鸣笛声、人们的叫卖声、嘈杂声、各种突发的声响等，均为噪声。环境噪声能损伤听力，对睡眠造成干扰，影响人体的生理功能，对人的心理产生影响，影响儿童和胎儿的正常发育，还能影响动物生长及损害建筑物。

环境噪声是感觉公害。噪声对环境的污染与工业“三废”一样，是危害人类环境的公害。噪声影响的评价有其显著的特点，它取决于受害人的生理与心理因素。因此，环境噪声标准也要根据不同时间、不同地区和人处于不同行为状态来决定。在污染的有无和程度上，与人的主观评价关系密切。

噪声的另一特点是局限性和分散性。局限性是指环境噪声影响的范围一般不大，不像大气污染和水污染可以扩散和传递到很远的地区。分散性是指环境噪声源常是分散的，这样对它的影响只能规划性防治而不能集中处理。此外，噪声污染是暂时性的，噪声停止发声后，危害和影响即可消除，不像其他污染源排放的污染物，即使停止排放，污染物亦可长期停在环境或人体里，故噪声污染是没有长期和积累影响的。

1.5.3.2 噪声来源及其分类

声是由物体振动而产生的，所以把振动的固体、液体和气体通常称为声源。

产生噪声的声源很多，若按产生机理来划分，有机械噪声、空气动力性噪声和电磁性噪声三大类。

① 气体动力噪声　当叶片高速旋转或高速气流通过叶片，会使叶片两侧的空气发生压力突变，激发声波，形成噪声。如通风机、鼓风机、压缩机、发动机等迫使气流通过进气口与排气口所传出的声音。

② 机械噪声　机械噪声是指物体间在撞击、摩擦作用下产生的噪声。如锻锤、打桩机、机床、机车、汽车等都能产生这类噪声。

③ 电磁性噪声　电磁性噪声是由于电机等的交变力相互作用而产生的声音。如电流和磁场的相互作用产生的噪声，发电机、变压器的噪声等。这类噪声的强度不随时间而变化，在噪声源的时间性分类中属稳定噪声。

如果把噪声源再按其随时间的变化来划分，又可分成稳态噪声和非稳态噪声两大类。非稳态噪声中又有瞬态的、周期性起伏的、脉冲的和无规的噪声之分。

环境噪声按污染源种类可分为工厂噪声、交通噪声、施工噪声、社会生活噪声以及自然噪声5类。

工厂噪声、施工噪声和社会生活噪声的传播影响范围通常呈面状；交通噪声的传播影响范围通常沿着道路呈线状。工厂噪声中，工厂设备噪声源可按特性大致分为点声源、线声源和面声源三种类型。对于小型设备，其自身的几何尺寸比噪声影响预测距离小得多，在噪声评价中常把这种设备的噪声辐射视为点声源。对于体积较大的设备，而噪声又往往是从一个面或几个面均匀地向外辐射，在近距离范围内，对于其各个方面来说，实际上是按面声源噪声的传播规律向外传播，所以这类设备的噪声辐射应视为面声源。对于成线性排列的水泵、矿山和选煤场的输送系统等，其噪声传播是以近似线状形式向外传播，所以此类声源在近距离范围总体上可以视作线声源。

1.6 污染物的迁移、转化

1.6.1 污染物的迁移与循环

污染物的迁移是指污染物在环境中所发生的空间位置的移动及其所引起的富集、分散和消失的过程。这种迁移是污染物在人、生物和机械作用下的位移，是在各种气流、水流及其他种种外力或内力作用下而发生的迁移运动。

污染物在环境中迁移常伴随着形态的转化，如通过废气、废渣、废液的排放，农药的施用以及汞矿床的扩散等各种途径进入水环境的汞（Hg），会富集于沉积物中。元素汞由于密度大，不易溶于水，在靠近排放处便沉淀下来。Hg^{2+} 在迁移过程中能被底泥和悬浮物中的黏粒所吸附，随同它们逐渐沉淀下来。富集于沉淀物中的各种形态的汞又可能转化为 Hg^{2+}。Hg^{2+} 在微生物的作用下，被甲基化，生成甲基汞和二甲基汞。甲基汞溶于水中，可富集在藻类、鱼类和其他水生生物中。二甲基汞则通过挥发作用扩散到大气中去。二甲基汞在大气中并不稳定，在酸性条件下和紫外线作用下将被分解。如果被转化为元素汞，又可能随降水一起降落到水体中或陆地上，元素汞可以进行全球性的迁移和循环。

1.6.1.1 迁移的方式

污染物在环境中的迁移主要有下述 3 种方式。

（1）机械迁移

根据机械搬运营力又可分为以下 3 种。

① 水的机械迁移作用，即污染物在水体中的扩散作用和被水流搬运　污染物排入江、河、湖、海等水体中，由于水体的流动及水流的搬运、携带作用，污染物被扩散、迁移至较远的水体。某些污染物还可能吸附在水体中的悬浮颗粒上，逐渐沉降至河流的底部；一些可溶性污染物能够通过渗透转移至地下水中；某些污染物可能随同灌溉、渔业等用水而进入土壤、鱼塘等，从而实现污染物的迁移。

② 气的机械迁移作用，即污染物在大气中的扩散和被气流搬运　地球大范围的空气循环给全球污染物的扩散、迁移创造了有利条件。例如空气中的微粒，如灰尘、细菌等都会被大气环流带到很远的地方。核武器试验时，所释放的裂变产物——^{90}Sr 就是有害颗粒在全球范围内远距离输送的一个例子。据研究，在中纬度地区，空气中的放射性物质只要 15～25 天就可以输送到全球各地，借助下雨或降雪就能把放射性微粒带回到地面上去。又如，各地农业使用的 DDT 以蒸气形式吸附在尘埃上被季风携带到 5000km 以外。在南极的企鹅和北极的爱斯基摩人体内已经测出大量农药残留物。有证据说明，大气中还有许多农药正在扩散、迁移，等候时机下降到地球表面。

污染物可由大气的移动而被带到极远的地方。污染物也可以在某些地区的空气中集聚起来，由少量逐步增多，直达到有害程度。这是由地区的地理条件引起的。由于温暖的气层压在较冷的气层上面，好像一层严密的地毯盖在上面，使污染物无法上升、扩散、迁移，使大量污染物滞留在某一地区，当污染物浓度达到一定限值时，人们的健康就会遭到损害。

③ 重力的机械迁移作用　某些比重较大的污染物质，由于重力的作用，能够从污染介质中分离出来，较快的返回地表层。如大气中的铅、粒径较大的颗粒物，在适宜的气象条件下常常沉降至地表面。

(2) 物理-化学迁移

对无机污染物而言，是以简单的离子、络离子或可溶性分子的形式在环境中通过一系列物理化学作用，如溶解-沉淀作用、氧化-还原作用、水解作用、络合和螯合作用、吸附-解吸作用等所实现的迁移。对于有机污染物而言，除上述作用外，还有通过化学分解、光化学分解和生物化学分解等作用实现的迁移。物理-化学迁移又可分为：a. 水迁移作用，即发生在水体中的物理-化学迁移作用；b. 气迁移作用，即发生在大气中的物理-化学迁移作用。

物理-化学迁移是污染物在环境中迁移的最重要的形式。这种迁移的结果决定了污染物在环境中的存在形式、富集状况和潜在危害程度。

(3) 生物迁移

污染物通过生物体的吸收、代谢、生长、死亡等过程所实现的迁移，是一种非常复杂的迁移形式，与各生物种属的生理、生化和遗传、变异等作用有关。

某些生物体对环境污染物有选择吸收和积累作用，当污染物进入环境后，即被这些生物直接吸收而在生物体中积累起来，并通过营养级的传递、迁移使顶级生物的污染物富集达到可怕的程度，可使人类、生物、植物发生严重的病变。如日本有名的“水俣病”即是食用富集了大量有机汞的鱼类引起的，而“痛痛病”也是与镉富集有关的一种疾病。生物通过食物链对某些污染物（如重金属和稳定的有毒有机物）的放大积累作用是生物迁移的一种重要表现形式。

某些生物体对环境污染物有降解能力。相当一部分污染物质都能被生物吸收，这些污染物进入生物体内在各种酶系参与下发生氧化、还原、水解、络合等反应，使污染物转化、降解为无毒物质。如许多高等植物吸收苯酚后生成复杂的化合物（酚糖苷等），而使毒性消失，植物对氰化物也有类似机能。生物还吸附气体，如二氧化硫、氟化氢等，并吸滞尘埃。

1.6.1.2　迁移的制约因素

污染物在环境中的迁移受到两方面因素的制约：一方面是污染物自身的物理化学性质，另一方面是外界环境的物理化学条件和区域自然地理条件。

(1) 内部因素

与迁移作用有关的污染物的物理化学性质主要是指组成该物质的元素所具有的组成化合物的能力、形成不同电价离子的能力、水解能力、形成络合物的能力和被胶体吸附的能力等。污染物的这些性质与组成该物质的元素的原子构造，特别是核外电子层的构造密切关系。原子的电负性、离子半径、电价、离子电位（电价与离子半径的比值）和化合物的键性和溶解度等是影响污染物迁移的最主要的物理化学参数。一般说来，由共价键键合的污染物（如 H_2S、CH_4 等）易进行气迁移，由离子键键合的污染物（如 NaCl、Na_2SO_4 等）易进行水迁移。低价离子的水迁移能力大于高价离子的迁移能力，如 $Na^+ > Ca^{2+} > Al^{3+}$，$Cl^- > SO_4^{2-} > PO_4{}^{3-}$。由离子半径差别较大的离子构成的化合物迁移能力较大，由离子半径差别较小的离子构成的化合物迁移能力较小，如 Ba^{2+}、Pb^{2+}、Sr^{2+}（其半径分别为 1.29Å、1.26Å 和 1.10Å，$1Å = 10^{-10}$ m，下同。）与 SO_4^{2-}（其半径为 2.95Å）和 CrO_4^{2-}（其半径为

3.00Å）构成的化合物较难迁移，而 Mg^{2+}（其半径为 0.65Å）与 SO_4^{2-} 组成的化合物易于迁移。重金属离子由于有较高的离子电位，因而具有较强的水解能力。重金属离子由于有彼此能量相似的（$n-1$）d、ns 和 np 等电子轨道，这些轨道有的本来就是空着的，有的可以经过“激发”而腾空出来，可容纳配位体所提供的孤对电子，因而易以络离子的形式进行迁移。

（2）外部因素

影响污染物迁移的外部因素主要是环境的酸碱条件、氧化还原条件、胶体的种类和数量、络合配位体的数量和性质等。

环境的酸度和碱度对污染物的迁移有重大影响。大多数重金属在强酸性环境中形成易溶性化合物，有较高的迁移能力，而在碱性环境中则形成难溶化合物，难以迁移。所以，酸性环境有利于钙、锶、钡、镭、铜、锌、镉、二价铁、二价锰和二价镍的迁移，碱性环境有利于硒、钼和五价钒的迁移。

环境的氧化还原条件对污染物的迁移也有巨大影响。有些污染物在氧化环境中有较高的迁移能力，而有些污染物在还原环境中有较高的迁移能力。氧化环境有利于铬、钒、硫的迁移；还原环境有利于铁、锰等的迁移。

环境中的无机配位体有 Cl^-、I^-、F^-、SO_4^{2-}、S^{2-}、PO_4^{3-} 等，环境中的有机配位体主要是各种氨基酸等化合物。当环境中存在大量无机或有机配位体，特别是有大量 Cl^-、SO_4^{2-} 时可大大促进汞、锌、镉、铅的迁移。环境中的无机胶体有蒙脱石、高岭石、伊利石等黏土矿物和硅、铝、铁的水合氧化物，环境中的有机胶体主要是腐殖质物质。当环境中有大量胶体，特别是有大量蒙脱石和难溶性胡敏酸时可大大阻止上述金属的迁移。

在自然环境中，所有影响污染物迁移的物理化学条件均受区域自然地理条件（气候、地形、水文、土壤等）的制约。其中气候条件对污染物的迁移的影响最为明显，主要表现为两个最重要的气候因子——热量和水分之间的配合状况，直接影响污染物在环境中化学变化的强度和速度。另外，不同区域的土壤和水体具有不同的酸碱条件和氧化还原条件，具有不同种类和数量的胶体和络合配位体。污染物在环境中的迁移直接影响环境质量，在有些情况下起好作用，在影响情况下起坏作用。简单的需氧有机污染物和酚、氰等毒物在迁移过程中被水流稀释扩散和被微生物分解、转化、终至消失，就是起好作用；而重金属（汞、镉等）和稳定的有机有毒物质（DDT、六六六等）在迁移过程中，或富集于底泥，成为具有长期潜在危害的污染源，或通过食物链富集于动、植物体内，对人体产生慢性积累性危害，就是起坏作用。

1.6.1.3 生态系统中典型污染物的迁移循环

污染物在机械、物理、化学及生化作用下发生迁移，其过程与通常所发生的生态系统中的物质循环相类似。只不过因各类污染物的性质、种类、环境条件不同和作用过程不同又往往具有各自特性。下面就一些典型的有毒污染物质在生态系统中迁移循环过程作简单分析。

（1）汞的迁移、循环

汞对生物是非必需的元素，汞的环境污染问题被注意起因于日本的“水俣病”和瑞典野鸭突然灭迹。首先发现甲基汞被鱼类所积累，然后经食物链被营养级较高的动物所富集起来。由此广泛研究汞在各类生境中转移、循环和对各类生物的危害。

地壳中汞经两条途径进入生态环境：一是火山爆发、岩石风化、岩熔等自然运动进入大气、土壤、水体；另一是经人类活动如开采冶炼，工业、民用、农药等方面三废的排出和因使用汞及汞化物而进入生态环境中。据估计，前者每年约 2.7×10^4 t，而后者约为 1×10^4 t。这些汞的形态主要是元素汞、二价汞化物等。在水域中，这些汞在微生物作用下很快成为甲基汞、二甲基汞。甲基汞能溶于水并被鱼类所吸收积累，通过食物链传递给食鱼动物和人类，从而使较高营养级的动物和人遭受其害。二甲基汞挥发后进入大气分解成甲烷、乙烷、汞，其中元素汞又沉降到土壤、水域中形成循环。土壤中汞经溶淋作用可进入水体、水体中汞也可通过灌溉进入土壤。土壤中汞化合物可被植物吸收后进入食物链传递。金属汞进入动物体内可被甲基化，已经证明动物大肠内某些微生物也能使汞甲基化。汞进入生物体内，由排泄系统或生物死后被分解返回非生物环境。非生物环境中汞有一部分进入沉积层，沉积层中一部分汞可分解出来进入生态环境，一部分就固化为地壳的一部分。大多数重金属及某些类金属元素与汞循环、迁移过程大同小异。

（2）农药循环与迁移

农药，特别是有机氯农药的循环与迁移越来越被人们所重视。有机氯农药通过挥发、溶解、沉降、渗透等途径进入大气、水、土壤中。这中间多数有机氯农药最终沉积到海洋，其中有的发生物理、化学、光化学反应等，从而被分解、转化。生物只是从大气、水、土里吸收、呼吸进一部分有机氯农药。生物还直接将喷洒的或食物链中的有机氯农药吸收进体内。这些农药进入体内后有一部分为生物所蓄积，如有机氯农药因具有脂溶性而沉积在脂肪层内。一部分则在体内因受各种酶系作用被降解或发生氧化、还原、络合等反应，有的则通过排泄系统排出体外。进入水、土中的有机氯农药有一部分被微生物氧化、还原为衍生物，如 DDT 还原成 DDD、DDE 等，同样具有毒性。这些农药中没有被降解的又被生物所吸收、蓄积、富集而依食物链传递给高级营养层或进入人体内。这些生物排出物和其腐烂或尸解后，其中没有被降解的农药或被转化了的具有残毒的农药又返回非生物环境参与生物循环。我们看到，虽然有机氯农药较为稳定，但它毕竟不像重金属元素那样能够在生态环境中循环不已，它在循环中被逐步分解成无害之物，使毒性消失或被转化为它物。这种多数物质在循环中被分解或转化，仅少数物质在有限次循环后而逐渐分解或转化成它物的过程称为不完全循环。许多化合物，例如聚氯联苯循环形成与有机氯农药类似。由于这些化合物相对稳定性以及人类大量的使用促使其通过气流、水流或其他机械、生物的携带搬运，使在南极生活的动物中也能检出这类有毒物质。

农药在环境中迁移、循环、积累、分解、残留等问题是很复杂的。一般说来，在物理化学因素作用下，农药与土壤有机质结合形成残留物，在光作用下发生异构化、氧化、还原、脱氯、络合、分解；在生物体内酶作用下形成络合物或发生氧化、还原、水解等反应；有的则通过食物链富集与浓缩，所有这些须视具体问题而定。人类合成的化合物相当大部分在环境中循环、迁移、积累、扩散等都与农药经历的过程相似。

1.6.1.4 研究方法

研究污染物在环境中的迁移可应用物质追踪法、共轭对比研究法、现场试验研究法、模拟试验研究法等一些方法。

① 物质追踪研究法，是在特定环境下，为达到某一特定目标所进行的对污染物的追踪采样法。如研究污染物在河流中的稀释扩散和降解作用时，可进行水团追踪取样分析。这种研究可以查明污染物在环境中的迁移速度、扩散范围和自然净化能力。

② 共轭对比研究法，指在环境调查中对各种相关联的环境要素同时取样分析。如在对土壤-作物系统进行研究时，可同时采集不同层次的土样和生长在这种土壤上的作物的各个部位（根、茎、叶、果实等）的样品，进行对比分析研究。

③ 现场试验研究法，是在现场环境中对污染物的迁移转化进行研究。如研究地表水中的某种污染物通过土壤渗漏向地下水中转移的情况和速度，也可选择典型地段进行渗漏试验，追踪研究不同深度的土壤和渗漏水中污染物的浓度，从而了解这种污染物由地表水向地下水中转移的可能性和速度。

④ 模拟试验研究法，是在实验室中设计某种环境条件所进行的试验研究。如在风洞中进行的烟气扩散试验，在光化学烟雾箱中进行的光化学烟雾生成机理的研究等。这种尽可能接近实际环境条件而各种参数又受人工严格控制的试验研究可以有效地探讨污染物在环境中的迁移转化状况。

现代分析测试技术的发展为研究污染物在环境中的迁移提供了基本手段。应用数学方程可以更完善地刻划污染物在环境中的迁移运动规律，有助于对这方面的问题进行预测预报。

1.6.2 污染物的转化

污染物在环境中通过物理的、化学的或生物的作用改变形态或转变成另一种物质的过程。污染物的转化与迁移不同，后者只是空间位置的相对移动。不过环境污染物的迁移和转化往往是伴随进行的。各种污染物转化的过程取决于它们的物理化学性质和所处的环境条件。大多数情况下，污染物的化学转化是主要的、大量的。

污染物的物理转化可通过蒸发、渗透、凝聚、吸附以及放射性元素的蜕变等一种或几种过程来实现。化学转化在环境中比物理转化更为普遍。污染物的化学转化以光化学氧化、氧化还原和络合水解等作用最为常见。生物转化是污染物通过生物的吸收和代谢作用而发生的变化。

1.6.2.1 在大气中的转化

在大气中，污染物转化以光化学氧化、催化氧化反应为主。大气中氮氧化物、烃类化合物等气体污染物（一次污染物）通过光化学氧化作用生成臭氧、过氧乙酰硝酸酯（PAN）及其他类似的氧化性物质（统称为光化学氧化剂）。气体污染物二氧化硫经光化学氧化作用或在催化氧化作用后转化为硫酸或硫酸盐。DDT 在大气中受日光辐射很容易光解为 DDE 和 DDD。

1.6.2.2 在水体中的转化

在水体中，污染物的转化主要是通过氧化还原、络合水解和生物降解等作用。环境中的重金属在一定的氧化还原条件下，很容易发生接受电子或失去电子的过程，而出现价态的变化。其结果不仅是化学性质（如毒性）发生变化，而且迁移能力也会发生变化。环境中的三价铬和六价铬，三价砷和五价砷就是比较突出的例子。水解是有害物质（盐类）同水发生反应，不仅使有害物的性质发生变化，而且也促使这些物质进一步分解和转化。水中含有各种无机和有机配位体或螯合剂，都可以与水中的有害物质发生络合反应而改变它们的存在状态，无机汞会转化为一甲基汞或二甲基汞。

1.6.2.3 在土壤中的转化

污染物在土壤中的转化及其行为，取决于污染物和土壤的物理化学性质。土壤是自然环境中微生物最活跃的场所，所以生物降解在这里起重要的作用。土壤中的固、液、气三相的分布是控制污染物运动和微生物活动的重要因素。土壤的 pH 值、湿度、温度、通气、离子交换的能力和微生物的种类等，是污染物转化的依存条件。如水田土壤中缺乏空气，故大都处于还原状态；旱地土壤因通风性能好，一般都处于氧化状态。土壤的这种氧化或还原条件控制着土壤中污染物的转化状况和存在状态。例如砷在旱地氧化条件下为五价（As^{5-}），在水田还原条件下则为三价（As^{3+}，毒性大）。金属离子的转化受土壤 pH 值的影响或控制：pH 值小于 7 时，金属溶于水而呈离子状态；pH 值大于 7 时，金属易与碱性物质化合呈不溶态的盐类。有机氯农药如 DDT 的转化受微生物的代谢作用和降解作用的影响较大。许多有机物通过微生物作用分解转化为其他衍生物或二氧化碳和水等无害物。微生物在合适的环境条件下能使含氮、硫、磷的污染物转化为其他无毒或毒性不大的化合物。如有机氮可被微生物转化为氨态氮或硝态氮。磷酸（H_3PO_4）在强还原条件下通过厌氧性细菌的脱氧作用，可转化为亚磷酸（H_3PO_3）、次磷酸（H_3PO_2）及磷化氢（PH_3）等。硫酸盐还原菌可使土壤中的硫酸盐还原成硫化氢进入大气。

1.6.2.4　研究途径

各种污染物在环境中的转化过程往往存在着相互制约、相互影响的复杂关系。研究污染物的物理、化学和生物转化的机制和过程，是阐明污染物的环境行为、迁移、归宿和污染趋势的基础工作。为此，必须掌握污染物的浓度分布、存在状态、滞留时间和净化机制等有关的资料和数据。

目前研究环境污染物的转化和归宿问题，多数采用实验室模拟，建立模型和数学模式，然后用大量现场实测数据进行验证或修正的方法。建立数学模式的目的，是对复杂的污染现象及其结果进行预测，为控制或改善污染状况、制定政策等提供科学的依据。当前，由于对许多污染物在环境中的机制及其行为不很清楚，致使模式中的一些重要参数还不能可靠的确定。已经提出的模式大多是单一过程，或者以一种过程为主，辅以其他一两种过程；至于更大范围以至全球范围内污染物转化、迁移和全过程（包括物理、化学和生物的各过程）的综合性模式，尚处于探讨的阶段。

第2章 植物对环境污染的响应与反馈

工业革命以来的400年里，人类社会的经济活动改变了地球上的环境面貌，其变化的速度和强度可能是生命演变与进化过程中最为激烈的一个时间阶段。例如，工业革命以来，大气的CO_2含量由200μg/g上升到320μg/g，二氧化硫在不少地区超过了5.0μg/g，酸雨沉降大面积地发生，臭氧层变薄，采掘业、冶金、交通工业的发展大大加强了地表金属离子和近地氮氧化物（NO_x）的含量。环境污染作为这些变化中最为突出的一个方面，极大地改变了包括大气、水体、土壤在内的各类生物生存的界面和空间，目前地球上的各个角落都程度不同地受到了污染，形成了包括植物在内的所有生物在其进化发生的历史上从未接触到的全新环境。很长时间以来，人们关注的都是环境污染的短期急性效应和直接的破坏作用，很少从生物的长期适应和进化角度上思考这一问题。

人们对污染给生物造成的长期效应的注意，始于Ford和Kettlewell在20世纪50年代对英国工业污染导致花蛾体表黑化的适应性研究。虽然该研究开辟了这一重要领域之先河，但由于认识的局限性，直到20世纪80年代以后，相关的研究才纷纷开展。植物是生态系统中物质生产、物质循环、能量流动的主要成分，它在这种环境条件下，如何适应、有多大的适应能力，这种适应对地球上的生态系统产生怎样的影响，都不得不成为人们思考的焦点问题。

2.1 植物对环境污染响应与反馈通论

土壤、大气和水中污染物的广泛存在使植物生存环境发生变化，直接或间接地对植物的生长和发育造成不同的影响。植物不同组织对污染物毒性的反应不同，一般认为，根系和叶是植物体内污染物主要的积累场所，因而它们对污染物的反应较明显。根系的毒性反应主要由土壤的污染物引起，根系表皮对污染物的选择吸收性作用使部分污染物在表皮及其外层组织积累，因此根系表皮细胞对污染物的暴露浓度比植物体其他部位要高得多，因此以土壤为主要存在介质的污染物对根系的危害最大。而对于大气中的污染物，叶片的暴露浓度相对高于植物其他组织，因而所受的毒害作用也最明显。

有的污染物对植物外表不会产生任何影响，但是对植株体内的生理、生化过程有抑制作用，导致其抵御病虫害的能力下降，植物品质下降。

2.1.1 植物对环境污染响应与反馈的形态机制

污染物对植物的生态效应包括可见和不可见的两种，主要以植物是否表现出肉眼可见的受害症状区分。可见症状又因暴露浓度的不同分为急性和慢性毒性两种，暴露浓度较高时，植物可以迅速表现出中毒症状，大气污染物可以导致叶片出现斑点或呈卷曲、干枯状，有的叶片甚至出现部分乃至全部坏死；土壤中的污染物可以引起根尖坏死，并进一步引起植物输导组织萎缩最终整个植株死亡。而暴露浓度较低时，植株仍然可以生长，但是叶片出现局部组织坏死、或产生缺缘、早衰等症状，最终植物生物量降低。

2.1.1.1 对细胞和细胞器的影响

细胞是生物的结构单位。不同种类的细胞，具有不同的形态结构和功能，对污染物的敏感性也不一样。污染物对细胞的损伤，可表现为细胞结构和功能的改变。

(1) 对细胞膜的影响

细胞膜由脂质双分子和蛋白质构成，植物细胞的膜系统是抵御外来污染物侵入的屏障，当植物遭受到污染的影响时，会引起细胞膜结构和功能的改变。首先，膜脂可能是污染物的主要作用位点，植物在遭受污染物伤害后，细胞膜会发生膜质过氧化作用，膜蛋白变性及膜质流动性改变，造成膜相变和膜结构破坏，导致膜损伤，通透性发生改变。例如，大气污染物 SO_2 经气孔进入叶组织，与水结合产生 SO_3^{2-} 或 HSO_3^-，在进一步的氧化过程中会产生氧自由基，引起膜质过氧化，从而伤害膜系统。其次，污染物可影响细胞膜的离子通透性。从电镜观察得知，受重金属胁迫时，质膜及各种细胞器的内膜系统在逆境下都会膨胀或破损，膜的透性被破坏，膜内外渗透压失衡，引起水分子和营养元素的转运受阻，造成细胞代谢紊乱。破坏严重时，细胞内分割作用消失，细胞器崩溃，最终使细胞坏死。因此，生物膜结构和功能的稳定性与植物的抗逆性密切相关。

(2) 对细胞器的影响

叶绿体是绿色植物叶细胞中比较明显的细胞器，正常的叶绿体为椭圆形，内部结构清晰，基粒片层排列整齐，基粒类囊体和基质片层形成完整的膜系统，当植物受到环境污染物胁迫后，叶绿体膨胀成圆球形，类囊体囊内空间变大，空泡化显著，内有一些质体球沉积，而被膜保持完整，当胁迫浓度进一步增加，叶绿体的被膜会完全消失，类囊体片层膨胀，部分类囊体片层模糊，最后膨胀的类囊体片层和基质片层被释放出来。

线粒体是细胞呼吸氧化磷酸化的部位，为细胞正常的代谢活动提供能量。正常细胞中的线粒体为椭圆形，脊突为管状，遭到破坏后的线粒体和脊突都膨胀成圆形，线粒体间质消失，濒临解体。

内质网是蛋白质合成的场所，多核糖体可附着在内质网上或游离于胞浆中，内质网通过附着或解离核糖体控制蛋白质的合成。环境污染物能引起核糖体脱落。

细胞核同样易遭到污染物的破坏，污染物在导致核周腔膨胀的同时，染色质凝集成染色质块，基本分布在核边缘，而中央部分则有一些黑色颗粒存在，并且有部分核膜断裂，最后核膜破裂，凝胶状的染色质块进入细胞质中。

2.1.1.2 对组织和器官的影响

污染物的侵入可使植株的不同器官坏死。大气污染主要引起茎叶组织坏死，表现为叶片卷曲或出现伤斑，暴露浓度过高或时间过长时叶片、花或果实脱落，茎萎缩，植物输导组织功能下降或完全丧失，如 SO_2、O_3、HF 等。HF 污染时，植物吸收的 F^- 会转移到叶尖和叶缘处，当达到一定浓度就会使组织坏死，叶片脱落。农药污染会导致植物叶片发生叶斑、穿孔、焦枯、黄化、失绿、卷叶、落叶等，还会造成果实脱落、畸形等，花发生花瓣焦枯、脱落等。土壤中的污染物主要引起根尖坏死，根粗短肥大，缺少根毛，吸收能力降低，植物地上部分因缺乏水分而枯萎死亡。

2.1.1.3 对植物个体的影响

污染物对植物个体的影响主要表现为生长缓慢、发育受阻、植株矮小、失绿泛黄和早衰等症状。有的还会引起异常的生长反应，如突发性的大剂量污染物引起植物叶面积部分坏死或脱落，光合面积减少，影响植株生长。

通过对大气污染造成水稻产量损失的调查得出：a. 每穗实粒数随着污染指数的增加而减少，结实率随着污染指数的增加而降低，当污染指数达到100时，每穗实粒数只有32粒，结实率只有34.7%（见表2-1），也就是说，每穗实粒数、结实率与污染指数成反比，二者与污染指数的相关系数分别为－0.832和－0.869，均达到极显著水平；b. 产量损失率随着污染指数的增加而增加，当污染指数达到100时，产量损失率高达83.3%（见表2-2），也就是说，产量损失率与污染指数成正比，二者的相关系数为0.957，达极显著水平。

表2-1 污染指数与每穗结实数、结实率关系调查表

污染指数	每穗实粒数	结实率/%	污染指数	每穗实粒数	结实率/%
17.5	136	79.5	69.2	142	62.0
19.4	149	68.7	80.8	63	44.1
25.0	116	76.3	96.7	50	39.9
29.2	111	61.8	97.5	58	45.0
39.2	72	65.7	98.3	43	40.6
45.8	92	75.4	99.2	32	54.2
54.2	90	75.6	100.0	32	34.7

表2-2 污染指数与产量损失关系调查表

田块编号	污染指数	验收产量/(kg/hm²)	上年产量/(kg/hm²)	减产量/(kg/hm²)	损失率/%
1	25.0	6105	7875	1770	22.5
2	39.2	4530	7125	2595	36.4
3	45.8	3225	6000	2775	46.3
4	54.2	4245	6750	2505	37.1
5	58.9	4260	7500	3240	43.2
6	80.8	2773	6750	3975	58.9
7	96.7	3080	6750	4669	69.2
8	100.0	1125	6750	5625	83.3

2.1.1.4 对植物种群和群落的影响

种群是在一定时空中同种个体的组合，具有3个基本特征：空间特征、数量特征和遗传特征。通过污染物对生物机体在分子水平、细胞水平、组织器官水平和个体水平上的影响，可造成种群数量的密度改变、结构和性别比例的变化、遗传结构的改变和竞争关系的改变等。

种群密度是指单位面积或空间内的个体数量。一般来说，污染物可导致个体数量的减少，种群密度下降。如有毒污染物引起生物个体死亡率增加、繁殖率下降，最终导致种群密度下降。但污染物也能导致个体数量的增加和种群密度上升。例如当有机耗氧污染物和氮、磷元素排入贫营养湖泊，改变了贫营养湖泊的营养状态，为某种种群生长提供良好的生长条件，种群密度上升，甚至可导致种群的爆发。例如，湖泊中氮、磷元素大量增加，引起藻类暴长，发生“水华”。

群落是指一定时间内，居住在一定区域或生境内的各种生物种群相互关联、相互影响的有规律的一种结构单元。污染物可导致群落组成和结构的改变，包括优势种变化、生物量、丰度、种的多样性等。

环境污染后，原有生物与环境中多种物质关系发生变化，出现新的生物与环境的物质循环关系。一般是耐污种在污染环境中增多，而敏感种逐渐消失，狭污性种群被广污性种群所代替，群落组成和结构发生改变。例如，在严重污染的第二松花江的哈达湾江段，1982年研究结果表明，喜污性的普通等片藻（*Diatoma vulgare*）代替了喜清水性的颗粒直链藻（*Melosira granulata*），并出现了耐污种泥污颤藻（*Oscillatoria limosa*）。

不同的植物对污染物的抗性不同，同一物种对不同污染物的抗性也大有差异。在污染物胁迫条件下，植物群落组成会发生变化，一些敏感种类会减少，而一些抗性强的种类则可保存下来。这种影响有时非常显著，引起整个群落优势种类的改变，从而改变了整个区域生态系统的结构和组成。

2.1.2 植物对环境污染响应与反馈的生理机制

生物机体的生物化学过程是构成整个生命活动的基础，酶在这一过程中起着重要的作用。污染物进入机体后，一方面在酶的催化下，进行代谢转化；另一方面也导致体内酶活性改变，许多污染物的毒作用就是基于与酶的相互作用。污染物可影响酶的数量和酶的活性。污染物对酶的诱导和阻遏影响酶的数量，对酶活性的激活和抑制影响酶的活性。酶数量和活性的影响将导致生物机体内一系列代谢反应的改变。

2.1.2.1 植物的抗氧化酶系统和非酶系统与环境污染

植物在整个生长发育过程中受到各种不良环境的影响，如大气污染物（二硫化物、臭氧等）、金属（铜、镉、铝等）、离子辐射、极端温度（高温或低温）、水分胁迫（尤其是在强光下）、强光、盐渍和病原菌侵染等。这些非生理和生理胁迫均能导致细胞产生大量的活性氧，包括过氧化氢（H_2O_2）、羟自由基（$\cdot OH$）、单线态氧（$^1O_2$）、超氧物阴离子自由基（$O_2^- \cdot$）、氧烷基（$RO\cdot$）、过氧基（$ROO\cdot$）、氧化氮等。细胞正常的代谢过程如酶促反应、电子传递过程及小分子自身氧化等也能产生活性氧，一些亚细胞结构如线粒体、叶绿体、过氧化物酶体是细胞内活性氧的主要来源。此外，$O_2^- \cdot$如果不能及时清除，在Fe^{2+}存在和一定的生理条件下，$O_2^- \cdot$可促进Fenton反应的进行，使H_2O_2转变为$\cdot OH$，还可通过Haber-Weiss反应形成$\cdot OH$，而$\cdot OH$是对细胞毒害性最强的一种自由基。总之，细胞在正常代谢活动中和不利的环境条件下均能产生活性氧。生物体经过长期进化形成了完善和复杂的酶类和非酶类抗氧化保护系统来清除活性氧（图2-1）。非酶类氧化物有β-胡萝卜素、维生素A、α-生育酚（维生素E）、抗坏血酸（维生素C）、谷胱甘肽、黄酮类化合物，以及一些渗透调节物质如脯氨酸、甘露醇等。其中α-生育酚可抑制类脂过氧化，清除$O_2^- \cdot$、$RO\cdot$、$ROO\cdot$，猝灭$^1O_2$；甘露醇对活性氧特别是$O_2^- \cdot$和$\cdot OH$的产生有抑制作用，对已经产生的$\cdot OH$具有清除作用。一些激素如细胞分裂素能清除$O_2^- \cdot$。最近发现褪黑素不

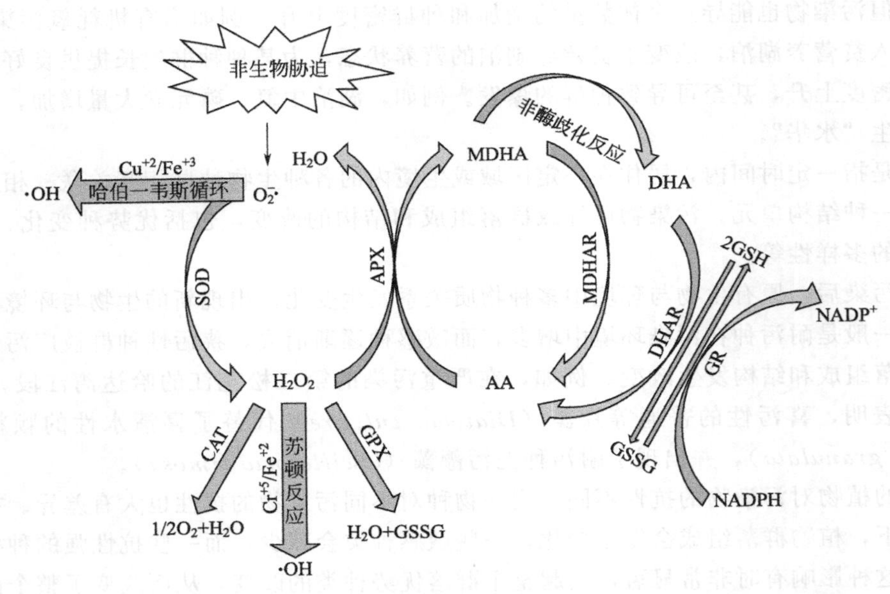

图 2-1 ROS与抗氧化防御机制（Gill 和 Tuteja 2010）

仅在动物中存在，在植物中也存在并能有效清除多种活性氧。植物抗氧化保护酶类有超氧化物歧化酶（SOD）、过氧化氢酶（CAT）、抗坏血酸过氧化物酶（APX）、谷胱甘肽还原酶（GR）、谷胱甘肽过氧化物酶（GP_x）、脱氢抗坏血酸还原酶（DHAR）、单脱氢抗坏血酸还原酶（MDHAR）等。其中 SOD 第一个参与活性氧的清除反应，在抗氧化酶类中处于核心地位。已发现许多污染物能诱导 SOD 活性，这些污染物包括：a. 大气污染物，如 O_3；b. 直接作用氧化物，如 H_2O_2和有机超氧化物；c. 氧化循环化合物，如多环芳烃。谷胱甘肽过氧化物酶以 H_2O_2 作为底物，许多研究表明，当植物暴露于大气污染物 O_3、SO_2、NO_2以及 NO_2和 SO_2混合物时，植物体内谷胱甘肽过氧化物酶活性显著增加，已有学者根据植物体中谷胱甘肽过氧化物酶活性绘制大气污染图谱。APX 和 GR 是抗坏血酸/谷胱甘肽循环中的关键酶，直接清除叶绿体内的 H_2O_2。此外，一些辅酶在抗氧化过程中也起到重要作用，这些辅酶包括 NADPH-醌氧化还原酶和 GSSG-还原酶。最近发现在一些植物（如烟草）中存在的 germin 或 nectarinI 具有 MnSOD 酶活性，能有效清除活性氧。总之，在氧胁迫下，酶保护系统和非酶保护系统的成员协同作用使细胞内的活性氧维持在较低水平，确保植物正常生长和发育。

细胞内活性氧的产生和清除始终处于一种动态平衡。当生物体中活性氧的产生大于活性氧的清除而打破这种平衡时，细胞内活性氧则急剧积累而使细胞受氧胁迫。由于这些活性氧基团外层自由电子的存在，活性氧比分子氧更活跃。许多研究表明，活性氧对细胞有明显的毒害作用，它们能与蛋白质、核酸和脂类发生作用而引起蛋白质失活和降解、DNA 链断裂和膜脂过氧化等现象，从而导致细胞结构和功能的破坏。活性氧对蛋白质的损伤是通过羰基化和糖基化来实现的，氧自由基可与酶活性中心的巯基作用，将其氧化成二硫键，造成酶生物活性丧失。活性氧与 DNA 分子中的嘌呤、嘧啶、脱氧核糖作用，引起 DNA 单链或双链的断裂、降解和修饰，从而影响 DNA 的复制。活性氧中的·OH 直接诱发膜脂过氧化，导致膜组成成分比率改变，膜流动性下降，膜的生物学功能受到破坏。在植物中，活性氧会引起植物代谢失活、细胞死亡、光合作用速率下降、同化物的形成减少，甚至造成植物品质下降和产量降低等严重后果。

在环境污染胁迫条件下，叶片细胞内的 SOD 活性降低、POD 活性升高、而 CAT 活性无显著变化，从而破坏了自由基清除酶系统的协调性，细胞内自由基积累，对膜系统造成伤害。研究发现，水培条件下镉和直链烷基苯磺酸钠可以使小麦幼苗中丙二醛（MDA）的含量增加，而 MDA 正是膜脂过氧化的结果。膜脂过氧化后，细胞内维持蛋白质和膜构象的—SH基氧化消失，导致质膜受到损伤，膜透性增大，细胞内物质泄露。

植物体内提高抗氧化酶类活性及抗氧化剂物质含量，增强抗氧化代谢循环的水平，强化植物活性氧解毒体系，现已证实是提高植物胁迫耐性的有效途径。利用基因工程手段，在研究抗氧化酶类在清除活性氧方面的功能及作用中，SOD、APX、GR 和 CAT 的大量表达提高了植株对氧化胁迫的抗性，植物对胁迫的耐性得到了不同程度的提高（表 2-3）。

表 2-3　ROS 清除酶和非酶抗氧化剂以及它们在转基因植物对非生物胁迫中的作用（Gill 和 Tuteja 2010）

基因	来源	目标基因	转基因植物的应答	参考文献
超氧化物歧化酶(SOD)				
Cu/Zn SOD	*Oryza sativa* L.	*Nicotiana tabacum*	增强对盐、水分、PEG 胁迫的抗性，提高叶绿体的抗氧化性	Badawi et al (2004)
Cu/Zn SOD	*Avicennia marina*	*Oryza sativaPusa Basmati*-1	转基因植物对甲基紫精介导的氧化、盐和干旱胁迫的抗性更强	Prashanth et al (2008)
Mn SOD	*Nicotiana plumbaginifolia*	*Triticum aestivum* cv. Oasis protoplast	光氧化胁迫抗性，低的氧化损伤，高的 H_2O_2 以及 SOD 和 GR 活性显著提高	Melchiorre et al (2009)
MnSOD	*Tamarix androssowii*	*Populus davidianax P. bolleana*	盐抗性，转基因植物相对粒重增加 8～23 倍且 SOD 活性增强	Wang et al (2010)
Mn SOD	*Arabidopsis*	*Arabidopsis* ecotype Columbia	盐抗性，盐胁迫下 Mn-SOD，Cu/Zn-SOD，Fe-SOD，CAT 和 POD 活性增强	Wang et al (2004)
Mn SOD+APX	*Nicotiana tabacum*	*Festuca arundinacea* Schreb. cv. Kentucky-31	甲基紫精，H_2O_2 以及 Cu，Cd 和 As 抗性，低的 TBARS、离子渗漏、叶绿素降解，增强 DOS 和 APX 活性	Lee et al (2007)
Mn SOD+CAT	*Escherichia coli*	*Brassica campestris* L. ssp. Pekinensis cv. Tropical Pride	抗 SO_2，SOD、CAT、GR 和 APX 活性增强	Tseng et al (2007)
MnSOD+FeSOD	*Nicotiana plumbaginifolia* and *Arabidopsis thaliana*	*Medicago sativa* L.	轻度水分胁迫下具有高的光合活性	Rubio et al (2002)
过氧化氢酶(CAT)				
CAT	*Triticum aestivum* L.	*Oryza sativa* L. cv. Yuukara or Matsumae	由 CAT 有效清除 H_2O_2 产生的低温胁迫抗性	Matsumura et al (2002)
CAT3	*Brassica juncea*	*Nicotiana tabacum*	Cd 胁迫抗性，苗期生长较好并有较长的根系	Gichner et al (2004)
katE	*Escherichia coli*	*Nicotiana tabacum* ‘Xanthi’	katE 基因增强了叶绿体清除 H_2O_2 能力，提高盐胁迫抗性	Al-Taweel et al (2007)

续表

基因	来源	目标基因	转基因植物的应答	参考文献
抗坏血酸过氧化物酶(APX)				
cAPX	*Pisum sativum*	*Lycopersicon esculentum* cv. Zhongshu No. 5	增强UV-B、热、干旱、冷胁迫抗性，增强APX活性	Wang et al (2005,2006)
APX3	*Arabidopsis thaliana*	*Nicotiana tabacum* cv. Xanthi	水分胁迫下具有较强的光合作用	Yanet al (2003)
APX1	*Hordeum vulgare* L.	*Arabidopsis thaliana*	提高提高APX、SOD、CAT和GR活性以及降低H_2O_2和MDA含量增强抗盐性	Xu et al (2008)
谷胱甘肽还原酶(GR)				
GR	*Escherichia coli*	*Triticum aestivum*, cv. Oasis protoplast	高的GSH含量和GSH/GSH+GSSG比值，未增加SOD和GR活性	Melchiorre et al (2009)
GR	*Arabidopsis thaliana* ecotype Columbia	*Gossypium hirsutum* L. cv. Coker 312	冷胁迫抗性以及光保护	Kornyeyev et al (2003)
单脱氢抗坏血酸还原酶(MDAR)				
MDAR1	*Arabidopsis thaliana* ecotype Columbia	*Nicotiana tabacum*	由于高的MDAR活性和还原型AsA含量而产生的臭氧、盐和PEG胁迫抗性	Eltayeb et al (2007)
脱氢抗坏血酸还原酶(DHAR)				
DHAR	*Arabidopsis thaliana*	*Nicotiana tabacum*	因较高的DHAR活性和还原型AsA含量产生的干旱和盐胁迫抗性	Eltayeb et al (2007)
DHAR	*Arabidopsis thaliana*	*Nicotiana tabacum*	因较高的DHAR活性和还原型AsA含量产生的干旱和臭氧胁迫抗性	Ushimaru et al (2006)
DHAR	*Oryza sativa*	*Arabidopsis thaliana* L. (ecotype Wassilewskija)	因较高的DHAR活性和总抗坏血酸含量产生的盐胁迫抗性	Chen et al (2005)
DHAR	Human	*Nicotiana tabacum* cv. Xanthi	对甲基紫精、H_2O_2、低温以及NaCl的抗性	Kwon et al (2003)
谷胱甘肽S-转移酶(GST)				
GST	*Suaeda salsa*	*Oryza sativa* cv. Zhonghua No. 11	由于GST、CAT和SOD活性植物产生的盐和百草枯抗性	Zhao et al (2006)
NtPox parB	*Nicotiana tabacum*	*Arabidopsis thaliana*	抗Al毒害和氧化胁迫	Ezaki et al (2001)
NtPox parB AtPox	*Nicotiana tabacum* L. and Arabidopsis	*Arabidopsis* ecotype Landsberg	抗Al毒害和氧化胁迫	Ezaki et al (2000)
GST+GPX	*Nicotiana tabacum*	*Nicotiana tabacum* L. cv. Xanthi NN	因谷胱甘肽和抗坏血酸含量增加产生的热和盐胁迫抗性	Jogeswar et al (2006)

续表

基因	来源	目标基因	转基因植物的应答	参考文献
谷胱甘肽过氧化物酶(GPX)				
GPX	*Chlamydomonas*	*Nicotiana tabacum* cv. Xanthi	对甲基紫精的抗性，高光强和盐胁迫下由于低的 MDA 和增强的光合、抗氧化系统而产生的抗冷性	Yoshimura et al (2004)
GPX-2	Synechocystis PCC 6803	*Arabidopsis thaliana*	增强对 H_2O_2、铁离子、甲基紫精、冷、高盐或干旱胁迫抗性	Gaber et al (2006)

2.1.2.2 环境污染与其他酶系统

污染物对植物的毒害作用除了表现在与抗氧化酶系统的相互作用方面以外，还表现在对其他酶结构和活性的影响上。一些污染物可以抑制酶活性，如氟化物可以强烈抑制烯醇化酶而使糖酵解过程受阻。有的污染物可以改变植物体内酶的结构而使酶永久失活，臭氧等氧化性污染物可以使酶结构中的羧基氧化，导致多聚糖合成酶、异柠檬酸脱氢酶、苹果酸脱氢酶等因羧基氧化而失活。

污染物对酶系统的影响使植物体内一些生化反应受阻，引起植物表观的变化。如镉可以与叶绿素合成途径中的多种酶的—SH 基团发生反应，阻碍了叶绿素的生成，使得小麦中叶绿素含量显著降低，叶片泛黄。

2.1.2.3 植物的逆境蛋白

蛋白质中许多氨基酸带有活性集团，如—OH、胍基、—NH_2、巯基等，这些氨基酸活性集团在维持蛋白质的构型和酶的催化活性中起重要作用。然而，这些集团易与污染物及其活性代谢产物发生反应，导致蛋白质损伤，对细胞膜和亚细胞损伤，最终可导致细胞死亡和组织坏死。

近年来随着分子生物学的发展，人们对植物抗逆性的研究不断深入。现已发现多种因素刺激都会抑制原来正常蛋白的合成，同时诱导形成新的蛋白质（或酶），这些在逆境条件下诱导产生的蛋白质可统称为逆境蛋白。植物在逆境下合成逆境蛋白具有广泛性和普遍性。在缺氧环境下，植物体内会产生厌氧蛋白；紫外线照射会产生紫外线诱导蛋白；施用化学试剂会产生化学试剂诱导蛋白，重金属污染会产生金属硫蛋白等。金属硫蛋白对二价金属离子具有极高的亲和力，在细胞内起储存必需的微量金属如 Zn、Cu 和结合有毒金属如 Cd、Hg 的作用，它与必需金属的结合起调节这些金属在细胞内浓度的作用，而与有毒金属结合则可以保护细胞免受金属毒性影响。它可以被环境中的金属所诱导，而且这种诱导与环境中金属浓度有相关性。

2.1.2.4 光合作用与环境污染

污染物对光合作用的影响，是植物受害的重要原因。以二氧化硫为例，它一方面抑制二磷酸核酮糖 RuBP 羧化酶活性，阻止对二氧化碳的固定；另一方面使光系统 II 和非环式光合磷酸化受阻，影响 ATP 的合成，使光合速度降低。二氧化硫对光合作用影响还在于它使细胞液 pH 值改变，并使叶绿素失去 Mg^{2+} 而抑制光合作用。二氧化硫的毒性还在于进入叶肉细胞后与由植物同化作用过程中有机酸分解所产生的 α-醛结合成羟基磺酸。

羟基磺酸是一种酶的抑制剂，能抑制乙醇酸代谢中的乙醇酸氧化酶，阻止气孔开放，抑制二氧化碳固定和光合磷酸化，干扰有机酸与氮的代谢；同时对光合和呼吸中 ATP 的形成、H^+ 和 Cl^- 的跨膜运输，都有抑制作用。此外，这一反应截获了代谢中间产物的醛和酮，使它脱离正常代谢过程，从而影响整个生理活动。

重金属对植物光合作用的影响也是比较广泛的。如 Pb 能抑制菠菜叶绿素中光合电子传递，抑制光合作用中对二氧化碳的固定。Cd 主要抑制光化学系统Ⅱ的电子运转，影响光合磷酸化作用，并增加叶肉细胞对气体的阻力，从而使光合作用下降。

镉污染不仅对叶绿素含量有影响，而且还能引起色素比率的改变。实验证明，水生植物叶绿素 a/b 随水体镉浓度上升而下降，这说明镉对叶绿素 a 的破坏作用大于叶绿素 b，而最重要的作用中心色素分子正是某些叶绿素 a 分子。

2.1.2.5 呼吸作用与环境污染

呼吸作用是一个普遍的生理过程。它提供了大部分生命活动的能量，同时，它的中间产物是合成多种重要有机物的原料。呼吸作用是代谢的中心。关于环境污染对植物呼吸作用的促进效应或抑制效应都进行了大量的研究工作。线粒体由于能通过呼吸作用为有机体提供 90%ATP 能源而受到关注。线粒体呼吸链由位于线粒体内膜 M 侧到 C 侧的细胞色素 C、辅酶 Q、4 个功能复合体以及与复合体（Ⅰ、Ⅲ、Ⅳ）各有一个偶联位点的 F_1F_0-ATPase 构成，通过电子传递和氧化磷酸化作用，合成有机体所需的 ATP 能源。对呼吸链任何一个部位的损害以及呼吸链正常运转系统的阻碍，都会导致因 ATP 能源供应不足而产生的细胞毒性。研究表明，许多环境化学污染物以线粒体呼吸链系统作为其毒性作用的主要靶标，通过对它的直接和间接作用影响线粒体以及细胞的正常运转，甚至导致细胞死亡。由此，各种环境化学污染物对线粒体呼吸链系统的影响及其作用机制的研究成为科学研究新的热点。

环境污染物对线粒体呼吸链功能酶的影响主要表现在以下几方面。线粒体呼吸链主要由细胞色素 C、辅酶 Q 以及 5 个功能复合体（F_1F_0-ATPase 为复合体 V）构成，其呼吸功能正常运转也离不开线粒体内催化三羧酸循环和脂肪酸 β-氧化的功能酶。由于各功能酶都是各具生物活性的蛋白质大分子，容易受到外源化学物质的作用而致功能障碍。研究表明，对线粒体呼吸链各功能复合体及相关酶的抑制是许多环境化学污染物的毒性作用机制之一，主要的相关研究结果如表 2-4 所列。

表 2-4 环境污染物对线粒体呼吸链酶蛋白的影响

环境污染物	抑制对象	环境污染物	抑制对象
四硫铜酸盐	细胞色素氧化酶	丁香酚	复合体Ⅰ
NO	复合体Ⅰ、Ⅱ、Ⅲ、Ⅳ	二溴乙烷	NADH 氧化酶、琥珀酸氧化酶和脱氢酶
CO	复合体Ⅳ	CCl_4	复合体Ⅲ、Ⅳ
Mn^{3+}	乌头酸酶及铁硫中心		

环境污染物对线粒体呼吸链功能酶的作用机制。

① 对功能酶蛋白活性位点的抑制作用　研究发现，Mn^{3+} 因与 Fe^{3+} 具有相似的结构，可竞争性地取代乌头酸酶中处于铁硫配体中心的 Fe^{3+}，因而阻断了柠檬酸与乌头酸的结合，致柠檬酸不能被有效氧化。低浓度 NO 对线粒体细胞色素氧化 COX 的抑制作用已被广泛证实，其机制是 NO 优先与 a_3 中的 Cu^{2+} 结合，并阻碍 O_2 与 Fe^{2+} 的结合。

② 对功能酶蛋白活性基团及辅基的直接作用　酶蛋白分子的活性基团（如—SH、—COOH、—NH_2等）及其辅基也是环境化学污染物的作用靶体，受到环境污染物作用后，功能酶蛋白的活性受到抑制。较高浓度 NO 可直接与细胞色素 C、辅酶 Q-2 以及铁硫中心反应，对线粒体呼吸链复合体（Ⅰ-Ⅳ）以及乌头酸酶、肌酸激酶等有广泛的抑制作用。CO 则在无氧状况下通过与复合体Ⅳ中血红素辅基结合，影响复合体Ⅳ的功能。

2.1.2.6　植物 P450 与环境污染

植物细胞色素 P450 是分子量为 40～60kDa、结构类似的一类血红素-硫铁蛋白。它以可溶性和膜结合两种形态存在于植物细胞内，可催化多种化学反应，具有代谢解毒和增毒的双重性，它既是催化外来化合物代谢转化的核心，同时又是外来化合物的靶器官。在防御植物免受有害物质侵害方面具有重要作用。目前已克隆 90 多个植物细胞色素 P450 基因，因而受到广泛的重视。

（1）植物 P450 酶系对环境污染物的代谢作用

P450 在生物体内具有重要的生理功能。大多数疏水性的污染物，经植物 P450 催化反应后在其分子上引入一个官能团（主要是羟基、羧基和硝基等），然后在谷胱甘肽转移酶或糖基转移酶的作用下，使官能团与植物体内的水溶性物质结合（如谷胱甘肽和葡萄糖醛酸）。通过提高有机污染物的溶解度以达到解除其对植物体的毒害作用。植物 P450 参与的氧化类型如下。

① 氧化性脱烷基　许多在 N、O 上有短链烷基的化学物质易被羟化，脱去烷基生成相应的脱烷基产物，使其毒性降低。外毒素的 N、O 脱烷基化作用是 P450 酶的主要氧化类型，如 Frear 等首次报道了植物（棉花）幼苗 P450 可把 monuron 连续脱去两个 N 甲基而生成尿素。

② 芳环的羟基化　又称双链氧化或环的羟化。如玉米的微粒体对除草剂 bentazon、primisulfuron 的芳基羟化。上述反应是由同一植物细胞内具有高度专一性的 P450 同工酶催化的。

③ 脂肪族侧链羟化　芳基上脂肪族侧链通常在末端第一个或第二个碳原子上被氧化生成相应的醇。如小麦和玉米 P450 酶对 chlorotoluron 芳基上的甲基羟化。

④ 硫氧化　高粱 P450 酶将除草剂二榛农的 P-S 脱硫氧化为 P-O 类似物，脱去的硫可能与微粒体 P450 结合。

（2）污染物对植物 P450 的诱导作用

P450 在植物体内几乎能被所有的外源性物质刺激而诱导。研究表明，机械损伤、苯巴比妥钠、乙醇、PAHs、Cd^{2+}、Hg^{2+} 等环境毒物及一些杀虫药剂（如 2,4-D、clofibrate 等）对小麦、甘薯、以色列菊芋等作物的 P450 含量及 NADP-P450 还原酶、月桂酸脱氢酶活性有明显诱导作用。在苜蓿中的黄酮 2,3-羟化酶和在大豆中的黄酮 6α-羟化酶可被许多胁迫因子诱导。曾经有报道，在蚕豆和大豆中经除草剂 2,4-D 处理后 P450 活性增加 30 倍以上。二甲基苯胺无论对大豆或黑麦草都能增加微粒体 P450 的含量；其代谢产物也具有诱导作用。植物 P450 酶系的诱导特性受许多因素影响。

① 外来物质本身及其代谢产物的化学特性：如植物接触苯并［α］芘初期能诱导 CYP，在接触一段时间后，能抑制 CYP。其原因何在？研究表明，苯并［α］芘能代谢成有活性的中间产物——环氧化合物及苯醌，该产物能攻击 CYP 血红素，或者攻击 CYP 蛋白，或两者

兼而有之；而苯醌能攻击两者。

② 诱导的时间效应和剂量效应　诱导剂只有达到一定浓度及有一定的作用时间后才发生诱导作用，这与外来物质的转运和积累过程有关。植物中P450酶系的诱导作用是相当迅速的，如细胞培养的大豆幼苗MFO活性可以在接触诱发物数分钟后被诱导；而以色列菊芋的MFO活性则在Mn^{2+}胁迫3d后达到高峰。诱导的时间过程随植物种类、所用外来物质种类及不同的酶有所不同，一般在48～72h达到高峰。此外，只要诱导剂在植物组织中有足够高的浓度，诱导活性即一直保持着。

③ 诱导的特异性和重叠性　诱导剂的诱导作用存在一定程度的特异性，对某种或几种P450酶有效应的化合物并不一定诱导其他类型的P450酶。

总之，P450酶系的诱导作用是P450的一个重要特征，在植物中普遍存在。它的广泛分布并一直保持进化到高等生物表明，诱导响应可能是生物的一种适应，可以使生物在复杂而不利的生态环境中生存下来。诱导加强可补充植物的解毒能力，从理论上说可以提高对环境有毒物质的适应能力。

(3) 污染物对植物P450的抑制作用

除了CO对植物P450具有非特异性抑制作用外，还有一些外来物质对植物P450具有抑制作用，许多咪唑、嘧啶及三唑类物质可抑制高等植物体内与固醇、赤霉素生物合成过程有关的P450含量及其氧化酶活性。其抑制机理可能是代谢中形成活跃中间产物（乙醛、酮、环氧化物、H_2O_2等）的抑制。

2.1.2.7　植物的化学成分与环境污染

污染物能影响植物体内的化学组成成分。例如，镉影响高等水生植物可溶性糖含量，可溶性糖含量会随水中镉浓度的升高而增加。抗性较弱的，在较低镉浓度下，叶片可溶性糖含量急剧上升，然后变得平缓；而抗性强的，可溶性糖含量的增加始终是缓慢的，因而，叶内可溶性糖含量的改变，可作为鉴别植物抗性强弱的生理指标之一。种子中所含氨基酸也受环境污染的影响（表2-5）。

很多毒物都能影响植物的化学成分。如喷洒一次致死剂量的2,4-D后，能使一种毒性很高的杂草含糖量增高，以诱使动物啃食、中毒。在含1～100mg/kg七氯的土壤上生长的谷物和豆类，地上部分的N、P、K、Ca、Mg、Fe、Cu、B、Sr、Zn等元素都有明显变化。据报道，用100mg/kg七氯喷洒豆类，能使植物锌含量提高60%；每公顷使用1.15kg的2,4,5-T能使苏丹草体内氰氢酸增加69%。

2.1.3　植物对环境污染响应与反馈的分子机制

污染物及其活性代谢产物可直接与生物大分子如蛋白质、核酸、脂肪酸反应，共价结合，导致生物大分子的损伤，从而影响生物大分子的功能，引起一系列生物学反应，产生毒性效应。在污染物及其代谢产物与生物大分子结合中，最典型的方式是污染物及其代谢产物作为生物合成的“原料”，掺入生物大分子，导致生物大分子组成的功能性异常。

2.1.3.1　对遗传物质（DNA）的损伤

脱氧核糖核酸（DNA）是生物体内重要的大分子，也是生物体内重要的遗传物质。在环境污染情况下，DNA可以受到不同途径的损伤，如紫外线核放射性物质会造成直接损伤，外源化合物及其代谢产物与DNA结合等。

表 2-5　种子中 Cd 的积累对各种氨基酸含量（g/100g 样）的相对比较（±%）

Cd/(mg/kg)	0	1.68	3.70	5.65	7.85
精氨酸	2.636	2.471 −6.26%	2.262 −14.19%	2.200 −15.54%	62.167 −17.75%
丙氨酸	1.214	1.199 −1.24%	1.212 −0.16%	1.144 −5.77%	1.072 −11.70%
半胱氨酸	0.271	0.279 +2.95%	0.243 −10.33%	0.232 −14.39%	0.243 −10.33%
天门冬氨酸	3.256	3.118 −4.24%	3.002 −7.91%	2.971 −8.75%	2.614 −10.72%
丝氨酸	1.352	1.278 −5.47%	1.324 −2.07%	1.245 −7.91%	1.190 −11.98%
赖氨酸	1.785	1.714 −3.92%	1.682 −5.77%	1.677 −6.05%	1.544 −13.51%
亮氨酸	1.996	1.985 −0.55%%	1.824 −8.62%%	1.808 −9.42%%	1.745 −12.58%%
异亮氨酸	0.990	1.018 +2.83%	0.953 −3.90%	0.953 −3.74%	0.854 −13.74%
苏氨酸	0.995	1.023 +2.81%	1.034 +3.90%	0.982 −1.31%	0.914 −8.14%
酪氨酸	0.865	0.872 +0.81%	0.890 +2.89%	0.776 −11.45%	0.789 −7.75%
苯丙氨酸	1.141	1.154 +1.14%	1.135 −0.63%	1.111 −2.63%	0.988 −13.41%
甲硫氨酸	0.041	0.144 +251.22%	0.033 −19.51%	0.082 +100.00%	0.177 +331.71%
脯氨酸	0.472	0.561 +18.86%	0.643 +36.20%	0.544 +12.25%	0.433 −8.26%
甘氨酸	1.837	1.088 −40.77%	1.150 −37.40%	1.041 −43.33%	1.040 −43.39%
谷氨酸	4.906	4.334 −11.66%	4.146 −15.46%	4.071 −17.02%	4.194 −14.51%
组氨酸	0.688	0.660 −4.07%	0.651 −5.38%	0.631 −8.28%	0.604 −14.53%

大量研究表明，环境污染物及其代谢产物与 DNA 相互作用及产生突变有一定的顺序，大致分为四个阶段：第一阶段，形成 DNA 加合物；第二阶段，发生 DNA 的二次修饰；第三阶段，DNA 结构的破坏被固定；第四阶段，当细胞分裂时，环境污染物造成的危害可导致 DNA 突变及基因功能改变。

2.1.3.2　环境污染与相关基因

大多数金属离子的反应性对植物细胞会造成致命的伤害，有限的溶解性又会限制其在植物体根、茎、叶等各部位进行有效的分配，有机酸、氨基酸、植物络合素和金属硫蛋白等金属离子络合剂对重金属离子的螯合作用能够缓冲胞质金属离子浓度，增加其溶解性，从而不同程度地提高了植物对重金属的抗性及其在植物体内的运输效率。随着分子生物学技术的发展，越来越多的修复性蛋白的基因正被从植物、微生物和动物中陆续分离出来，如汞离子还原酶基因（merA)、有机汞裂解酶基因（merB)、汞转运蛋白基因（merT)、金属硫蛋白基因（MT)、植物络合素合成酶基因（PCS)、铁离子还原酶基因（FRO2）和锌转运蛋白基因（ZIP)。这些基因的发现和克隆为清晰、准确地了解污染物在植物体内的代谢转化、清除或富集提供了可能，为进一步利用植物修复被污染的环境奠定了基础。

(1) 有机汞裂解酶基因（merB)

在许多种具有抗汞性的格兰阴性细菌中，存在一条转化汞的反应通路，其中有两个关键性的酶：有机汞裂解酶（由 merB 基因编码)，将有机汞转化为汞离子（Hg^{2+})；汞离子还原酶（由 merA 基因编码)，将 Hg^{2+} 还原为基态汞（HgO)。merB 基因编码的有机汞裂解酶，催化甲基汞裂解为离子汞的降解反应。生物体内甲基汞转化为离子汞的过程实际上是甲基汞的降解过程。Bizily 等（1999）用 merB 基因转化拟南芥，所得到的转 merB 植株对甲基汞及其他有机汞的抗性显著增强。

(2) 汞离子还原酶基因（merA)

merA 基因编码汞还原酶［Hg(Ⅱ) reductase，HR]，催化离子汞还原为金属汞的生物化学过程。merA 基因的表达与否和表达强度直接关系到汞还原酶的有无和多少，而生物体内和介质中汞离子（底物）的状态和含量以及其他环境因子都会影响 merA 基因的表达。这种影响常常以激活或抑制基因表达的方式表现出来。因此，merA 基因表达的调控是汞还原酶酶促反应强度的决定性因素。Meagher 和他的同事（Rugh 等 1996）对 merA 基因的序列进行了改造，使之尽可能地符合真核基因的碱基组成。他们将该基因连接到植物启动子上并转化拟南芥。对 merA 转化植株的研究表明，该植株对 Hg^{2+} 的抗性及 HgO 的挥发量都明显地高于野生型植株。他们将转 merA 和 merB 植株杂交，F_1 代自交，F_2 代用于与转 merA 和 merB 植株进行有机汞抗性的比较研究。结果表明，转 merA＋merB 双基因植株对有机汞的抗性最高（可耐受 10μmol/L 的有机汞)，转 merB 植株也有较高的抗性（可耐受 5μM 的有机汞)，而转 merA 植株和野生型植株在有机汞浓度为 0.25μM 时便不能生存，即转 merA＋merB 双基因植株和转 merB 植株对有机汞的抗性分别比野生型高 40 倍和 20 倍。而且在含有机汞的溶液中，只有转 merA＋merB 双基因植株能挥发出基态汞，而转单基因植株及野生型植株均不能，表明只有转 merA＋merB 双基因植株能将有机汞转化为基态汞。进一步的研究表明，merB 基因产物是这一解毒途径的关键酶（Bizily 等 2000)。

(3) 金属硫蛋白基因（MT)

植物体内有一个复杂的金属硫蛋白（MT）基因家族，编码一类由 60～80 个氨基酸组成的多肽，其中通常包含 9～16 个半胱氨酸残基（Malin 和 Leif 2001)。豌豆 PsMTA 等基因已被克隆、鉴定并在不同植物中进行了遗传转化。MT 主要用于伴随营养金属元素执行其相应的功能（如在蛋白质折叠过程中将相应金属离子插入到其活性中心等)，也可以络合毒性重金属以保护植株免受毒害，从而有利于这些毒性重金属在体内的积累。例如，将小鼠的一段编码含有 32 个氨基酸的金属结合结构域的基因转入烟草中并使其过量表达，所得转基因植株获得了较强的抗 Cd^{2+} 性并能使 Cd^{2+} 在体内积累（Pan 等 1993，1994)。MT 基因有许多同源基因，如小鼠 MTI、人类 MTIA（α 结构域）和 MTII、中华大蟾蜍 MTII、酵母 CUP1（Karenlampi 等 2000，Malin 和 Leif 2001)。Pan 等（1993）在不同植物中进行了遗传转化 MT 基因及重金属抗性实验，结果得到了具有不同抗性水平的转化植株，与对照相比有些转基因植株抗性提高了近 20 倍。

(4) 植物络合素合成酶基因(PCS)

植物络合素(PC)是一类非核糖体合成的多肽,结构通式为(γ-Glu-Cys)$_n$X,其中 n 一般为 2~11,而 X 常为甘氨酸,也可以是丙氨酸或丝氨酸。PC 常通过与毒性重金属络合形成配体复合物而保护植株免受毒害,并在重金属的体内转运和富集中起重要作用。除了一些真菌、水生硅藻外,PC 还广泛存在于各种植物中。在许多物种中进行的大量研究使我们对它的生理及生化特性有了一定的了解,而在酵母及拟南芥中进行的分子遗传学方面研究使我们对其生物合成过程及功能有了更为详细的认识(Cobbett 2000)。PC 的生物合成由 3 个酶催化完成,其中植物络合素合成酶(phytochelatinsynthase,PCS)不仅是此途径中的关键酶,而且对植物的重金属抗性起重要的作用,已分别从拟南芥、小麦和酵母菌中克隆出它的同源基因 AtPCS1、TaPCS1 和 SpPCS(Vatamaniuk 等 1999,Clemen 等 1999,Li 等 1997)。PCS 的功能是催化 GSH(还原型谷胱甘肽)中的 γ-Glu-Cys 部分发生转肽作用,从而结合到第 2 个 GSH 分子上,形成 PC_2 以及在接下来的反应中结合到 PC_n 上形成 PC_{n+1} 寡聚体。PCS 的酶活性在两种水平上受到调控:转录水平的诱导(有些物种中 PCS 基因的表达为持续性的)和重金属离子对酶活性的激活作用。基因突变使该酶失活,突变体植株对 Cd、Hg 等重金属超敏感。这种事实初步证明了植物络合素在植物抗重金属中的作用。氨基酸同源序列比较及遗传分析表明,PCS 的氨基端序列保守性较高,为该酶的催化结构域,而羧基端保守性相对较低,为金属离子结合结构域(Ha 等 1999,Christopher 1999)。

(5) 铁离子还原酶基因(FRO_2)

铁元素在土壤中主要以难溶的三价铁化合物如氢氧化铁及多种氧化铁形式存在,很难被植物吸收利用,而且三价铁对植物有较强的毒性。拟南芥是铁高效利用植物,能够通过一种还原机制转化并吸收土壤中的三价铁而加以利用。FRO_2 基因最先是从一种表现缺铁症状的拟南芥突变体植株(frd_1)中分离出来的(Robinson 等 1999),编码的蛋白产物为一种能够螯合三价铁离子并将其还原为相对无毒的亚铁离子的还原酶,属于黄酮类,具有跨膜转运电子的功能。铁离子还原酶作为一类典型的跨膜蛋白有两个结构域:膜内的亚铁血红素结合域和胞质 NADPH 和 FAD 的结合结构域。FRO2 基因能够补救缺失该酶的拟南芥的表型,而且能够补救由于该酶缺失而造成的铜缺陷的表型。Samuelsen 等(1998)将从酵母中分离出的两个铁离子还原酶基因 FRE1 和 FRE2 转入烟草,分别在正常供铁和贫铁条件下研究转化植株中的酶活性及铁在体内的积累情况。结果表明,在贫铁条件下,FRE2 和 FRE1+FRE2 转基因植株叶中铁的浓度高于 FRE1 转基因植株和对照植株;在供铁条件下也得到相同的结果,并且转双基因植株叶中的 Fe^{3+} 的还原量比对照高 4 倍。

(6) 离子转运蛋白基因(ZIP 和 ITR1)

目前已从拟南芥中分离到两个亚家族的转运蛋白及相关的基因,其中锌转运蛋白(zinctransorter,ZIP)是一类能够转运 Zn^{2+}、Fe^{2+}、Cu^{2+} 等离子的跨膜蛋白。植物体内含锌量不足可诱导该蛋白基因在根部的表达,而基因突变使该蛋白不能合成时,植物表现为 Zn^{2+} 缺乏症,说明这类蛋白与 Zn^{2+} 等的吸收有直接的关系。另一类蛋白为铁离子转运蛋白(irontransorter1,ITR_1),它们能够高效地转运 Fe^{2+}、Cd^{2+} 等离子。这两类转运蛋白及其他可诱导型转运蛋白为毒性金属离子转运进入根部提供了有效的通路。

(7) 汞转运蛋白基因(merT)

与 merA 基因不一样,merT 基因所编码的蛋白承担汞离子在细胞内转运的功能,直接影响生物体内汞离子的积累。MT 基因编码的金属硫蛋白能够与 Hg^{2+} 和 Cd^{2+} 等重金属离子结合，在 merT 转运蛋白的协同作用下超量积累这些重金属离子。

2.2 水生植物对环境污染的响应及反馈

2.2.1 环境污染对水生植物生理生化的影响

污染物对植物生长发育的影响，主要是通过对生理生化过程的影响来实现的，而植物同时也通过其生理生化方面的变化来忍耐或拮抗环境污染的影响，因此研究环境污染对植物生理生化的影响，具有重要的意义。

2.2.1.1 对细胞膜透性的影响

植物细胞的原生质是被细胞膜包围着，植物细胞与外界环境进行的一切物质交换，都必须通过细胞膜，它对各种物质具有选择透过性。细胞膜透性是评定植物对污染物反应的基本方法之一，我们测定水生植物叶组织外渗液的电导度和钾含量，试验结果表明镉等污染物对植物细胞膜有严重的破坏作用。细胞外渗液电导度和钾离子浓度，均与水体镉浓度呈非常显著的正相关关系，见表 2-6。

表 2-6 镉处理 5d 后水生植物的细胞膜透性

水体镉浓度/(mg/L)	凤眼莲		荇菜	紫背萍	狐尾菜	
	电导率	钾浓度	电导率	电导率	电导率	钾浓度
对照	122	8.3	132	86	146	14.6
0.005	156	10.0	440	220	286	17.0
1	178	10.9	730	218	217	17.0
2	228	13.1	720	358	275	17.5
4	247	14.0	910	313	393	20.4
8	356	15.8	1070	695	501	22
10	510	18.6	850	950	829	25
平均值	279	13.7	787	460	417	19.8
相关系数 r	0.970	0.958	0.747	0.965	0.929	0.968

2.2.1.2 对光合作用的影响

镉对绿藻光合作用的影响非常显著。0.1mg/L 镉处理 4h，使斜生栅藻及蛋白核小球藻光合作用出现暂时性增强，至 24h 后，下降至接近对照水平。0.5mg/L 镉在 8h 内对斜生栅藻及蛋白核小球藻的光合作用强度有刺激作用。1.0mg/L、5.0mg/L 各浓度镉处理 4h，斜生栅藻和蛋白核小球藻光合强度与对照接近，4h 以后，各组光合作用均急速下降，镉浓度越高，下降程度越大。10.0mg/L 处理时，斜生栅藻的光合作用强度在 4h 仅为对照的 64%，随时间延长，光合强度下降，至 72h 光合作用停止；对蛋白核小球藻，4h 时光合作用已明显受抑制，至 72h，光合强度还为对照的 58%。20mg/L 处理蛋白核小球藻至 72h，光合作用完全被抑制。经统计分析，光合作用抑制率与镉浓度之间成显著的正相关关系。

污染物使光合作用下降的主要原因之一是叶绿体遭到破坏，尤其是叶绿素 a 更容易受害。铅对水稻叶片叶绿素产生显著影响，随铅浓度增多，叶绿素含量递减。镉对绿藻叶绿素含量的影响也非常明显，随着镉浓度升高，藻体叶绿素含量随处理浓度的增加而下降，相关系数 r 非常显著。

镉污染不仅对叶绿素含量有影响，而且还引起色素比率的改变。试验证实，水生植物叶绿素 a/b 随水体镉浓度上升而下降，这种现象说明镉对叶绿素 a 的破坏作用大于叶绿素 b，而重要的光合作用色素中心正是叶绿素 a 中的某些特征结构。此外，不同植物叶绿素 a/b 下降的程度也不一样，其中抗性最弱的紫背萍的变化率最大。

叶绿素被重金属破坏的机制可能有三种：其一，重金属进入叶内，在局部积累过多，与蛋白质上的—SH 等活性基团结合或取代其中的铁、锌、铜、镁等，以直接破坏叶绿体结构及其功能活性；其二，重金属间接地通过拮抗作用干扰了植物对铁、锌、铜、镁等生命必需元素的吸收、转移，阻断了营养元素向叶部输送，阻碍叶绿素的合成；其三，重金属使叶绿素酶活力增加，加速叶绿素分解，含量降低。

2.2.1.3　对呼吸作用的影响

污染物对水生植物呼吸作用的影响非常明显。不同浓度镉污染对斜生栅藻和蛋白核小球藻呼吸作用的影响试验表明，低浓度的镉处理 4h，呼吸作用增强，高浓度处理中呼吸作用明显受抑制。4h 以后，各处理组的呼吸强度均急剧下降，其后，下降减慢。处理的浓度越高，下降越剧烈。至 72h、0.1mg/L 处理呼吸作用接近对照，0.5mg/L、1.0mg/L、5.0mg/L 处理中的呼吸抑制作用有所缓解，但 10.0mg/L 组呼吸停止。两种绿藻的光合、呼吸作用对镉的敏感性有差异，斜生栅藻比蛋白核小球藻更敏感。

铅对水稻种子萌发时的呼吸强度，也有明显的抑制作用。在种子萌发的第 3 天和第 7 天，随着铅处理浓度的增高，呼吸强度不断下降，呈现出显著的负相关关系。

重金属对呼吸作用的影响与其对呼吸酶的干扰有关。低浓度镉对酶活性的刺激是呼吸增强的原因，镉刺激三羧酸循环以产生能量，但随着镉浓度增加，酶活性受抑，呼吸作用下降。对镉污染 4h 后绿萍苹果酸脱氢酶活性的测定表明，在低浓度下，对酶的活性有刺激作用，高浓度则明显受到抑制。镉对高等水生植物根系脱氢酶也有明显影响，随镉浓度增加，根系脱氢酶活性明显下降，但不同水生植物其酶活性的反应是不同的，当凤眼莲在 2mg/L 以上镉环境中，根系脱氢酶活性渐趋稳定，表现出较强的适应能力；而和虎尾藻仍有急剧下降的趋势，镉对不同种植物根影响的差异，可能是它们的呼吸酶系中末端氧化酶的差异引起的。

此外，污染物还能影响植物体内的化学组成成分。如镉影响高等水生植物可溶性糖含量。研究发现，抗性较强的凤眼莲和较敏感的紫背萍叶片中，可溶性糖含量都随水中镉浓度的升高而增加。紫背萍抗性较弱，在较低镉浓度下，叶片可溶性糖含量急剧上升，然后变得平缓；凤眼莲抗性强，可溶性糖含量的增加始终是缓慢的，因而，叶内可溶性糖含量的改变，可作为鉴别植物抗性强弱的生理指标之一。

2.2.2　沉水植物对水体污染的响应及反馈

沉水植物（submerged macrophytes）是水生态系统中重要的初级生产者和溶解氧的调节者，它们不仅为众多水生动物提供觅食、栖息和繁殖的场所，而且可以净化水体，以维持水体的生态平衡。

藻类属于低等植物，形体大小和结构差异非常大，生理功能也有明显的不同。有单细胞藻，也有多细胞藻，甚至还有原核类型的藻类，如蓝藻，其细胞结构简单，没有核膜，也没有特异的细胞器分化，常常被列入微生物学研究范围。除蓝藻外，其他藻类均为真核生物。

藻类一般是无机营养型的，细胞内含有叶绿素和其他辅助色素，即使被称为蓝细菌的低等原核生物蓝藻也含有叶绿色素，可以进行光合作用，制造养分吸收CO_2，放出O_2，在环境中形成藻菌共生系统，对于净化环境有很好的促进作用。除蓝藻外，还有裸藻、绿藻、轮藻、金藻、硅藻、甲藻、褐藻和红藻等多个类型的藻类。藻类对环境的要求与细菌类等不一样，在阳光暴露较多的环境中常常藻类较多，在氧化塘或污水处理厂的空间较开阔的构造物中常有较多的藻类出现。藻类具有去除污水中氮和有机物的功能，然而，更重要的是藻类能改善细菌等微生物的生态条件，提高系统的净化效率。

以斜生栅藻和蛋白小球藻进行的试验表明，随着镉浓度升高，生长明显降低，同时也表明这种影响也与细胞起始密度有关（表 2-7）。0.01mg/L 的镉对绿藻的生长有刺激作用；镉浓度为 0.1mg/L 的栅藻及小球藻在各种细胞接种量条件，生长均于对照接近，说明对生长没有影响；0.5mg/L 的镉对蛋白小球藻的生长无明显影响，但对斜生栅藻的生长在起始细胞密度较低时，有一定的抑制作用，加大接种最后抑制作用有所减弱；1.0mg/L 的镉对蛋白核小球藻的生长有明显的影响；5.0～10.0mg/L 的镉对两种绿藻的生长都表现出强烈的抑制作用，直至生长完全停止。

表 2-7 镉对绿藻种群增长及其与藻体接种量（10^4/mL）的关系

项目	镉浓度	斜生栅藻			蛋白小球藻	
		1.0	2.6	8.4	1.0	8.4
第 7 天细胞数	0.0	78.0	118.0	240	280	930
	0.1	59.8	94.2	201.0	227.3	937
	0.5	26.5	44.0	105	201.1	890
	1.0	15.5	28.0	83.0	179.0	670
	5.0	14.5	23.0	88.0	120.0	630
	10.0	4.3	9.8	28.8	23.3	116.2
	20.0	3.5	8.0	21.6	8.6	60
相对增长量	0.0	100	100	100	100	100
	0.1	74.7	79.8	84	81.2	100.7
	0.5	35.4	37.8	44	71.8	95.6
	1.0	22.3	23.7	34	63.9	72.0
	5.0	9.1	19.5	37	42.8	67.7
	10.0	8.4	7.6	12	8.3	12.4
	20.0	7.6	6.8	9	3.4	6.5

镉对绿藻生长的影响还表现在使生长滞缓期延长，且延长的时间随镉浓度的提高而增加。绿藻数目的增加，是其发育成熟、不断增殖的结果，因此产量的增加，在一定程度上是发育障碍的结果。

正常的斜生栅藻是纺锤形细胞，蛋白核小球藻为球形细胞。在试验中观察到，用 0.1mg/L 的镉处理 2d，个别细胞有明显增大，但 3d 后随着细胞数量的增加，大细胞逐渐消失。用 0.5mg/L 的镉处理两天后，斜生栅藻的细胞体积增大，且细胞结构损伤，叶绿体分裂成块状，似亲孢子形成的方式正常。5.0mg/L 镉作用 3d 后，斜生栅藻的体积异常增大，呈椭圆或卵圆形，形态正常的细胞很少，细胞质萎缩，蛋白核消失，叶绿体裂成碎片，细胞发白，似亲孢子的形成不规则，沿一个方向分裂。蛋白核小球藻的细胞体积增大，形态变异，呈椭圆形，蛋白核消失，细胞失绿，似亲孢子形成时沿一个方向分裂。10.0mg/L 镉处理中，细胞体积增大的数量较少，但大多数细胞的叶绿体解体，细胞多为黄白色，原生质成碎片状，可观察到部分死亡细胞。镉对绿藻细胞大小、形态及似亲孢子形成的影响，在0.1mg/L表现为暂时性的，随时间的延续还会慢慢消除，随之进入对数生长期。0.5～5.0mg/L范围，细胞结构受到破坏，生长就无法恢复，至10.0mg/L已引起细胞解体。

试验中观察到的镉使叶绿体细胞体积增大，形成变异，是由于似亲孢子不能正常形成及发育所引起的，因为镉抑制似亲孢子的形成，藻体发育成熟又不能形成孢子，各种物质的积累，使细胞体积增大，高浓度的镉使孢子发育异常，因而出现不规则细胞。

水体单细胞藻类大多对有机氯农药比较敏感，每升几个微克的浓度水平就能抑制某些藻类的光合作用，影响藻类细胞形态和种群组成的变化。如柔弱菱形藻受到9.4μg/L的DDT暴露后，与对照相比较，叶绿体有所减少，形状由球形变为卵形。

含磷洗涤剂的环境影响主要集中在全球范围内地表水中营养物富集和水体富营养化方面。有研究表明，洗涤剂所含磷盐污水直接排入水体，会增加水体营养负荷，对水体富营养化有一定促进作用，湖泊、水库、近海海域水体中80%的磷来自于污水的排放。而磷的主要来源是家庭洗涤剂的使用。城镇生活污染源排入水体中的污染物占污染排放总量的比例较大，其磷的污染强度占总的磷污染负荷的75%以上，洗涤剂中磷的强度占污染源负荷的45%以上。据国外学者研究，降低洗涤剂中磷盐含量是减少水体磷污染的一种有效措施，特别是在那些污水处理厂还未作脱磷处理的地区或者排水区域内，此措施更为有效。

杨扬等（2003）研究了家用洗涤剂磷对斜生栅藻生长的影响，结果表明在高磷（2.21mg/L）与低磷（0.88mg/L）洗涤剂用量均为68.5mg/L的实验中，由于磷浓度的差异，引起藻细胞在各受试组中生长率的差异：斜生栅藻现存量高磷组变动范围为（3.0～8.7）$\times 10^6$个/mL，低磷组变动范围为（1.6～4.8）$\times 10^6$个/mL，对照组变动范围为（2.4～7.7）$\times 10^6$个/mL。高磷有明显促进斜生栅藻生长作用，斜生栅藻生长率较低磷组和对照组分别增加60%和20%；尽管对照组的磷含量（3.28mg/L）高于高磷组，但高磷组中表面活性剂及其他添加剂有促进斜生栅藻生长的作用。

黑藻（*Hydrilla verticillata*），沉水植物，水鳖科，分布广泛。该植物沉在水中，对水环境变化比较敏感。通过模拟水体Cr^{6+}、Cr^{3+}污染环境，比较研究了两种价态铬对黑藻叶的毒害影响。结果表明：随着Cr^{6+}、Cr^{3+}浓度的加大，超氧阴离子（$O_2^-\cdot$）产生速率、MDA、可溶性蛋白含量皆呈先升后降趋势。Cr^{6+}、Cr^{3+}浓度过高时，3种抗氧化酶（SOD、POD、CAT）活性比例失衡，且Cr^{6+}处理组的$O_2^-\cdot$产生速率、MDA含量高于Cr^{3+}处理组，叶绿素、可溶性蛋白含量、叶绿素a/b值低于Cr^{3+}处理组，显示出Cr^{6+}的毒性远大于Cr^{3+}。

施国新等（2000）曾观察到Hg^{2+}、Cd^{2+}处理黑藻叶时，随浓度的增加，黑藻叶细胞内核糖体数目急剧减少，直到完全消失。

水体中重金属Hg^{2+}、Cd^{2+}、Cu^{2+}对高等水生沉水植物菹草光合系统及保护酶系统具有毒害作用。3种离子均使菹草叶片叶绿体自发荧光强度、叶绿素含量、光合速率降低。Hg^{2+}、Cd^{2+}、Cu^{2+}对菹草保护酶系统存在不同的影响，短时间低浓度条件下，诱导SOD、POD、CAT活性上升，随着污染时间的延长、污染浓度的增加，酶活性下降，其中SOD活性上升持续时间最长，下降最慢。3种离子均使菹草可溶性蛋白含量减少。Hg^{2+}、Cu^{2+}毒性较强，Cd^{2+}毒性较弱。Hg^{2+}、Cu^{2+}对菹草的致死浓度为0.5～1mg/L，Cd^{2+}为1～2.5mg/L。

镉进入植物体，通过原生质流动和胞间连丝，逐个细胞迁移进入导管，然后输送到植物各部。水体中的镉被沉水植物吸附后，通过渗透到达表皮细胞内。镉也可被沉水植物根系直接吸收。镉在植物体内可以螯合态和毒性更大的可溶态形式存在。在分子水平上，镉可以破坏沉水植物的保护酶系统，从多方面影响其生理、生化功能，最终可导致整株植物的死亡。

陈愚等（1998）以沉水植物红线草（*Potamogeton pectinatus*）和菹草（*Potamogeton crispus*）为材料研究了镉对沉水植物硝酸还原酶和超氧化物歧化酶活性的影响。结果表明，在镉浓度≤1.0mg/L时，沉水植物硝酸还原酶活性变化不大，一般多在对照值水平上下波动或略有升高；镉浓度为10.0mg/L时，沉水植物硝酸还原酶活性有明显升高；可达对照值的10倍以上；镉浓度达到100mg/L时，沉水植物硝酸还原酶活性降低。随处理时间不同，沉水植物硝酸还原酶活性的变化规律是一致的，只是酶活性升高的倍数有所不同（图2-2）。

镉对沉水植物SOD活性的抑制率与镉浓度呈现S型曲线的关系（图2-3）。红线草SOD活性对镉的敏感浓度范围是1.0～10.0mg/L；而菹草则是0.1～1.0mg/L。

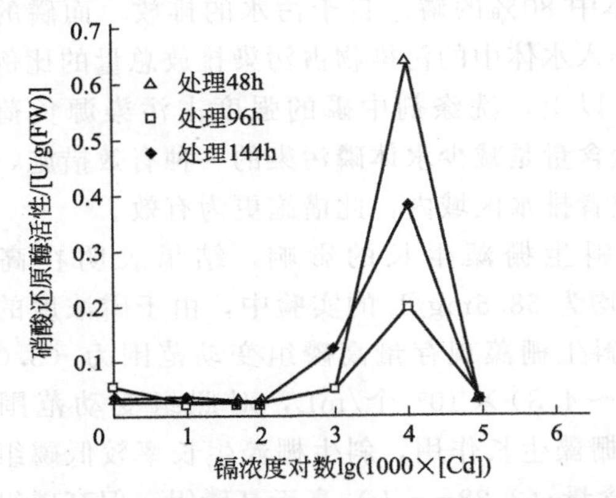

图2-2　镉溶液处理后金鱼藻硝酸还原酶活性

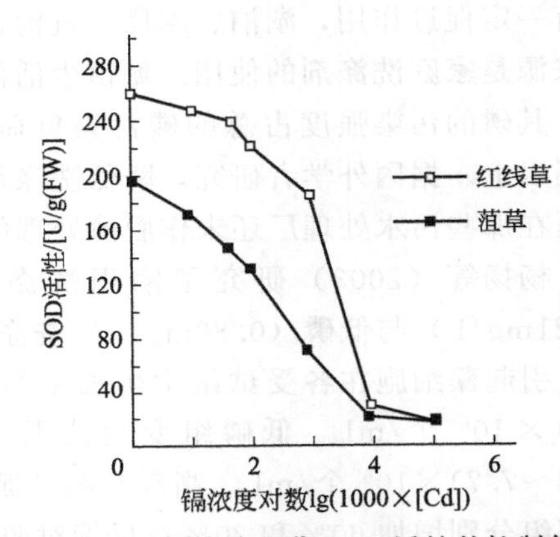

图2-3　镉对红线草和菹SOD活性的抑制作用

重金属镉对沉水植物生化毒理的影响存在着典型的剂量/效应关系，即植物的反应随镉浓度增加而增强，但二者并不成正比关系。低浓度时，处于起始区，反应变化不明显。随浓度的增加，植物的反应急剧增强，而浓度继续增大时，反应的变化又不太明显。沉水植物红线草和菹草对镉污染的抗性存在较大差别，红线草对镉的抗性较强，在分子水平上，从硝酸还原酶和SOD的活性上可以反映出来。红线草对镉的缓冲力高，解毒能力和抗性较强，因此，红线草可以作为沉水植物群落恢复的先锋物种。因此可以硝酸还原酶和SOD活性作为沉水植物受重金属污染的生态毒理学指标。

电镜观察发现，受Hg^{2+}、Cd^{2+}污染的黑藻叶细胞高尔基体、内质网、叶绿体、线粒体、染色质、胞间连丝等不同程度遭到破坏。表明Hg^{2+}、Cd^{2+}对细胞的膜结构和非膜结构都产生毒害作用，只是不同的结构对毒性的耐受性有一定的差异。

① 细胞核　在2mg/LHg^{2+}处理3d的黑藻叶细胞中，染色质开始凝集，核仁边缘模糊。3mg/LHg^{2+}处理3d的叶细胞中，核仁消失，染色质呈凝胶状态，核质由电子密度高的颗粒组成，核膜开始破损。4mg/LHg^{2+}处理3d的叶细胞中，染色质电子密度增高，细胞核内容物成为无序状态，核膜破裂，核质和染色质散入细胞腔中。经5mg/LCd^{2+}污染水处理6d才观察到叶细胞核膜破损，核质、染色质散出的现象，核仁则在3mg/LCd^{2+}处理6d的叶细胞中消失。

② 叶绿体　在 5mg/LHg^{2+}处理 3d 的叶细胞中，叶绿体中类囊体基粒和片层膨胀，叶绿体膜破裂，膨胀的基粒和片层散入细胞基质中，有的细胞基质中可见到零星散落的类囊体基粒和片层。在 5mg/LCd^{2+}处理 6d 的叶细胞中，类囊体基粒和片层出现明显的膨胀，在处理第 8 天时，才在细胞基质中观察到零星散落的类囊体基粒和片层。Cd^{2+}处理的叶细胞，在其叶绿体损坏过程中，始终没有出现叶绿体膨胀成圆球形的现象。

③ 细胞壁和胞间连丝　Hg^{2+}由 2mg/L 逐渐增加到 5mg/L，细胞开始出现质壁分离现象，随后质膜收缩更加明显，由于质膜的收缩，一些胞间连丝被拉断，进一步质膜完全脱离细胞壁，质膜的收缩使破损的细胞器残体集中于细胞中央位置。在拉断的胞间连丝处，可见到细胞壁边缘的壁物质松散向细胞腔游离的现象，但直至细胞死亡始终没有观察到细胞壁在某一部位完全损坏，只是细胞壁在某些部位相对变薄一些。细胞壁层松散游离的现象，在 5mg/LCd^{2+}处理 8d 的叶细胞中仅有零星发现。

④ 高尔基体和内质网　在 2mg/LHg^{2+}处理 3d 和 3mg/LCd^{2+}处理 6d 的叶细胞中都已见不到高尔基体。高尔基体是两种离子处理后细胞中最早消失的细胞器。内质网存在时间要长一些。在 2mg/LHg^{2+}处理 3d 的叶细胞中，内质网一般都已成囊泡状。在Cd^{2+}浓度由 3mg/L 增加到 4mg/L，细胞内核糖体由逐渐消失，内质网多为光滑型，且已开始膨胀或解体转为大多消失。在一些细胞中也能见到由内质网膨胀形成的囊泡。

⑤ 线粒体　随着Hg^{2+}浓度增加（2～5mg/L）线粒体的变化为，脊突出现膨胀—部分线粒体脊突凌乱呈破坏状态，有的线粒体膜开始破损—线粒体少量破损或成空泡状。随Cd^{2+}处理浓度增加，可见到线粒体脊突膨胀呈多种形态，有的脊突数量较少，大多膨大成囊泡状，有的脊突膨胀充满线粒体腔，这种膨胀的管状脊突，其膜在电镜下观察似成双层结构直至线粒体只存残体。

经 5mg/LHg^{2+}处理 6d 的黑藻，全株失绿，老叶腐烂，所取倒数第 5 叶叶细胞中残存一些膜或囊泡，完整的细胞器不复存在。经 5mg/LCd^{2+}处理 10d 的黑藻，全株同样失绿，部分老叶腐烂，叶细胞中尚可见到成囊泡状的类囊体及一些膜或囊泡。

2.2.3 浮水植物对水体污染的响应及反馈

水浮莲、凤眼莲对阴离子合成洗涤剂（LAS）、邻苯二甲酸酯（DEHP）、多氯联苯（PCP）均有一定的积累能力，根部的积累能力尤为明显。水中化学物质经扩散，离子交换或主动运输等过程即可直接进入根组织中，部分物质还可被根表面吸附。而根部吸收的物质向上运输则需经输导过程，这一过程受到许多因素的影响。因此水中许多化学物质首先在根部积累，水浮莲、凤眼莲根部 4 种化学品含量和富集系数都明显高于叶片或叶柄。凤眼莲根部化学品含量和富集系数比叶柄一般高出 1 个数量级，凤眼莲、水浮萍根部化学品含量和富集系数比叶片则一般高出 1～2 个数量级。

据统计，水浮莲根部占全株生物量的百分比以干重计为 19.80%～23.08%，平均为 21.84%，以湿重计为 23.79%～50.95%，平均为 38.80%；在凤眼莲组，以干重计为 14.14%～26.72%，平均为 21.30%，以湿重计为 17.72%～32.26%，平均为 23.73%。然而两种植物吸收或吸附的化学品的大部分集中于根部。水浮莲根部的化学品一般占全株积累量的 70%以上，根部 DEHP、PCP 占全株积累量的 90%以上；凤眼莲根部化学品积累量均占全株总积累量的 80%以上，根部 LAS、DEHP 均占全株总量的 90%以上。凤眼莲叶片占全株生物量平均百分比为 35.97%（干重）和 24.18%（湿重），而在叶片积累的 4 种化学品含量均在3%以上。凤眼莲膨大的叶柄在全株生物量中占有较大份额，叶柄不但具有支撑、输导、漂浮等功能，其外层还有绿色组织，具有一定的光合作用功能，因而其组织结构及功能特点与根相差较大而更接近于叶片。叶柄化学品含量及富集系数介于根和叶片之间且较接近于叶片。叶柄中LAS、DEHP、PCP、HCB含量分别占全株平均含量的6.70%、6.66%、12.60%、13.31%。水浮莲和凤眼莲一样茎都极端退化，植株的气生部分主要是比较发达的叶片，水浮莲叶片中化学品含量、富基系数及占全株百分比一般较凤眼莲叶片为高，但低于水浮莲根部。从另外的一些研究可知，凤眼莲在吸收积累金属及酚等有机化学品时，这些物质大部分集中于根部。在利用凤眼莲、水浮萍净化污水及利用它们用作饲料、肥料等用途时，应考虑植物各器官对化学品的积累分配特点。

不同浓度的重金属对水生植物根生长产生明显的影响。以凤眼莲和荇菜试验的结果表明，低浓度时能够促进其生长，而后随其浓度的增高，根的生长量减少，增长率降低，断根增加，这种抑制作用主要是根尖生长点的细胞分裂受到抑制，同时因其细胞结构与成熟细胞不同，不能大量沉积储存而容易使根尖受害，降低其吸收功能，加上植物叶片退绿，光合作用减弱，最终导致生物产量的降低，表2-8能表明这一结果。

表2-8 镉污染水体中植物的生产力 单位：干重 g/(kg·d)

水体镉浓度/(mg/L)	凤眼莲	荇菜	紫背萍	虎尾藻
0.005	4.13	1.30	2.30	2.23
1	2.92	1.18	0.65	1.12
2	2.89	0.93	1.24	2.31
4	2.37	0.93	0.37	1.20
8	2.07	0.16	−1.02	−0.90
10	2.10	0.80	−1.24	−2.83
平均值	2.75	0.88	−0.28	0.52
相关性(r)	−0.870①	0.750	−0.910①	−0.941②

① $p>0.05$。

② $p>0.01$。

水体中的有机污染物会对植物的生长发育产生明显的影响，严重的会导致植物死亡。但不同的浮游植物对污染物的忍受程度存在很大的差异。曾健等（1997）研究了三肼污水对水葫芦（*Eicjjornia crssipes solma*）、水浮萍（*Pistia stratiotes*）、水花生（*Alternanthera philoxeroides*）和浮萍（*Lemna minor*）四种浮水植物的影响（表2-9），结果表明：水生植物对偏二甲肼耐受能力最强，对甲基肼的耐受能力次之，对无水肼耐受能力最差。四种水生植物对三肼污水耐受能力，以水葫芦为最强，水花生次之，而水浮萍和浮萍则较差。

表面活性剂主要用于配制各种洗涤剂，占有很大的市场份额，并被广泛应用于纺织、油田开采、化妆品及病虫害控制等工业领域。由于表面活性剂具有双亲媒特性，它在促进难溶性污染物的生物修复方面可能发挥的作用越来越受到人们的青睐。但大量应用的表面活性剂，最终全部进入水体环境，给环境造成严重的污染。

表 2-9　4 种水生植物在三肼污水中生长情况（曾健，1997）

污水种类	污水浓度/(mg/L)	供试水生植物种类			
		水葫芦	水花生	水浮萍	浮萍
偏二甲肼	150	死亡	死亡		
	75	轻度受害	受害		
	50	良好	良好	死亡	
	15	良好	良好	受害	受害
	5	良好	良好	良好	受害
甲基肼	100	死亡	死亡		
	75	受害	严重受害		
	50	良好	受害	死亡	
	10	良好	良好	严重受害	死亡
无水肼	20	死亡	死亡		
	10	受害	死亡		
	5	良好	良好		
	2.5	良好	良好	死亡	死亡

刘红玉等（2001）利用透射电镜研究了阴离子型表面活性剂 LAS（直链烷基苯磺酸钠）和非离子型表面活性剂 AE（脂肪醇聚氧乙烯醚）对水生植物水浮莲的损伤作用。观察发现，在 LAS 处理液中，水浮莲细胞出现质壁分离，细胞膜部分解体，细胞质中有许多空腔，液泡增大，叶绿体变形；在 AE 处理液中，水浮莲细胞膜部分解体，染色质浓缩，核膜逐渐解体，叶绿体和线粒体解体，液泡消失，被细胞质充填。可以推断，LAS 和 AE 对水生植物损伤的机理不同。

LAS 分子中的疏水性长碳氢链，容易插入细胞膜的磷脂双分子层，引起膜结构伤害，同时又带有负电荷的极性基团——苯磺酸根，容易与膜上的蛋白质结合，改变蛋白质分子的构象或引起蛋白质变性，使膜的透性改变，功能丧失，LAS 分子便可以大量进入细胞内。而细胞干重的 50% 是蛋白质，因此细胞的内部结构和功能进一步受损。AE 不带电荷，同时带有亲水和疏水性的长链，使其容易插入并穿过细胞膜而进入细胞。由于表面活性剂具有能在界面上定向并改变界面性质的特性，它将细胞内的蛋白质分子包围使之溶解。同样，由于表面活性剂在膜上聚集，使膜解体，结果使水浮莲膜系统受损，液泡膜破裂，细胞质充填于整个细胞。同时微粒体膜被损，结果使各种水解酶释放，细胞“自杀”，逐渐解体。

2.2.4　挺水植物对水体污染的响应及反馈

芦苇是抗重金属污染能力很强的挺水植物之一。在重金属污染的环境中，芦苇能够在体内的不同部位积累大量的重金属，以降低它对自身的毒害。在 Pb 和 Cd 胁迫下，进入芦苇幼苗体内的绝大部分 Pb 和 Cd 被保留在根部，而迁移至其他部位的较少。由于大部分 Pb 和 Cd 积累在芦苇根部，从而减轻了地上部分各器官的毒害作用，一定程度上提高了芦苇的耐 Pb 和耐 Cd 性。江行玉等的研究结果显示，受 Pb 和 Cd 污染后芦苇幼苗根、地下茎、茎和叶片的 Pb 和 Cd 含量增加，它们的大小顺序为根＞地下茎＞茎＞叶片（表 2-10）。

表 2-10 Pb、Cd 在芦苇不同部位中的含量 单位：μg/gDW

处理	根	地下茎	茎	叶
Pb 对照	47.32	30.14	26.57	38.12
Pb10mmol/L	10046.10	1741.18	496.07	258.54
Cd 对照	13.35	7.24	8.11	3.80
Cd3mmol/L	1926.08	102.24	110.31	215.62

用 X 射线分别测定了芦苇幼苗根皮层细胞的细胞壁、细胞质、液泡以及细胞间隙中的 Pb 和 Cd 含量。结果表明，对照植株根细胞及细胞间隙中的 Pb 和 Cd 含量没有测出，而 Pb 和 Cd 处理的芦苇幼苗根细胞的细胞壁、细胞质、液泡和细胞间隙中则积累了大量的 Pb，其中细胞间隙中 Pb 和 Cd 含量最高，细胞壁和液泡次之，细胞质中的最低（表 2-11）。芦苇幼苗根内的 Pb 和 Cd 很大一部分积累在细胞间隙，这种分布减轻了过量的 Pb 和 Cd 对细胞的危害。Pb 和 Cd 进入细胞后，细胞各部分积累的 Pb 和 Cd 量不同，细胞壁积累的 Pb 和 Cd 量最大，它阻止了过多的 Pb 和 Cd 进入细胞原生质体，使其免遭毒害。进入原生质体后，绝大部分 Pb 和 Cd 又被液泡区域化，导致最终存在于细胞质中的 Pb 和 Cd 含量相对很低。Pb 和 Cd 被局限在活性较低的区域，从而阻止过多的 Pb 和 Cd 进入原生质体，使细胞质内的一些重要物质和代谢活动可少受 Pb 和 Cd 毒害，使芦苇对 Pb 和 Cd 表现出耐性。因此，细胞壁沉淀 Pb 和 Cd 和液泡区域化作用可能是芦苇抗 Pb 和 Cd 的机制之一。

表 2-11 Pb、Cd 在芦苇幼苗根皮层细胞中的微区分布 单位：μg/gDW

处理	细胞壁	细胞质	液泡	细胞间隙
对照	0	0	0	0
Pb 10mmol/L	72.98	30.27	49.52	107.82
Cd 3mmol/L	50.10	28.02	40.80	74.33

在 Pb 胁迫下，芦苇幼苗根和叶片内 Pb 的醋酸（HAc）可提取态和盐酸可提取态是主要化学状态，其他状态的含量相对较低。各种状态以 F 表示，下标为溶剂，它们的大小顺序为：$F_{HAc}>F_{HCl}>F_{Ethanol}>F_{NaCl}>F_{Water}>F_{Residue}$（表 2-12）。Pb 污染件下的芦苇幼苗的根部或叶片内，HAc 和 HCl 提取状态部分的 Pb 都占绝对优势。

在芦苇的根部和叶片内，镉都以 NaCl 提取态占绝对优势，其他形态的含量相对较低，它们的大小顺序在根内为：$F_{Water}>F_{HCl}>F_{Ethanol}>F_{Residue}$，在叶片内为 $F_{HAc}>F_{HCl}>F_{Ethanol}>F_{Residue}$。表明进入芦苇体内的 Cd 多附集在蛋白质周围。这是因为 Cd 对蛋白质的巯基和其他一些侧链有很强的亲和力，在植物体内 Cd 常与蛋白质发生结合。这种结合形态一方面可减少游离 Cd 的含量，使其有效性和移动性降低，从而避免其对植物产生伤害；但另一方面，Cd 可能与体内的酶和功能蛋白结合，干扰它们的功能，造成生理生化代谢过程紊乱，而影响植物的生长发育。在根内，乙酸提取态 Cd 占的比例也相当大，仅次于 NaCl 提取态，为根部总 Cd 量的 25.80%，也就是说，芦苇根内相当大一部分 Cd 能与一些物质结合形成活性较低的难溶性化合物，相应地自由态的 Cd 含量相对较低，以致它的毒害作用也比较小。另外，由于富集在芦苇根部的 Cd 有一部分是以难溶的形态存在，所以它就不容易由根部向地上部分迁移，这也可能是芦苇根部积累 Cd 的机制之一。因为不同形态重金属镉

表 2-12 芦苇幼苗根和叶片内不同 Pb、Cd 化学状态的含量

幼苗器官	处理	不同 Pb、Cd 化学形态的含量/(μg/gDW)					
		$F_{Ethanol}$	F_{Water}	F_{NaCl}	F_{HAc}	F_{HCl}	$F_{Residue}$
根	Pb 对照	4.12	2.72	8.78	17.01	8.72	5.76
	Pb 10mmol/L	1240.56	846.71	1053.28	4223.34	3954.34	22.75
	Cd 对照	0	0.57	2.43	4.51	2.85	1.04
	Cd 3mmol/L	69.15	231.94	990.95	482.20	84.48	9.16
叶	Pb 对照	1.61	2.42	13.69	5.64	5.23	10.06
	Pb 10mmol/L	54.12	31.27	32.16	81.19	176.85	25.34
	Cd 对照	0	0.08	0.79	2.16	0.47	0.53
	Cd 3mmol/L	6.85	42.83	138.64	27.60	10.86	3.24

的溶解度差异很大，所以芦苇的耐 Pb、Cd 性和 Pb、Cd 在芦苇体内的移动性也与它们在其体内的存在形态密切相关。

芦苇根部积累 Pb、Cd 的机理可能涉及到植物体能限制 Pb、Cd 从根部运输到植株茎叶；芦苇根部具有积累 Pb 的能力；地上部分具有一定拒 Pb 的能力或地上部分能把吸收到的 Pb 重新运回根部等。另外，芦苇根部的大部分 Pb 是以难溶的状态存在和沉淀在细胞细胞壁上的，所以它就不容易由根部向地上部分迁移，这也可能是芦苇根部积累 Pb 的机制之一。

在重金属胁迫下，植物能迅速合成类金属结合蛋白和植物络合素。它们可与重金属离子结合形成无毒的化合物，降低了细胞内游离的重金属离子浓度，从而直接减轻重金属对植物的毒害作用。但在一些植物体内植物络合素与某些重金属的耐性没有关系。研究发现，Pb、Cd 处理的芦苇体内确实存在一些能与 Pb、Cd 结合的蛋白质，但是它们是芦苇本身就有的蛋白质还是受 Pb、Cd 诱导产生的还需要进一步研究。尽管在 Pb 胁迫下，芦苇根内相对分子质量为 20000 的蛋白质和叶片中相对分子质量为 87000 的蛋白质能结合大量的 Pb，但它们不可能属于类金属结合蛋白或植物络合素。而被 Cd 污染的芦苇幼苗根提取液中得到了一个相对分子质量为 14000 左右含大量 Cd 的蛋白质，因此，被认为它也可能是一类植物络合素的聚合体。受 Pb、Cd 诱导，芦苇幼苗根中还新合成了一种小分子蛋白或多肽，但另有一种蛋白因 Pb、Cd 影响而消失。芦苇抗铅、镉胁迫有以下几种机制：根部比地上部分积累得多；在体内形成难溶性化合物；沉淀在质外体内；形成结合蛋白质和诱导蛋白。

2.3 陆生植物对环境污染的响应及反馈

2.3.1 陆生植物对土壤污染的响应及反馈

2.3.1.1 陆生植物对无机物污染土壤的响应及反馈

(1) 陆生植物对重金属的反应

所有植物都会对它们所直接接触的环境中的重金属浓度的增加产生反应。Berry 和 Wallace (1981) 描述了植物对重金属浓度升高的总反应曲线（图 2-4）。当环境中的金属浓度不

断增加时，植物对必需元素（如 Cu、Fe、Zn、Mo、Ni 等）的反应进程是从不足阶段到忍耐阶段再到毒性阶段；而对非必需元素的反应则仅有忍耐和毒性阶段。这些反应与生物对某种特定金属的敏感性、作用浓度、时间和金属的存在形态等因素有关。

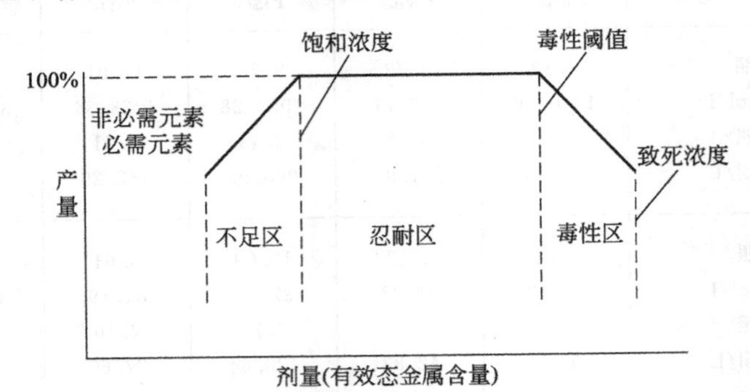

图 2-4 土壤中有效态金属对植物生长影响的产量-剂量反应曲线（Berry and Wallace 1981）

植物遭受重金属毒害最普遍的症状是矮化、黄化和根伸长受到抑制。对于大多数金属来说，植物受害最先是根尖，重金属对细胞分裂和伸长的抑制是导致植株矮化和根伸长受阻的主要原因。过量的 Zn、Cu、Ni 等所引起的叶片黄化可能是由于它们直接或间接与叶片内的 Fe 相互作用，或导致植物对 Fe 吸收减少，从而影响叶绿素的合成。目前关于重金属对植物产生毒害的机理还不完全清楚，而可能的机制包括：引起膜质过氧化，使细胞膜透性发生改变；与蛋白质或酶的巯基结合，从而改变其结构、功能；与必需元素竞争结合位点；破坏 DNA 分子并导致基因的破坏等。

（2）陆生植物对重金属超积累的生理特性

植物重金属超富集可能是由多基因控制的复杂过程，涉及重金属离子在根部区域的活化、吸收，地上部运输、储存以及忍耐等方面。其机理研究目前主要集中在少数几种超富集植物，如拟南芥属植物 *Arabidopsis halleri*、遏蓝菜属植物 *Thlaspi caerulescens* 和 *Thlaspi goesingense*、庭芥属植物 *Alyssum lesbiacum* 等，其中大部分研究结果来自于 Zn/Cd 超富集模式植物 *T. caerulescens* 与 Ni/Cd 超富集植物 *T. goesingense*。*T. caerulescens* 的茎叶部可累积和忍耐高达 30000μg/g 的 Zn、4000μg/g 的 Cd，而未表现出任何中毒症状，*T. goesingense* 茎叶部能够累积和忍耐高达 12400μg/g 的 Ni。就目前的研究结果来看，有关重金属超富集的生理机制主要涉及植物根部金属离子延迟的跨膜吸收、对金属离子高的吸收、运输能力、叶表皮细胞的液泡化以及金属离子的区域化作用等方面。

① 重金属跨根细胞膜运输　根际土壤中溶解的重金属可通过质外体或共质体途径进入根系。大部分金属离子通过专一或通用的离子载体或通道蛋白进入根细胞，该过程为一个依赖能量的、饱和的过程。非必需的重金属可与必需金属元素竞争膜转运蛋白，以离子形态或金属螯合物形态进入根细胞。Lasat 等发现超积累植物（*T. caerulescens*）与非超积累植物（*T. arvense*）对 Zn 的吸收动力学为平滑的非饱和曲线，分为开始快速的线性动力学阶段和随后较缓慢的饱和吸附阶段。他们采用不同的试验手段证明，直线部分代表根细胞壁结合的 $^{65}Zn^{2+}$，饱和部分代表真正跨根细胞膜的 $^{65}Zn^{2+}$。*T. caerulescens* 和 *T. arvense* 根系对 Zn^{2+} 吸收的饱和部分具有相似的米氏常数（K_m），分别为 8μmol 和 6μmol，但两者的最大吸收速率（V_{max}），分别为 270nmol/h 和 60nmol/h，前者是后者的 4.5 倍。这些研究结果说明，在两种植物中，Zn 跨质膜运输受运输蛋白调控，两者对 Zn 具有相同的亲和力（或同

一类运输蛋白），但 *T. caerulescens* 的单位鲜重根细胞膜上具有更多的运输蛋白，因而其根系从土壤溶液中吸收 Zn 的能力更强。Pineros 等采用选择性微电极研究 Cd 在 *T. caerulescens* 和 *T. arvense* 根中的迁移，发现 Cd 沿根系迁移有明显的空间特异性，离根尖最初几毫米内 Cd 的内向流量显著高于根尖后面的区域，且两种植物根中 Cd 的流动方式和流量大小没有明显差异。他们认为，两种植物对 Cd 吸收量的差异需要较长时间才能表现出来，在根细胞膜上可能存在某种 Cd 诱导的运输蛋白。此外，超积累植物对重金属的吸收具有很强的选择性，只吸收和积累生长介质中一种或几种特异性金属。例如，Ni 超积累的庭荠属植物 *Alyssum bertolonii* 的地上部分优先积累 Ni，而对 Co 和 Zn 的积累能力差。同样，Zn 超积累植物 *T. caerulescens* 能够积累营养液中的 Zn、Mn、Co、Ni、Cd 和 Mo，而不能积累 Ag、Cr、Cu、Al、Fe 和 Pb。解释这种选择性积累的可能机制是：在金属跨根细胞膜进入根细胞共质体或跨木质部薄壁细胞的质膜装载进入木质部导管时，由专一性运输体或通道蛋白调控。但 Ni 超积累植物 *A. bertolonii* 离体的根系对 Ni、Co 和 Zn 有相同的积累，且彼此之间相互竞争，说明 *A. bertolonii* 的根系对金属吸收无选择性，其对金属的选择性积累可能发生在木质部装载过程中。

② 重金属在根共质体内运输及分室化　重金属一旦进入根系，可储存在根部或运输到地上部。金属离子从根系表面进入根系内部可通过质外体或共质体途径，但由于内皮层上有凯氏带，离子不能通过，只有转入共质体后才能进入木质部导管，因此重金属在内皮层的共质体内运输是其转运到地上部的限制性步骤。重金属进入根细胞质后，以游离金属离子形态存在，但细胞质中游离金属离子过多，对细胞产生毒害作用，干扰细胞的正常代谢，因而细胞质中金属可能与细胞质中的有机酸、氨基酸、多肽和无机物等结合，通过液泡膜上的运输体或通道蛋白转入液泡中。但对于超积累植物，金属区隔在液泡中对其转运到地上部分是不利的，因而在超积累植物的液泡膜上，可能存在一些特殊的运输体，能把暂时储存在液泡中的金属装载到木质部导管。Lasat 等研究表明，尽管 *T. caerulescens* 根系 $^{65}Zn^{2+}$ 内向流量大于 *T. arvense*，但吸收 96h 后，*T. arvense* 根系积累的 $^{65}Zn^{2+}$ 比 *T. caerulescens* 高 29%，而 *T. caerulescens* 运输到地上部的 $^{65}Zn^{2+}$ 比 *T. arvense* 高 10 倍，这可能是 *T. arvense* 吸收的 Zn 更多地被滞留在根部（可能储存在液泡中），不能被运输到地上部分。他们利用 $^{65}Zn^{2+}$ 的通量试验，间接研究了 Zn 在根细胞中的区室化，Zn 外流的一级动力学可分解为三个直线阶段，依次代表从液泡、细胞质和细胞壁三个区域流出的 Zn；*T. caerulescens* 与 *T. arvense* 两者根的细胞壁和细胞质中储存的 $^{65}Zn^{2+}$ 比例相似，其流出速率（$t_{1/2}$）也相近，但 *T. arvense* 根细胞的液泡中储存的 $^{65}Zn^{2+}$ 比例（12%）是 *T. caerulescens*（5%）的 2.4 倍，其流出速率（$t_{1/2}=260$min）却组为后者（$t_{1/2}=150$min）1/2。由于两者根细胞的液泡 Zn 内流速率存在显著差异，经过 46h 外流后，残留在 *T. arvense* 根系中 $^{65}Zn^{2+}$ 比 *T. caerulescens* 高 6 倍，这进一步证明 Zn 在根系共质体内的区室化影响其在植物体内运输。Vezquez 等采用电子探针观察到 *T. caerulescens* 根中的 Zn 大部分分布在液泡中，细胞壁中相对较少。而储存在液泡中的 Zn 比与细胞壁结合的 Zn 更容易被装载到木质部。研究还发现，根细胞共质体中自由 Cd 水平影响 Cd 在植物体内的运输，细胞质中游离态 Cd^{2+} 水平至少受两个过程的调控：与植物螯合肽结合和区室分布。Salt 等发现，0.6μg/mLCd 处理印度芥菜（*Brassica juncea*）7d，根部积累的 Cd 是地上部的 6 倍，且主要与 S 基团结合。X 射线吸收光谱研究表明，其可能是一种 Sd-S_4 复合物，与用 X 射线衍射吸收精细结构分析法（EXAFS）分析纯化的 Cd-PC 复合物相比，其 Cd-S 作用方式相似，说明 *Brassica juncea* 根

系中绝大部分Cd与植物螯合肽结合。有证据证明，根系中Cd与植物螯合肽结合对木质部Cd运输无影响，Cd在根液泡中区隔化是影响植物体内Cd长途运输的一个有效的机制，且在植物细胞的液泡中确实发现了Cd和Cd螯合肽。而且有研究表明，在燕麦根细胞中，Cd可以以自由金属离子通过Cd^{2+}-H^{+}反向运输体和以Cd-PC复合物通过Cd-PC运输体两种机制跨液泡膜运输。Chardonnens等（1999）比较研究了麦瓶草属植物 *Silene vulgaris* 的Zn敏感生态型和耐Zn生态型的根液泡囊泡对Zn的吸收，Zn处理后，两种生态型的ΔpH都有轻微下降，说明两者的液泡膜上都存在H^{+}-Zn反向运输体，且是敏感生态型运输Zn的主要途径。但耐性生态型吸收的Zn绝大部分对ΔpH不敏感；Mg-GTP有促进作用，加入0.5mol/L Zn，没有发现带正电离子的外流，说明在耐性生态型中，Zn跨液泡膜运输还存在其他途径。他们还发现，供应柠檬酸锌，囊泡内柠檬酸的含量并没有随Zn^{2+}含量的增加而增加，当供应的Zn∶柠檬酸比例为1∶2时，Zn的吸收反而被严重抑制，表明Zn以Zn^{2+}跨液泡膜运输。

③ 重金属在木质部运输　金属离子从根系转移到地上部分主要受两个过程的控制：从木质部薄壁细胞转载到导管和在导管中运输，后者主要受根压和蒸腾流的影响。目前对于阳离子在木质部的装载过程还不十分明确，但研究者一致认为，它是与根细胞吸收离子相独立的一个过程。有资料表明，木质部装载过程的能量来自木质部薄壁细胞膜上的H-ATPase产生的负性跨膜电势。阳离子在木质部的装载可能通过阳离子-质子反向运输体、阳离子-ATPase和离子通道。在超积累植物中，可能存在更多的离子运输体或通道蛋白，从而促进重金属向木质部装载，但目前还缺乏直接证据。重金属在超积累植物的木质部导管中的运输速率很高，如当生长介质中Zn^{2+}为50μmol时，超积累植物 *T.caerulescens* 伤流液中Zn^{2+}浓度比非超积累植物 *T.arvense* 高5倍。重金属在木质部受叶片的蒸腾作用的驱动，用ABA处理诱导气孔关闭，印度芥菜地上部Cd积累量急剧减少，其伤流液中Cd浓度随生长介质中Cd浓度变化呈双相饱和动力学特征，这可能存在一种专一的膜转运过程，促进木质部金属离子的装载。木质部细胞壁的阳离子交换量高，能够严重阻碍金属离子向上运输，故非离子态的金属螯合复合体，如Cd-柠檬酸复合体在蒸腾流中的运输更有效。有机分子在超积累植物体内重金属运输中有重要作用。理论研究推断，伤流液中大部分Zn^{2+}和Fe^{2+}与柠檬酸结合，Cu^{2+}则与氨基酸如组氨酸和天门冬酰胺结合。研究发现，印度芥菜伤流液中Cd与氧或氮原子配位，表明有机酸参与了Cd在木质部的运输；但没有发现Cd与S配位，表明植物螯合肽或含巯基的配位体没有直接参与Cd在木质部的运输。Kramer等认为，组氨酸与庭荠属植物超积累Ni有关，高浓度Ni（300μmol）处理，超积累植物 *A.lesbiacum* 伤流液中组氨酸含量明显提高，而在非超积累植物 *A.montanum* 中无变化；外界供用组氨酸可以提高 *A.montanum* 耐Ni毒能力和促进Ni由根系向地上部运输。此外，可能还有其他螯合物参与超积累植物体内重金属的长途运输。如植物中普遍存在的非蛋白氨基酸烟酰胺能与各种二价阳离子如Cu^{2+}、Ni^{2+}、Co^{2+}、Zn^{2+}及Mn^{2+}配位结合。如以不能合成尼克酰胺的西红柿突变体为材料，证明了尼克酰胺通过在韧皮部与Fe^{2+}、Zn^{2+}和Mn^{2+}配位结合、在木质部与Cu^{2+}结合，促进运输和参与这些元素在幼嫩组织中的分配。根据目前的研究报道，有关氨基酸或有机酸等在木质部重金属的装载和运输中的作用，具有很大的推测性，需要更多的试验证据来支持。

④ 重金属在叶细胞中运输及分室化　研究还表明，在组织和细胞水平，重金属在超积累植物的叶片中都存在区隔化分布。在组织水平上，重金属主要分布在表皮细胞、亚表皮细

胞和表皮毛中；在细胞水平，重金属主要分布在质外体和液泡。利用电子探针和X射线微分析法发现，*T. caerulescens* 叶片中Zn主要以晶粒形态积累在表皮细胞和亚表皮细胞的液泡中，但目前还不明确其结构和化学组成。Salt等的研究也表明，*T. caerulescens* 地上部积累的Zn主要与有机酸共价结合，其次依次为水合离子、组氨酸结合态和与细胞壁结合。Kramer等研究发现，Ni超积累植物 *T. goesingense* 与非超积累植物 *T. arvense* 的单位根重和地上部Ni积累量之间无差异，认为Ni从根系向地上部的转运速率并不是 *T. goesingense* 地上部超积累Ni的主要因子。*T. goesingense* 的叶细胞原生质体耐Ni毒能力强于 *T. arvense*，说明在 *T. goesingense* 叶片的细胞水平存在一个耐Ni毒机制，且是其超积累Ni的主要因素。后来，他们采用直接测定叶细胞原生质体和液泡中Ni含量和X射线吸收光谱法，证明了这一推论。10μmolNi处理 *T. goesingense*1周后，其原生质体结合的Ni有74.7%±18.4%分布于富含液泡部分，说明液泡是超积累植物解Ni毒的主要区室。就整个叶片水平来说，质外体、液泡和液泡间的胞质中Ni含量分别占73.0%±3.0%、19.8%±2.2%和7.2%±3.0%。1μmolNi处理1d后，*T. goesingense* 和 *T. arvense* 的原生质体中的Ni分别有52.7%±8.7%和25.4%±12.4%分布于液泡中，但两者叶片和原生质体中的Ni含量无差异，说明 *T. goesingense* 中Ni跨叶细胞质膜运输速率没有提高。X射线吸收光谱分析发现，*T. goesingense* 液泡和胞质中的Ni分别主要与柠檬酸和组氨酸结合，这可能是胞质中的Ni与组氨酸或组氨酸类似物结合形成复合物，然后跨液泡膜运输，转移到液泡中，再形成Ni-有机酸复合物，从而起到解毒作用。

总之，超积累植物从根际吸收重金属，并将其转移和积累到地上部，该过程中包括许多环节和调控位点：a. 跨根细胞质膜运输；b. 根皮层细胞中横向运输；c. 从根系的中柱薄壁细胞装载到木质部导管；d. 木质部中长途运输；e. 从木质部卸载到叶细胞（跨叶细胞膜运输）；f. 跨叶细胞的液泡膜运输。

迄今发现超积累植物700种，广泛分布于约50个科（表2-13），但绝大多数属于镍超积累植物（329种，隶属于Acanthaceae、Asteraceae、Brassicaceae、Busaceae、Euphorb-iaceae、Flacourtiaceae、Myrtaceae、Rubiaceae、Tiliaceae、Violaceae等38个科）；铜超积累植物37种（隶属于Cyperaceae、Amaranthaceae、Asteraceae、Carophyllaceae、Commelinaceae等15科）、钴超积累植物30种（隶属于Amaranthaceae、Asteraceae、Commelinaceae、Crassulaceae等12科）、锌超积累植物21种（主要分布在Brassicaceae、Caryophyllaceae、Lamiaceae和Violaceae等7个科）、硒超积累植物20种（主要分布Asteraceae、Brassicaceae、Leguminosae和Scrophulariaceae等7个科）、铅超积累植物17种（主要分布在Brassicaceae、Caryophyllaceae、Poaceae等8科）、锰超积累植物13种（主要分布在Apocynaceae、Celastraceae、Clusiaceae、Myrtaceae、Proteaceae、Ranunculaceae和Phytolaccaeae等7科）、砷超积累植物5种（主要分布在Hemionitidaceae和Pteridaceae两个科），其他超积累植物种类较少（Reeves et al. 2000）。有的超积累植物可同时积累多种重金属，如在32种铜的超积累植物和30种钴的超积累植物中，有12种对铜和钴都有超积累能力，但目前还没发现哪一种植物具有广谱的重金属超积累特性（Kham et al. 2000）。而最重要的超积累植物主要集中在十字花科，世界上研究最多的植物主要在芸苔属（Brassica）、庭芥（Alyssuns）及遏蓝菜属（Thlaspi）（邢前国等，2003）。这些超积累植物大多是在气候温和的欧洲、美国、新西兰及澳大利亚的污染地区发现的。表2-14列举一些具有显著机理重金属能力的植物。中国在这方面研究也取得了一定的成果，目前已发现的典型超积累植物如

表 2-15所列。

表 2-13　已报道的金属超富集植物（Reeves 等 2000）

金属	金属浓度标准(以干重计,地上部分)/%	种类	科数	金属	金属浓度标准(以干重计,地上部分)/%	种类	科数
Sb	>0.1	2	2	Pb	>0.1	17	8
As	>0.1	5	2	Ni	>0.1	327	38
Cd	>0.01	1	1	Se	>0.1	20	7
Co	>0.1	28	11	Mn	>1.0	13	7
Cu	>0.1	37	15	Zn	>1.0	21	7

表 2-14　已知植物地上部超量积累的金属案例（赵景联等 2006）

金属	植物	金属含量/(mg/kg)
Cd	天蓝遏蓝菜(*Thlaspi caerulenscens*)	1800
Cu	高山甘薯(*Ipom oeaalpina*)	12300
Co	蒿莽草属(*Haumanniastrum robertii*)	10200
Pb	圆叶遏蓝菜(*Thlasp irotundifolium*)	8200
As	蜈蚣草(*Pteris vittata* L.)	5000
Ni	九节木属(*Psychotro iadouarrel*)	47500
Zn	天蓝遏蓝菜(*Thlaspi caerulenscens*)	51600

表 2-15　中国已发现的典型重金属超积累植物（陈一萍 2008）

元素	元素含量要求	典型的超积累植物及植物种名
Cd	>100mg/kg	天蓝遏蓝菜(*Thlaspi caerulenscens*)、东南景天(*Sedum alfrediiHance*)、芥菜型油菜(*Brassica juncea*)、宝山堇菜(*Viola baoshanensis*)、龙葵(*Solanum nigrum* L.)等
Co	>1000mg/kg	*Hauman iastrumrobertii* 等
Cu	>1000mg/kg	高山甘薯(*Ipom oeaalpina*)、金鱼藻(*Ceratophyllum denersum* L.)、海州香薷(*E. splendens*)和紫花香薷(*E. argyi*)、鸭跖草(*Comm elinacommunis*)等
Mn	>10000mg/kg	粗脉叶澳洲坚果(*Macadam ianeurophylla*)、商陆(*Phytolacca acinosa* Roxb.)等
Ni	>1000mg/kg	九节木属(*Psychotro iadouarrel*)等
Pb	>1000mg/kg	圆叶遏蓝菜(*Thlasp irotundifolium*)、苎麻(*Boehm erianivea* (L.) Gaud.)、东南景天(*Sedum alfredii Hance*)、蜈蚣草(*Pteris vittata* L.)、鬼针草(*Bidens bipinnata*)、木贼(*Equisetum hiemale* L.)和香附子(*Txus rotundus* L.)等
Zn	>10000mg/kg	天蓝遏蓝菜(*Thlaspi caerulenscens*)、东南景天(*Sedum alfredii Hance*)、木贼(*Equisetum h iemale* L.)和香附子(*Txus rotundus* L.)、东方香蒲(*Typha orientalis* L.)(春季)、长柔毛委陵菜(*Potentilla grifithii Hook. f. var. velutina. Card*)、水蜈蚣(*Kyllingab revifolia* Rottb.)等
Cr	>1000mg/kg	李氏禾(*Leersia hexandra Swartz*)等
As	>1000mg/kg	大叶井口边草(*Pteris cretica* L.)等
Al	>1000mg/kg	茶树(*Camellia s inensis* L.)、多花野牡丹(*Melastoma affine* L.)等
氢稀土元素	>1000mg/kg	天然蕨类铁芒萁(*Dicropteris dichitoma*)、柔毛山核桃(*Caryatom entosa*)、山核桃(*Carya cathayensis*)、乌毛蕨(*Blechnum orientale*)等

(3) 土壤中重金属对植物的伤害

① 砷的植物效应　农田土壤遭受重金属污染以及由此而产生的对农作物和人体健康的威胁，是当今世界上普遍关注的问题。砷是土壤中的类金属污染物。砷污染在世界各地常见报道，砷被列为优先污染物，如在日本，砷污染农田占重金属污染农田的 25%；在我国随着现代工业的迅速发展，废水、废渣的大量排放，含砷农药、除草剂以及化肥等化学制剂的大量施用，土壤砷污染也日趋严重。据报道，在我国因污灌引起的土壤污染中，砷居第 5 位，在水体污染中，砷排在第 6 位。近年来，国内外相继开展了砷对农作物的危害、农作物

对砷的吸收和累积规律方面的研究。中国农业科学院原子能所和北京师范大学环境科研所对砷在土壤中的分布动态、污染状况、对植物的毒害和防治以及 21 世纪的研究展望等做了系统研究，取得了可喜的成果。

土壤砷含量一般为 5～6μmg/kg，最低值可小于 0.1mg/kg。我国土壤砷含量，青藏高原＞西南＞华北≈内蒙古＞华南＞东北。土壤砷含量既取决于母岩性质又取决于不同气候条件下成土过程等，土壤砷污染主要来自于灌溉水、肥料、农药和大气降水、降尘。研究表明，土壤微量砷可刺激植物的生长发育，过量砷则危害植物的生长，如降低伤流和蒸腾速率，抑制根系活性，阻碍对水分、养分的吸收，叶片脱落、枯死。

不同作物有不同的抗砷能力。一般来说，水稻对砷的毒性十分敏感，因此易受毒害，与其他作物相比，水稻毒害症状比较明显。旱作中豆类作物易受害，紫苜蓿、蚕豆、黄麻、洋葱、豌豆、甜玉米等也较敏感，禾谷类或块根作物比较不敏感，不易受害，只有在严重污染情况下才出现毒害症状。同一作物的砷敏感性，可因不同土壤而异，凡能影响植物毒性的环境因素，都可能影响作物的敏感性，实际上，作物出现毒害与环境条件有着密切关系。

1）对水稻的毒害症状。砷对水稻毒害的可见症状比较明显，表现为植株矮化，叶色浓绿，抽穗期和成熟期延迟。在一定条件下，会出现明显稻穗或稻粒畸形和花穗不育等现象。中度受害时，还出现茎叶扭曲，无效分蘖增多。严重受害时，植株不发棵，地上部分发黄，根系发黑，且根量稀少干枯致死。各种无机砷化物对水稻作物的毒害症状没有明显的区别。

2）对大豆的毒害症状。大豆轻度毒害，长势较弱，萎缩，干物重下降，在棕壤上加砷 40mg/kg 时，籽实减产 10.6％，严重毒害时则绝产。

3）对小麦的毒害症状。小麦砷害症状类似于水稻，但比水稻的抗砷要大得多，在黄棕壤上加砷 400mg/kg 不出现毒害，在太湖水稻土上加砷 320mg/kg，就开始出现毒害症状，即出现植株矮化，茎叶深绿，成熟期推迟等症状。

4）对甘薯的毒害症状。甘薯受害时，叶片出现褐色斑点，叶脉基部及茎部呈褐色，逐渐发黑而死亡。在红壤上加砷 500mg/kg 时，产量不受影响，1000mg/kg 时块根减产 77％。

研究表明，当土壤砷含量在 50～250mg/kg 范围内，随砷浓度的提高，单株次生根条数减少，根体积变小，根干重减少，其中根体积、根干重减少的幅度最大，这可能是因为土壤中的砷影响了小麦根的正常伸长和下扎的缘故（表 2-16）。由于砷对根系的抑制也影响到小麦地上部的生长，地上部干重也随之降低，但可以看出，砷对小麦根系的抑制作用大于对地上部的抑制，如土壤含砷在 200mg/kg 时，地上部干重较对照减少 32.9％，根干重却减少 63.9％。在土壤含砷 100mg/kg 以上时，小麦根系长出形似狮尾根等多种扭曲变形的畸形根，这主要因为主根的生长点细胞分裂受到抑制，生长点附近的细胞分裂长出分支根，分支根的伸长又受到抑制。由于根受伤害，导致小麦不同程度植株变低，分蘖和绿叶片减少。

表 2-16 砷胁迫对盆栽小麦根系生长发育的影响（朱云集，2000）

处理/(mg/kg)	次生根		根体积		根干重		地上部干重	
	数量/株	CK±％	mL/株	CK±％	g/株	CK±％	g/株	CK±％
0	34.8	—	6.7	—	1.08	—	2.16	—
50	35.0	＋0.57	6.8	＋4.5	0.99	－8.3	2.20	＋1.9
100	26.8	－22.9	4.2	－37.3	0.84	－22.2	1.89	－12.5
150	24.6	－29.3	2.5	－62.7	0.59	－61.1	1.59	－26.4
200	13.5	－61.2	2.3	－65.7	0.39	－63.9	1.45	－32.9
250	10.2	－70.7	1.7	－54.6	0.37	－75.8	1.23	－43.1

砷胁迫对小麦根系活性氧代谢的影响。小麦生育期间，不同砷处理根系 SOD 活性动态变化为拔节期活性最高、越冬期次之、灌浆期最低。不同砷浓度相比，除 50mg/kg 处理根系 SOD 活性与对照差别不大外，随土壤中砷浓度的增大，小麦根系 SOD 活性减小。各生育时期的趋势相同，但 SOD 活性降低幅度不同。随生育期的推进，砷处理小麦根系内的 MDA 含量均呈升高趋势，在同一生育时期内，除 50mg/kg 处理 MDA 含量与对照相差不大外，其余处理随砷浓度的提高，MDA 含量增加，越冬、拔节、灌浆各生育时期表现出相同的趋势。随砷处理浓度加大，小麦质膜相对透性明显增大。不同生育时期测定的结果相比，以越冬期、拔节期受砷胁迫质膜相对透性增加较多。从砷对小麦不同生育时期的生理影响看，以越冬期、拔节期的影响较大。

对砷污染的防治、调控及管理方法如下。

1）农业措施。换土、耕翻、增施改良剂及堆肥改变作物品种及栽培技术等。

2）减少土壤的输入。控制砷从污水灌溉、农药使用、大气降尘等途径输入土壤，缓解土壤砷污染。

3）制定法律，加强监督。应借鉴国外经验，制定和实施土壤污染防治法。据一些专家预测，21 世纪关于砷的研究趋势将是：砷的动位污染及其生态效应；有关土壤砷污染的基础研究有所突破；砷的污染生态学研究进一步发展；控制与治理措施得到进一步推广。

② 镉的植物效应　20 世纪 80 年代以前，Cd 植物效应的研究是十分有限的。由于食品中 Cd 的含量与人类健康的关系，直到 80 年代初，人们对植物吸收 Cd 的研究才给予了一定的重视，一些非污染土壤中作物所含 Cd 如表 2-17～表 2-20 所列。

表 2-17　非污染土壤中一些作物谷粒 Cd 含量（Page et al.，1981）

品种	样品数	浓度/(mg/kg)①	
		平均值	范围
稻谷(*Oryza sativa*)	34	0.13	—
	35	0.11	<0.001～0.31
高粱(*Sorghum vulgare*)	36	0.033	0.01～0.1
小麦(*Triticum vulgare*)	9	0.055	0.02～0.08
	110	—	<0.005～0.045
黑麦(*Secale creale*)	19	<0.01	—
荞麦(*Fagopyrum* spp.)	3	0.10	0.06～0.14
大麦(*Hordeum vulgare*)	37	0.05(DW)	0.0104～0.11(DW)
燕麦(*Avena sativa*)	8	0.014	—
玉米(*Zea mays*)	11	0.065(DW)	0.035～0.148
大豆(*Glycine soja*)	6	0.21(DW)	0.13～0.36(DW)

① 除注明为干重（DW）外，其余均为鲜重。

表 2-18 非污染土壤中一些蔬菜的 Cd 含量（Page et al.，1981）

品种	样品数	浓度/(mg/kg)[①]	
		平均值	范围
菠菜(*Spinacia oleracea*)	9	0.045	—
莴苣叶(*Lactuca sativa*)	9	0.054	0.031～0.147
香芹(*Petroselinum crispum*)	6	0.081	0.043～0.170
球茎甘蓝(*Brassica oleracea gongylodes*)	14	0.026	0.01～0.071
芹菜(*Apium graveolens dulce*)	5	0.06	0.01～0.22
卷心菜(*Brassica oleracea capitata*)	23	0.04	0.01～0.15
抱子甘蓝(*Brassica oleracea gemmifera*)	16	0.03	0.01～0.11
芦笋(*Asparagus officinalis*)	3	0.02	0.01～0.04
花椰菜(*Brassica oleracea botrytis*)	12	0.01	0.003～0.021
花茎甘蓝(*Brassica oleracea borrytis*	5	0.01	—
君达菜(*Beta vulgaris var. cicla*)	6	0.22(DW)	0.20～0.27(DW)
	6	1.22(DW)	0.49～3.6(DW)
豌豆(*Pisum sativum*)	5	0.004	0.003～0.005
菜豆(*Phaseolus* sp.)	12	0.042	0.019～0.075
胡萝卜(*Daucus carota var. sativa*)	8	0.13	0.09～0.22
土豆(*Solanum tuberosum*)	19	0.08	0.01～17
洋葱(*Allium cepa*)	21	0.011	<0.0002～0.036
欧洲防风(*Pastinaca sativa*)	5	0.057	0.016～0.111
大头菜(*Brassica napobrassica*)	15	0.016	0.010～0.026
甜菜(*Beta vulgaris*)	15	0.036	0.01～0.09
芜菁(*Brassica rapa*)	5	0.03	0.01～0.08
萝卜(*Raphanus sativus*)	6	0.016	0.011～0.027

① 除注明为干重（DW）外，其余均为鲜重。

表 2-19 非污染土壤中一些水果的 Cd 含量（Page et al.，1981）

品种	样品数	浓度/(mg/kg)	
		平均值	范围
苹果(*Malus* sp.)	14	0.01	0.005～0.027
樱桃(*Prumus cerasus*)	14	<0.0002	<0.0002～0.004
李(*Prunus domestica*)	7	0.036	0.014～0.067
草莓(*Fragaria* spp.)	5	0.03	0.02～0.07
桃(*Prunus perisca*)	10	0.002	<0.0002～0.006
黄秋葵(*Hibiscus esculentus*)	4	0.08	0.04～0.11
番茄(*Lycopersicon esculentum*)	10	0.02	0.01～0.08
茄子(*Solanum melongena*)	3	0.03	0.02～0.04
梨(*Pyrus communis*)	6	0.03	0.01～0.09
橘子(*Citrus sinensis*；*C. aurantium*)	15	0.002	<0.001～0.007
葡萄(*Citrus paradisi*)	3	<0.01	<0.01～0.01
柠檬(*Citrus limon*)	5	0.01	0.01～0.04
大黄(*Rheum rhaponticum*)	9	0.025	0.01～0.057
甜椒(*Capsicum* sp.)	3	0.04	0.03～0.05
黄瓜(*Cucumis sativus*)	29	0.003	<0.0002～0.014

表 2-20 蔬菜中的 Cd 浓度与土壤施加 Cd 的关系（Page et al. 1981）

品种	分析部位	Cd 浓度/(mg/kg)				
		0	0.8	1.6	3.2	6.4
胡萝卜(*Daucus carota var. sativa*)	叶	0.5	1.64	2.52	3.89	3.91
	可食部分	0.44	0.91	1.64	2.44	2.61
萝卜(*Raphanus sativus*)	叶	0.48	0.70	1.86	2.81	5.01
	可食部分	0.19	0.36	0.63	0.88	1.88
君达菜(*Beta vulgaris var. cicla*)	叶	0.2	0.5	0.7	2.1	2.6
莴苣(*Lactuca sativa*)	叶	0.5	2.2	3.1	4.4	—

植物对 Cd 的吸收受着多种因素的影响。土壤不同组分之间 Cd 的分配，即重金属的形态，是决定 Cd 对植物有效性的基础（Page et al，1981）。某离子由固相形态转移到土壤溶液中是土壤中增加该离子植物有效性的前提，而 Cd 的浓度和 pH 值可能是影响作物吸收 Cd 的两个最重要的因子。此外，Cd 与一些大量和微量元素之间的交互作用亦影响着植物对 Cd 的吸收。

Cd 是毒性最强的重金属元素之一。土壤 Cd 污染直接影响作物的生长发育。Cd 使水稻叶片逐渐褪绿，破坏叶绿素结构。水稻受 Cd 危害后，表现为叶片失绿，出现褐色条纹，严重时根系少且短，根毛发育不良。赤红壤、红壤 Cd 污染，花生受 Cd 毒害后，叶片发黄、植株矮小、结荚数量明显减少，严重时，可使植株死亡；当土壤 Cd 含量低于 1mg/kg 时，减产不明显，5mg/kg 处理水稻减产 10%以上。小麦受 Cd 危害，叶片发黄，出现灼烧枯斑，叶脉发白，分蘖减少，严重者不开花结实。用 Cd 处理大豆时，可引起红紫色斑性病变或大豆茎部出现褐色病斑。

通过水培试验发现，用 100mg/LCd 处理时，燕麦根部细胞产生的 ATP 酶的活性在短时间内下降，妨碍 K 向根内输导，因而 Cd 可降低 K 的吸收。另外，镉能明显影响玉米对氮、磷、钾、钙、镁、铁、锰、锌、铜的吸收，镉能使玉米幼苗体内氮、磷、锌的含量降低、钙含量增加，都达到极显著的水平；锰、铜含量略有降低。镉影响植物对氮、磷、锌的吸收可能是由于镉能抑制植物根系亚硝酸还原酶的活性，直接影响对氮的吸收；也可能是由于随土壤中镉含量的增加，土壤中速效氮、速效磷和代换性锌的含量都明显降低。土壤中上述氮、磷、锌的有效态变化可能是和镉抑制土壤中微生物活性，使微生物的分解、硝化作用和 NO_3^- 的释放量减少有关；还由于在中性条件下，镉与锌形成难溶的 Cd-Zn 碳酸盐水合物，使锌的可溶性降低。

采用悬浮细胞培养法研究 Cd 对细胞吸收营养元素的影响。结果表明，随 Cd 浓度增加显著促进细胞对 Ca 的吸收；而 K 的吸收却下降；Cd 达到一定浓度后，细胞对 Mg 的吸收降低。另外，Cd 能够促进细胞对 Fe 和 Zn 的吸收，但 Cd 浓度过高时，Zn 的吸收也相应降低。

膜脂过氧化产物（MDA）因镉胁迫而在小麦幼苗体内积累（图 2-5），小麦幼苗在不同浓度镉作用下，不同苗龄叶片和根中 MDA 的含量、积累量都随着镉浓度的增高而升高，尤其是在高浓度镉（50mg/L 和 100mg/L）胁迫下，MDA 的积累量更多。此外，叶片中 MDA 积累量高于根系，并且幼苗生长时间越长，无论是叶片还是根系中 MDA 的积累量也都越高，导致膜的损伤和破坏亦更严重（陈宏，2000）。

在高浓度镉污染胁迫下，5 种树木叶片的叶绿素含量均呈下降趋势，但在不同的时间进

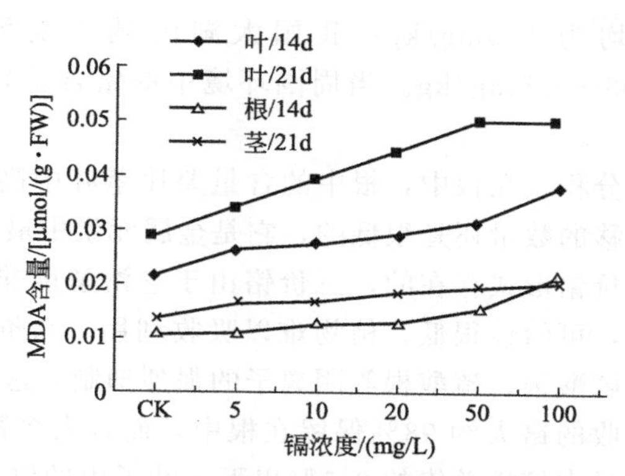

图 2-5　不同浓度镉对小麦幼苗 MDA 含量的影响

程中，降幅存在较明显差异。其中以黄杨、海桐、杉木的降幅较小，冬青、香樟次之，显示前 3 种树木抗镉污染胁迫能力优于后 2 种树木（表 2-21）。

表 2-21　Cd 胁迫下 5 种树木叶绿素含量的变化

树种	CK	1h	2h	3h	4h	2d
黄杨	0.709	0.644	0.459	0.392	0.375	0.285
海桐	0.637	0.582	0.550	0.300	0.265	0.280
香樟	0.661	0.584	0.362	0.311	0.268	0.214
杉木	1.241	1.139	0.915	0.851	0.568	0.486
冬青	0.873	0.768	0.478	0.372	0.311	0.314

Cd 污染糙米中粗蛋白、粗淀粉、直链淀粉、赖氨酸等量显著降低，从而降低营养品质。在小麦、水稻、菜豆和番茄中 Cd 含量：根＞茎叶＞果实（种子），而在白菜、萝卜、莴苣和茄子中则茎叶＞根＞果实。Cd 污染可降低玉米幼苗叶绿素的含量，提高过氧化物酶的活性。50mg/kg Cd 处理使小麦幼苗光合强度降低。Cd 超过一定含量，对小白菜叶绿素起破坏作用，并促进抗坏血酸分解，使游离脯氨酸累积，抑制硝酸还原酶活性。重金属 Cd 对植物体内多种酶活性起抑制作用，包括根系的脱氢酶、过氧化物同工酶和核酸酶等。

在含镉的营养液中，茶树幼苗生长受到抑制，镉胁迫的第 5～7 天，一部分细胞陆续发生程序性死亡。其特征是：线粒体聚集于核周围，个数增加，嵴发达，而后衰亡。核仁消失，染色质凝结在核膜边缘，核萎缩，外层核膜局部扩张，形成胀泡。核以外溢、出芽和崩裂三种方式溃解。核是最后消亡的细胞器。程序性死亡的细胞局限于某些区域。镉胁迫下，幼苗膜脂过氧化可能是诱发 PCD 的主要原因（苏金为，2002）。

③ 铬对植物效应　铬是污染环境的主要重金属元素之一，具有明显的致癌致畸作用。它可以通过植物吸收，经过食物链进入生物体和人体，造成对动物和人体直接和潜在的危害。所以，当铬进入环境后，对植物生长发育的影响及其吸收积累是人们很关心的问题。

植物体内一般都含有一定量的铬，在植物生长发育过程中，可以通过根和叶吸收外界环境中的铬。植物体内铬的一般含量约为 0.01mg/kg，植物中总铬与土壤总铬之比约为 0.02。植物体内的铬含量积累随植物品种、种类、土壤特点、水体质量以及作物的收获季节的不同存在很大的差异。据资料报道（王德中等，1982），谷物中铬含量为 0.017～0.16mg/kg，平均为 0.07mg/kg；豆、水果为 0.078～0.66mg/kg，平均为 0.38mg/kg；叶菜为 0.065～0.182mg/kg，平均为 0.12mg/kg；根菜为 0.098～0.277mg/kg，平均为 0.16mg/kg；海草为1.1～3.4mg/kg，平均为2.0mg/kg；我国太湖流域小麦为0.097mg/kg；糙米为0.070mg/kg，世界为0.05～0.5mg/kg。当周围环境中的铬含量较大时，一般植物体内的铬含量也相应增加。

植物吸收的铬绝大部分积累在根中，根中的含量要比茎叶中高出1～2个数量级，但铬在土壤中被植物吸收并转移的数量还是很低的，它是金属元素中最难被吸收的元素之一，这是因为土壤中一般是以三价铬形式存在的，三价铬由于它溶解度非常低，基本上以沉淀态、残渣态和强烈吸收态存在，可给性很低，植物难以吸收利用。六价铬形式虽然是有效性的，但它的含量很低，同时受磷酸根、硫酸根等阴离子的强烈抑制，这就使得作物对它的吸收受到制约。植物从土壤中吸收的铬大约98%保留在根中，而且大多数是存在于根细胞的液泡中，被转移到种子里的铬只占植株总铬的0.1%以下。叶子中的铬主要是低分子量的阴离子络合物，三草酸铬是存在于根和叶子中的铬化物之一。六价铬在从溶液转移到叶子的过程中已被还原成三价铬的形态。

铬是否是植物所必需的元素尚有争论，但是微量铬对某些植物的生长有促进作用却是客观存在的。这是因为铬能提高植物体内一系列酶活性，并增加叶绿素、有机酸、葡萄糖和果糖的含量。在欧洲一些缺铬的土壤中曾观察到增施微量铬肥的增产效果，受到微量铬肥促进的植物有禾本科的小麦、大麦、黑麦、燕麦，豆科的大豆、豌豆、及蔬菜中的胡萝卜、黄瓜等。当农业环境中的铬超过一定限度时，就要影响作物生长（表2-22）。

表2-22 植物受Cr害时体内Cr含量

植物	部位	含有率/(mg/kg)	被害度
水稻	茎叶	30～63	10%～20%减产
燕麦	叶	252	有害
玉米	叶	4～9	
烟草	叶	18～34	有害

从对农作物的毒性来看，六价铬要比三价铬毒性大。有人用六价铬水溶液灌溉盆栽水稻和小麦，发现低浓度的铬就会产生危害。用1mg/LCr^{5+}溶液处理小麦，就会抑制小麦生长，用10mg/L处理时，生长受到抑制达50%，用20mg/L和50mg/L时，生长受到的抑制分别达66%和90%以上，小麦严重受害时，表现为叶片变黄，出现铁锈状黄色斑点，根变细，整个植株生长受到抑制，以致最后枯死。灌溉水中Cr^{5+} 5mg/L时，对水稻产生危害，10mg/L危害严重，200mg/L时水稻死亡。在土培试验中，当土壤中六价铬为50mg/kg、三价铬100mg/kg时，水稻开始受影响，减产10%，受害的水稻植株变矮，叶片狭窄，叶色枯黄，分蘖减少，叶鞘呈黑褐色，根系溃烂且细短而稀疏，生长严重受抑。玉米实验表明，灌溉水中Cr^{3+}的浓度为10mg/L时，生长缓慢，100mg/L则停止生长，近于死亡，六价铬含量为50mg/L时对大麦产生毒害。

夏增禄（1989）的试验结果表明，当盆栽土壤投加Cr^{3+}达500mg/L时，水稻各生态指标才出现明显差异，糙米减产10%左右；而投加Cr^{5+}对小麦的影响比水稻还大，即投加Cr^{5+}在10mg/L时，小麦就明显受影响，籽粒减产28.6%。

铬对作物种子的萌发有一定的影响，试验表明，当水中六价铬的浓度大于0.1mg/L时，就开始抑制水稻种子的萌发，在1mg/L以上，对小麦种子萌发也有不良影响。

高浓度的铬不仅本身对植物构成危害，而且还影响植物生长过程中对其他营养元素的吸收，用0～6mg/L的六价铬溶液加入大豆栽培土壤中，5mg/L的铬开始干扰植株上部Ca、

K、P、B、Cu 的蓄积，受害的大豆最终表现为植株顶部严重枯萎。

铬影响根尖细胞的有丝分裂抑制萌发、发育和产量，干扰大豆、矮菜豆的矿物质营养，影响质体色素及酯醌的含量，抑制矮菜豆、藻类的光合作用，对水稻的蒸腾产生抑制（表 2-23）。

表 2-23　Cr 处理水培水稻在不同时期蒸腾作用的变化（王焕效，1990）

处理浓度/(mg/kg)	拔节期——孕穗期		灌浆期	
	蒸腾强度/[mg/(g·h)]	蒸腾比率/%	蒸腾强度/[mg/(g·h)]	蒸腾比率/%
0	1021.9	100	1622.1	100
0.5	999.4	97.8	1614.7	99.5
1.0	987.3	96.6	1669.8	102.9
2.5	875.3	85.7	1528.2	94.3
5.0	732.8	71.7	1387.0	85.5
10.0	806.5	78.9	901.5	55.6

铬对植物体内酶的活性也有明显的影响。当土壤和培养液中铬的浓度较高时，叶片中 CAT 活性明显降低，SOD 活性也显著下降，而 POD 活性则明显升高。铬可引起永久的质壁分离，细胞膜透性变化并使组织失水，影响氨基酸含量，使可溶性蛋白质含量增加，并改变植物体内的羧化酶、抗坏血酸氧化酶及脱氢酶的活性，铬还影响糖及总氮的含量。大豆结瘤与固氮对铬反应十分敏感，铬使结瘤数减少，根瘤重下降，使单株酶活性显著降低，用高浓度铬处理根瘤固氮酶活性也显著降低。砂培条件下，0.1mg/L 和 1mg/L 的 Cr^{6+} 可使单株固氮酶活性比对照降低 20.7%和 27.9%，50mg/L 和 250mg/L 的 Cr^{6+} 处理的固氮酶活性分别为对照的 87.6%和 4.7%。土壤中三价铬达 200mg/kg 时，对固氮酶有显著的抑制作用。

④ 铜的植物效应　铜是植物生长的必需营养元素，在许多生物化学过程中都有重要作用，植物体内的各种铜蛋白参与了光合作用、呼吸作用、超氧自由基的去氧化过程以及木质化等。铜在高等植物代谢中起着重要作用：铜主要和低分子量的有机化合物和蛋白质相互络合；铜常常存在于在植物代谢物中具有重要功能的酶和其他具未知功能的化合物中；铜在光合作用、呼吸作用、碳水化合物分配、N 的还原和固定、蛋白质代谢及细胞壁代谢等许多生理过程中都起着重要作用；铜影响木质部导管的水透性，从而控制植物的水分关系；铜控制 DNA 和 RNA 的复制，铜的缺乏严重地抑制植物的繁殖（降低种子萌发，花粉授精）；铜参与植物的抗病机制，植物对真菌病的抗性很可能和充足的铜的供应有关，也有证据表明铜的富集对植物的有些病很敏感。

在自然条件下，很少有游离铜离子可被植物从土壤溶液中吸收。植物根对铜的吸收机制还远未弄清。利用短期离体根和整个植株进行的研究大多表明，植物根对铜的吸收为被动吸收。而用甘蔗叶片研究表明，植物吸铜可能是主动过程，但用根进行的大量研究都充分地证明了植物可以被动地吸铜。这种结论上的差异可能是所选用材料的不同导致的。

关于整体植株对土壤铜的吸收已被广泛地研究。这一过程的主要特点是铜在植物根系的积累。染色技术研究已表明，铜可以在表皮细胞积累，也可在内皮层和中柱鞘累积。耐铜植物可在细胞壁累积铜。Coombes（1977）研究了植物对各种不同形态铜的吸收，发现 EDTA 态铜（带负电荷）吸收很少，乙胺酸铜（不带电荷）相对较易被吸收，而带二价正电荷的络合态铜很易为植物吸收。由此可见，植物在吸收有机络合态铜的过程中，电荷是一个值得考虑的重要因子。此外，加入铜的形态对其随后与根的键合有重要影响。植物从 $CuSO_4$ 溶液中吸收的铜很易为 Ca^{2+} 所交换，但对正二价的双亚乙基肼铜和零价的乙胺酸铜，在根部铜库中只有很少一部分铜可被 Ca^{2+} 所交换。所以可以认为，络合态铜的电荷控制着吸收，而它的结构和稳定性则控制了随后的键合作用。

土壤中养分元素氮的状况是调节整株植株对铜吸收的重要因子。氮肥施入低铜或具有潜在缺铜的土壤可以导致缺铜更加严重。这种现象发生的结果是植物体内铜水平的下降，这可能是由于铜的移动性较差，相对根部生长而言，植物顶部生长受到刺激，而使叶子中铜浓度未能达到最佳状况，有人认为这是一种稀释效应。铜吸收和氮之间的关系也可能存在于其他谷类作物中。在豆科植物中，Cu-N 交互作用更为复杂，豆科植物地上部比非豆科类植物含有更多的铜，这可能与豆科植物的固氮作用有关。铜和其他微量元素之间也存在交互作用，铜的存在可以降低大豆幼苗对 Cd 和 Ni 的吸收，高浓度 Cr 的存在可以降低玉米和黑麦的吸铜量。但也有学者研究表明，污染处理土壤上高水平的 Cr、Zn 和 Ni 的存在并不影响植株根部和上部的铜积累。此外，植物种类不同，其对铜的吸收也是不一样的，有些作物在铜过量时可以忍耐，有些作物对缺铜特别敏感。

铜可在木质部和韧皮部的运输系统中运输。这两种系统的参与依赖于铜的来源和运输的种类。在木质部中的大部分铜是植物从根部吸收的。Tiffin（1972）用 ^{64}Cu 作为铜源，发现木质部溢出液中存在带负电荷的 ^{64}Cu 复合体，由此证明有机络合态铜存在的可能性。关于铜在韧皮部的运输问题更多，韧皮部汁液 pH 值大约比木质部汁液 pH 值高两个单位。从土壤及模拟化学体系中得到的证据表明，增加碱性可以增加稳定态铜络合物的形成，因此韧皮部中铜的络合作用比木质部强，并且 Cu/N 比例也相应地高些。

铜在植物体内的运输直接影响到铜在植物各器官中的含量分布。盆栽试验结果表明，铜在水稻各器官中含量存在较大差异，根和茎叶都能较有效地吸收和积累土壤中的铜，其铜的含量随着土壤添加铜浓度的提高而显著提高，特别是根，当土壤添加铜浓度从 0mg/kg 增加到 250mg/kg 时，水稻根的铜浓度从 38.0mg/kg 增加到 685mg/kg。花生吸铜试验结果表明，其根、茎叶、壳和种子都能有效地吸收土壤中的铜，在成熟期，各器官中的含量与土壤中的添加浓度呈线性相关，从富集系数来看，花生对铜的吸收能力为根＞壳＞茎叶＞种子。污染土壤田间实验结果也表明，水稻体中以根部含铜量为高，糙米、茎叶含铜量远较根部为低。黄棕壤上水稻的盆栽试验表明，作物对土壤中铜的吸收率为茎叶＞根系＞籽实，且铜在作物籽实、茎叶、根系中铜的分配与作物吸收率呈一致趋势，即茎叶＞根系＞籽实。

尽管铜是植物生长的必需微量元素，但当土壤铜含量高于某一临界值时，就会对植物生长产生一定的毒害作用。随着土壤污染的日益严重，土壤铜污染的植物效应已引起了广泛的注意。

植物铜中毒的症状。通常作物铜中毒表现为失绿症和生长受阻。失绿可能是由于缺铁引起的，叶面喷施铁肥或施用螯合态铁可减轻这种失绿症状。由铜引起的缺铁失绿症状的程度受气候和其他与铜中毒无关的条件所影响。由铜过量而引起的作物生长受阻是多种因子综合作用的结果，其中包括铜对植物的专性效应，铜与其他养分的拮抗作用以及根生长及其在土壤中穿透能力的降低，铜中毒首先在植物根尖产生，并进一步阻碍根的生长。

铜污染对植物新陈代谢过程的影响。铜中毒对作物的影响主要与根系统有关。植物从土壤中摄取过量的铜大部分积累在根部，向地上部分输送是不多的。铜可以影响有丝分裂，但更专性的影响与各种酶系统对铜污染敏感性有关。有人认为，提高铜水平可以导致莴苣中过氧化氢酶、IAA-氧化酶和超氧化酶活性增加是铜中毒的机制。这种对酶系统的影响包括降低核酸，尤其是胚中核酸含量，降低α-淀粉酶和RNA酶的活性及降低胚乳中蛋白酶活性。刘文彰等（1985，1986）在研究铜过量对棉花及黄瓜幼苗酶活性影响时发现，铜过量可使植物体内过氧化酶活性增加，这可能是由于铜过量引起有毒物质——过氧化氢急剧增加，所以过氧化物酶的活性可作为铜过剩作物的生理指标。吴家燕等（1990）研究表明，在不同土壤铜浓度下，水稻根系过氧化酶处于受抑制与促进的多次交替过程中。Coombes（1977）研究过量铜对大麦根中IAA-氧化酶活性的影响，发现幼苗和成年植株中酶对铜的敏感性不同。幼苗在所有铜水平下，IAA-氧化酶活性受到激发，但对生长了3周的植物而言，在高铜水平下暴露1～4d后，IAA-氧化酶活性漫漫降低。幼苗组织化学分析表明，90%的植物总铜量存在于种子中，而根中含量极低。在成年植株中，根含铜量迅速提高，当超过某一临界值时，IAA-氧化酶活性迅速下降。Cu处理条件下，也可能导致细胞膜透性增加，使K^+等离子外渗。暴露于Cu浓度640～6400μg/L的植物的根尖，K^+的外渗是对照的9～28倍，而整株根系外渗的增加为对照的4～13倍。

铜中毒导致的失绿症可以降低光合作用。Cedeno-Maldonado（1972）报道，25μmol/L的铜水平可以抑制分离叶绿体中的电子转移过程，这可能是叶绿素结构的改变引起的。水培实验表明，当Cu浓度为0.6mg/L时对水稻光合作用有明显影响，与健全的植物叶片的光合作用有较大的差异，水稻的生育期较正常植物减少1/2。有研究表明，铜过量可以明显地降低棉花和黄瓜幼苗叶绿素a、b的含量。营养液培养时10mg/L铜水平下，黄瓜幼苗中叶绿素含量下降84%，叶绿素b下降20%，总量下降60%。

铜污染对作物生长与产量的影响。当土壤铜含量超过一定值时，就会抑制作物生长，降低产量。Cu易于在植物根部积聚，从而诱发根部病变，使根细胞分裂受阻，根端肥大，停止伸长，在根端出现分支根。许炼峰等（1993）研究了砖红壤土添加铜对作物生长的影响，结果表明，随着添加铜量的增加水稻和花生产量明显下降，但是这种抑制作用主要表现在早稻，水稻生物量在添加铜浓度大于200mg/kg时明显比对照低。花生也有同样的情况，夏家淇等（1992）采用红壤性水稻进行田间小区试验和盆栽试验都表明，土壤有效铜与水稻产量呈显著负相关。盆栽试验添加量为4000mg/kg，8000mg/kg时，秧苗受害严重，插秧1个月后，秧苗仍不能分蘖，并且逐渐枯萎，最后盆内秧苗全部死亡。

关于土壤铜污染及其植物效应的研究工作，我国尚开展较少，资料较为分散，而且大部分研究工作仅着眼于土壤铜污染及其植物效应的数量关系，对其中的机制、铜污染与土壤性状、作物生长及气候条件之间的关系很少，有待深入研究。

⑤ 铅的植物效应　近年来，由于工业"三废"和机动车辆使用含铅的抗震剂、污水灌溉及农药、除草剂和化肥的使用，严重地污染了土壤、水质和大气，导致环境中铅的含量显著增加。铅是植物的非必需元素，当它与植物接触后，就会对植物产生一定的毒害作用，轻则使植物体内的代谢过程发生紊乱，生长发育受到抑制，重则导致植物死亡。

铅对幼苗生长有明显的抑制作用，无论是在黄棕壤还是红壤上的稻苗，在高浓度铅时，干物质均有着明显的下降。在实验条件下，铅对幼苗生长的影响至少有2个原因：a. 抑制了根的生长，从而抑制了对营养的吸收；b. 使叶绿素含量减少，光合作用受阻，以至产量下降。

土壤Pb含量达到1000mg/kg时，小麦叶色灰绿，植株矮小、不分蘖、根系短小、成熟延迟、结实减少，小麦子粒Pb含量可达1.5mg/kg。任继凯等（1982）研究发现，Pb污染浓度达到 500～1500mg/kg 时，水稻有效分蘖将减少 15%左右，糙米产量下降 15%，含 Pb 量由 0.054mg/kg 可增加到 0.26mg/kg，提高 5 倍左右；土壤 Pb 含量在 2000mg/kg 范围内，对小麦产量无明显影响，但小麦子粒中 Pb 含量可提高 1～3.5 倍；土壤中 Pb 对蔬菜的生长影响较大，当土壤 Pb 含量≥300mg/kg 时，可使萝卜减产 20%左右，且其 Pb 的含量与土壤含 Pb 量呈正相关；白菜在土壤 Pb 含量 50～2000mg/kg 时，可减产 10%，且土壤 Pb 含量超过 300mg/kg 时，白菜叶含 Pb 量可提高 30%；土壤 Pb 含量低于 400mg/kg，对烟草产量无明显影响。植物对 Pb 的吸收主要累积在根部，其次为茎、叶，因此植物一般蓄积 Pb 的含量顺序是：根>茎>叶>果。

铅在水稻籽实中的浓度分布是不均匀的，其中胚中浓度最高，种皮次之，胚乳和颖壳中浓度较低。但从铅的总量分布看，以胚乳中铅占绝对优势，约 73%的铅分布在胚乳中。在水稻籽实的主要营养成分中，83%以上是与蛋白质结合的，其次是与纤维素等成分结合，与脂肪结合的甚微。在四种类型蛋白质中，以谷蛋白和球蛋白的分布比例较高。

当铅进入植物体时，由于质膜是有机体与外界环境的界面，所以首先受到铅的毒害。铅离子还可以通过质膜进入细胞，影响细胞内一系列生理生化过程，使新陈代谢紊乱。例如，在铅胁迫下，光合系统和一些光合酶的活性以及叶绿素的合成受到影响，甚至叶绿体的结构遭到破坏，导致植物的光合作用降低；铅又能损伤线粒体的结构，抑制根系多种脱氢酶等其他呼吸酶的活性，干扰植物的呼吸作用；通过与蛋白质上—SH 基团结合而破坏蛋白质结构，影响蛋白质活性，干扰 N 素代谢；铅与带负电荷的核酸结合引起染色体畸变、降低 DNA 和 RNA 酶活性，干扰核酸代谢；铅还能通过拮抗作用导致植物体内元素失调，造成营养胁迫，间接地影响植物的生长发育。

灰钙土的盆栽实验表明，铅对春小麦体内脱氢酶和蔗糖酶的活性有抑制作用，而对叶片过氧化氢酶活性有刺激作用（表 2-24）。

表 2-24　铅对春小麦体内酶活性的影响　　单位：μmol/（g·h）

Pb 浓度/(mg/kg)	过氧化氢酶(根)	过氧化氢酶(叶)	脱氢酶(根)	蔗糖酶(茎)
0	995.5	1707.5	3.53	308.12
50	196.9	1815.0	4.38	280.09
250	303.3	1724.8	5.03	167.99
500	1361.0	1710.5	17.9	116.22
750	940.0	1752.5	4.42	87.81
1000	1139.7	1760.6	10.44	114.74

尽管铅对植物产生明显的危害作用，但不少种类的植物仍能在高浓度的铅环境中生长，表明在长期的进化过程中植物亦相应地产生了多种抵抗铅毒害的防御机制。铅向茎叶的运输受到限制，绝大部分保留在根部，一定程度上提高了植物的耐性。作为铅进入细胞内部的第一道屏障，细胞壁的铅沉淀作用可能是一些植物抗铅的原因，这种沉淀作用可以阻止过多的铅进入原生质，以免其毒害。对已经进入原生质的铅，还可以通过向液泡中输送而减少原生质中的浓度，使植物对铅表现出抗性。原生质体中的一些物质还可以通过与铅反应形成沉淀和螯合物降低自由态的铅，一定程度上使一些重要的物质和代谢过程免受铅毒害。总之，铅对植物造成的伤害是多方面的，而植物对铅胁迫也有多种防卫机制。

污染元素进入土壤后除了本身有可能产生毒性外，还可能通过拮抗或协同作用，造成植物体中微量元素的失调，进而影响食物链中养分的平衡，对动物和人的健康带来影响。短期实验表明，豌豆苗在含铅的营养液中，对 Zn^{2+}、Mn^{2+}、Fe^{2+} 的吸收明显地受到了抑制。而且有实验表明，不同铅化合物对植物吸收 Zn、Mn、Fe、Cu 的影响是不同的，同时与植物的部位亦有关系。

作物对土壤中铅的吸收受土壤中阴离子浓度影响。其中，Cl^- 能促进玉米根系对土壤中铅的强烈吸收，而 NO_3^- 有利于铅在秸秆和籽实中残留。在高浓度地区，Cl^- 含量的升高将导致秸秆和籽实中铅含量达到饱和；而土壤中 NO_3^- 含量的增加，可导致作物对铅的持续吸收。作物对铅的吸收具有强烈的分异特征，玉米根系对铅的吸收性最强，是秸秆、籽实的几十至几千倍，表明根系为秸秆、籽实对铅的吸收提供了良好的屏障。

不同有机酸［乙二胺四乙酸（EDTA）、柠檬酸、草酸］对土壤中铅的活化和水稻吸收铅产生不同的影响，尤其是对水稻籽粒中铅含量的影响。EDTA 能强烈活化土壤中的铅，经 EDTA 处理的土壤其有效态铅的含量比对照明显提高。柠檬酸对铅也有一定的活化作用，但效果不显著；草酸则抑制了土壤中铅的活化，有效态铅含量下降。EDTA 处理促进了水稻对铅的吸收和在籽粒中的积累，柠檬酸和草酸处理后水稻对铅的吸收和在籽粒中的积累均下降。

⑥ 锌的植物效应　Zn 是植物的微量营养元素之一，但土壤 Zn 含量过高，一般超过 200mg/kg 时便可造成污染。过量的 Zn 可致使植物中毒，也可间接影响植物对 Fe 的吸收，造成缺 Fe 失绿和生长障碍，甚至导致死亡。Zn 处理超过 200mg/kg，可使水稻叶片绿色变淡，分蘖减少，物候期延迟，产量下降，200mg/kg 处理有效分蘖减少 8%左右，糙米产量下降 13%；300～2000mg/kg 处理，水稻减产 18%～25%；达到 3000mg/kg 的处理，使水稻大部分植株死亡。土壤 Zn 含量达 400mg/kg，对烟草生长仍无不良影响。Zn 处理 300mg/kg 对大麦幼苗可产生毒害作用，400mg/kg 对燕麦产生危害。低含量 Zn(100mg/kg) 可提高小麦幼苗叶绿素含量，但高含量（≥500mg/kg）Zn 处理对小麦叶绿素的代谢有毒害作用。

锌可能使根膜透性增加，引起营养物质从根中向外渗漏。研究表明，当锌浓度在 65～6500μg/L 时即可引起谷物根中 K^+ 的渗出，从而影响植物的正常代谢，使糖的转移和碳水化合物的积累受到影响。锌在对植物产生毒害的水平时，可严重影响几种酶的活性和基础代谢过程。如锌可使磷酸烯醇式丙酮酸羧化酶活性明显降低；锌可抑制豆类幼苗光合作用电子传递系统和光合磷酸化作用，对电子转移的酶如脱氢酶有明显的影响。研究表明，豌豆在锌浓度为 650μg/L 时，体内酸性磷酸酶的活性即受到明显抑制。

污染土壤上生长的植物含锌量很高，但根部常积累相当多的锌，而在空气污染的地区则地上部分含锌量很高。一些生长在高污染区土壤的植物累积了大量的锌而不表现出毒害。藜科植物对锌就有屏障作用，这种忍耐机制可能由于通过代谢适应、络合或通过限制金属在细胞中的浓度及储藏组织的固定来降低过量的锌。高锌土壤环境中生长的植物根系往往含有较地上部分更多的锌。这也许是植物抗过量锌而避免中毒的机制之一。锌的毒害主要使蛋白质变性，使约 50%的大多数酶被钝化，借助改变酶的分子性质来产生抗金属酶是具有抗性的植物种群的适应机制之一。

锌可以减弱植物对镉的吸收从而使镉对锌酶的毒性减弱。由于镉与锌具有相同的核外电子构型，镉进入细胞后与锌竞争含锌酶中的结合部位，使含锌酶的活性降低。研究表明，锌使凤眼莲、烟草、甘蓝、玉米对镉的吸收减弱，使其维持在较低水平，同时锌使镉复合物的合成加快，增加植物自身对镉的解毒能力。锌的加入同样可以降低砷的毒害作用。

由于草本植物的生命期比较短，短命植物只有数周，禾本科植物 1～2 年，豆科植物为

3～5 年（根和根茎可以生存 7～15 年，甚至更长一些）。它们的凋落物在微生物作用下分解比较迅速，土壤表面残留的有机凋落物很少，活的植物有机体和土壤表面的有机残落物都不成为重金属滞留、积累的场所。草本植物地下部分的生物量常常超过地上部分的生物量，并且在有的草类中根的重金属浓度也比较高，因此，重金属在地下部分储量相当丰富。在植物各器官重金属浓度高低顺序是：根部＞叶片＞果实＞种子。

森林生态系统中，重金属大量储存于土壤和林下枯死地被物层中。据国外研究报道，在德国中部山地森林土壤—植被系统中，土壤（0～50cm）锌积累量为 262～315kg/ha，在总积累量中只有 1.5%～4.5%的锌是在植被部分。美国新罕布什尔州哈伯德河试验林地硬木林生态系统，每年由于大气沉降物的作用而在土壤中累积的铅为 305g/ha，据估测，森林覆被层的铅为 1.6g/ha，而活生物物质中的铅不足 1.0g/ha。从森林植被来看，其体内所储存的重金属总量显著超过每年吸收的重金属数量。在这个意义上，森林也是重金属的储存库。森林各部位的重金属含量不等，在未受污染的生态系统中，Cd、Zn、Pb 等一般浓度顺序是：根部＞树叶＞树枝＞树干，而在受一定污染的系统中，树枝的重金属浓度增高。研究表明，As、Ni、Zn、Cr、Cu、Pb 等重金属对森林植物的生长和发育有重要的影响，严重时甚至使之完全停止生长。

2.3.1.2 陆生植物对有机污染的响应及反馈

(1) 植物对农药的分解转化作用

除草剂、杀虫剂和杀菌剂等化学物质的大量使用带来了严重的环境污染，耐药性植物具有分解转化这些农药的作用。一般说来，在高等植物体内导致农药毒性降低的基本生化反应包括氧化反应、还原反应、水解反应、异构化作用和轭合作用。

① 氧化作用　农药的氧化作用在植物体内非常普遍，常常是导致农药毒性降低的主要反应。主要的氧化反应有：N-脱烃作用、芳香族羟基化作用、烃基氧化作用、环氧化作用、硫氧化作用和 O-脱氢作用等。

芳香族羟基化作用在除草剂代谢中可能是最普遍的反应。2,4-D 在禾本科杂草和阔叶植物种类中发生芳基的羟基化作用，形成 4-羟基-2,5-D，这是 2,4-D 代谢的主要途径。4-羟基-2,5-D 没有像其母体 2,4-D 那样的生长素活性，被认为是解毒作用的一个产物。

N-脱氢作用也是除草剂代谢中非常普遍的氧化作用。灭草隆的 N-脱甲基作用是在植物体内的氧化酶作用下的代谢解毒反应。

② 还原作用　芳基氮还原反应是植物中最重要的除草剂反应。不过从解毒的角度来说，这种作用在植物中不是一个重要的解毒机制。

③ 水解作用　植物对酯、酰胺等类除草剂的水解作用很普遍，许多羧酸酯类除草剂在植物中易于水解成为游离酸的形式。2,4-D 形成的酯类很容易被水解；清草津可以被水解成酰胺类和酸类化合物；氯取代基水解作用形成羧酸代谢物羟基-*S*-三氮苯类似物。这些过程都可使农药在植物体内得到分解转化而解毒。

事实上，植物对同一种农药的分解转化涉及许多代谢作用，是许多反应的综合结果，其中既有氧化还原作用，也有羟基或脱烷基作用。

(2) 农药对植物的影响

农药的过量使用导致其在土壤中的积累，从而对植物产生明显的影响。土壤中高剂量的 1,2,4-三氯苯对水稻生长发育具有明显的抑制作用（表 2-25）。土壤中的 1,2,4-三氯苯超过

40μg/g时，水稻的生长可见较为明显的受阻现象，而超过150μg/g后，水稻植株死亡。即使在其浓度小于150μg/g时，水稻虽然可以成活，但株高和穗长等生物量指标明显降低（表2-26），植物产量随污染物浓度的增加而线性降低。

表2-25 土壤中不同剂量的1,2,4-三氯苯对水稻幼苗生长发育的影响

土壤中浓度/(μg/g)	危害症状	土壤中浓度/(μg/g)	危害症状
10	返青正常，分蘖、拔节正常	150	叶片泛黄，返青缓慢，无分蘖，植株矮小
20	返青正常，分蘖、拔节正常	300	植株死亡
40	返青正常，分蘖略少、拔节正常	600	植株死亡
50	返青正常，分蘖略少、拔节正常	1000	植株死亡

表2-26 1,2,4-三氯苯对水稻株高和穗长的影响

剂量	株高/cm			穗长/cm		
	平均值	标准差	p	平均值	标准差	p
CK	78.46	7.04	—	17.64	1.90	—
10	76.96	6.12	<0.05	18.00	1.93	<0.05
20	72.28	4.42	<0.005	17.32	1.96	<0.05
40	62.63	5.77	<0.005	15.83	1.69	<0.0005
50	52.08	8.63	<0.005	12.86	2.05	<0.005
150	26.83	5.88	<0.0005	6.53	1.84	<0.0005

天王星、赛丹、久效磷农药对棉株叶组织中过氧化氢酶活性均有不同程度的抑制效果（表2-27）。天王星1000倍液浓度处理对过氧化氢酶抑制率随时间推移呈“低-高-低”涨落现象，天王星500倍液浓度处理对氧化氢酶的抑制在7d后仍有“上涨”现象。赛丹、久效磷处理对过氧化氢酶的抑制率也呈现“低-高-低”涨落现象。有机氯农药赛丹对过氧化氢酶的抑制率明显高于拟除虫菊酯类农药天王星。总的看来，农药处理后，棉株叶组织中过氧化氢酶活性在同一时间内低于对照，农药对过氧化氢酶的抑制率定向表现出“上涨-回落”的涨落现象。不同农药、用量处理棉株后，棉株叶组织中过氧化物酶的活性在一段时间内高于对照。农药对过氧化物酶的激活率也定向表现出“涨落现象”。

表2-27 3种农药对过氧化氢酶、过氧化物酶活性的影响

[CAT：$mgH_2O_2/(gFW \cdot min)$]（郭明，2001）

农药名称	处理浓度	1d		3d		5d		7d	
		CAT	POD	CAT	POD	CAT	POD	CAT	POD
2.5%天王星	1000倍液	6.67	110.71	6.51	180.41	7.37	98.48	9.97	63.80
	500倍液	7.94	111.93	8.45	313.16	8.64	137.38	9.53	198.38
3.5%赛丹	1000倍液	7.29	151.56	6.76	170.28	5.63	71.50	8.46	45.91
	500倍液	6.56	136.07	6.79	205.25	5.99	69.11	9.18	86.43
久效磷	400倍液	7.59	92.34	8.06	155.12	—	—	5.56	160.37
对照		7.67	79.11	8.82	130.42	9.13	42.22	11.95	116.77

植物生长调节剂（PGR）对高等植物次生代谢产生影响。PGR可通过增加焦磷酸环化酶和烯环化酶的活性而改变植物体内的精油含量和组成。草苷膦通过抑制5-烯醇丙酮酸莽草酸—3—磷酸（EPSP）合成酶而阻断莽草酸途径。EPSP合成酶受抑制后导致酪氨酸、苯丙氨酸、色氨酸等必需氨基酸的合成受阻，进而影响各种酚类次生物质如酚酸、苯甲酸、类

黄酮木质素等的积累。

有研究表明，用 2.4～7.3mmol 马拉硫磷在收获前 3 周处理酸果蔓可使其果实中花青苷含量增加 23～25 倍。用 4mmol 安果处理黄麻植物的叶片可显著增加总酚和酸的含量，提高过氧化微酶、多酚氧化酶及 PAL 的活性。

杀虫磺、杀虫双、杀虫环、杀菌剂 NF133、吲哚乙酸、久效磷和氧化乐果 7 种农药在不同的浓度下都能显著地诱导蚕豆和大麦姐妹染色单体交换（SCE）增加，而且其诱发的 SCE 随着农药浓度的增加而增加。其中以杀虫磺最为有效，且在蚕豆和大麦中的影响趋势相同，说明农药家族的化学制剂对植物 DNA 确实有诱变作用。杀虫磺与杀虫环和杀虫双是一类分子结构相似的杀虫剂。

随着日用化学工业的发展和人民生活水平的提高，各类洗涤剂相继问世，其种类和产量与日俱增，在人们的生活中占有越来越重要的位置，但也直接或间接地污染环境。有研究表明，合成洗涤剂可能改变蚕豆质膜的透性，使诱变剂中有毒物质进入细胞，影响细胞核．通过切断 DNA 分子干扰断裂或其他畸变，使其微核率升高。

2.3.2 陆生植物对大气污染的响应及反馈

在正常的空气中含有本来不该含有的物质，或某一成分的比例异常增多时，即谓之大气污染。对植物有毒的大气污染物是多种多样的，主要有二氧化硫（SO_2）、氟化氢（HF）、氯气（Cl_2）以及各种矿物燃烧的废气等。有机物燃烧时一部分未被燃烧完的碳氢化合物如乙烯、乙炔、丙烯等对某些敏感植物也可产生毒害作用；臭氧（O_3）与氮的氧化物如二氧化氮（NO_2）等也是对植物有毒的物质；其他如一氧化碳（CO）、二氧化碳（CO_2）超过一定浓度对植物也有毒害作用。

此外，光化学烟雾对植物的伤害非常严重。所谓光化学烟雾（photochemical smog）是指工厂、汽车等排放出来的氧化氮类物质和燃烧不完全的烯烃类碳氢化合物，在强烈的紫外线作用下，形成的一些氧化能力极强的氧化性物质，如 O_3、NO_2、醛类（RCHO）、硝酸过氧化乙酰（peroxyacetyl nitrate，PAN）等。早在 20 世纪 40 年代初期，美国洛杉矶地区曾因光化学烟雾使大面积的农作物和百余万株松树遭受伤亡。

2.3.2.1 大气污染物的侵入途径与伤害方式

很多植物对大气污染敏感，容易受到伤害。因为植物有大量的叶片，在不断地与空气进行着气体交换，且植物根植于土壤之中，固定不动、无法躲避污染物的侵入。大气污染对植物的伤害程度和影响因素可用图 2-6 表示。污染物浓度大、暴露次数多、持续时间长时对植物的伤害就大，另外，大气污染对植物伤害的程度还受内外因素影响。

（1）侵入的部位与途径

植物与大气接触的主要部位是叶，所以叶最易受到大气污染物的伤害。花的各种组织如雌蕊的柱头也很易受污染物伤害而造成受精不良和空瘪率提高。植物的其他暴露部分，如芽、嫩梢等也可受到侵染。

气体进入植物的主要途径是气孔。白天气孔张开，既有利于 CO_2 同化，也有利于有毒气体进入。有的气体直接对气孔开度有影响，如 SO_2 促使气孔张开，增加叶片对 SO_2 的吸收；而 O_3 则促使气孔关闭。另外，角质层对 HF 和 HCl 有相对高的透性，它是二者进入叶肉的主要途径。

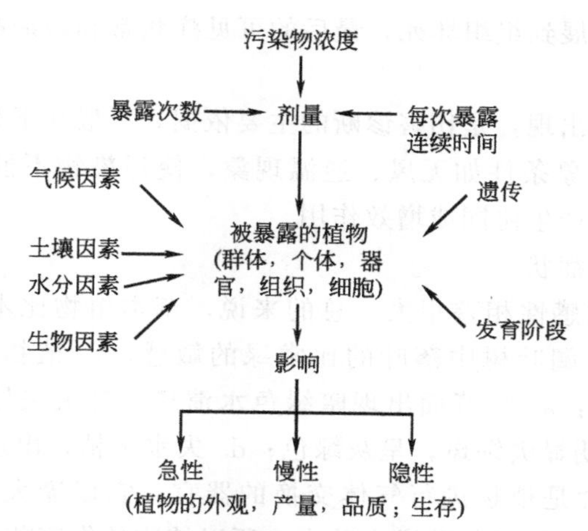

图 2-6　大气污染对植物的伤害程度及影响因素（刘祖祺，1994）

(2) 伤害方式

除了能杀死植物外，大气污染物对植物还有各方面的有害影响。污染物进入细胞后如积累浓度超过了植物敏感阈值即产生伤害，危害方式可分为急性、慢性和隐性三种。急性伤害是指在较高浓度有害气体短时间（几小时、几十分钟或更短）的作用下所发生的组织坏死。叶组织受害时最初呈灰绿色，然后质膜与细胞壁解体，细胞内含物进入细胞间隙，转变为暗绿色的油浸或水渍斑，叶片变软，坏死组织最终脱水而变干，并且呈现白色或象牙色到红色或暗棕色。慢性伤害是指由于长期接触亚致死浓度的污染空气，而逐步破坏叶绿素的合成，使叶片缺绿，变小，畸形或加速衰老，有时在芽、花、果和树梢上也会有伤害症状。隐性伤害是从植株外部看不出明显症状，生长发育基本正常，只是由于有害物质积累使代谢受到影响、导致作物品质和产量下降。

2.3.2.2　二氧化硫

硫是植物必需矿质元素之一，植物中所需的硫一部分来自大气中，因此一定浓度的 SO_2 对植物是有利的。但大气中含硫如超过了植物可利用的量，就会对植物造成伤害。据研究，SO_2 对植物慢性伤害阈值的范围在 25～150μg/m³。二氧化硫是当前我国主要的大气污染物，发生二氧化硫的污染源比较普遍，而且排放量大，对植物的危害也比较严重。

自然界原有大量二氧化硫发生，主要由有机物腐烂后产生硫化氢，然后在空气中氧化而形成。此外，火山爆发和森林火灾等也会大量散放。这种自然来源约占大气中的二氧化硫总量的 75%。人类活动产生的二氧化硫，主要来源于煤和石油的燃烧、含硫矿物的冶炼和其他一些工业过程，例如火力发电、黑色与有色金属的冶炼、硫酸制造、石油精炼、纸浆制造等。

二氧化硫在大气中容易被氧化为三氧化硫，遇水气形成硫酸雾。硫在大气中平均留存时间为 10d 左右。受污染的大城市，空气中二氧化硫浓度在雾日的日平均可达 0.2～0.3μg/g，数小时平均值可超过 0.5μg/g。

植物对二氧化硫远比人敏感，有人报道，年平均浓度为 0.01～0.08μg/g 时，一些植物即出现伤害。伤害一般分为急性和慢性两类：当二氧化硫浓度较高，超过一定临界值（伤害阈值）时，短时间接触就使植物受伤，随后在叶上出现可见坏死斑，此为急性伤害；如果浓度较低，虽然不致在短期内产生急性伤害，但较长期地接触也会引起慢性伤害，主要症状是失绿，严重时也会逐渐发展到组织坏死，最后的可见症状常和短期高浓度接触所引起的急性症状相类似。

急性伤害症状较快地出现，是伤害诊断的主要依据，一般在下列情况下发生：过度排放或事故性泄露；一定的气象条件如无风、逆温现象，使污染物不能在大气中及时扩散、稀释；有其他污染物存在，产生协同或增效作用。

（1）二氧化硫的伤害症状

不同植物对SO_2的敏感性相差很大。总的来说，草本植物比木本植物敏感，木本植物中针叶树比阔叶树敏感，阔叶树中落叶的比常绿的敏感，C_3植物比C_4植物敏感。植物受SO_2伤害后的主要症状为：a. 叶背面出现暗绿色水渍斑，叶失去原有的光泽，常伴有水渗出；b. 叶片萎蔫；c. 有明显失绿斑，呈灰绿色；d. 失水干枯，出现坏死斑。

① 叶伤害症状　叶片是植物进行气体交换的器官，它以庞大的表面积和空气相接触，而二氧化硫会随着空气一起通过气孔进入叶内，所以植物的伤害首先表现在叶上。

各种植物受二氧化硫伤害的阈值浓度很不相同，如果在阈值浓度之下，植物可长期忍受而不出现伤害；如果达到或超过阈值，则会引起伤害症状的出现。在人工熏气实验过程中，当二氧化硫浓度超过阈值时，植物叶子就会出现下列初始症状：微微失去膨压；出现呈暗绿色的水渍状斑点，失去原有光泽；叶面微微有水渗出；叶面微微起皱。

这四种症状，既可同时或先后出现，也可单独出现，其中较常见的是前两种，由于初始症状不甚明显，故须仔细观察才能发觉。以后，随着时间的推延，症状继续发展，成为比较明显的失绿斑，颜色呈灰绿，然后渐渐失水干枯，直至出现显著的坏死斑。由于植物种类的不同，坏死斑的颜色有深有浅，但以浅色的居多，如灰白色、象牙色、灰黄色、淡灰色等。深色的从黄褐色、红棕色、深褐色一直到黑色的都有。此外，颜色的发展与熏气以后植物所处的气象条件也有关。

叶受伤害，一般从海绵组织开始，再扩展到栅栏组织，使伤斑在叶片上、下两表面都出现，而且上表面的色泽往往比下表面的深一些。但也有下表面的症状比上表面明显的。

阔叶植物中典型的二氧化硫急性症状是脉间的不规则形的坏死斑，有的植物的坏死斑较小，呈点状；有的较大，呈块状。伤害严重时，点斑发展连成条状，块斑连成片状。再严重时，则整片叶枯死。另外，有些植物的坏死区常集中在叶子边缘或前端，如银杏、紫花苜蓿等。嫩叶受害常呈边缘坏死，如天竺葵。深缺刻叶子常在缺刻处边缘出现坏死斑，如菊花。狭长形叶子常常是在叶子前端受伤害，伤害严重时坏死区向中心或下部扩展。至于叶脉，其抗性较强，不易受伤害，贴近叶脉的叶肉组织亦常常不受伤害。当脉间有大块坏死区时，叶脉及其毗邻组织仍保持绿色，使脉络清晰地突出在坏死组织中间，但当伤害严重、伤区连成更大一片时，其中叶脉也随着逐渐坏死。

失绿现象有时伴随坏死斑一起出现，或为全叶面稍微失绿，或在坏死区和健康组织之间呈现一失绿过渡区，牵牛叶子严重受害时情况较特殊，灰色坏死区边缘杂乱地镶嵌着黄色的条纹。许多植物在较低浓度下，较老叶子产生一般性失绿现象，与正常衰老过程相似。

一般说来，二氧化硫伤害是局部性的，伤区周围的绿色组织仍保持正常的功能，坏死组织与健康组织之间界线是比较清楚的。有的植物，坏死斑的周围呈深褐色的界沿与绿色组织分开。有些植物的叶子，面积大。组织嫩，受严重伤害后经过风吹雨打，坏死组织脱落，形成残破穿孔现象。如果伤区在叶缘，则脱落后留下了中心绿色部分，好像被虫啃过一样。有的叶子边缘受害，很快失水皱缩，使全叶成为球面状或汤匙状。

单子叶植物的伤害症状是在平行脉之间出现斑点状或条状的坏死区。叶尖往往最先受害，伤区颜色以白色、枯草色到浅褐色居多，失绿现象一般不显著。较长的叶子在中部弯折成弓形，此处往往是容易出现伤害的地方。

针叶树受二氧化硫伤害，坏死常从针叶尖端开始，逐渐向下发展，变为红棕色或褐色。如果多次接触二氧化硫，则会形成多条带状坏死。坏死组织邻近常伴随失绿现象。

二氧化硫伤害和叶子年龄很有关系。在大多数情况下，同一株植物上刚完成伸展的叶子最敏感，受害最烈；尚未伸展或未完全伸展的叶子抗性强；较老叶子抗性也较强，但如果已进入衰老期，在有的植物上表现为加速黄化和提早落叶。由于细胞的敏感性与细胞一定的成熟度相关联，所以当植物受害时，可以看到较幼嫩叶子的伤区多分布在前端，老叶的伤区则分布在中部或基部。少数植物，正在伸展或快接近完全伸展的嫩叶也容易受害，伤区常集中在叶缘或前端。

伤害类型也与二氧化硫浓度有关。超过伤害阈值不远的浓度，使叶子产生轻微的尖端或叶缘坏死或不多的脉间点斑；离阈值较远的高浓度，则产生大块或长条的脉间坏死区；特高浓度则快速地引起萎蔫，叶缘卷起皱缩，继而大片或全叶干枯。很多植物如冬珊瑚、猩猩红、含羞草、十姐妹等，叶子受伤后不久就纷纷脱落。也有不出现坏死斑而提早落叶的。脱落可在熏后 1～2d 开始，也可延迟到 1～2 周后。树木中因接触二氧化硫易落叶的有合欢、楝树、厚皮香、小蜡树、油橄榄等。落叶症状在秋季受熏后出现较多。

② 其他器官的伤害症状　除叶片受伤害外，植物的其他器官也会出现伤害症状。大麦、小麦和元麦的穗子上的芒对二氧化硫特别敏感，当叶子仅仅出现微量伤害的时候，芒早已严重受害，前半部失绿、干枯，小穗的绿色颖片上也会出现坏死斑。此外，旗叶叶鞘和穗下节的裸露部分，在较高二氧化硫浓度下也会出现伤斑，但它们的受害程度比叶子轻。含有叶绿素的其他器官如棉花的萼片，唐菖蒲的花托，玉米穗的苞叶等，在叶子受害的浓度下也会出现坏死斑。

花是抗性比较强的器官，常常在叶已严重受害的情况下仍保持完好。在芹菜花、金盏菊、矮牵牛和绣球等的熏气试验中，都能看到这一现象。牵牛经熏气后几天，尽管大部分叶片已死亡，但花朵仍竞相开放。水稻在二氧化硫浓度高达 3～5$\mu g/g$ 的空气中，照常开颖散粉，结实率降低不多。而油菜在花期接触 5$\mu g/g$ 二氧化硫，正在开放的花朵，虽然外观未出现伤害，但以后不能结籽，成为阴荚；至于接触前已开过的花和接触后陆续开放的花，则能正常结实。蚕豆对二氧化硫的抗性弱，短期接触 1～2$\mu g/g$ 二氧化硫，叶片就会严重受害，而当时正盛开的花朵却完好无损，不过它们第二天就大部分脱落了。芝麻的情况也一样。比较特殊的是百日菊，花瓣会因接触较高浓度的二氧化硫而出现伤斑。

(2) 二氧化硫的伤害机理

大气中的 SO_2 可以直接通过气孔进入叶内，溶化于细胞壁的水分中，成为亚硫酸氢根离子（HSO_3^-）和亚硫酸离子（SO_3^{2-}），并产生氢离子（H^+），这三种离子会伤害细胞。所以，凡处在有利于气孔开放条件下的植物比处在不利于气孔开放条件的植物更容易受到 SO_2 的伤害。SO_2 在大气中也能与水反应生成硫酸，然后与氮氧化物形成硝酸和亚硝酸。这种酸性降雨对生态环境会造成严重伤害。受到伤害的植物表现出叶的萎蔫、失绿，出现坏死斑。SO_2 还影响植物的光合器官及其功能，如叶绿体膨胀、酶活性的抑制、色素的破坏、光合速率下降，PSⅡ电子传递活性降低等。

① 直接伤害　H^+降低细胞pH值，干扰代谢过程；SO_3^{2-}、HSO_3^-直接破坏蛋白质的结构，使酶失活。如卡尔文循环中的核糖-5-磷酸激酶（Ru5PK）、NADP、甘油醛-3-磷酸脱氢酶（GAPDH）、果糖-1,6-二磷酸酶（FBPase）三种酶活性明显受抑制。酶失活与—SH被氧化有关，迫使—SH氧化的毒物是H_2O_2，它是SO_2进入细胞后由次生反应生成的。当暴露停止后，酶活力恢复，光合速度回升。因此低浓度、短时间SO_2引起的光合障碍是可逆的，如浓度高、暴露时间长则恢复慢，甚至无法复原（图2-7）。

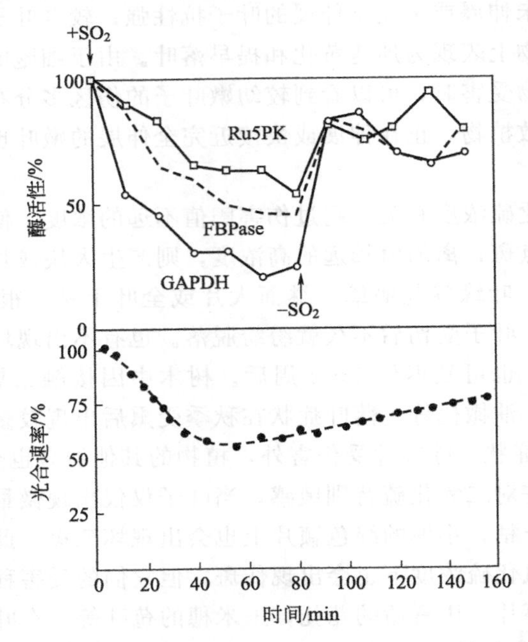

图2-7　菠菜暴露在2.0μL/L SO_2中酶活性与光合速率关系

↓—SO_2暴露；↑—SO_2暴露中止

大气中的二氧化硫与水气结合很易形成酸雨，而酸雨不仅对植物造成直接损伤，还会改变植物所生长的环境。酸雨使植物膜保护酶活性降低，膜脂过氧化加剧，膜脂过氧化产物MDA含量增加，而MDA含量增加可降低氮代谢相关酶活性和蛋白质的合成。

② 间接伤害　在光下由硫化合物诱发产生的活性氧会伤害细胞，破坏膜的结构和功能，积累乙烷、丙二醛、H_2O_2等物质，其影响比直接影响更大。在这种情况下，即使外观形态还无伤害症状也会使物质积累减少（表2-28），促使器官早衰，产量下降。

表2-28　SO_2污染对黑麦草干物质生产的影响

单位：每株干重量（mg）

处理	高肥土壤	低肥土壤
无SO_2的空气	99	73
含SO_2的空气	72	59
降低	27	19

注：SO_2浓度：60～90mg/L。

不同植物对SO_2的抗性是不同的，棉花、水稻、麦类、萝卜等抗性较弱，洋葱、黄瓜、玉米抗性较强。果树中桃、葡萄、柿、梨、梅、柑橘等的抗性顺序增强。另外，SO_2对植物的危害程度还因植物发育时期不同而不同，生殖期植物最敏感。

2.3.2.3　氮氧化物

大气中的氮氧化物包括 NO_2、NO 和硝酸雾，以 NO_2 为主。NO_2 是所有氮氧化物中最毒的一种气体（毒性低于 SO_2），易溶于水，少量的 NO_2 被叶片吸收后可被植物利用，但当空气中 NO_2 浓度达到 2～3mg/L 时，植物就受伤害。

(1) 氮氧化物的伤害症状

叶片上初始形成不规则水渍斑，然后扩展到全叶，并产生不规则白色或黄褐色的坏死斑点。严重时叶片失绿、褪色进而坏死。若植被处于强光下受害较轻，因为强光下 NO_2 可以转变为 HNO_2 进而被还原为 NH_3 加入植物体内的氮素同化过程。在黑暗或弱光下植物受害严重，伤害机理还未搞清。

(2) 氮氧化物的伤害机理

当 NO_2 与水反应时，便形成亚硝酸和硝酸的混合物，随气体达到植物叶片海绵组织表面，当酸超过某一阈值时，组织便受伤害。

① 对细胞的直接伤害　NO_2 抑制酶活力，影响膜的结构，导致膜透性增大，降低还原能力。有报道，NO_2 危害植物导致植物栅栏组织细胞质壁分离、淀粉粒消失和细胞壁变褐色。

② 产生活性氧的间接伤害　可引起膜脂过氧化作用，产生大量活性氧自由基，对叶绿体膜造成伤害，叶片褪色，光合下降。

2.3.2.4　臭氧

臭氧（O_3）是一种主要的光化学氧化剂。由汽车废气及石油、煤炭等燃烧排入大气的碳氢化合物（HC）和氮氧化物（NO_x）等一次污染物在阳光（紫外线）作用下，会发生光化学反应，生成氧化能力很强的二次污染物，包括 O_3、过氧乙酰硝酸酯和醛类等化学氧化剂。其中很大部分是 O_3，约占 90%以上。目前，O_3 已是分布很广泛的大气污染物，成为突出的环境污染问题，严重影响植物的生长发育。

(1) 臭氧的伤害症状及反应阈值

O_3 为强氧化剂，通过气孔进入叶片，首先破坏表皮细胞和栅栏组织，当大气中臭氧浓度为 0.1mg/L，且延续 2～3h，烟草、菠菜、萝卜、玉米、蚕豆等植物就会出现伤害症状。一般出现于成熟的叶片上，嫩叶不易出现症状。受害后出现伤斑，零星分布于全叶各部分。伤斑可分四种类型（同一植物出现一种或多种不同）：a. 呈红棕、紫红或褐色；b. 叶表面变白或无色，严重时扩展到叶背；c. 叶子两面坏死，呈白色或橘红色，叶薄如纸；d. 褪绿，有的呈黄斑。由于叶受害变色，逐渐出现叶弯曲，叶缘和叶尖干枯而脱落。针叶树受 O_3 伤害则出现顶部坏死现象。

植物对 O_3 的反应各异，有的敏感，有的抗性强。可将各种植物置于 O_3 暴露中，分别记录 0.5h、1.0h、2.0h、4.0h、8.0h 叶片出现可见伤害面积（5%）时的 O_3 浓度，来了解它们对 O_3 反应的阈值（表 2-29）。

(2) O_3 对植物的伤害机理

O_3 是强氧化剂，多方面危害植物的生理活动。

① 破坏质膜　臭氧能氧化质膜的组成成分，如蛋白质和不饱和脂肪酸，增加细胞内物质外渗。

表 2-29 植物出现可见伤害时 O_3 的浓度（美国国家环保局 1978 年的数据）

单位：μg/g

植物类型	植物暴露在 O_3 中的时间				
	0.5	1.0	2.0	4.0	8.0
敏感植物	0.35～0.50	0.15～0.25	0.09～0.15	0.04～0.09	0.02～0.04
中等敏感植物	0.55～0.70	0.25～0.40	0.15～0.26	0.10～0.15	0.07～0.12
抗性植物	≥0.70	≥0.40	≥0.30	≥0.25	≥0.20

② 破坏细胞内正常的氧化还原过程　由于 O_3 氧化—SH 基为—S—S—键，破坏以—SH 基为活性基的酶（如多种脱氢酶）结构，导致细胞内正常的氧化-还原过程受扰，影响各种代谢活动。

③ 阻止光合进程　O_3 破坏叶绿素合成，降低叶绿素水平，导致光合速率和作物产量下降。

④ 改变呼吸途径　O_3 抑止氧化磷酸化水平，同时抑制糖酵解，促进戊糖磷酸途径。

O_3 对植物的影响即使未出现可见伤害症状，也会阻碍生长。O_3 对植物光合作用的影响表现为：在低 O_3 浓度中，光合速率随蒸腾速度下降而降低，终止暴露后，光合速率一般不能恢复，所以 O_3 的伤害是不可逆的。随着 O_3 污染浓度增加，光合速率呈直线下降。研究指出，O_3 可促使气孔关闭，降低叶绿素含量，阻碍光合电子传递系统等，因此抑制光合作用（图 2-8、图 2-9）。

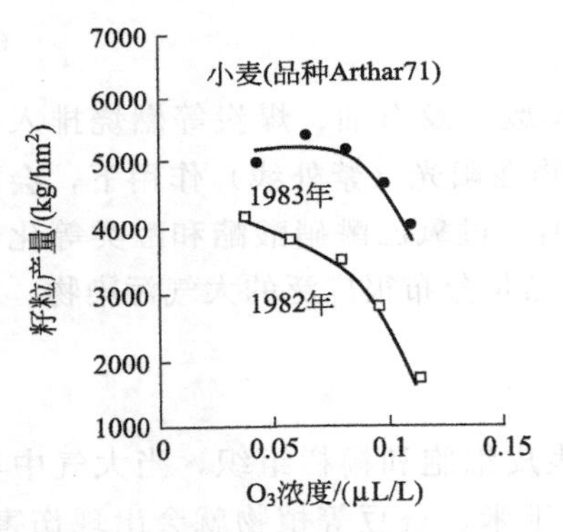

图 2-8　O_3 对小麦产量的影响

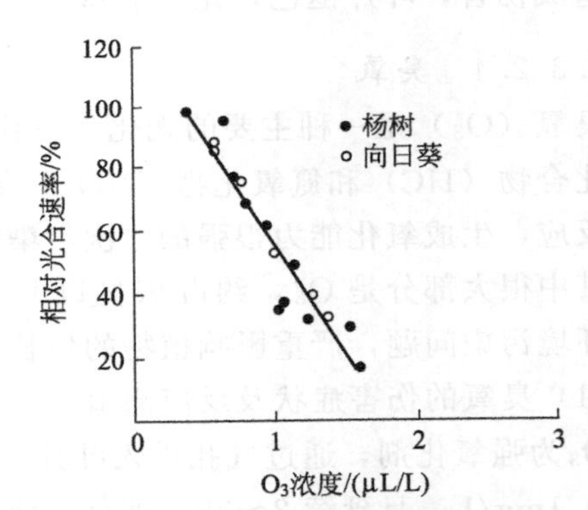

图 2-9　O_3 对光合速率的影响

O_3 可损害质膜，使其透性增大，细胞内物质外渗，必然影响细胞正常的生理功能，严重的导致细胞死亡（图 2-10）。O_3 能引起膜脂质不饱和脂肪酸的破坏，研究表明，暴露在 O_3 中一定时间的植物叶片，总脂肪酸含量下降，而丙二醛含量显著增加。丙二醛是不饱和脂肪酸分解的标志，它的增加意味着亚麻酸、亚油酸等不饱和脂肪酸的解体。将菠菜暴露在 O_3 中，了解对膜脂质的变化发现：组成膜脂的糖脂质在接触 O_3 后很快减少。糖脂质是叶绿体类囊体膜的主要成分，它的减少必然影响膜的结构和功能，会阻碍光合电子传递，因而影响光合作用。曾有报道证明，半乳糖脂肪酶使叶绿体类囊体膜的单半乳糖甘油二酯和双半乳糖甘油二酯分解，可抑制光合电子传递活性。O_3 可产生自由基伤害。O_3 不是自由基，但在植物体内可生成自由基，如超氧自由基、过氧化氢（H_2O_2）等，也能使自由基防御系的一些酶活力下降或失活，引起伤害。实验表明，菠菜在 O_3 所引起的急性伤害中，抗坏血酸过氧化物酶、超氧歧化酶和过氧化氢酶等活性都下降或失活。由于 O_3 产生的自由基有毒物质超过了这些防御酶的解毒能力，植物便受到自由基的伤害，叶绿素、蛋白质等生物功能分子遭到破坏。有关这方面的研究正在深入进行之中。O_3破坏植物正常的代谢，损害植物的生理活动，除降低植物总的生长和产量外，也影响同化产物在植物体内的分配，尤其是运输到根部和繁殖器官的同化产物量减少。

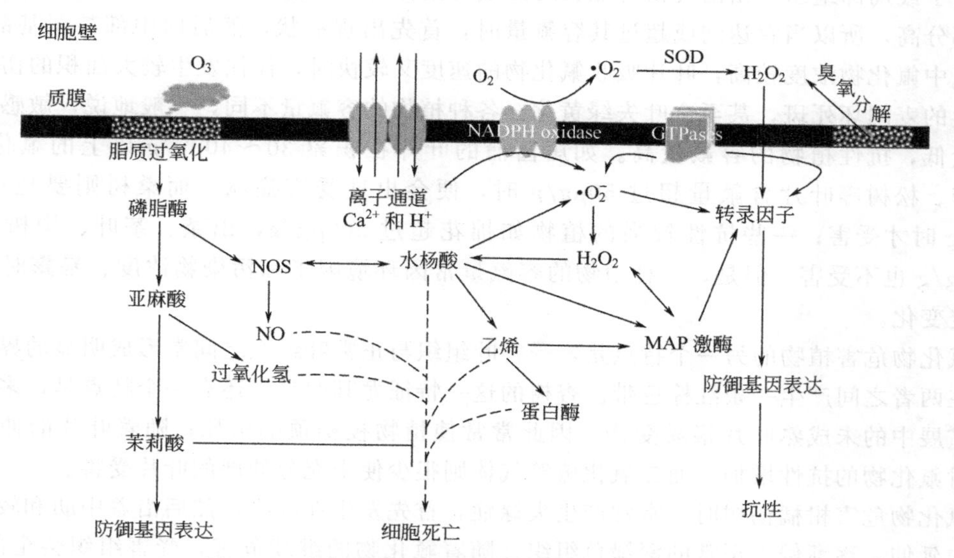

图 2-10　臭氧的作用与植物体的反应（Rao，2001）

植物对O_3的敏感性，与植物的年龄和代谢活动等因素有关。老龄叶细胞发育成熟，液泡发达，细胞膜的机能逐渐下降，容易被O_3伤害。此外，老龄叶中可溶性成分的耗尽，也是叶片对O_3敏感的重要因素。各植物种、品种对O_3的抗性差异非常明显，不同种源的同一植物其抗性不同。抗性强的树种有五角枫、臭椿、侧柏、白蜡、银杏、圆柏、刺槐、紫穗槐、国槐、钻天杨、红叶李等。

2.3.2.5　氟化物

氟化物是一类对植物毒性很强的大气污染物，主要有 HF、F_2、SiF_4（四氟化硅）、H_2SiF_6（硅氟酸）等，其中排放量最大、毒性最强的是 HF。当 HF 的浓度为 1～5μg/L 时，较长时期接触可使植物受害。自然界中大气氟化物污染的程度不如SO_2，范围也没有SO_2广，但氟化物中的主要成分 HF 对植物的毒性比SO_2大 10～100 倍。以气体状态存在的氟化物主要从气孔进入植物体内，但不损害气孔附近的细胞，而是顺着导管向叶片的尖端和叶缘部分移动，因而叶尖和叶缘的氟化物含量较高。进入叶片的氟化物与叶片内的钙质发生反应，生成难溶性的氟化钙化合物，沉积于叶尖及叶缘的细胞间，当浓度较高时即表现症状。

（1）氟化物危害植物的症状

HF 危害植物的症状，主要是在嫩叶、幼芽上首先发生。阔叶树受害时，伤斑主要出现于叶尖及叶缘，如果危害严重时在脉间出现坏死斑，病健组织区别明显，有一条红棕色带，未成熟枝叶易受害而形成枯梢。针叶树受害时，当年生针叶尖端首先坏死，并逐渐向下发展，受害组织先变黄，然后逐渐变为暗黄色或红棕色。叶片被 HF 危害后，表皮细胞、栅栏组织、海绵组织均呈现红棕色，细胞原生质凝结成红棕色团块。叶绿体初期不变色，到后期叶绿体也被破坏。例如水稻全叶的氟含量，尖端部分约占 56.4%，中部和基部分别为 35.3%和 8.3%。唐菖蒲的叶片距叶尖 0～5cm 处含氟量为 58.9μg/g，5～10cm 处为 23.8μg/g，10～20cm 处为 8.3μg/g。

叶子或局部组织开始出现伤害症状时的氟含量称为容氟量。由于叶尖、叶缘的氟含量比其他部分高，所以当它达到或超过其容氟量时，首先出现症状，然后向中部甚至基部扩展。当大气中氟化物浓度较高，叶片吸收氟化物的速度又较快时，往往发生较大面积的伤斑，形成散生的麦间坏死斑，甚至全叶失绿黄化。各种植物的容氟量不同，一般地说，敏感植物的容氟量低，抗性植物的容氟量高。如唐菖蒲的叶片在积累 30～40μg/g 以上的氟化物时，杏、李、松树等叶片含氟量超过 50μg/g 时，便会出现受害症状；而桑树则要超过 80～90μg/g 时才受害；一些抗性较强的植物如棉花超过 500μg/g，山茶、茶叶、构树等超过 1000μg/g 也不受害。但是，一种植物的容氟量常因环境因子和污染物浓度、暴露时间而发生一定变化。

氟化物危害植物的另一个特点是，受害叶组织与正常叶组织之间常形成明显的界限，有时会在两者之间产生一条红棕色带。杏树的这一特征尤其明显。还有一个特点是，多数植物正在扩展中的未成熟叶片很易受伤，因此常常使植物枝梢顶端枯死；随着叶片的伸展和成熟，对氟化物的抗性增加。而二氧化硫等气体则很少使未充分伸展的叶片受害。

氟化物危害柑橘杨树时，常常产生失绿症，首先发生在叶缘，然后沿着中肋和较大的叶脉向内延伸，逐渐侵入正常的深绿色组织。随着氟化物的继续危害，受害组织会全部变黄，与绿色组织之间出现明显的界线。葡萄经 30μg/L 的氟化氢熏气 13h 后，经过 24h，叶片即呈暗绿色油浸状，然后逐渐变成褐色。用 0.2mg/L 的氟化物对已结铃的棉花植株熏气 5h，不仅嫩叶坏死，而且苞片和果实表面都出现紫红色伤斑。氟化物对松树和其他针叶树的危害症状，一般是先在当年生针叶顶端开始坏死，然后向下发展；受害组织先黄化，然后变为暗黄到红棕色，因植物种类不同而异。

单子叶植物受害症状与双子叶植物相似，如唐菖蒲的坏死斑最初发生在叶尖上，然后逐渐向下延伸。玉米的受害症状也很相似，但有时发生叶脉间条状缺绿。萱草受氟化物危害后，伤斑出现在叶尖、叶缘及叶片隆起处。玉簪受氟化氢危害后，叶尖、叶缘出现半圆形浅棕褐色或乳黄色的伤斑，受害组织与正常组织之间有一棕褐色带，伤区失水后成薄膜状，以后逐渐破裂脱落，使叶缘呈缺刻状。玉簪受有机氟危害也产生和无机氟化物相似的症状。

氟化氢急性危害叶片后，解剖结构也发生变化，表现在表皮细胞、叶肉栅栏组织和海绵组织的细胞，维管束木质部的导管和韧皮部细胞都呈红棕色，原生质结成红棕色团块。危害初期，一般细胞形状不发生明显的变化，叶绿体不变形，直到细胞死亡时才破坏。而二氧化硫等气体危害时，受害细胞形状迅速发生变化，细胞壁收缩，因而细胞变形，叶绿体也有变形现象。氟化氢进入叶片后，能随蒸腾流通过维管束向叶尖及叶缘转移，所以输导组织也会受到影响。从叶片外表观察，可以看到叶脉受害，而隐约呈红棕色；在显微镜下观察，可见到维管束周围一层细胞受害，形成了一个红棕色的圆环。

(2) 氟化物的伤害机理

在造成大气污染的氟化物中排放量最大、毒性最强的是 HF。气态 HF 通过气孔进入叶片，在叶片内积累下来很少转运，故受害部位主要在叶片。大气中含有 $(1\sim5)\times10^{-3}$ mg/L 氟化物时，较常时期接触，就可以使敏感植物受害，叶片失绿，产生伤斑，落叶和枝条枯死等，严重时可使植物死亡。农作物受害后造成减产和品质降低，如水稻受害后空瘪率增加，籽粒不饱满；小麦则麦粒萎缩出粉率低；果树受害后叶片易脱落；林木受害后生长量降低，严重时使成片森林死亡。生长在磷肥厂、铝厂或其他氟化物污染源附近的葡萄等果树，结果率常降低，果实含糖量也减少。氟化物使成熟前的桃、杏等果实在沿缝和线处果肉过早成熟，呈现红色、软化，降低果实的品质，桃子有时会出现硬尖，通常花卉的花瓣不易发生症状，但仙客来属花对氟化物反而比叶敏感；那些不受害花卉的花的数量减少。由于氟化物损坏叶片，使有效光合面积减少，故而影响生长和经济产量。

氟化物的伤害机理：a. 干扰代谢，抑制酶活性。F^-能与酶蛋白中的金属离子或Ca^{2+}、Mg^{2+}等离子形成络合物，使其失去活性；b. F^-是一些酶（如烯醇酶、琥珀酸脱氢酶、酸性磷酸酯酶等）的抑制剂，因而破坏许多酶促反应；c. 影响气孔运动。极低浓度 HF 会使气孔扩散阻力增大，孔口变狭，影响水分平衡；d. 降低光合速率，F^-可使叶绿素合成受阻，叶绿体被破坏，使光合作用难以进行；试验证明，用不同浓度的各种空气污染物处理作物（如燕麦、大麦等）2h，对光合作用抑制最为明显的为 HF；e. F^-使 IAA 的促进生长作用受到抑制。

各种植物对氟化物的抗性有明显的差异（表 2-30），抗性不同的植物其容氟量不同。一般而言，敏感植物的容氟量低，抗性植物的容氟量高。例如杏、梨、松树等，叶片含氟量超过质量分数为 5.0×10^{-5} 时便会出现症状，而一些抗性强的植物如山茶、茶树、构树即使在叶片含氟量质量分数超过 1.0×10^{-3} 时也不会受害。在华北地区，对 HF 抗性强的有白皮松、桧柏、侧柏、臭椿、银杏、槐、构树、泡桐等；抗性中等的有华山松、桑树、杜仲等；抗性弱的有油松、山桃、榆叶梅、葡萄等。总之，大气中化学污染物对植物有极其严重的危害，只有从源头抓起，根治污染源，才能有利于植物健康成长，这对改善我们的生存环境很有益处。

表 2-30　各种植物对氟化物的敏感性

敏感	唐菖蒲、金荞麦、葡萄、芒草、玉簪、杏、梅、山桃、榆叶梅、紫荆、梓树、郁金香、玉米、烟草、芝麻、金丝桃、慈竹、池柏、白千层、南洋楹
抗性中等	小葵子、花生、大豆、西瓜、大麦、柑橘、糖槭、悬钩子、桂花、甜橙、水仙、天竺葵、香水月季、栓皮栎、接骨木、华山松、红皮云杉、杜仲、桑、刺槐、文冠果、油菜、蓝桉、柳杉、山茶、水杉、台湾相思、石栗、蝴蝶果
抗性强	地笋、丝瓜、棉花、小麦、番茄、油菜、草莓、栌木、银杏、天目琼花、连翘、金银花、桧柏、侧柏、胡颓子、木槿、楠木、垂枝榕、肖蒲桃、滇朴、白皮松、国槐、木麻黄、拐枣、柳、杜松、山楂、臭椿、海州常山、紫茉莉

2.3.2.6　氯气污染

氯气是一种具有强烈臭味的气体，在通常情况下，氯气散放量不大，对植物不会产生明显的危害，只有在偶然事故发生时才会使植物受到急性伤害。Cl_2进入植物组织后，与水作用生成次氯酸。它是强氧化剂，比 SO_2强 2～4 倍，对叶片内部有很强的杀伤力，破坏叶绿素，使叶片产生褐色伤斑，严重时使全叶漂白、枯卷、甚至脱落。受害伤斑主要分布于脉间，或呈不规则点状或块状，受害组织与健康组织间无明显界线。针叶树受害时首先尖端失绿发黄，逐渐向下发展，严重时整个针叶枯黄脱落。某些树木的叶绿素被 Cl_2破坏后，伤斑会出现各种颜色：枫树呈棕色，女贞、杜仲、薄壳山核桃呈灰褐色，广玉兰呈红棕色。树木受害后，叶片两面都出现病斑，尤其以叶面为甚。植物不同叶片对 Cl_2的敏感程度不同，以成熟的、充分展开的叶最易受 Cl_2危害，老叶次之，幼嫩叶不易受害，即使植物急性受害，尖端芽叶仍可继续生长。针叶树受害时，当年生针叶比 2 年生、3 年生的针叶受害重，特别是刚萌发的针叶最敏感。各树种对 Cl_2的抗性不同，例如上海地区，对 Cl_2抗性强的有棕榈、罗汉松、柳树、加拿大杨、樱桃、紫荆、紫薇等，抗性中等的有大叶黄杨、栎树、臭椿、构树、枫树、龙柏、桧柏等，抗性弱的有悬铃木、雪松、柳杉、黑松、广玉兰等。

植物受到氯气危害后，生长和结实会受到明显的影响。农作物和蔬菜受到氯气危害后，产量和品质都会降低。例如，一个化工厂发生氯气漏逸事故，使附近水稻减产25%～50%，番茄、冬瓜、菜豆等叶子损坏，结实率降低，减产50%以上，青菜、韭菜等叶子失绿漂白，失去商品价值。

农作物在不同生长发育时期受氯气影响，产量降低的程度也不同。例如水稻、小麦等禾谷类作物在抽穗扬花期受害，产量降最剧，而幼苗期受害易于恢复，产量降低较少，籽实成熟期受害对产量影响不大。萝卜、山芋等块根植物，在地下部分膨大期受害，则对产量影响最大。树木受到氯气危害后，不仅叶片黄化脱落，而且会阻碍植物生长。例如，江苏省植物研究所曾以高浓度氯气对枫杨、槐树、臭椿等树种的幼苗进行人工熏气处理，造成了严重急性危害，叶片大量脱落。一年后，这些受害植株仍然比正常的植株差得多，生长矮小，茎干细弱，有的甚至逐渐死亡。在氯气源附近的果树往往生长、结实不良。如在一个有氯气散放的工厂附近，苹果树年年很少结实，桃树也要比正常的产量降低2/3左右。

不同植物对氯气的敏感性和抗性存在明显的差异，幼树比成树敏感，生长旺盛的植株敏感，开花期敏感而休眠期抗性最强。植物在接触氯气后，叶片能够吸收一部分氯气而使叶中含氯量增加。一般大气中氯气浓度越高，叶片吸收的越多，直到叶片受害才减少吸收。根据江苏省植物研究所测定，在氯气污染地区一些植物的含氯量如表2-31所列。

表2-31 在氯气污染地区一些植物的含氯量

植物	叶片含氯量(干重)/%	受害程度	植物	叶片含氯量(干重)/%	受害程度
悬铃木	1.233	严重	美人蕉	2.060	严重
	0.828	中度		1.834	中度
	0.533	未受害		1.536	未受害
女贞	1.279	未受害	龙柏	0.287	严重
	1.265	未受害		0.192	未受害
海桐	0.198	严重	梧桐	1.416	严重
	0.073	未受害	大叶黄杨	0.881	未受害

2.3.2.7 二氧化碳

由于人类活动的增加，大气中CO_2浓度正在逐年增加，预计到21世纪中叶大气CO_2浓度将达到700μmol/mol。CO_2是植物进行光合作用的底物，大气中CO_2浓度升高将对植物生长发育及生物产量产生影响，当CO_2浓度进一步增加同样会对植物产生危害，最终将影响人类的生存环境，因而这一问题引起人们的高度重视，对其研究逐渐增多。目前研究植物对CO_2浓度升高反应的方法主要有：开放式CO_2气体施肥试验（FACE）、开顶式熏蒸室（OTC）、枝条树袋法等。

（1）二氧化碳增加对植物形态结构的影响

在高CO_2环境下，植物的形态结构也可能发生变化如根系变粗、中柱鞘变厚、栓皮层变宽等。植物在高CO_2浓度下受切割刺激后会产生更多的根系，而且根系增长、鲜重增加；一些植物如大豆、桦树等，其根/茎比成倍增加。根系随CO_2浓度的改变在数量及形态上的变化，有助于植物在环境胁迫下摄取更多的养分和水分，从而更好地适应高CO_2环境。花的发育对CO_2的反应也很敏感，在$(1000\sim1500)\times10^{-6}$μmol/mol高$CO_2$下，大部分温室植物开花增多，花的干重增加，座花率提高，落花率减少。

在高 CO_2 浓度环境下，叶片淀粉粒积累，类囊体膜发生变异，一些植物叶绿体基粒垛及基粒类囊体膜增多，甚至出现膨胀或破裂。淀粉粒在叶片中的积累可能增加 CO_2 在叶片中扩散的阻力。Rackham 曾利用电镜照片上 CO_2 扩散的几何途径计算出 CO_2 扩散的叶肉阻力。他发现 CO_2 扩散到基粒的有效路径长度受叶绿体中积累的淀粉粒的影响。实验中发现，叶片光合作用受抑经常伴随着淀粉的积累。尽管相当大的淀粉粒有可能给叶绿体造成物理伤害，也有可能增加 CO_2 扩散的阻力，但没有关于淀粉积累会直接抑制光合作用的证据。而且，在光合作用没有受到抑制时也会发生淀粉的积累。

(2) 二氧化碳增加对光合作用的影响

几乎在所有的短期实验中，植物（尤其是 C_3 植物）光合能力随着 CO_2 浓度的增加而增加，其程度因不同植物尤其是不同光合途径的植物而异。一般认为，C_3 植物在 CO_2 加倍下光合作用提高 10%～50%，C_4 植物提高的程度＜10%，或不增加。另外，C_3 植物从低 CO_2 浓度（如 150μmol/mol）提高到目前 CO_2 浓度（350μmol/mol）时，光合作用升高的程度大于从目前 CO_2 浓度提高到加倍（700μmol/mol）时光合作用升高的程度（Johnson et al.，1993；Tissue et al.，1995），前者约为 70%，而后者为 27%；而 C_4 植物在不同的 CO_2 浓度处理间几无差异。理论上，如果环境条件如水分、养分、光照、植物生长空间等条件都满足的话，植物的光合作用在高 CO_2 下势必得到促进。存在的争议是，长期反应后植物的 CO_2 补偿点和饱和点是否变化。许多实验发现，植物在长期高 CO_2 适应后，植物的光合作用恢复到原来的水平甚至下降。这可能是因为：当光合能力超过了植物转移与储藏碳水化合物的能力时，植物就减少光合作用装置及酶系统来适应。植物在光合作用过程中对 CO_2 的利用受 3 种因素制约：a. CO_2 固定过程中，RuBP 羧化氧化酶（Rubisco）利用 RuBP 的能力（CO_2 为 0～300μmol/mol）；b. RuBP 再生时类囊体供应 ATP 及 NADPH 的能力（400～700μmol/mol）；c. 淀粉及果糖合成过程中，磷酸三碳糖的消耗能力及光合磷酸化过程中磷酸根（P_i）的再生能力（＞700μmol/mol）。通常 C_3 植物在低的 C_i（胞间 CO_2 浓度）下，Rubisco 消化 RuBP 的能力很低，但当 CO_2 浓度升高时，P_i 的再生能力往往成为主要的限制因素（这时植物需要更多的 P_i 来合成碳水化合物）。除了环境要素外，实验对象也很重要，C_3 与 C_4 植物的反应不同。同是 C_3 植物，有无根状茎、块茎、磷茎，一年生植物与多年生植物的反应也不同，主要是与它们对光合产物的迅速转移与资源分配有关。

CO_2 浓度加倍有利于植物叶片单位鲜重或单位叶面积的叶绿素和类胡萝卜素含量的提高。叶绿素含量的提高，显然有助于植物捕获更多光能供光合作用所利用。因为在 CO_2 浓度加倍条件下，植物要充分利用环境资源，增加对 CO_2 的同化，需要通过增加叶片叶绿素的含量，或扩大叶面积来提高对光能的捕获能力，以满足碳同化时能量的需求。此外，CO_2 浓度加倍能降低叶绿素 a/b 比值，说明它更有利形成叶绿素 b。

以含等量叶绿素的叶绿体所作的实验表明，来自生长在 CO_2 浓度加倍条件下的植物叶绿体，对光能的吸收能力，明显高于在正常大气 CO_2 浓度下生长的同种植物叶绿体。这可能与 CO_2 倍增降低叶绿素 a/b 比值，更大幅度地增加叶绿素 b 的含量有关。因为叶绿素 b 是捕光色素蛋白复合体的重要组成部分，它们含量的增加有利于形成更多捕光色素蛋白复合体，从而增加叶绿体膜捕获光能的截面积，结果增强了叶绿体对光能的吸收。此外，CO_2 浓度加倍还可降低荧光非光化学猝灭系数，表明它可减少植物对不能参与光反应的非辐射能量的耗散，使叶绿体所捕获的光能更有效地用于光合作用。这些结果都可为光合作用反应中心提供更充足的光能供其转化为化学能，以保证植物在高CO_2浓度的环境下，有更充足的能量用于固定和还原CO_2，使环境资源得到更充分的利用，这显然是生物对环境适应性的表现。CO_2浓度加倍提高类胡萝卜素的含量，不仅有助于植物对光能的吸收，因为这类色素是光合作用的辅助色素，它们能把所吸收的光能传递给叶绿素，使被它们吸收的光能最终用于光合作用，而且还能提高植物的抗逆性，因为类胡萝卜素尤其是其中的β-胡萝卜素能淬灭不稳定的三线态叶绿素和具有强氧化作用、对光合膜有潜在破坏作用的单线态氧，从而起到保护受光激发的叶绿素免遭光氧化的破坏，降低光合膜受损害的程度，提高植物抗光抑制能力，使光合作用能在不利的外界环境因子（如强光、高温和干旱等）胁迫下顺利进行。可见，叶绿素和类胡萝卜素含量的增加，叶绿体对光能吸收能力的提高，以及减少非辐射能量的耗散，均有利于植物对环境中所增加的CO_2的利用，最终有利于光合作用的提高。

(3) 二氧化碳增加对气孔导度、气孔密度和水分利用效率的影响

由于大气CO_2浓度的升高，导致细胞间CO_2浓度（C_i）的增加，为保持胞间CO_2分压始终低于大气CO_2分压（约 20%～30%），植物通过调节气孔开闭程度来降低C_i。气孔对C_i很敏感，C_i的增加常伴随着气孔的关闭和气孔导度降低。C_i增加引起气孔关闭的生理机制一般解释为，在高浓度CO_2下植物的光合作用增加，保卫细胞内光合产物多碳糖浓度随之提高，细胞水势下降。这样保卫细胞吸水膨胀，从而使气孔打开。气孔密度随着CO_2浓度的升高也会发生变化。影响气孔密度的因素很多，如叶本身的发育状况、水分有效性、光密度、温度、养分、CO_2浓度等。在CO_2浓度与气孔密度的关系研究方面，O′Leary 和 Knech（1981）发现，菜豆气孔密度由CO_2浓度 400μmol/mol 时的 250.2 个/mm^2下降到 1000μmol/mol 时的 228.7 个/mm^2。但是，报道不变或相反的也有，如 Ryle 和 Stanley（1992）发现黑麦草的气孔密度并不随CO_2浓度改变。Ferris（1994）则发现，车前草上下表皮的气孔密度均随着CO_2浓度升高而增加。这些报道的差异除与实验植物种类的不同外，还与实验植物的叶龄、叶着生部位、观察部位（边缘、中央、叶尖）等有关。如果气孔密度、导度随CO_2的升高而降低，而光合作用速率提高的话，那么植物对水分的利用程度，即水分利用效率势必增加。付士磊（2007）研究发现，高浓度CO_2处理的银杏和油松水分利用效率远远高于对照，差异极显著。这是由于气孔在高CO_2下变窄或关闭，细胞内的水分向外扩散的阻力比CO_2由气孔外向里运动的阻力大，这样植物可在细胞间隙内保持一定的水分和CO_2进行光合作用，而消耗（蒸腾作用）单位重量的水所固定的CO_2数量增多。

(4) 二氧化碳增加对呼吸作用的影响

CO_2浓度与呼吸作用的关系，早在19世纪就有人研究。Mangin（1896）发现呼吸作用随CO_2浓度升高而下降。其原因，一方面CO_2浓度升高，导致保卫细胞收缩、气孔关闭、细胞内氧分压降低，从而使呼吸作用下降；另一方面，因呼吸作用的产物CO_2分压提高，而使呼吸作用得到抑制。比如 Reuveni 和 Gale（1985）发现在950×10^{-6}μmol/mol CO_2下，紫花苜蓿（*Medicago sativa*）的暗呼吸下降了 10%，而且呼吸速率在根部下降的程度大于茎部。

但是，一些植物的呼吸速率可能随CO_2上升而升高或不发生变化。如 Thomas（1983）发现棉花叶的夜间呼吸速率在高CO_2下增加。这可能和白天在高CO_2下积累了较多的光合产物有关。Thomas&Griffin（1994）等的大豆实验表明，高CO_2浓度处理 50d 后其单位干物质的呼吸量似乎变化不大。而对多年生草本植物黑麦草以及大豆幼苗实验也表明，植物的叶呼吸或整株呼吸均未受到高浓度CO_2的影响。

长期生长在高 CO_2 浓度下的植物，单位面积的呼吸量将会随 CO_2 浓度上升而提高，而按单位生物量计则可能比对照环境下的植物减少。在对 CO_2 浓度升高与植物呼吸作用的效应方面，不同的计算基质预测的结果不同。如按照叶面积计算，呼吸值随 CO_2 加倍将提高16%，而按照生物量计算则减少 14%。这样大的差异，大概与 CO_2 浓度升高对植物呼吸作用的影响机制了解不全有关。相对于光合作用研究而言，对高 CO_2 下呼吸作用变化的研究显得不足，这或许是今后研究的重点之一。

(5) 二氧化碳增加对生物量和产量的影响

不同光合途径的植物生物量将会随 CO_2 浓度的升高均有所提高。Poorter (1993) 认为：C_3 植物的生物量将平均提高 41%；C_4 植物 22%，CAM 植物 15%。不同的实验植物，尤其是实验控制条件对此影响很大。例如胶皮枫香树（*Liquidamber styraciflua*）在无水分限制、CO_2 加倍下提高 96%，而在水分限制及 CO_2 加倍时则提高 282%。另外，在植物生物量对 CO_2 加倍的响应方面，其他环境条件如光、水分、养分、温度、盐分、大气污染等对 CO_2 加倍产生的生物量变化效应都有很大的影响。就农业产量而言，CO_2 浓度升高可能是个好消息。包括小麦、水稻、棉花在内的许多 C_3 作物产量将有不同程度的提高。位于 Phoenix 的美国农业部水保持研究所指出，全球粮食产量将随 CO_2 升高增加 10%～50%。

(6) 二氧化碳增加对植物化学成分的影响

高浓度 CO_2 环境对植物化学成分的影响是多方面的，高 CO_2 浓度对植物化学成分的影响可表现在非结构性碳水化合物（Total Non-Structural Carbonhydrates，TNC）、关键酶及蛋白质、化学组成方面的改变。在 TNC 研究方面，有人对大豆进行的短期反应实验证明，高 CO_2 浓度使植物光合作用提高，造成叶中许多 TNC 物质如淀粉、多糖明显提高；长期反应中，这些碳水化合物可随着植物内物质的运输而转移到茎、果实、根等部位。棉花在 640μmol/mol CO_2 时的 TNC 含量比在 320μmol/mol 时增加 15%～35%。一些研究认为，如果植物的运输部位或储藏部位的生长因某种限制因子受阻时，那些由于高 CO_2 浓度形成的碳水化合物因得不到及时分配或转移而使光合作用受阻。模拟实验中，由于花盆太小，限制根系生长空间，造成的光合作用降低主要与此有关。因为根不仅是吸收器官，还是重要的储藏器官。很显然，植物在增加 CO_2 的情况下，所合成的碳水化合物主要以多糖、淀粉形式存在。这样，一些植物的果实将变得更甜。在长期高 CO_2 浓度下，植物内的光合作用系统随之发生变化，以适应高 CO_2 条件，主要表现在叶绿素蛋白及相关的光合作用酶系统蛋白的提高。Nie 等（1995）通过 FACE 实验表明，春小麦在高 550μmol/mol CO_2 下生长一季后叶绿素 a/b 比率比对照提高 26%，RuBP 羧化酶含量高出 15%。但在种子中，一些植物如小麦表现为蛋白质、纤维素、核酸含量及自由氨基酸成分都有不同程度的降低。而大豆并不表现出这种变化。有人将其解释为，豆科植物具有根瘤菌，能够从空气中截取氮素，以适应植物在高 CO_2 浓度下快速生长对氮素的需求。但大多数非豆科植物并不具备这种功能。因而，在元素组成的变化方面，大部分植物表现在 N 随 CO_2 浓度的升高而降低。如棉花 C∶N比在 CO_2 浓度加倍情况下提高 21%～23%，表明 C 含量上升，而 N 含量下降。另外，小麦、玉米等生长在高 CO_2 浓度下植物的 C∶N 比均有不同程度的升高，意味着含 N 量在下降。除 N 外，S 含量也会随着 CO_2 浓度的升高而降低，从而影响到一些含 S 蛋白的合成。

2.3.2.8　紫外辐射

人类的活动改变着地球大气中气体的化学组成，这些变化正在对地球的臭氧层、气候和对流层化学产生全球性的影响。当前，除了引起全球变暖的CO_2气体之外，另一引起人们普遍关注的便是氟氯烃类化合物。当它被排放到平流层的顶部时，会被光降解而释放出氯原子，催化性地毁灭臭氧，耗竭对地表环境具有保护作用的臭氧层。1985 年，人类首次发现了南极的“臭氧空洞”，随后，中高纬度上的臭氧层空洞被陆续证实。2000 年 9 月，美国国家航空航天局（NASA）宣布，NASA 安装在地球探测卫星上的仪器 TOMS 探测到南极臭氧空洞已达 2830 万平方公里，比 1998 年 9 月 19 日的面积增加了 110 万平方公里，达到了有史以来的最大面积。我国上空的臭氧层衰竭趋势也有增无减：从 1979 年到 1993 年，整个中国地区上空的平流层臭氧总量呈下降趋势，地区平均臭氧下降了 5.1%，而仅在 1992 年到 1993 年，我国北纬 20°到 25°的区域上空平流层臭氧总量下降了 8.796%。臭氧层存在于地面以上 10～50 公里之间的平流层的顶部。组成臭氧层的臭氧分子由 3 个氧原子组成，臭氧层能保护我们免于来自太阳的波长在 290～320nm 之间的紫外线即 UV-B 的侵害。太阳紫外辐射依其生物效应的不同可分为三类：超强效应波段（UV-C，200～280nm），属灭生性辐射；强效应波段（UV-B，280～320nm），为生物有效辐射；弱效应波段（UV-A，320～400 nm），对生物影响不大。平流层臭氧能吸收全部的 UV-C 和 90%的 UV-B，保护地表生物免于来自太阳的 UV-B 的侵害。UV-B 辐射水平的增加将对陆地植物、动物的生命活动产生极大的影响。

(1) 紫外辐射对植物细胞水平上的影响

在植物细胞内部，UV-B 辐射主要破坏 3 个目标，即基因系统、光合系统和膜脂质。UV 辐射能够以两种不同的机制引起对细胞内 DNA 的损害：第一种机制系由在 DNA 双螺旋链内对 UV 辐射的直接光吸收所引起；第二种机制由在带有活性氧或自由基的伴生物的其他分子内的光吸收所引起，它在随后的化学反应中间接地对 DNA 造成损害。DNA 分子内对 UV 辐射的直接吸收可以引起两类最重要的损害。第一种损害是在同一 DNA 链上邻近的嘧啶之间形成环丁烷二聚物。第二种损害是 6-4 间二氮杂苯的形成，即所谓 6-4 光产物。但细胞内的修复系统能被 UV-B 辐射所诱导。

UV-B 能抑制许多植物的光合作用，已是公认的事实。Arnold（1933）首次描述了 UV 辐射对光合作用的抑制（气体交换），同时他也发现呼吸作用对 UV-B 具有更大的抗性。UV 辐射对光合作用的抑制原于一种电子传递的效应。目前公认的结论是光合系统Ⅱ（PSⅡ）比光合系统Ⅰ（PSⅠ）对 UV-B 辐射更为敏感。

植物细胞内部是一个由细胞膜和各种细胞器膜连接而成的膜系统。UV-B 辐射可以对叶绿体中的类囊体膜造成损坏，它出现在 UV-B 对细胞光合作用的抑制过程中。膜损坏也在光合细胞以及非光合细胞中影响众多的其他过程。因为 UV-B 辐射可能触发导致不饱和脂肪酸的过氧化反应的链式反应，进而损害膜脂质中的不饱和脂肪酸。另外，UV-B 增加脂质的过氧化反应并且在豌豆中改变膜的脂质组成。UV-B 增加了乙烯、乙烷和丙醛的产量，减少了作为光合作用场所的类囊体中单半乳糖二酰基甘油的浓度。

研究表明，增高的 UV-B 辐射偶尔可以增加气孔开度，但是通常的效果是要减少气孔开度。目前认为其原因可以归之于 UV-B 改变了气孔保卫细胞的膜渗透性。从长远来说，UV-B辐射增加也影响气孔密度。

许多观察表明，UV-B 对植物的作用更应当被认为是一种光形态发生作用而非对植物的损害。已有许多 UV-B 诱导基因改变的例子已经被证实。目前总的来说，人们认为 UV-B 能够直接影响植物光敏色素 A 和 B 的状态，可能的解释是 UV-B“加强”了光敏色素的反应。

此外，UV-B辐射的增强使叶形态解剖特征发生改变。在由紫外辐射诱导的酶活性中，人们很久以前就认识了一些与类苯丙酸途径相联系的酶的行为。活性增加的酶是类苯丙酸途径开始的苯丙氨酸铵化酶、在中间几步的几个酶。这些酶和苯基苯乙烯酮聚合酶一起，在该途径向黄酮类化合物的分叉处（包括花青素，以及其他朝向木质素、香豆素和羟基肉桂酸的衍生物的分支）开始工作。UV-B辐射影响植物的次生代谢，过度的紫外辐射阻抑了黄酮类化合物的生物合成。在植物对过量的UV-B辐射的保护机制中，类苯丙酸途径扮演了的一个重要的角色，主要的保护行为是吸收紫外辐射，并且充当紫外辐射的过滤器。此外，植物表皮对UV-B辐射具有过滤效果，但是表皮的过滤效果并不一致。也有研究表明，叶毛在散射的作用下能吸收UV-B吸收物质，因而提供可观的保护。一些研究表明，黄酮类化合物也可以对UV-B辐射起到化学保护作用。

（2）紫外辐射对植物生长发育的影响

20世纪初人们就已经发现，可见光可以长期保护植物以抵抗紫外线的损害。许多在培养箱中进行的实验表明，植物在弱可见光下生长时，要比在正常强度的可见光下对UV-B更敏感。因此，可见光可以在一定程度上减低UV-B效应。不同植物种对UV-B的反应差异巨大，而且在单个种内不同的基因类型之间，对UV-B的反应也有很大差别。一般来说，双子叶植物经常比来自类似的环境的单子叶植物更敏感。在过量UV-B照射下，许多植物的叶片厚度会被改变，而且其增厚的方向可以是向上增厚或向下增厚。UV-B诱导的叶子单位面积干重量的增加可能不仅由于增厚，而且由于淀粉含量增加。UV-B可能影响植物生长激素的光化学变换而影响生长，还可以通过影响乙烯产量而影响生长发育。植物花粉即使暂时直接受到UV-B辐射，也可能遭到UV-B辐射的影响。瘦果如果受到UV-B辐射则可能影响从其中发育出的植物的特性。

（3）紫外辐射和其他的非生物要素联合对植物的影响

自然界中的生物接受的是环境因子的综合作用，因而把UV-B辐射与其他环境因子结合起来研究它们对植物的共同影响，更能反映实际情况。

研究表明，UV-B辐射增强确实影响某些植物营养的吸收和变化。UV-B增强没有影响大豆对N、P或者K的摄取，而是减少了Ca和Mg的摄取。在土壤磷缺乏的情况下，大豆的光合作用对相应的UV-B辐射不敏感，而在磷严重缺乏情况下，UV-B的唯一显著效果是增加了到根中的营养分配。在实验中发现当氮含量达到最高水平时，抗UV-B辐射的保护色素含量大大降低。

全球气候变化将包括二氧化碳倍增和臭氧层衰竭导致的UV-B增强两个方面。研究发现，由CO_2浓度升高所诱导的植物生长和种子产量的增加，在大米和大豆中被UV-B所促进，而在小麦中被UV-B所减少。对种子植物而言，目前人们获得的一般结论是，CO_2增加能够抵消UV-B增加在总干重上的负效果，但是根/茎比率经常被增加或减少。目前发现，在$1000\mu L/L$的高CO_2浓度下，UV-B增强促进了地衣中光合系统Ⅱ的光合作用，但在低CO_2（$350\mu L/L$）浓度下则并非如此。在火炬松中，在当前的日均CO_2浓度水平下，UV-B增加导致更多的同化产物分配到茎中，但是在提高的CO_2水平下则被分配到根。在自然生态系统中，二氧化碳浓度增加和UV-B强度增加的效果可能不能互相抵消，但将导致种间的竞争平衡改变，并且，从长远来说也会导致生活在同一生态系统中不同物种多度的变化。

2.3.2.9 *有机污染物*

（1）芳烃和酮类对木本植物的危害症状

污染现场主要以苯、甲苯、丙酮、丁酮为主的化合物污染。它们都以蒸汽状态存在于空气中。这些污染物，在不同程度上使树木种群受到急性或慢性的危害，造成树木生长势衰退，树木枯梢，开花少，不结实或结实少，叶片出现黑褐色坏死斑。例如在苯和甲苯的复合污染的情况下，山杏春天开花少，不结实，早期落叶，枯梢比较严重。北京杨叶缘出现褐色坏死斑，生长较差，而毛白杨、侧柏、紫穗槐、臭椿生长正常，未见被害症状。邻近的酮苯加氢车间树木受酮和无机物 H_2S、NH_3的危害严重，曾多次栽植杨树均未成功，往往1～2年则死亡。现存的泡桐、毛白杨、柳树枯梢严重，桧柏有70%以上的针叶出现红褐色坏死斑，侧柏绿篱出现连片枯死现象。在苯酚、丙酮车间周围树木，在其复合污染情况下，曾多次栽植云杉、雪松都未成功，而其他树种如杨树、五角槭、臭椿、紫穗槐、紫荆、暴马丁香等，其叶缘、叶尖或脉间组织出现不同程度的红褐色斑。可以看出，酮类污染物以及无机污染物 H_2S、NH_3对木本植物的危害重于芳烃类的苯和甲苯的危害。

芳烃类（苯和甲苯）危害木本植物的症状主要有以下特征。

① 坏死斑　木本植物叶片被苯和甲苯危害后，在其叶缘出现一圈较宽的褐色或红褐色坏死斑，或在叶脉组织出现形状不同、大小不等的褐色坏死斑，这种症状与现场调查基本一致。

② 褪绿斑　褪绿斑一般出现于较低浓度。木本植物叶片受害后，在叶脉间出现大块褪绿斑，褪绿斑出现后，有的树种逐渐变为褐色的坏死斑，如加杨等树种。

③ 叶片失水萎蔫　树木叶片急性中毒后，迅速失水萎蔫干枯，而其他症状不明显。有的树种叶片褪绿后，失水干萎，如臭椿在烟熏过程中这种现象比较常见。

（2）烯烃污染对木本植物的危害症状

乙烯是一种植物生长内源激素，大量资料证明它也是一种明显影响植物生长发育的大气污染物，而植物受害浓度，其剂量反应为 0.01μg/g 以下无反应；0.01～0.1μg/g 为所需阈值反应浓度；0.1～1.0μg/g 是最大反应浓度；1.0～10.0μg/g 为饱和反应浓度。

当乙烯浓度超过阈值时，树木表现出明显的乙烯危害症状。例如，花曲柳严重枯梢，叶子变小，畸变。桧柏针叶先端枯黄，枯梢，新生嫩枝弯曲下垂。水杉树冠成球状，针叶上部出现褐色坏死斑，羽状叶形成波纹状。生长势衰退，且有死亡现象。紫穗槐叶片偏上生长，枝条下部叶枯黄脱落。连翘枝条突长，细弱，成匍匐状。

丙烯污染对树木的危害也比较严重，造成水杉生长势衰退，新枝弯曲，叶上部出现红褐色坏死斑，并有逐渐死亡现象。紫穗槐叶片同样有偏上生长现象，新疆杨溃疡病严重，而栾树生长比较正常，未发现被害症状，对丙烯具有较强的抗性。

在丁二烯浓度相当高的情况下，周围绿化树木严重被害。侧柏枯死，梨树、核桃叶片几乎全部变为黑褐色，大量落叶，臭椿和火炬树生长势衰退，叶子变小，不结实，叶片提早变红，其叶缘出现褐色坏死斑。合欢、刺槐叶缘同样出现褐色斑并大量落叶。

丁二烯熏烟试验表明，在低浓度、短时间暴露情况下，不易造成木本植物伤害。而在高浓度、长时间暴露条件下，出现可见伤害症状。当浓度为 350mg/m³ 经 8h 熏烟，个别树种出现失水干萎；当浓度为 600mg/m³，8h 熏烟时个别树木叶脉组织出现褐色斑或其他症状。丁二烯主要危害症状如下。

① 坏死斑　在高浓度长时间暴露情况下，首先在叶缘出现黑褐色斑或红褐色坏死斑，继而整个叶片变为黑褐色的坏死斑。

② 褪绿斑　在脉间组织出现褪绿斑，逐渐扩大使整片叶子褪绿，有的树种如合欢刺槐

叶子变黄，大量落叶，有些树种出现褪绿后叶子逐渐失水干萎。

③ 失水干萎 树木叶片急性中毒后，失水萎蔫，不出现其他症状，在熏烟过程中占供试树种1/5。

温达志等（2002）对39种1～2年生盆栽木本植物在清洁区和污染区（有相当高的酸性硫酸盐化速率、氟化物浓度和降尘量，分别是清洁区的15.4倍、17.5倍和2.8倍）生长5个月后的研究发现：生长在污染区的大多数植物的净光合速率（P_n）和气孔导度（g_s）均出现不同程度的下降，下降幅度因植物种类不同而存在较大差异。P_n 与 g_s 之间存在一定程度的线性相关关系，但污染胁迫下 P_n 与 g_s 线性相关的显著程度被削弱（表2-32）。

表2-32 污染区与清洁区盆栽植物净光合速率［P_n，μmol/(m²·s)］、气孔导度［g_s，mol/(m²·s)］及其相对差异（P_n，g_s，%）（温达志等2002）

植物种类 Species	净光合速率 P_n[①]		气孔导度 g_s[①]		相对差异 Relative differences	
	清洁区 Clean site	污染区 Polluted site	清洁区 Clean site	污染区 Polluted site	ΔP_n[②]	Δg_s[②]
柳叶楠 *Machilus salicina*	9.5(1.1)	3.6(0.8)	0.053(0.012)	0.025(0.015)	−62.2	−52.8
幌伞枫 *Heleropanax fragrans*	8.9(0.5)	2.1(0.2)	0.047(0.016)	0.016(0.001)	−76.2	−66.0
白桂木 *Artocarpus hypargyreus*	8.6(0.3)	3.2(0.6)	0.044(0.003)	0.046(0.005)	−63.0	4.5
山玉兰 *Magnolia delavayi*	8.3(1.5)	2.8(0.6)	0.098(0.029)	0.042(0.003)	−66.2	−57.1
海南红豆 *Ormosia pinnata*	8.0(0.9)	3.6(0.6)	0.051(0.020)	0.039(0.009)	−55.6	−23.5
红花木莲 *Manglietia insignis*	7.6(0.2)	2.0(0.8)	0.064(0.014)	0.020(0.003)	−70.9	−68.8
华润楠 *Machilus chinensis*	7.0(0.8)	5.0(2.7)	0.068(0.021)	0.037(0.024)	−28.3	−45.6
刺果番荔枝 *Annona muricata*	6.7(1.3)	2.5(0.2)	0.063(0.013)	0.022(0.005)	−62.0	−65.1
红桂木 *Artocarpus nitidus* subsp. *lingnanensis*	6.7(1.2)	2.9(0.8)	0.057(0.015)	0.008(0.001)	−56.4	−86.0
傅园榕 *Ficus microcarpa* var. *fuyuensis*	6.6(1.4)	5.8(1.3)	0.079(0.019)	0.035(0.011)	−12.4	−55.7
桂花 *Osmanthus fragrans*	6.3(1.0)	3.6(0.1)	0.063(0.012)	0.034(0.007)	−43.6	−46.0
厚皮香 *Ternstroemia gymnanthera*	6.3(0.9)	2.4(0.7)	0.024(0.010)	0.027(0.006)	−61.2	12.5
仪花 *Lysidice rhodostegia*	6.2(1.4)	0.3(0.2)	0.028(0.006)	0.014(0.004)	−95.2	−50.0
铁冬青 *Ilex rotunda*	6.0(1.2)	3.6(1.1)	0.034(0.008)	0.021(0.004)	−39.7	−38.2
火焰木 *Spathodea campanulata*	6.0(1.2)	3.9(0.2)	0.061(0.011)	0.031(0.003)	−35.1	−49.2
竹节树 *Carallia branchiate*	6.0(1.7)	2.8(0.3)	0.055(0.010)	0.030(0.010)	−53.0	−45.5
毛黄肉楠 *Actinodaphne pilosa*	5.6(1.4)	3.9(0.8)	0.033(0.011)	0.030(0.008)	−29.9	−9.1
小叶榕 *Ficus microcarpa*	5.5(0.7)	4.9(1.2)	0.031(0.013)	0.015(0.003)	−12.1	−51.6
灰木莲 *Manglietia glauca*	5.5(0.9)	1.2(0.3)	0.040(0.008)	0.037(0.014)	−77.6	−7.5
阿丁枫 *Altingia chinensis*	5.4(0.6)	1.5(0.4)	0.039(0.012)	0.032(0.020)	−72.2	−17.9
格木 *Erythrophloeum fordii*	5.3(1.4)	1.4(0.2)	0.045(0.003)	0.027(0.006)	−72.8	−40.0
大头茶 *Gordonia axillaries*	5.3(1.1)	3.9(0.4)	0.049(0.017)	0.027(0.004)	−25.7	−44.9
红花油茶 *Camellia semiserrata*	5.1(0.4)	2.5(0.5)	0.033(0.008)	0.017(0.019)	−51.4	−48.5
日本杜英 *Elaeocarpus japonicus*	5.0(0.6)	3.3(0.7)	0.035(0.011)	0.027(0.002)	−35.1	−22.9
吊瓜木 *Kigelia africana*	4.9(1.1)	3.6(1.1)	0.039(0.011)	0.028(0.009)	−27.8	−28.0
小叶胭脂 *Artocarpus styracifolius*	4.9(0.7)	1.5(0.3)	0.064(0.008)	0.037(0.006)	−69.1	−42.2

续表

植物种类 Species	净光合速率 P_n①		气孔导度 g_s①		相对差异 Relative differences	
	清洁区 Clean site	污染区 Polluted site	清洁区 Clean site	污染区 Polluted site	ΔP_n②	Δg_s②
密花树 *Rapanea neriifolia*	4.8(0.6)	3.2(0.3)	0.041(0.007)	0.020(0.003)	−33.8	−51.2
猫尾木 *Dolichadrone cauda-felina*	4.6(0.8)	2.0(0.3)	0.027(0.008)	0.016(0.003)	−57.0	−40.7
灰莉 *Fagraea ceilanica*	4.2(0.7)	1.5(0.3)	0.015(0.009)	0.010(0.003)	−64.4	−33.3
观光木 *Tsoongiodendron odorum*	4.0(1.1)	2.1(0.4)	0.034(0.009)	0.020(0.001)	−46.1	−41.2
白木香 *Artocarpus hypargyreus*	3.9(0.7)	1.7(0.1)	0.038(0.010)	0.033(0.009)	−56.4	−13.2
铁力木 *Mesua ferrea*	3.8(1.0)	2.5(0.6)	0.034(0.013)	0.038(0.004)	−33.9	11.8
海南木莲 *Manglietia hainanensis*	3.5(0.5)	1.5(0.3)	0.021(0.007)	0.016(0.006)	−58.1	−23.8
茶花 *Camellia japonica*	3.5(0.8)	3.0(0.3)	0.025(0.009)	0.020(0.003)	−13.6	−20.0
蝴蝶树 *Ileritiera parvifolia*	3.3(1.1)	1.1(0.4)	0.021(0.005)	0.020(0.009)	−66.8	−4.8
无忧树 *Saraca chinensis*	3.2(1.0)	0.9(0.3)	0.038(0.015)	0.015(0.002)	−73.4	−60.5
环榕 *Ficus annulata*	3.1(0.9)	2.8(0.3)	0.035(0.005)	0.029(0.003)	−9.7	−17.0
菩提榕 *Ficus religiosa*	3.0(0.0)	4.0(0.9)	0.027(0.008)	0.034(0.006)	31.2	25.9
石笔木 *Tutcheria spectabilis*	2.6(0.4)	3.9(0.6)	0.019(0.002)	0.034(0.005)	51.0	78.9

① P_n（或 g_s）为4～5片叶的平均值，括号内的数值为标准差。

② ΔP_n（或 Δg_s）是根据 $\Delta Y(\%)=(Y_p-Y_c)/Y_c\times100\%$ 计算得到。其中 ΔY 代表净光合速率（或气孔导度）变化的相对百分数，Y_p 和 Y_c 分别为污染区和清洁区同种植物的 P_n（或 g_s）。

2.4 植物对环境污染的适应与植物的进化

目前，全球性的环境污染已经极大地改变了地球的面貌，形成了包括植物在内的所有生物在其进化史上从未接触到的全新环境。对于污染这种特殊的逆境形式，有的植物不能适应，生活力下降，适合度降低，伴随着生殖能力和繁殖能力的降低，逐渐退出污染地带被淘汰。对于大多数植物，环境污染虽然给它们带来了新的生存环境，但它们程度不同地仍能生存繁衍。在污染环境中，植物通过调节其结构和生理状况，以适应日益污染的环境，并且因为对环境的逐渐适应而产生抗性，形成抗性生态类型。同时由于植物对环境长期适应的“惯性”及生物可利用资源的有限性，植物对环境污染的适应及抗性的形成必然要付出代价，这种对环境的遗传适应是植物进化的机制。与自然进化过程相比，抗污染进化是工业化以来植物面临的一类新的、特殊的进化过程，也是近代植物生态学和分子生态学共同关注的焦点。

2.4.1 环境污染与生物多样性的丧失

环境污染会影响生态系统各个层次的结构、功能和动态，进而导致生态系统退化。环境污染对生物多样性的影响目前有两个基本观点：一是由于生物对突然发生的污染在适应上可能存在很大的局限性，故生物多样性会丧失；二是污染会改变生物原有的进化和适应模式，生物多样性可能会向着污染主导的条件发展，从而偏离其自然或常规轨道。环境污染会导致生物多样性在遗传、种群和生态系统三个层次上降低。

(1) 在遗传层次上的影响

虽然污染会导致生物的抵抗相适应，但最终会导致遗传多样性减少。这是因为在污染条件下，种群的敏感性个体消失，这些个体具有特质性的遗传变异因此而消失，进而导致整个种群的遗传多样性水平降低；污染引起种群的规模减小，由于随机的遗传漂变的增加，可能降低种群的遗传多样性水平；污染引起种群数量减小，以至于达到了种群的遗传学阈值，即使种群最后恢复到原来的种群大小时，遗传变异的来源也大大降低。

（2）在种群水平上的影响

物种是以种群的形式存在的，最近研究表明，当种群以复合种群的形式存在时，由于某处的污染会导致该亚种群消失，而且由于生境的污染，该地方明显不再适合另一亚种群入侵和定居。此外，由于各物种种群对污染的抵抗力不同，有些种群会消失，而有些种群会存活，但最终的结果是当地物种丰富度会减少。

（3）在生态系统层次上的影响

污染会影响生态系统的结构、功能和动态。严重的污染可能具有趋同性，即将不同的生态系统类型最终变成基本没有生物的死亡区。一般的污染会改变生态系统的结构，导致功能的改变。值得指出的是，重金属或有机物污染在生态系统中经食物链作用，会有放大效应，最终会影响到人类健康。

2.4.2 植物对环境污染的适应与植物的进化

对于污染这种特殊的逆境形式，有的植物不能适应，伴随着生殖能力和繁殖能力的降低，逐渐退出污染地带。对于大多数植物，环境污染虽然给它们带来了新的生存环境，但它们仍能不同程度地生存繁衍。因为大多数植物程度不同地都具有一定的抗性。在这种情况下，植物种群已经经历了一个被选择和种群重建过程，此时的种群在生理生化特性和遗传特征等方面已经同原来的种群发生了很大的改变，产生了渐变群、生态型；时间较长时，抗性基因型也将产生。如果选择压力足够大，而植物也具有相当的适应潜能，此时的植物适应机制必将同原有的植物发生根本性的变化，最后可能发生生殖隔离，以至于新物种的诞生。抗性在一定程度上具有遗传性，从而可以进行代间传递。

2.4.2.1 适应性、抗性、耐性的概念

在一定条件下，如果污染物这种环境胁迫对植物的生长、发育以及后代的形成不产生可见的伤害，就认为植物是适应的，否则就认为是不适应的。植物对环境污染总有一定的适应能力，这种适应能力的水平和范围的总和就是抗性。植物的抗性是指在一定的污染条件下，植物能尽量减少毒害或受毒后迅速恢复生长，并且产生后代，可以在数量遗传上显示出来的一种生物学反应。根据抗性来源的背景不同，抗性可以分为3种形式。

① 前适应（pre-adaption）　不少植物由于先天性组织器官的结构形式和生理代谢特征，对于旱、高温、寒害等环境逆境具有一定的抵抗性能，可以适应这些环境胁迫。而这些适应能力，对于适应污染具有一定的作用，在抗性形成和发挥抗性作用中，与自然条件下的环境胁迫适应具有同一性，这就是植物的前适应。如夹竹桃，其叶片坚硬且上被蜡质，气孔下陷，这些对于旱高温的适应性状，也成为适应大气 SO_2、NO_x 污染的方式。能够产生这种适应性的情况往往是污染对植物在生理上的效应在实际上同植物面临的自然环境胁迫相似，适应的途径一样。

② 回避（avoidance）　这种适应一般是对偶然性的急性污染产生有效适应形式。有些植物在大气污染条件下，植物能够暂时减弱或停止部分生理代谢活动，在污染停止或降低时，植物再行正常的生理活动。如大豆，在 SO_2 污染条件下，气孔关闭，光合作用停止，当污

染停止后，气孔重新开放，光合作用又可正常进行甚至其强度高于正常情况。

③ 耐性（tolerance） 这是植物对长期的、小剂量污染产生的一种稳定而定向的，也是抗性最重要的形式。

2.4.2.2 植物的抗污染进化

植物在污染条件下，发生了形态、生理、遗传上的适应性变化，当这种变化是基于遗传变异基础上的，经过选择固定就是针对污染发生的定向分化。对于一个种群，当受到污染后，必然立刻对污染的选择作用发生响应，其结果是种群内污染适应程度不同的个体在种群中的比率发生调整，从而种群的遗传结构也发生变化。这种遗传变化在代间的不断积累，将提高种群对污染的适应水平，种群也发生了针对污染适应的进化分化。大量的资料表明，污染物对植物产生巨大影响，有很强的选择力，而相当多的植物具有对污染胁迫的适应、产生新种群的潜力。对于很多不同的污染环境条件、生态分化在不少物种中都有报道。

(1) 抗污染生态型的形成

植物抗污染生态型形成是污染胁迫下植物居群发生进化的结果。其一般过程可以概括为：非抗性（正常）居群中抗性基因发生，污染胁迫对抗性个体的选择并导致居群遗传结构改变，以及产生某种形式和一定程度的生殖隔离而形成抗性生态型。

① 抗性的起源 实验证明，抗性存在于正常非抗性居群的某些个体中。例如，将非抗性居群的 *Agrostis tenuis*（禾本科）种子播种在铜矿废弃地土壤中，结果筛选出 0.4%的抗铜个体。不过，并非在任一居群中均能检测到对某种污染物的抗性变异体。Gartside 和 Mc Neilly (1974) 用类似的筛选法检查 *Agrostis tenuis* 和另外 8 个铜矿区不常见的物种，结果发现前者存在耐性个体，而后 8 个物种则没有。这种差异甚至出现在同种不同居群之间。在研究过的实例中，除少数例外，抗污染性均表现为可遗传性状。控制此性状的基因数目因物种及污染物类型不同而异。例如，根据抗性与非抗性居群之间杂交后代分离比例推测，*Mimulus guttatus*（玄参科）和 *Agrostis capillaris*（禾本科）的抗铜性以及洋葱的抗 O_3 能力可能都受单个主要基因控制。但多数抗大气污染能力的研究发现，抗性为数量遗传特性，因而应受多基因控制。

目前关于抗污染特性的遗传基础仍然研究得不充分，需要做更深入的阐释。根据 Winner 等的观点，抗污染基因型的产生有 2 种可能机制：a. 经过许多世代逐渐积累并传递下来的所谓"隐藏着的突变"（正常条件下不表达），在现代人为污染环境中表达，形成抗性突变体；b. 受污染胁迫植物的分生组织的遗传物质发生自发或定向突变，形成抗性突变体。

② 选择 许多情形下（抗性受多基因控制），抗污染进化表现为一个过程。该过程中随选择压增加，居群内敏感个体逐渐消失，抗性个体比例上升。例如 *Agrostis stolonifera*（禾本科）受铜污染 4 年、7 年和 15 年的三个居群的平均抗铜力（抗性个体频率的一种测度）分别为 21%、32%和 42%。Bradshaw 和 Mc Neilly (1991) 将抗性呈连续变异的居群进化过程分为三个基本阶段。第一阶段，最敏感的基因型被消除，但整个居群的一般结构未变。敏感基因型消失后，居群中其他基因型个体数量增加，占据前者死亡后的剩余空间。经快速繁殖（如分蘖）而迅速完成这种空间替代过程的居群，从外部几乎看不出经历过选择。但对生长慢的多年生植物，抗性基因型个体的空间替代速度较慢，从外部看选择是明显的。第二阶段，除抗性最强的基因型，其他全部被淘汰，居群结构发生重大改变。强抗性基因型的初始频率对抗性居群的形成有重要作用。但是为占据剩余空间所具备的生长及繁殖速率更具关

键作用。植物的生殖生物学特性和自然生态条件的优劣是决定这种增长速率的两个基本因素。如经种子繁殖的一年生植物，在生态条件较好的环境下可较快形成抗性居群。第三阶段，幸存的强抗性个体间杂交进行遗传重组，产生抗性更强的后代供进一步选择。能经历此阶段的植物必须具备能经杂交而进行正常有性生殖的能力。许多野外实地调查证实，如果选择压力足够强而抗性的遗传力足够大，植物居群表现出很快的抗性进化速度，几个世代就能形成抗污染生态型。例如，在英国利物浦一个铜冶炼厂附近发现 *Agrostis capillaries* 最多只经 14 年即形成抗性生态型。据估计，植物对大气污染物胁迫的进化反应速率要慢一些，一般需数十年甚至上百年时间。

③ 生殖隔离　抗性生态型形成会因抗性与非抗性居群之间基因交流而受阻。因而为保持其抗性特性，抗性居群中在形成抗污染能力时必须发展有效的生殖隔离机制，以阻断其与非抗性居群间的基因交流。已在抗性居群中发现一些此类机制如花期不遇、自交亲和、异交不亲和及败育。花期不遇可有不同方式。在 *Agrostis capillaris* 中表现为抗性居群花期提早。在 *A. tenuis* 中表现为抗性居群内花期高度一致，而非抗性居群内花期变异较大。若干物种是通过增加抗性居群内自交亲和性个体的频率以减少与非抗性居群的基因交流机会。例如，在 *Agrostis capillaris*、*Armeria maritima* 和 *Arrhenatherum elatius* 的抗重金属污染居群中，其自交可育性和结实率均明显高于非抗性居群。抗性与非抗性居群间杂交不亲和性构成另一类生殖屏障，表现在花粉萌发率或结实率低或杂交败育。

铜是最早被发现对植物耐性基因型发生选择作用的污染物。生长于铜矿区的 *Melandrium silvestre*（石竹科）在模拟污染土壤中正常生长发育，而非矿区的同种植物则不能。这表明在矿区已形成耐性生态型。实验发现，来源于抗性生态型的某些居群对数种重金属均有抗性。栽培作物中的许多品种具有较强的耐铝能力。Dunn（1959）首次证明，洛杉矶的光化学烟雾（O_3占较大含量）导致该地 *Lupinus bicolor*（蝶形花科）抗性生态型形成。后来在乔治亚一个火电厂附近发现 *Geranium carolinianum* 抗 SO_2生态型。抗 NO_2生态型报道较少。Taylor 和 Bell（1988）检查了两种生长在伦敦附近一家氮肥厂周围的禾本科植物，结果表明 *Dactylis glomerata* 居群具有抗 NO_2能力。据不完全统计，自首次发现抗铜生态型以来的 60 年间，有 40 余种高等植物表现为抗污染生态型（熊治廷，1997）。这些抗性生态型分布于禾本科、石竹科、十字花科、车前科、蝶形花科等科植物中。

从抗性产生的时间尺度来看，虽然人们对植物于污染的适应性进化的速度了解不多，但已有的资料也初步表明其速度是惊人的，远远超过了人们的常规认识，特别是在一种强大有力的选择压力条件下，情况更是如此。如工业黑化现象的发生，只不过是 100 多年的时间；一般的蚊蝇、昆虫对杀虫剂的抗性短的只要 4～5 年的时间；植物对除草剂的抗性适应一般也只是在 3～5 年内就会发生。

进化就其本质而言，就是群体基因频率发生变化的现象。污染作为一个强大有力的选择因子，对植物的进化过程具有重大的影响。要么适应，要么死亡，这是植物面对污染必须接受的两种选择。污染作为一种长期而影响广布全球的生态因子，是生物圈中的任何生物都必须面临的生存环境，它不仅仅作为一个区域性的影响因素，制约植物的分布，也制约着植物的演化、进化历程和方向。

(2) 抗污染进化的代价

根据相应不同时空尺度的因素，即现实的生态因素和终极的进化因素，把抗性代价归为为生态代价和进化代价两种形式。

① 生态代价 生态代价主要指对污染适应的生物，在进入到正常环境中时，它的竞争力降低；可能还伴随着对温度、水分、病虫害的抵抗能力下降。早在1975年，Hickey和Mcklly就提出了植物重金属耐性类型可能存在“耐性代价”(Cost of Tolerance)，指出这种植物的重金属耐性类型与正常植物类型竞争时表现出较低的竞争能力。Jain、Huey和Ilertz将代价含义推广到生物生理及生化特征方面，指出生物对某一方面的适应性反应，必然受到其他一些可变性丧失的限制。

Wilon Bastow研究了植物重金属耐性与相对生长率之间的关系，认为植物重金属耐性代价应该是存在的，并指出代价的存在源于能量在不同器官间的分配，如在营养器官与繁殖器官之间，种子的大小与种子的数量之间，能量对一方分配的偏重，必将以牺牲另一方的分配为代价。段昌群进一步提出，生物在一定的环境条件下所能够利用的能量和资源是有限的，有机体必须把所获取的能量和资源分配给一系列彼此矛盾的目的，这包括生长、生殖、维持消耗、防卫、修复、储存等，因此常常采取调和的对策。但若对付环境的物质和能量消耗过大，自然生物构建自我的能量就降低，其生长、发育的程度和速度就降低，在同其他生物的竞争过程中往往处于不利地位，同时还可能伴随有对温度、水分、病虫害的抵抗能力下降，从而产生适应代价。

② 进化代价 进化代价指对污染适应很好的植物在其他环境中进化发展的灵活度降低，以致可能失去适应其他环境的可能性。原因可能是长期的选择作用，使与污染没有关系的种群的遗传多样性丧失太多，而种群现存的遗传变异程度和潜在产生遗传变异的能力既是生物遗传变异的历史积累，反映了生物的进化过程，也是现有生物适应现有环境和未来环境的基础，决定着植物总的适应能力。这些遗传多样性的丧失也就失去了在其他环境应变的遗传准备，加之对污染适应频率的固定，从而失去了进化发展的机会。

在北美，根据松翅的大小和颜色反映二氧化硫污染后极地落叶松遗传变异量比没有污染的种群变异量减少了12%，Kriedbel等发现在美国俄亥俄州北部对二氧化硫敏感的东方白松种质被淘汰，从而造成该地东方松40%的种质丢失。段昌群利用植物等位酶技术，对定植在重金属矿区的时间不同的曼陀罗种群的26个等位酶位点进行了分析，获得了不同污染经历的曼陀罗种群的遗传多样性，发现经过3种以上重金属污染后，每位点平均等位基因数由21降到20，多态位点比对照种群减少了43%。

在理论上，强大的定向选择和污染条件下适应上时效性的严格要求，最终导致种群内遗传变异的流失或快速的丧失。但是，遗传基因的流失和保存的程度还同种群内携带有抗性基因个体的数量、植物的生物学特性、在对污染适应过程中所处的不同阶段、污染对敏感个体的选择强度、经过原初的种群衰退后恢复的速度等因素密切相关。

抗性代价的出现，不仅对植物的进化不利，还对生态系统的生物生产、人类社会的经济生产产生负面影响。如生物对污染适应是以抵抗其他不利环境能力降低、整体生物生产力下降为代价的话，污染最终导致的是生物整体效应，是适应能力下降，生物圈生产力降低，这样全球污染带来生物多样性的丧失以及对生物进化带来影响的速度将大大增加。因为这不仅仅表现在已有生物多样性的丧失上，即便幸存的生物也难以说明其是否已经逃脱了污染导致灭绝的命运。所以准确地认识这一问题，在理论上可以深入认识植物的适应性及其起源，以及污染的进化效应和人工影响下生物圈的演变；在实践上可以为人工影响下的生物圈管理，污染条件下种质优选与作物经济性状的提高提供理论依据。

第3章 植物对污染环境的净化功能

人类与其他生物赖以生存的自然环境由大气、水、土壤等因素组成，并与社会环境紧密地联系在一起，相互制约、相互影响、相互依赖，保持着相对稳定和平衡。

人类是环境演化发展的产物，环境又受人类的干扰和影响。人类在改造自然、利用环境的同时，既取得了巨大成就，也带来了环境破坏与污染。由于人类生产活动和生活消费，特别是工农业飞速发展，废弃物增多，超过生态系统自我调节能力，结果造成污染。

当前在环境污染日趋严重的情况下，在防治措施中，一方面要竭力控制污染源以减少污染蔓延；另一方面，应加强对防治环境污染植物的选育，加速绿化进程，发挥植物净化大气、土壤和水质，优化环境的特殊功能。

植物对保护环境有着多种功能。植物防治是防治环境污染的一条重要途径。绿色植物可以调节和改善区域小气候、净化空气中的有毒有害气体、防止粉尘扩散和迁移、净化土壤和污水、减弱噪声、吸收放射性物质、杀死细菌、美化环境，以及对有害物质可起指示监测等作用。

环境要素（水体、大气、土壤、生物等）的优劣是衡量环境好坏的标准。当前整个环境要素受污染是多方面的。可通过资源质量、生物质量、人群健康状况、人类生活以及生态系统的稳定性等尺度加以衡量。通过环境监测、调查资料、环境质量综合统计数据以及生态系统稳定性大小作为评价环境的依据。

通过对环境要素以及有关因素的综合调查分析的结果表明，环境污染的危害性以大气污染为最，是以总悬浮颗粒物、二氧化硫为主的污染，包括大气中的一氧化碳、二氧化碳、二氧化硫、氯化氢、氟化氢、氮氧化物等多种有害有毒物质的含量超标或严重超标；水质污染次之，地表水及浅层地下水均遭受污染，超标或严重超标的有害有毒物质主要有酚、氰化物、氟化物、氨氮、硫化物和重金属等；再次是土壤污染，以市郊的农田（主要是菜田）土壤污染较为严重，有害有毒污染物质主要是农药、化肥、重金属以及有害微生物。

绿色植物是环境生态中的一个重要组成部分，它不仅能美化环境，吸收二氧化碳制造氧气，而且还具有吸收其他有害气体、吸附尘粒、杀菌、调节气候、吸声降噪、防风固沙和监测空气污染等许多方面的作用。植物对环境的净化作用，一般是通过以下途径实现的，首先是吸收、吸附污染物，其次是积累、分解、转化污染物，再就是改变环境，防止环境恶化。这是许多其他物种所不能替代的。因此，大力开展植树造林、种草绿化活动，对改善环境，尤其是城市大气环境有着十分重要的意义。

本章旨在介绍植物对大气、水、土壤等环境中一些污染物的吸收、净化、代谢和转化作用，并对一些污染源有关厂矿企业推荐一些抗污染和净化空气植物。

3.1 植物对大气污染物的净化

近地表大气中污染物一般可分成物理性污染物、生物性污染物和化学性污染物 3 大类，因而，相应地有物理性大气污染、生物性大气污染和化学性大气污染。污染的大气环境中通常有多种污染物复合或混合，并且污染物具有长距离迁移和干湿沉降等特性。由于植物的种类、群落及其生态习性与功能的差异，不同的植物可以在不同的时空尺度上对近地表（包括室内）空气污染进行修复与净化。

粉尘是主要的物理性大气污染物。绿色植物都有滞尘的作用，但其滞尘量的大小与树种、林带宽度、种植状况和气象条件有关。空气中一些原有的微生物（如芽孢杆菌属、无色杆菌属、八迭球菌属及一些放线菌、酵母菌和真菌等）和某些病原微生物都可能成为经空气传播的病原体，即生物性大气污染物。由于空气中的病原体一般都附着在尘埃或飞沫上随气流移动，绿色植物的滞尘作用可以减小病原体在空气中的传播范围，并且植物的分泌物具有杀菌作用，因此植物可以减轻生物性大气污染。大气环境中的毒害化学物质是化学性大气污染物。植物除了可以监测大气的化学性污染外，更重要的是植物可以吸收大气中的化合物或毒害性化学物质。植物可以通过多种途径净化化学性大气污染物，植物净化化学性大气污染的主要过程是持留和去除。持留过程涉及植物截获、吸附、滞留等，去除过程包括植物吸收、降解、转化、同化等。有的植物有超同化的功能，有的植物具有多过程的作用机制。植物对于污染物的吸附与吸收主要发生在地上部分的表面及叶片的气孔。在很大程度上，吸附是一种物理性过程，其与植物表面的结构如叶片形态、粗糙程度、叶片着生角度和表面的分泌物有关。已有实验证明，植物表面可以吸附亲脂性的有机污染物，其中包括多氯联苯（PCBs）和多环芳烃（PAHs），其吸附效率取决于污染物的辛醇-水分配系数。植物可以吸收大气中的多种化学物质，包括 CO_2、SO_2、Cl_2、HF、重金属（Pb）等。植物吸收大气中污染物主要是通过气孔，并经由植物维管系统进行运输和分布。对于可溶性的污染物包括 SO_2、Cl_2 和 HF 等，随着污染物在水中溶解性增加，植物对其吸收的速率也会相应增加。湿润的植物表面可以显著增加对水溶性污染物的吸收。光照条件由于可以显著地影响植物生理活动，尤其是控制叶片气孔的开闭，因而对植物吸收污染物有较大的影响。对于挥发或半挥发性的有机污染物，污染物本身的物理化学性质包括分子量、溶解性、蒸汽压和辛醇-水分配系数等都直接地影响到植物的吸收。气候条件也是影响植物吸收污染物的关键因素，植物在春季和秋季吸收能力较强，不同植物对不同污染物的吸收能力有较大的差异。

3.1.1 绿色植物防治二氧化碳污染

高浓度的二氧化碳是一种大气污染物质。

大气中的二氧化碳（CO_2）浓度本来是比较稳定的，其含量约占空气总体积的 0.03%。但是自 20 世纪以来，随着大工业的发展，人口数量剧增，化石燃料的使用量不断增加，燃料燃烧和人的呼吸消耗了大量的氧气（O_2），并释放出大量的 CO_2，这就使空气中，尤其是大城市的空气中 O_2 含量有所降低，而 CO_2 含量越来越高。由于 CO_2 的密度稍大于空气，多下沉于近地层，所以大城市空气中的 CO_2 浓度有时可达 0.05%～0.07%，局部地区可高达 0.2%。CO_2 虽是无毒气体，但是当空气中的浓度达 0.05%时，人的呼吸已感不适，当含量超过 0.2%时，对人体开始有害，达到 0.4%时，使人感到头疼、耳鸣、昏迷、呕吐。增加到1%以上就能致人死亡。CO_2浓度的不断增加，不仅对人体健康不利，更严重的是大气中的CO_2能够吸收地面辐射的热线。入射地球的太阳辐射热大都是波长1.5μm以下的短波光（主要是0.4～0.7μm的可见光），地球吸收以后，又以波长4～20μm的长波光反射到大气中去。CO_2一般不吸收短波光，易吸收波长为4～5μm和14μm以上的长波光。因此，大气中的CO_2浓度的增加，不会阻挡太阳辐射热到达地球表面，却会吸收地球的反射热，这就必然会导致地球的增温，即所谓的"温室效应"。此外，气候变暖各大洋也会随海水温度的升高而把它们溶解的CO_2更多地释放出来，加速地球的转暖进程。大气中CO_2的含量每增加10%，地表温度就要升高0.30℃，而地球温度的升高，可引起大气环流气团向两极推移，将导致南北极冰川融化，海平面上升，改变地球的降雨格局，这对地球生物圈的影响很大，影响动、植物的分布、生存，从而影响全球的生态系统，给人类造成无法估量的损失。

绿色植物对维护O_2和CO_2的平衡起着十分重要的作用。它既是生态环境中氧气的主要制造者，又是CO_2的主要消耗者。CO_2是植物光合作用的主要原料。在高产作物中，生物产量的90%取自空气中的CO_2；5%～10%来自土壤。因此，CO_2对植物生长发育有着极其重要的作用。

绿色植物光合作用吸收CO_2放出氧气，又通过呼吸作用吸收氧气放出CO_2。但是，由于光合作用吸收的CO_2要比呼吸作用排出的CO_2多20倍，因此，总的计算是消耗了空气中的CO_2，增加了空气中的氧气。植物吸收CO_2的能力很大，植物叶子形成1g葡萄糖需要消耗2500L空气中所含的CO_2。而形成1kg葡萄糖，就必须吸收2.5×10^6L空气所含的CO_2。世界上的森林是CO_2的主要消耗者。据测定，$1\times10^4m^2$常绿阔叶林，每年可释放20～25t氧气，$1\times10^4m^2$针叶林每年可释放30t氧气。而每年被地球上全部植被所吸收的CO_2为93.6×10^{11}t。通常，$1\times10^4m^2$阔叶林在生长季节内，通过光合作用，一天可吸收1t CO_2，释放出0.73t氧气。以一个成年人每天呼吸需0.75kg O_2，排出0.9kg CO_2计，则每人需有$10m^2$的森林面积，就可消耗其呼吸排出的CO_2，并供给所需的O_2。大约$150m^2$的植物叶面积，就可满足一个成年人对氧气的需要。一块生长良好的草坪，在进行光合作用时，每平方米每小时可吸收1.5g CO_2，每人每小时呼出的CO_2约为38g，因此，白天$25m^2$的草坪就可以把一个人呼出的CO_2全部吸收。加上晚间植物呼吸作用所增加的CO_2，则每人$50m^2$的草坪面积就可维持CO_2的平衡。

城市，特别是工业城市人呼吸吐出的CO_2只是工业燃料所产生的CO_2的1/10，甚至只是几十分之一。因此，增加以树木为主的绿化面积，维持大气的平衡是城市建设中一项重要的任务。

3.1.2 绿色植物对有害气体的吸收作用

绿色植物吸收有害气体主要是靠叶片进行的。一般来说，叶片面积越大，净化能力就越强，叶片面积同净化能力成正比。$1\times10^4m^2$高大森林，其叶面积可达$7.5\times10^5m^2$；$1\times10^4m^2$草坪，其叶面积为（2.2～2.5）$\times10^5m^2$。庞大的叶面积在净化大气方面起到了重要作用。但如果空气中有害气体的浓度超过了绿色植物所能承受的浓度，植物本身也会受害，甚至枯死。只有那些对有害气体抗性强、吸收量大的植物，才能在大气污染较严重的地区顽强生长，并发挥其净化作用。

3.1.2.1 对二氧化硫的吸收作用

二氧化硫（SO_2）是我国大气环境中数量多，分布广泛，危害性较大的一种污染物，主要来源于原煤及化石燃料燃烧和化肥、硫酸等工业。此外，民用取暖炉、灶炉也产生一些二氧化硫。目前世界上仅各种燃料的燃烧，每年就产生约 1.5×10^8t 的 SO_2。

SO_2为无色透明气体，有强烈辛辣的刺激性气味；对空气的相对密度为 2.26；1L 气体在标准状况下重 2.93g；在 0℃时，1L 水溶解 79.8g；20℃溶解 3914g 二氧化硫。

大气中的 SO_2往往与飘尘结合在一起，随着人的呼吸进入人体，并大部分在上呼吸道与水生成亚硫酸和硫酸，对黏膜产生强烈的刺激作用，若长期接触，可引起慢性结膜炎、鼻炎和咽炎等疾病。空气中 SO_2的浓度高达百万分之十，就使人不能长时间工作，到百万分之四百，可以使人迅速死亡。SO_2在大气中进一步氧化成三氧化硫（SO_3），再与水蒸气结合，生成硫酸的小滴，在一定条件下，能造成烟雾，即酸雨和酸雾，其毒性比 SO_2大 10 倍，能烧伤植物，酸化土壤、水质，加速金属腐蚀过程，对人类、动植物、自然环境，尤其是农业生产危害较大。

硫是植物体中氨基酸的组成部分，也是植物生长所必需的营养元素之一。大气中的 SO_2含量低时，对植物并无害处，因为硫是可以被植物吸收同化的。但是当空气中 SO_2的浓度高时，则可以破坏绿色组织，在叶片网脉之间出现不同色泽的斑块，甚至引起植物的死亡。不同的植物对 SO_2的敏感性相差很大，总的来说，草本植物比木本植物敏感，阔叶树中落叶的比常绿的抗性弱。据研究，当空气中 SO_2的含量为 $0.26 \sim 0.52 mg/m^3$时，木本植物完全不受损害；当含量为 $1.04 \sim 1.82 mg/m^3$时，只有抗性最弱的林木受害；当为 $1.82 \sim 5.20 mg/m^3$时，林木生长量减退；当含量为 $5.2 \sim 26.0 mg/m^3$时，就会引起针、阔叶树种的急剧受害，当含量达到 $260 mg/m^3$时，可使针叶树种在几个小时内立即死亡。

受 SO_2危害的植物，其外观表现为开始叶片略微失去膨压，有暗绿色斑点，随后叶色褪绿、干枯，直至出现坏死斑点。从生理上，SO_2对植物的危害，主要 SO_2通过气孔进入叶内，溶化浸润于细胞壁的水分中，成为亚硫酸，并产生 H^+，H^+使植物叶子内的 pH 值下降。各种植物的细胞都有一稳定的 pH 值环境，pH 值下降会影响代谢过程中酶的活性，影响原生质膜的电荷性，改变对某些物质的通透性。pH 值下降也会使气孔关闭，使植物体内水分的蒸腾作用减弱，影响水分吸收，并阻碍植物呼吸作用及吸收固定 SO_2，使光合作用能力降低。而 SO_3^{2-} 和 HSO_3^- 能切断蛋白质分子中的二硫键，如 SO_3^{2-} 与蛋白质中的蛋氨酸残基上的—S—S—作用，切断二硫键，引起蛋白质变构，使酶失活。HSO_3^- 和酮基或醛基作用形成 α-羟基磺酸，该化合物抑制乙醇酸氧化酶活性，影响气孔开放，抑制 CO_2固定和光合磷酸化作用。

植物对 SO_2的净化作用大致包括两部分：一是植物表面附着粉尘等固体污染物而吸附一部分 SO_2；二是 SO_2通过植物体表面被吸收到体内后进而转化或排出体外。抗性强的植物往往是吸收 SO_2 后可以将有毒的硫转化为无毒的硫储藏起来或者将硫同化为可以利用的物质。如某些植物叶片不仅能吸收大气中的 SO_2，减少其含量，并且还能将吸入叶片的二氧化硫形成 H_2SO_3 和 SO_3^{2-} （毒性很强），而 SO_3^{2-} 能被植物氧化，并转变为硫酸根离子，其毒性为 SO_3^{2-} 的 1/30，所以这类植物能自行解毒，将有毒物转化为无毒物。还有些植物吸入体内的 SO_2，主要以硫酸盐和亚硫酸盐的形式累积在叶内，进而逐渐转化为正常的代谢产物，即将吸收的有毒物加以利用。有实验报道，用二氧化硫处理植物，15d 后，有 2.5%的硫存在于游离氨基酸中，5%存在于蛋白质中，92.5%存在于硫酸盐中。这种转化率越高，则吸收二氧化硫的能力越强，净化大气的能力越显著，净化效果越好。只要大气中

SO_2 浓度不超过一定的限度（0.2～0.3μg/g），植物就能不断地吸收，不断地利用。由于 SO_2 是酸雨形成的重要原因，因此植物对 SO_2 的吸收，可减少酸雨的生成。

各种树木叶片都含有一定数量的硫，植物体内硫的含量因植物种类不同而异，一般叶中硫含量为0.1%～0.3%（干重）左右。在 SO_2 污染环境中生长的植物，其叶片中硫含量高于本底值数倍至数十倍。树木生长在 SO_2 污染地区中叶子的最高含硫量与生长在非污染地区中叶子的含硫量之差称为树木的吸硫能力，也就是它的净化力。

英国进行了植物叶群对低浓度下二氧化硫的吸收能力研究。研究结果表明，空气中露出的自然表面，不管是生物还是非生物，都有吸收二氧化硫的作用，吸收快慢和单位面积的吸收量大小，除和表面性质有关外，还和空气的相对湿度有关。对同样的物体表面，80%以上的相对湿度的吸收速度，比10%～20%相对湿度的快5～10倍。由于林木可以增加空气的相对湿度，且林木在单位面积上的叶面积远远超过其他类型的植物，所以林木在吸收二氧化硫方面具有特殊重要的意义。

据报道，柑橘的叶片吸收积累硫可达0.77%以上。$1\times10^4m^2$ 柑橘树每年能吸收 SO_2 1.4t之多。$1\times10^4m^2$ 柳杉林每年可吸收720kg SO_2，其一株树的叶片吸收 SO_2 的能力是它所占土地吸收 SO_2 能力的9倍。污染源附近松林叶中含硫量为0.6%～0.8%，而非污染源地区仅含0.1%，说明松树有吸硫的能力。国内外大量调查研究资料表明，一般常绿阔叶树种对二氧化硫的抗性较强；落叶树种受害后多发生落叶现象，抗性较弱。针叶树中既有抗性强的，如侧柏等，又有抗性弱的，如雪松等。依此，在二氧化硫污染地区以多混栽常绿阔叶树为好。一般阔叶树的吸硫能力大于农作物，农作物大于针叶树。因而要使绿地发挥较大的净化效果，首先要选择吸收量较大的种类。同时还要注意选择那些对 SO_2 同化、转移能力强的植物种类。

人们在长期实践中，通过实验、观察、分析得知，吸硫能力较强的常见树种（即1g干叶能吸收10mg以上硫）有：垂柳、加杨、花曲柳、山楂、洋槐、臭椿、榆树、苹果、刺槐、桃树、蓝桉、卫矛、丁香、旱柏、枣树、玫瑰、水曲柳、新疆杨、水榆、夹竹桃等。

吸硫能力中等的树种（即1g干叶能吸收5～10mg硫）有：侧柏、桧柏、国槐、木香、雪柳、金银木、窄叶车前、白皮松、沙松、赤杨、白桦、枫杨、暴马丁香、连翘等。

在 SO_2 严重污染的地带试图达到绿化降硫的目的时，应依次考虑的植物类型有杠柳、茜草、榆、构树、黄栌、槐、白莲蒿、油松、洋槐、臭椿、荆条、多花胡枝子、侧柏、狗尾草、酸枣、河朔尧花、孩儿拳头、毛胡枝子。

3.1.2.2 对光化学烟雾的防治作用

光化学烟雾是由汽车使用的汽油和轻油等化石燃料，经燃烧并与空气中的氮气反应生成 NO_2、NO等氮氧化物（NO_x）、烃类化合物（HC）和一氧化碳（CO）等污染物，在阳光照射下发生一系列光化学反应所形成的一种刺激性的、浅蓝色的混合性烟雾，其中主要含有臭氧（O_3，约占90%）和过氧乙酰硝酸酯（PAN）等氧化剂。这类有毒气体是酸雨的成因，也是造成光化学大气污染的原因。

光化学烟雾对人的眼睛和呼吸道有很明显刺激作用，可使呼吸系统疾病加重。1955年发生在美国洛杉矶市的光化学烟雾事件中，4天内就造成400余位65岁以上的老人死亡。最近有报告称，二氧化氮分子可与DNA碱基反应，碱基的结构将被修饰，因此，氮氧化合物具有致癌性和突然变异诱发性的危险。

光化学烟雾对植物的损害也较严重，可使农作物减产，大片树木枯萎。烟雾波及的地方，还能加速橡胶制品的老化，建筑设备及衣物的腐蚀。汽车排放的尾气中，NO等化合物升空后，在阳光作用下，发生化学反应，生成O_3，造成大气污染，危害植物生长发育。O_3是强氧化剂，从多方面破坏植物的生理活动。O_3能氧化细胞质膜的组成成分，如蛋白质和不饱和脂肪酸，使质膜结构改变，细胞内物质外渗；O_3也能氧化—SH 基为S—S键，破坏以—SH 基为活性基团的酶，使其失活，使细胞内正常的氧化还原过程受到干扰，使叶片褪绿，严重影响光合作用的进行。

然而，令人担忧的是，大气中的氮氧化合物浓度逐年增加，已经成为全球性的问题。随着工业的发展，城市汽车数量的增多，以及石油类燃料使用量的增加，光化学烟雾污染将成为城市空气污染的一个重要因素。目前，环保部门已把 HC 浓度$>5mg/m^3$，CO 浓度$>1mg/m^3$，NO 浓度等于$1.5\sim2.0mg/m^3$，当作产生光化学烟雾的可能条件，用以预报光化学烟雾的发生。

众所周知，植物光合作用生成淀粉和氧气，同样，植物还具有利用光能将二氧化氮还原同化为氨基酸的能力。可以不过分地说，植物有利用二氧化氮生产氮肥的能力。广岛大学的森川等人先后调查道边杂草、树木和花坛草木计 220 种植物的氮同化能力。发现二氧化氮同化能力强的植物是野生菊科的某些植物，如赤桉、金合欢等，最低下的是凤梨科的某些植物。这两类植物的同化能力竟差 1000 倍。进一步研究证实，同化能力强的多为菊科植物，而稻科和凤梨科植物一般较低。然而，正是这种差异给人为选择或遗传基因操作以提高同化能力带来可能。

绿色植物对 CO 及 NO 也有较强的吸收作用。据报道，当污染源附近 NO 浓度为$0.22mg/m^3$时，在距污染源$1000\sim1500m$处，绿化带处浓度为$0.07mg/m^3$，非绿化带处浓度为$0.13mg/m^3$，即非绿化带处比绿化带处 NO 浓度高近 1 倍；当公路边 CO 浓度为$15.1mg/m^3$时，在公路两边的绿化林内$5\sim10m$处，CO 浓度就降到了$3mg/m^3$以下。冬青、法国梧桐、连翘、杨槐、刺槐、银杏等对光化学烟雾产生的O_3有较强的吸收能力。由此可见，在城市中增加绿化面积，对光化学烟雾有一定的防治作用。

3.1.2.3 对氯气的吸收作用

氯气（Cl_2）是一种具有强烈臭味且令人窒息的黄绿色气体，是一种强氧化剂，并能吸收空气中的紫外线，主要来自化工厂、制药厂和农药厂等。Cl_2对人的毒害作用较大，对人体上呼吸道、眼鼻黏膜及皮肤具有刺激性，长期生活在具有一定浓度Cl_2的环境中，可使慢性支气管炎发病率增高，且对牙齿也有腐蚀性。

Cl_2对植物叶细胞有强烈的毒害作用。Cl_2进入植物叶肉细胞后能形成酸性物质，使叶片汁液中的 pH 值降低，破坏叶绿素，从而抑制植物的光合作用。Cl_2对植物的危害作用比SO_2强，据有关人工熏气试验表明，与SO_2浓度相同时，Cl_2对植物的危害程度约为SO_2的 3 倍。在Cl_2浓度为$0.56\mu g/g$的环境中 3h，桃树即受害；以浓度$1\mu g/g$熏气 3h，某些针叶树就出现明显的受害症状。

植物对Cl_2具有一定的吸收和积累能力，多数植物叶片中Cl_2含量在$0.3\sim5g/kg$干重之间。在Cl_2污染环境中生长的植物，能不断地从环境中吸收Cl_2，使其含量远高于本底值，一般能高出数倍，这种吸收和积累的量，就是植物净化大气Cl_2污染的能力。据某研究部门测定，以下几种树木每公顷林地的吸氯量分别为：桎树 140kg；皂荚 80kg；刺槐 42kg；银桦 35kg；蓝桉 32.5kg；华山松 30kg；垂柳 9kg。在 Cl_2 污染地区选择种植一些抗性较强的植物，对净化空气可起到一定的作用。实验证明，吸氯量高的树种有：京桃、山杏、糖槭、家榆、紫椴、暴马丁香、山梨、水榆、山楂、白桦；吸氯量中等的树种有：花曲柳、糖椴、桂香柳、皂角、枣树、枫杨、文冠果、连翘、落叶松（针叶树中落叶松为吸氯量高树种）。

3.1.2.4 对氟化物的吸收作用

氟化物主要有氟化氢（HF）、四氟化硅、氟硅酸及氟化钙等。主要产生于炼铝、磷肥、陶瓷、砖瓦、玻璃、氟酸盐、炼铁、炼钢等生产工艺。其中排放量大，毒性最强的是氟化氢。

磷肥厂是氟化物污染的最主要污染源。磷肥在生产过程中，有 1/3～1/2 的含氟量生成四氟化硅而排出，余者形成大量的氟化氢。氟元素是一种非常活泼的气体，能与许多元素相结合而形成氟化物。在工业生产中排入大气中的氟，多以氟化氢的形成存在。而且氟在大气中与水气相反应，即迅速变成氟化氢。所以造成大气污染的氟化物，主要是氟化氢，大气中的氟化物并可随降水造成对土壤的污染。

HF 对人体的危害比 SO_2 约强 20 倍，比 Cl_2 大 5 倍，空气中氟浓度超过 1μg/g 时，会对人呼吸器官产生影响。当人吸入较高浓度的氟化物气体或蒸气时，能立即引起眼鼻及呼吸道黏膜的刺激性症状，严重时可产生化学性肺炎、肺水肿及反射性窒息等。长期接触低浓度的氟化氢，可使人体出现慢性中毒症状，如斑釉齿、氟骨症等，且对人体的造血系统、神经系统也有影响。

HF 对植物的毒性也比 SO_2 大，仅相当于 SO_2 有害浓度的 1%时，就可使植物受害。HF 使植物受害的原因主要是 HF 通过气孔进入叶片组织间隙，然后叶肉细胞吸收溶解在叶组织内部溶液中的氟化物，并以扩散方式或由维管束将其转移到其他器官的细胞中去。但是也有人研究发现，植物主要通过叶片吸收 HF，并将其积累在叶尖和叶缘而导致植物中毒，很少转移到茎或根部。接触时间长短是危害植物的重要因素。对于一些抗性弱的植物如雪松、桃树、葡萄等，当大气中 HF 浓度仅为 1μg/g 并持续 20d 左右，就可使其受害。

据研究，植物体本身都含有一定量的氟元素，大多数植物的含氟量在 10～35mg/kg。自然界的植物一般都具有吸收氟的能力，在能忍受的含量范围内，植物能不断吸收氟化物而不会受害。当 HF 浓度较低时，具有抗性的植物可以吸收一部分 HF，例如橘子叶的含氟量可达 113μg/g 而不受害。植物体内氟的含量与植物种类有关，不同植物对氟的抗性有极大的差异，如生长在同样受到严重污染的地区的樱桃、悬铃木的含氟量高达 37.85mg/kg，而慈竹的含氟量仅为 0.0375mg/kg。以下是一些常见树种每公顷树木的吸氟量：白皮松 40kg；华山松 20kg；银桦 11.8kg；侧柏 11kg；滇杨 10kg；臭椿 6.8kg；杨树 4.2kg；垂树 3.7kg；泡桐 4kg；刺槐 3.4kg 等。在氟污染环境中生长的植物，其氟含量可大于本底值的数倍至数十倍。可见，植物吸收 HF 净化大气的作用是比较明显的。不同树种的吸氟量相差很多，吸氟量高的树种有枣树、榆树、桑树、山杏等；吸氟量中等的树种有臭椿、旱柳、茶条槭、桧柏、侧柏、紫丁香、卫矛、京桃、加杨、皂角、紫椴、雪柳、云杉、白皮松、沙松、毛樱桃、落叶松等。

氟化物在生物富集过程中，植物是重要的中间环节，植物能吸收积累氟，降低大气中 HF 的浓度，达到净化空气的效果，但是在 HF 污染较严重的地区，不宜种植食用植物，以免人及动物食用了含氟量高的粮食、蔬菜及牧草引起中毒，而应多种植非食用的植物。

3.1.2.5 对重金属和其他有害气体的吸收

大气重金属污染是困扰世界城市环境与发展的严重环境污染之一。近年来，随着城市市区经济的迅速增长，加之能源结构的不合理和机动车尾气排放量剧增（含 Pb 汽油的燃烧为主要污染物），使市区大气中以 Pb 为主要危害物的重金属含量急剧上升，严重制约着城市的环境质量和城市经济的持续发展。

市区大气中 Pb 的最大污染源是机动车的尾气排放，占城市大气污染总排放量的 88%，其次为含 Pb 固体废弃物的焚烧和工业生产。植物能吸收 Pb 蒸气，植物叶片通过气孔呼吸可将铅蒸气污染物吸滞降解，从而起到对大气污染的净化作用。市区植物叶片中 Pb 富积量的高低与大气中 Pb 含量密切相关，并受土壤中 Pb 浓度的制约。对市区不同大气污染区域的绿化植物叶片中 Pb 的含量分析发现，不同植物的叶片对 Pb 的富积能力存在显著差异。吸铅量高的树种有：桑树、黄金树、榆树、旱柳、梓树。在所调查的市区中，大气污染严重区域植物叶片中 Pb 的含量明显高于轻污染区和非污染的居民区和郊区。正常植物的灰分中大约含 Pb 10～100μg/g，而公路附近接触过含 Pb 废气的植物，其灰分中 Pb 可达 1000μg/g。这说明市区植物叶片中 Pb 的富积量与大气中 Pb 的含量存在着很高的相关性。经测定，7 种林木含 Pb 量（μg/g 干重）为：悬铃木 33.7，榆树 36.1，石榴 34.5，构树 34.7，刺槐 35.6，女贞 36.2，大叶黄杨 42.6。这些树木均未表现受害症状。

汞（Hg）气体（汞蒸气）对人有明显的毒害，但有些植物不仅在汞蒸气的环境下生长良好，不受危害，并且能吸收一部分汞蒸气。棕榈等有较强富集汞的能力，能有效降低空气中的汞蒸气。将棕榈种植在汞浓度平均为 10.84μg/m^3 的环境中，全暴露棕榈叶、茎、根均可吸收汞。其中以叶内汞含量增高最明显，其次为茎，根最低，并随着时间的延长而不断蓄积。各部位对汞的吸收量呈现叶＞茎＞根。由此表明，空气中汞主要由叶片吸入。汞蒸气从暴露棕榈叶吸收后可不断向各器官转移，从暴露叶向封闭叶、暴露叶向封闭茎、暴露叶向封闭根转移率分别为 7.50%、4.55%、2.84%。在上海市某地区测定以下植物对汞的吸收量（μg/g 干重）分别为：夹竹桃 96，棕榈 84，樱花 60，桑树 60，大叶黄杨 52，八仙花 22，美人蕉 19.2，紫荆 7.4，广玉兰 6.8，月桂 6.8，桂花 5.1，珊瑚树 2.2，腊梅 1.4（所有对照植物中都不含 Hg）。

氨（NH_3）相对分子质量 17.03，为无色气体，有刺激性气味，极易溶于水，当空气中含 NH_3 达 16.5%～26.8%（按体积）时形成爆炸性混合物。许多植物能吸收 NH_3，如大豆、向日葵、玉米和棉花等。生长在含有 NH_3 的空气中的林木，特别是蝶形花科树种，能直接吸收空气中的 NH_3，以满足本身所需要的总氮量的 10%～20%。

据报道，栓皮槭、桂香柳、加杨等树种能吸收空气中的醛、酮、醇、醚和安息香吡啉等毒气。有些树木能够吸收一定数量的铅、锌、铜、镉、铁等重金属气体。

3.1.3 绿色植物的减尘滞尘作用

绿地、林带对减少大气降尘量和飘尘量的效果显著。据各地测定，无论是春、夏、秋、冬季，绿地中的降尘量都低于工业区、商业区和生活居住区。绿地对减少空气飘尘量的效果也显著。据国内有关资料的介绍，以公园绿地飘尘量为最低。

植物，特别是林木，对大气中的烟尘、粉尘有很大的阻挡、过滤和吸附作用。林木的减尘作用表现在两个方面：第一，林木树冠茂密，具有强大的降低风速的作用，随着风速的降低，空气中携带的烟尘和较大粉尘迅速降落到树木的叶片或地面；第二，不同树木叶子表面的结构不同，有的植物树叶表面粗糙多绒毛，有的植物叶片还能分泌黏性油脂及汁液，空气中的颗粒物在经过树木时，便被附着于叶面及枝叶上，所以植物可吸收大量飘尘。正因为如此，树木被称为天然的空气过滤器。无论以哪种方式吸附了大量尘埃的植物，经雨水冲洗，又能恢复其吸附粉尘的能力。由于植物的叶表面积通常为植物本身占地面积的20倍以上，因而树木的滞尘能力是很大的，从这种意义上讲，树木就好像是空气的天然过滤器。

据研究，水泥厂附近的黑松林，在一个生长季内，每公顷可摄尘44kg；白杨林为53kg；白柳林为34kg。在植物生长期内，树下的含尘量比旷地少42.2%，在落叶期，也比旷地少37.5%。无论春夏秋冬，树木始终保持一定的摄尘能力。

树木叶片滞尘量的大小与叶片的形状、性质及滞尘方式有关。植物叶片蒙尘的方式有停着、附着和黏着。叶片狭小、小枝开张度小、叶片较光滑者多为停着，如柳树、白蜡、刺槐、银杏等；叶片宽大平展、小枝开张度大，叶片粗糙、有绒毛，则表现为附着，如臭椿、卫茅、红叶李、毛白杨、核桃等；另一类枝叶能分泌树脂、黏液等表现为黏着，如侧柏、圆柏以及其他松柏类植物多属于此类。停着的尘易被风吹走，附着的尘经较大的风或雨淋亦被带走，黏着的尘要在大雨冲击下才被部分清洗。

树木叶片单位面积的滞尘能力在50g/m^{2}以上的阔叶树木有泡桐、红叶李、榆叶梅、卫茅，滞尘在10～30g/m^{2}范围内的树木有臭椿、国槐、山荞麦、小叶黄檗、紫叶小果、大叶黄杨、火炬树，滞尘量在10g/m^{2}以下的树种有银杏、白蜡、垂柳、法国梧桐、榆树、刺槐、毛白杨、海棠、连翘、丁香、绣线菊、珍珠梅、桃树、皂荚、五角枫、栾树、忍冬等。

单株树木的滞尘能力与其叶片的滞尘量及单株树木的总叶量有关。单株树木的滞尘量在10kg以上的树种有法国梧桐、臭椿、泡桐，单株树木的滞尘量在5～10kg的树种有白蜡、国槐，单株树木的滞尘量在1～5kg的树种有卫矛、火炬树、忍冬、丁香等。

综上所述，长期生长在污染环境中的各种树木虽然植物本身与环境已形成一种相对平衡的状态，但是由于不同树种抗污染能力与生理特性的差异，其滞尘能力相差很大，在大气颗粒物污染严重的地区，城市绿化应优先选择滞尘能力较强的树种进行绿化，达到净化污染、增加大气环境容量的目的。

草皮的减尘作用也很重要。生长茂密的草皮，其叶面积为其占地面积的20倍以上，同时，由于其根茎与土表紧密结合，形成地被，不仅固定地表尘土，而且在草坪上沉积了各种尘埃，有风时也不易出现二次扬尘，对减尘有特殊功效。据测定：在微风时，有草皮处大气中总悬浮颗粒物（TSP）浓度为0.20mg/m^{3}左右。在有草皮的足球场，比赛期间大气中TSP浓度为0.88mg/m^{3}左右，而裸露地面的儿童游戏场，TSP浓度高达2.67mg/m^3，为草地足球场的3倍多。如有4～5级风时，裸露地面处的TSP浓度可达9mg/m^3。可见，草皮的滞尘效果是十分明显的。

因此，栽树种草，在避免土壤裸露，美化环境的同时，也是减少污染的一种有效措施。在选择防尘树种时，总叶面积大，叶面粗糙多绒毛，能分泌黏性油脂或汁浆的树种如核桃、毛白杨、板栗、臭椿、侧柏、华山松、刺槐、泡桐等都是较理想的防尘树种。羊胡子草、狗牙根、早熟禾、野牛草、天鹅绒草、细叶早熟禾、紫羊茅、黑麦草等均是好的草坪防尘植物。

3.1.4 绿色植物的杀菌作用

通常，空气中的尘粒上附有细菌，不少是对人体有害的病菌。城市空气中通常存在杆菌

37种、球菌26种、丝状菌20种、芽生菌7种等。在林区，大气中的尘埃少，各种细菌数量也少，这是由于绿色植物的减尘作用，因此也就减少了空气中的细菌含量。同时，某些树木还能分泌挥发性杀菌物质，即植物杀菌素，如丁香酚、松脂、肉桂油等，具有杀菌能力。据报道，一些杀菌能力强的树种如黑核桃、法国梧桐、紫薇、松柏、白皮松、雪松等的叶子粉碎后能在几分钟内杀死原生动物。洋葱、大蒜的碎糊能杀死葡萄球菌、链球菌和其他细菌；珍珠梅挥发出的杀菌素对金黄色葡萄球菌、绿农杆菌的杀菌率达100%，对致病力最强的牛型结核杆菌和一些土壤型抗酸结核杆菌都有很强的杀菌作用，且效果稳定。稠李分泌的杀菌素，能杀死白喉、肺结核、霍乱和痢疾的病原菌，0.1g磨碎的稠李冬芽甚至能在1s内杀死苍蝇。地榆根的水浸液能在1min内杀死伤寒、副伤寒A和B的病原物和痢疾杆菌的菌丝。药理学家、毒理学家早知百里香油、丁香粉、天竺葵油、柠檬油等的杀菌作用。

根据有关部门测定：在人流稀少的绿化带和公园中，空气中的细菌量一般为1000～5000个/m^2，在公共场所或闹市区，空气中细菌量高达20000～50000个/m^2，基本没有绿化的闹市区比行道树枝繁叶茂的闹市区空气中细菌量要高0.8倍左右。绿化对减少空气中的细菌量，效果是十分明显的。因此，在人口稠密区，应大量种植杀菌作用强的绿化树种，以减少细菌，保护人体健康。油松、核桃、白皮松、云杉、紫薇、侧柏、梧桐、茉莉、旱柳、花椒、毛白杨等树种均是杀菌能力较强且适宜城市种植的树种。

总之，用植物净化大气环境是一种经济有效的措施，在加强治理和控制污染源排放量的前提下，大力提倡植树种草、造林绿化，对改善环境会起到很大的作用。

3.1.5 植物对大气中放辐射性物质污染的净化作用

放射性污染影响人们的生命和健康。植物，特别是森林既可阻隔放射性物质和辐射的传播，又能起到过滤和吸收作用，从而能够降低空气中的放射性物质含量。近些年来，许多国家对此都有一定研究。有人用空气含挥发性碘（B' I）试验发现，在中等气流中每千克叶子能吸收放射性碘1ci/h，其中2/3被吸附到叶子表面，小部分被淋洗，1/3通过气孔吸入组织。美国科学家做过试验，用不同剂量的中子/伽马混合辐射照射5块栎树林，发现剂量在1500rad以下时，树木可以吸收而不影响枝叶生长，剂量为4000rad时，对枝叶生长量有影响，当剂量超过15000rad时，枝叶大量减少。而酸叶树，在中子/伽马混合辐射剂量超过15000rad时仍能正常生长。试验表明，森林可减低入侵放射物质30%～60%。

不同的植物抗辐射的能力不同。原苏联研究了针叶林和阔叶林对放射性散落物净化能力及净化速度方面的不同特点。研究表明，常绿针叶林净化放射性污染的能力比阔叶林慢得多。而且测定了伽马射线在针叶林和阔叶林内的分布情况，当放射性散落物在夏季一次落到森林上以后15天到3个月期间，在阔叶林树冠内部和林冠上部伽马射线的剂量比针叶林低1倍，在阔叶林树冠下面伽马射线的剂量却比针叶林高1.5倍。

生长于不同地理位置的植物对放射性物质的吸收能力不同。研究表明，在山坡的向风面的森林植物，其叶片中放射性物质含量为背风面植物叶片的4倍。一般地，阔叶林对放射性散落物的净化能力和速度比针叶林要强。

3.1.6 植物对室内空气的净化

据调查，一天中人们在家的时间平均达66%，加上在办公室工作的时间，在室内停留的时间总计达到94%。因而，室内空气质量直接关系到人们的健康。特别是密封化住宅，换气率极低，室内装修住宅，甲醛或溶剂污染较重，已经构成对人类健康的威胁。据美国环境保护厅（EPA）调查，各种建材造成的污染是一般室内污染的2～5倍。美国宇航局为开发生活环境系统专门开展了室内空气污染研究。通过对各种生物功能的研究，断定室内观叶植物的净化能力最强。

观叶植物的叶面气孔可强烈吸收大气中的甲醛。甲醛对人类健康危害非常大，而且广泛产生于燃料生成物、烹调油烟、劣质装修材料及各种日用化学品，因而，植物净化甲醛的研究实例多有报道。首先是树木对甲醛危害的减轻化研究。曾有人对不同树种的甲醛吸收率进行研究发现，呼吸率高的植物，如钻天杨、刺槐、鸡爪槭。另外，光线越充足，甲醛的吸收率也越高。在植物叶片进行光合作用的过程中，估计甲醛也在被吸收和分解。此外，甲醛浓度升高时，其吸收率也将成比例提高。另有报告称，在甲醛浓度为2000μg/g的水平下，也有可能被吸收。研究也表明，不同树种的甲醛吸收率是不同的，从高至低的排序是：落叶阔叶树＞常绿阔叶树＞针叶树。总之，许多研究人员都认为，改善室内空气环境的现行方法均各自有局限性，最好的方式应该说是利用植物的净化能力将污染源分解成无害物质。另一方面，木材也可以减轻甲醛的危害。据测试，白柳安、红柳安、柳杉、罗汉柏、花柏等树种的甲醛吸收率为42.8%～68.9%。虽说吸收后可能再次释放，但释放率低，多的为31.6%，少者只有3.5%。进一步的研究发现，木材含有可以与甲醛进行化学结合或分解甲醛的成分，而不只是简单地吸收甲醛。

室内最适宜养的一些花草，如龟背竹，其夜间能大量吸收CO_2，另外，仙人掌、仙人球、令箭、昙花等仙人掌科植物，兰科的各种兰花，石蒜科的君子兰、水仙，景天科的紫荆花等都有这种奇特功能。美人蕉对SO_2有很强的吸收性能。室内摆一两盆石榴能降低空气中铅的含量，还能吸收S、HF、Hg等。石竹有吸收SO_2和氯化物的本领。月季、蔷薇能较多地吸收HS、HF、苯酚、乙醚等有害气体。吊兰、芦荟可消除甲醛的污染。紫薇、茉莉、柠檬等植物，可以杀死原生菌，如白喉菌、痢疾菌等。茉莉、蔷薇、石竹、铃兰、紫罗兰、玫瑰、桂花等植物散发出的香味对结核杆菌、肺炎球菌、葡萄球菌的生长繁殖具有明显的抑制作用。虎皮兰、虎尾兰、龙舌兰以及褐毛掌、栽培凤梨等能在夜间净化空气。兰花、桂花、红背桂是天然的除尘器，其纤毛能截留并吸滞空气中飘浮微粒及烟尘。

3.1.7 树木精油和树皮对大气污染的净化作用

除叶片对大气污染物有净化作用外，树木精油和树皮对NH_3、SO_2、NO_2等大气污染也具有清除功能。

有实验数据表明，NH_3的清除率取决于精油浓度。随浓度提高清除率也在提高，浓度只有达到100%时，清除率才超过90%。对SO_2来说，精油精度只要达到5%，清除率就高达100%。NO_2在精油浓度5%的条件下，清除率比氨高，但远不如SO_2，大体在40%～50%。相对讲，叶油清除率高于材油。一般说，叶油多含低沸点成分，有“清爽感”，材油成分以中沸点至高沸点物质为多，有“安神作用”。据研究，冷杉和柳杉清除率最高。可以达到80%以上，其余树种大体在40%～50%。从实用上，可用柳杉等叶油类物质为主成分制造甲醛捕集剂，则在捕集甲醛的同时，还可释放挥发性香气。

树皮含有丰富的单宁、儿茶碱等多酚成分。在环境净化方面，树皮正是因为含有凝聚型单宁而具有蛋白质吸附机能、重金属吸附机能、除臭机能。曾有对氨、甲醛、乙醛等吸附能的报告称，刺槐单宁除氨最为有效，但儿茶碱等的吸附能低。对清除甲醛，最有效的是儿茶碱和落叶松单宁，而刺槐单宁的吸附能低下。

3.2 植物对水体污染物的净化

地球上的总水量约有 $1.4\times10^{10}m^3$，而淡水仅占 2.87%，其中还有 3/4 被冻结在两极冰盖和冰川里，只有极少一部分能为人类所利用。随着世界人口的激增和经济的迅速发展，人类对水的需求逐渐增强，全世界需水量的增长和水资源不足之间的矛盾日益加剧。因此，保护水资源，控制水资源的污染和损耗将是各种问题之首。

3.2.1 森林生态系统对污水的净化

森林具有涵养水源的能力，大面积的森林能够显著地缓解区域性水资源的短缺。茂密的森林是一个巨大而清洁的水源积蓄库，每 $100m^2$ 的有林地段要比相同面积的无林地段多蓄水 2.0×10^4kg。据推算，中国森林的蓄水总量为 $3.47\times10^{14}kg$，相当于全国现有水库总容量（$4.6\times10^{14}kg$）的 75%。森林涵养水源的机制是由林冠截留、枯落物吸附水量、林地土壤储水三部分组成的，其中以林地土壤储水功能最大最持久。

大气降水携带各种污染物进入森林生态系统后，所遇到的第一个作用面就是起伏不平的林冠层，在此作用面，一方面雨水中的物质因枝叶的截留作用而减少，另一方面雨水对附在枝叶表面的大气污染物质及林木本身分泌物的淋溶作用，使某些物质的量又有增加。就某一物质而言，其量是增加还是减少，与此物质的性质、林冠层的结构和生理特性以及降雨时的气象条件等有关。所以林冠层对降水净化的能力是各不相同的。

当降水到达林地时，遇着的第二个作用面是地被物层和土壤层，对净降水量进行了依次再分配：一部分被地被物层和土壤层截留而失散，另一部分渗入到土壤深层，成为地下水，以地下径流形式输出森林生态系统。携带着各种物质的降水，流经地被物和土壤层时，也与流经林冠层相似，同样发生两种相反的结果，即淋溶和截留过滤。于是，降水流经地被物质和土壤后，不仅从森林生态系统外输入的污染物被进一步净化，而且降水从森林生态系统内淋溶出的各类污染物也不同程度地被过滤。

地被物和土壤的净化功能主要是由于活地被物和枯枝落叶层的截留，微生物对污染物的分解，对离子的摄取，土壤颗粒的物理吸附作用，土壤对重金属元素的化学吸附及沉淀。而这与土壤结构、温湿条件及地被物种类紧密相关。因此，有林地与空旷地相比，林地土壤具有良好的团粒结构，利于微生物生长的温湿条件，完整的地被物层，使得林地比空旷地具有更强的净化功能。

大气降水是水分进入森林生态系统的主要途径，地表径流和地下径流则是液态水分输出的主要途径。地表径流和地下径流的水质，能够反映森林生态系统对水质的净化效率。林冠上空的大气降水中有机污染物种类繁多，经过森林生态系统的层层过滤，有机物质的种类可以减少 80%以上。据测定，在降水中有机污染物的含量为 $0.08\mu g/L$，经过林冠的吸附和截留后，在穿透水中含量下降为 $0.016\mu g/L$，而沿着树干流下的水中，由于树皮的吸附和淋洗，使树干流水中有机污染物的含量为 $0.026\mu g/L$，通过地被物和土壤界面的淋洗和吸附，有机污染物在地表水中的含量为 $0.02\mu g/L$，最后再通过土壤层的过滤，使得从森林生态系统中流出的地下水中有机污染物含量仅为 $0.004\mu g/L$。

森林生态系统对大气降水中无机污染物也有很强的净化作用。据测定，森林冠面上空的大气降水中，重金属污染物铅和镉的含量分别为 91.2μg/L 和 0.22μg/L，在林冠穿透水中的含量分别为 7.27μg/L 和 0.47μg/L，在地表水中的含量为 32.5μg/L 和 0.27μg/L，而在地下水中的含量为 3.09μg/L 和 0.032μg/L。可见，在森林生态系统中，地下径流所含污染物的浓度和种类，都明显低于地表径流，即地下径流被净化的程度高于地表径流。当森林生态系统输出水的总量不变时，地表径流所占的比例越小，输出的水被净化的效率也就越高。森林生态系统不仅因为有林冠层、地被物和土壤界面，对降水污染物有较强的截留和过滤作用，而且还因为具有减少地表径流的作用使得从森林流出的水质具有较高的净化效率。对大气降水中其他污染物的检测也得到了同样的结果。例如，大气降水中硝态氮的含量为 0.119mg/L，铵态氮为 0.342mg/L，钾为 0.90mg/L，锰为 0.086mg/L，铜为 0.051mg/L，锌为 0.764mg/L。而经过森林生态系统的层层净化，从森林生态系统流出的地下水中硝态氮的含量为 0.086mg/L、铵态氮为 0.286mg/L、钾为 0.70mg/L、锰为 0.055mg/L、铜为 0.048mg/L、锌为 0.084mg/L。

各种森林植物对水中的污染物都有较强的清洁能力，森林植被将快速的地表径流转化为流速缓慢的土壤径流，减少了固体污染物的输出，并能吸附污染物，从而净化了水质。有研究显示，林地各项水质指标均优于农地、荒地。据报道，从空旷的山坡上流下的水中，污染物的含量为 $169g/m^2$，而从山林中流下来的水中，污染物的含量却只有 $64g/m^2$。

3.2.2　水生植物对污水的净化

一般来说，几乎所有水生维管束植物（简称“水生植物”）都能净化污水。水体污染物主要有：金属污染、农药污染、有机物污染、非金属如氮、磷、砷、硼等污染及放射性元素如锶、镭、铀等污染。这些污染成分，有的正是植物生长所必需的元素，有的植物则能以其巨大的体表吸附。水生植物对这些污染物的净化包括附着、吸收、积累和降解几个环节。植物可通过根系吸收，也可直接通过茎、叶等器官的体表吸收。水生植物根系发达，利于吸收水中物质。如香蒲植物吸收废水中的重金属时，吸收能力大小依次是根＞地下茎＞叶，并且按照一定的比例从生境中吸取各种元素，形成新的动态平衡，防止对某元素吸收过多而引起毒害。水体中的离子通过扩散而进入植物体内，并不同程度地积累于植物中，从而减少水体中污染物的量。在植物体内许多离子积累的浓度可达到其生活环境中该离子浓度的几十至几百倍以上，这就造成植物对某些元素的富集。植物吸收水中的有害物，属于难降解的种类，如 DDT、六六六等有机氯农药和重金属离子等，可储存于体内的某些部位。研究表明，Pb、Zn 进入香蒲体内，主要积聚在皮层细胞中的细胞壁上，只有少量进入原生质，可见细胞壁对重金属有较高的亲和力。其蓄积累量甚至达到很高时某些植物仍不会受害。如将蓄积大量污染物的植物体适时地从水体中排出，则水体即可达到较好的净化效果，起到了净化水域的作用。吸收到体内的有害物，也有许多有机物，如酚、氰等进入植物体内，可被降解为其他无毒的化合物，甚至降解为 CO_2 和 H_2O，这是更为彻底的净化途径，减小了因水污染而造成的水资源危机。

能使污水资源化的理想水生植物应该符合下列要求：a. 适应性强，生长季节长；b. 净化效率高，能大量吸收水中的营养成分、重金属或其他污染物质，而这些物质在其体内含量较高时，不影响植物本身的正常生长发育；c. 生长快、产量高；d. 有经济效益。综合近十几年来，国内外研究较多且对水体污染有显著效应的水生植物有凤眼莲、喜旱莲子菜、水葱、浮萍、紫背浮萍、宽叶香蒲、狐尾藻、大藻、眼子菜、菹草、灯心草、苦草、水鳖、菱角、茭白、芦苇等。这些植物净化污水的作用相当大。

水生高等植物芦苇是国际上公认的处理污水的首选植物。芦苇是具根茎的大型挺水植物，繁殖力特强，常成大面积单优种群。芦苇对各类污染均有较强的抗性和净化能力，它可以清除水体污染中的有机物、石油产品、重金属等。有人在一个试验水池中栽培芦苇后，从里面排出的水中悬浮物减少了30%，氯化物减少了90%，有机氮减少了60%，磷酸盐减少了20%，氨减少了60%，总硬度减少了33%。100g的芦苇，一天可将8mg的酚分解为二氧化碳。目前，芦苇床人工湿地在我国已用于处理乳制品废水、铁矿排放的酸性重金属废水等。

凤眼莲也是常用的一种治理污染的水生漂浮植物。凤眼莲亦称水葫芦，为优良的抗污净水植物。它不扎根而漂浮在水面，可在各种深度的水体中生长；它的繁殖力特强（主要采用无性繁殖），其种群在整个生长季节迅速扩展，可以连续进行收获。凤眼莲对各类污染均有极强的抗污净化能力。其每单位干物质的矿质吸收率在植物迅速生长时也大大增加；它对重金属污染的净化主要依赖于其发达的根系把分散在水中的重金属离子吸收富集到体内（主要积累在根部），其富集量可比水中离子浓度高出上千倍。10000m^2凤眼莲每4天就可从废水中吸取1000多克的银。据美国国家航空和宇宙航行局报导，24h内每克干重凤眼莲能从受重金属污染的水体中去除镉0.67mg、铅0.176mg、汞0.150mg、镍0.50mg、银0.65mg、钴0.57mg、锶0.54mg。凤眼莲也能转化和消除水中的汞、银、酚等有害物质。它吸收的酚在体内与其他物质形成复杂的化合物，而失去毒性。此外，凤眼莲发达的根部还能向水体分泌某些有机物，这些物质能够伤害或杀死水体中某些藻类和有害细菌。

水花生原名喜旱莲子草，又叫水苋菜，空心苋，革命草，为虾钳菜属苋科植物。水花生对低浓度污水有显著的净化能力，其原因主要是污水中含有一定供水花生植物生长所需N、P等营养物质，水花生种植到污水中，10d左右的时间由于根部充分吸收可使其增长量急剧上升（增长量可提高93%），而使污水中总P和NH_3-N含量明显降低。与此同时，随着水花生的生长繁殖，污水中的各种微生物也随之增长，这些微生物也可降解水中污染物，使污水的总磷和NH_3-N等污染物的浓度显著降低，同时使水中的溶解氧一周内由0.4mg/L提高到12.1mg/L。综上可以看出，水花生对低浓度污水适应性强，可以有效地净化污水，因而利用水花生是处理低浓度污水的一种简便易行的方法。同时，经净化后水花生及时打捞，可用做家禽饲料。此外，水花生对高浓度工业污水也有一定的净化能力，随工业废水浓度的不同，净化率也不相同。但就高、低浓度的污水而言，对含有生活污水的低浓度工业污水净化效果尤为显著。最适于城市生活污水的净化处理。

水葱具有庞大的气腔和强大的根状茎，且植株表面有一层蜡质，能增强对污水的抗性，因此生活力较强。水葱对有机污染物质特别是含酚废水的降解能力很强，能通过体内的生理活动将酚类化合物转化为酚糖苷而解毒。水葱净化污水，相当于微生物的净化作用，能提高水体的自净能力，因而是一种大有研究开发价值的污水净化植物。

香蒲具强大的根状茎，因此繁殖能力很强，在水体中能迅速形成具有很大生物量的优势种群。香蒲对污水的抗性和净化力都很强，特别是能大量吸收积累工矿废水中的Pb、Zn、Cu、Cd等重金属元素，香蒲每年每公顷可吸收氮2630kg，吸收磷403kg，吸收钾4570kg。这样就大大减轻了重金属的污染，对净化工矿废水具有很大意义。

金鱼藻等有吸收锌等重金属的能力。将浮萍和金鱼藻等植物种植在含锌的污水中27～38天后，它们都吸收了大量的锌。如每千克浮萍吸收了209mg，每千克金鱼藻吸收了 305mg。

除此之外，水浮莲、菱角、慈菇、茭白、满江红等水生高等植物都可以对水中污染物进行吸收、同化、降解。所以说，水生植物对水体有很好的净化作用。水生植物对污水的净化能力随植物种类不同而不同。不同植物由于其对某些元素的需求不同，含有的一些分解酶不同，细胞壁结构相异及生活力不同等特点，表现出对某一污染物具有不同的净化能力。据研究，一般情况下，净化能力的大小是：沉水植物＞漂浮和浮叶植物＞挺水植物。这与植物同水体污染物接触面积的多少有很大关系。同时，沉水植物正因为接触污水面积大，吸附和富集最多，而最先表现出中毒特征。在同一生态类型中，净化能力一般表现为：根系发达的植物＞根系不发达的植物。同一种植物净化能力也与其生长周期及新陈代谢有关。在生长旺盛时，需要元素多，分解能力强，因而净化能力强。各种植物不同的组织，器官吸收的有毒成分也不一样。像根系发达的水生植物，吸收的氰、铅、汞等污染物较多，而茎、叶发达的水生植物吸收砷、镉等污染物较多。因此，在氰、铬、汞污染地区不应栽种根类作物，而在砷、镉污染的地区不能栽种叶菜类、禾谷类作物，以减少污染物质转移到人体。水生植物在净化水体中的这些规律和特性为我们选择适宜的污水净化种类提供了依据。

研究表明：水生植物对水质的净化效率除受植物种类决定外，还与污染物浓度，植物在水体中的停留时间及其生长状况密切相关。在一定浓度范围内，水生高等植物对重金属的富集量随浓度的升高而升高，但当废水中重金属离子浓度过高时，便对植物有明显的伤害作用。在一定时间范围内，水生植物对污染水的净化率与其在水体中的停留时间呈正相关，开始具有快速吸收的净化特性，此后吸收净化速度逐渐减慢，最后失去净化作用。因此，一般将水生植物对废水中重金属的吸收与净化过程分三个阶段：第一是快速吸收与净化；第二是慢速吸收与净化；第三是释放。释放是因为植物吸收过多的重金属而中毒死亡，重金属又回到水体中。因而应定期打捞因过量吸收重金属而死亡的水生植物，以减少对水体的污染。

许多水生高等植物的净化周期较短，一般快则 1～2d 就可达到较高的净化率，显著地减轻水污染。水生植物的生长状况与净化率也有关：在夏秋季，喜温水生植物因生长旺盛而表现出较高的净化效率，但到了深秋和冬季，他们大多处于衰老或死亡阶段，因而净化作用也显著减弱或停止，而对于耐寒水生植物（如水芹菜等）来说，情况却正相反。因此，我们可以充分利用这两类习性不同的水生植物对废水进行净化处理，以解决冬季净化问题。

水生植物在吸收、富集污染物的同时，也参与水体的其他自净作用。水生植物沉于水中的茎、叶，通过光合作用可向水体连续提供氧，有水生植物的水体溶解氧量会大幅度增加。水质随水生维管束植物生物量的增加而变得更为清新。水生植物通过根部呼吸产生 CO_2，形成 H_2CO_3，再分解成 H^+，而影响水体的 pH 值。一旦根部吸收了水中大量的重金属离子，则由于交换吸附而排 H^+ 于水中，改变 pH 值。水体 pH 值的改变情况可反映出水生植物对重金属离子的吸附情况。同样，不同的 pH 值，水生植物对重金属离子的吸附能力也不同。据研究，水生植物净化的废水 pH 值范围以 6～9 为宜。

3.2.2.1　水生植物对富营养化水体的净化

水体富营养化是全球性的环境问题。所谓水体富营养化，是指湖泊、水库、海湾等封闭性或半封闭性水体以及某些河流水体内的氮、磷等营养元素富集，水体生产力提高，某些特征性藻类（主要为蓝藻、绿藻）异常增殖，使水质恶化的过程。富营养化可分为天然富营养化和人为富营养化。一般认为，总磷（TP）和无机氮分别超过 $20mg/m^3$ 和 $200～300mg/m^3$

时，水体就处于富营养化状态。水体严重富营养化时，水面藻类增殖，成片或成团地覆盖在水体表面，形成“水华”或“赤潮”。我国水污染严重，利用水生植物净化富营养化水体必将具有非常广阔的发展前景。

高等水生植物在生长过程中，需要吸收大量的N、P等营养元素。研究表明，每天每平方米香蒲对N的吸收为565mg，蔗草对N的吸收为261mg。我国太湖水面夏季时的水葫芦，对N、P的吸收能力分别为每天每平方千米0.79t和0.13t。当水生植物被运移出水生生态系统时，被吸收的营养物质随之从水体中输出，从而达到净化水体的作用。水生植物群落的存在，为微生物和微型生物提供了附着基质和栖息场所。这些生物能大大加速截留在根系周围的有机胶体或悬浮物的分解矿化。例如，芽孢杆菌能将有机磷、不溶解磷降解为无机的、可溶的磷酸盐，从而使植物能直接吸收利用。此外，水生植物的根系还能分泌促进嗜磷、氮细菌生长的物质，从而间接提高净化率。在不同富营养化程度水体中水生植物的净化效果不同，这是由于轻度富营养水体中某些水生植物的生长发育能力受到限制。对于重度富营养水体，空心菜的净化效果最好，凤眼莲和鸭跖草其次，灯芯草、知风草和水芹菜也有一定效果；而对于轻度富营养化水体，鸭跖草、喜旱莲子草最好，凤眼莲、空心菜、酸模叶蓼均较好，石菖蒲、灯芯草、知风草等略差，但可四季使用。

另外，水生植物和浮游藻类在营养物质和光能的利用上是竞争者，前者个体大、生命周期长，吸收和储存营养盐的能力强，能很好地抑制浮游藻类的生长。如在湖区种植聚草、苦草等水生植物后，水质明显变好，透明度大大提高，浮游藻类密度和叶绿素a大幅度下降。某些水生植物根系还能分泌出克藻物质，达到抑制藻类生长的作用。例如，用培植石菖蒲的水培养藻类，可破坏藻类的叶绿素a，使其光合速率、细胞还原TTC的能力显著下降。另外，水生植物根圈还会栖生某些小型动物，如水蜗牛，能以藻类为食。

3.2.2.2 水生植物对水体中铬污染的净化

铬是人体必需的微量元素之一，少量的铬亦有利于植物的生长，但过量的铬却于植物和动物都有害。电镀、制革及某些化学工业的废弃物常造成水体的铬污染。因此，铬污染的监测和防治问题已在国内外引起重视。

水体中的铬有Cr(Ⅵ)（$Cr_2O_7^{2-}$、CrO_4^{2-}）和Cr(Ⅲ)（Cr^{3+}、CrO_2^-）两种形式，Cr(Ⅵ)常以溶解的酸根离子形式存在，Cr(Ⅲ)易于形成沉淀物。Cr(Ⅵ)对生物的毒害作用远较Cr(Ⅲ)大得多，因此水体铬污染的主要成分是Cr(Ⅵ)。

有实验显示，被试的几种植物皆表现有受水体铬毒害的反应。这种毒害作用在铬浓度增至6μg/g时，有显著表现。浮水植物水鳖和大藻在6μg/g铬溶液中放养2～3d后，植株根系变褐，根变得纤细软弱，部分须根脱落，基部叶从边缘开始失绿变黄，逐渐向中央扩展。其中大藻叶的症状出现较迟，且发展亦较缓慢，放养4d后，才在基部叶的边缘有少许变黄。沉水植物水王荪和苦草放养2d后，从基部叶开始失绿变黄，并迅速向上部扩展，根系由黄变褐。沉水和浮水两种类型的水生植物受铬毒害的症状表现有很大区别。浮水植物根系受害症状明显，而叶部受害症状发生较迟且轻；沉水植物茎叶受毒害症状出现早，而且症状的发展亦快得多。植物受铬毒害后，叶绿素含量显著下降，而且叶绿素含量下降百分率与植物受毒害程度呈正相关关系。用苦草放养在0～16μg/g几个梯度浓度的铬水体中，6d后测定植物的叶绿素含量表明，水体中铬浓度的增加与叶绿素含量下降百分率呈正相关。在1～16μg/g浓度内，二者成直线关系，相关系数为0.985，当叶绿素含量下降到对照组的50%

时，植物已受到明显的伤害。以叶绿素含量下降50%作为伤害阈值的生理指标，再从相关曲线求得铬浓度，这种方法可作为水体铬污染的一种有效的生物监测手段。

然而，所有被试植物对水体中的Cr(Ⅵ)均有不同程度的吸收富集作用。首先表现在水体中铬消失的百分率上。在试验条件下，水体自身Cr(Ⅵ)的自净作用几乎等于零，而在放养植物的水体中，铬浓度皆有显著的下降。以不同类型的植物比较，在3μg/g的铬浓度中，浮水植物的铬净化百分率高于沉水植物；而在6μg/g的铬浓度中，两类植物的铬净化百分率接近。后一种情况的出现是由于浮水植物在铬浓度较高的水体中其净化百分率降低了，而沉水植物在较浓铬水体中的净化百分率仍保持原有的水平。植物对铬的吸收富集还可通过植物灰分的分析得到更直接的证明。从放养6d后的植物测定结果可见，植物对铬的富集与水体中铬消失情况基本上是一致的。富集系数为植物对某种元素的富集量与外界该元素浓度之比，它可客观地反映植物对某种元素的富集能力。比较不同富集系数可发现，在较低的铬浓度中，浮水植物的铬富集能力大于沉水植物；但当水体铬浓度增大至6μg/g时，浮水植物的铬富集能力明显下降，而沉水植物的铬富集能力仍大体保持原有的水平。

水生高等植物对水体铬污染具有一定的净化能力，这种净化作用是通过植物对铬的吸收和富集而实现的。沉水植物通过整个植物体表面吸收铬，其吸收量随着水中铬浓度的增加而增加。这种关系是由离子扩散而被动吸收的规律决定的。但沉水植物较易受到铬的伤害，在铬污染水体中较快地失去生长能力以致死亡，这就限制了其对铬的长期净化能力。浮水植物吸收铬主要靠根系，虽吸收面积较小，但由于浮出水面的茎叶的蒸发作用，使根系大量吸收水分，加速了水中离子向根系的扩散和进入，因此能有效地吸收水体中的铬。由于铬在植物体内的转移很慢，浮水植物吸收的铬大部分集中在根内，因而根系较易受到铬的毒害，而茎叶的受害症状较迟才出现，当根系受害严重死亡脱落时，对铬的吸收能力迅速下降，也就失去了净化能力。所以，无论是沉水植物或是浮水植物，其对水体铬的净化作用都只能在一定的铬浓度范围内才能充分发挥。若铬污染超过一定的浓度，因植物自身受毒害而阻碍其生长甚至死亡，植物对铬的净化能力即迅速消失。这一浓度范围大体上可按铬对植物的伤害阈值来确定。在实际应用上究竟以何种植物为宜，则应根据水体铬污染的程度及植物生长的特点而定。

3.2.2.3 水生植物对水体中萘污染的净化

多环芳烃（PAHs）是一种具有致癌、致畸、致突变作用的有机化合物，且为生物难降解。因其大多为非极性化合物，在水中的溶解度很小，但在环境中分布广泛，其在天然水体中浓度为0.001～10μg/L，工业废水中约为1mg/L。当有机溶剂存在时，PAHs的溶解度将会大幅度上升，其辛醇-水分配系数一般在10^3～10^5范围内。在焦化废水中，萘是含量最多的PAHs，因有苯及其他有机物的存在，萘的含量可达30mg/L以上。

在平均气温25℃条件下，将水葫芦等5种水生植物放到萘污水中，研究其对萘污水的净化能力。结果表明，5种植物对2.5mg/L、6.5mg/L的污水均有一定的净化效果，但在16.1mg/L污水中，紫萍、细叶满江红则基本没有净化作用。相同条件下，5种植物对萘污水的净化能力，以水葫芦最佳，水花生次之，浮萍、紫萍稍差，细叶满江红最差。水葫芦在不同浓度（2.5mg/L、6.5mg/L、16.1mg/L）萘污水中，第1天的净化率分别可达59.5%、54%、47.3%；在2.5mg/L萘污水中，第4天净化率可达到94.1%，第7天为97.1%；在中、高浓度污水中，水葫芦的7d净化率分别达93.7%和90.4%。对照样3种浓度萘污水的净化率，7d 分别达 29.1%、25.1%和 20.4%。水葫芦对萘的净化率是对照样的 3.4～7.1 倍，且萘浓度越低，净化所需时间越短。对照试验中，萘的净化较为缓慢。同时检测水葫芦体内的过氧化物酶活性发现，水葫芦和水花生的过氧化物酶活性明显提高，这说明水葫芦、水花生对萘污水适应能力较强，它们可通过提高过氧化物酶的活性净化进入体内的有害物质。

气温是影响植物生长的主要相关因素之一，不同季节及不同地区温度条件差异很大，在一定的温度范围内，水生植物每天净生长量随气温的升高而明显增加，体内酶促反应速度也随气温的升高而加快。水生植物生长的适宜温度在 25～30℃，以日平均温度 15℃、25℃、37℃ 3 种条件，测试水葫芦对起始浓度为 4.8mg/L 萘污水的净化率时发现，温度越高，水葫芦净化率越高。在 37℃下，4d 净化率为 93.9%，7d 为 99.4%，萘浓度从 4.8mg/L 降至 0.05mg/L 仅需 6d。而在 25℃和 15℃条件下，4d 的净化率分别为 82.8%和 68.5%，7d的净化率分别为 92.7%和 75.5%。所以，水葫芦对萘污水的净化能力随气温的升高而明显增强。在对照样中，萘净化的速率也随温度的升高而增加，在气温为 37℃、25℃、15℃时，7d 的净化率分别为 30.8%、25.7%和 15.7%。温度升高可促使萘挥发，同时，萘在光照下也可能发生光氧化反应而产生某些中间产物，造成二次污染。利用水生植物净化时，叶片遮光可减少萘光氧化反应的发生。据试验，第 1 天的萘净化率就可达 50%～60%，使水体中萘浓度明显降低，这样就可减少萘的挥发及降低光氧化反应的速率，从而避免二次污染。

水葫芦根系对萘具有吸附吸收的特点。水葫芦根系表面结构特征和表面主要物质特性在很大程度上决定其吸附性能。其根系纤维表面粗糙，且有一些空隙，这使得水葫芦根系具有较大的比表面，试验测得水葫芦根系比表面积为 2.06m²/g。同时，在植物生长过程中，根系也会向生长介质中分泌出大量的有机物，这类分泌物中包含有大量的有机酸和氨基酸等，而且根系表皮细胞由于进行新陈代谢，死亡后在微生物的作用下分解为腐殖质（胡敏酸、富里酸和胡敏素）等。这些分泌物和腐殖质中有一系列功能团，如羟基、羧基（COOH）、酚羟基、烯醇羟基以及芳环结构等，它们对含各种基团的化合物均具有极强的吸附能力。当水葫芦的根系接触到萘溶液时，溶液中的萘分子先经过液相的外扩散，随后通过附着在根系表面的液膜扩散，甚至通过孔扩散进入到根系表面所形成的空隙中，最后吸附在根系内外表面的基团上，当这些基团位置均被萘分子所占领后，由于萘为非极性化合物，则溶液中的萘分子受到根系表面已吸附萘分子的排斥，便不能吸附于根系表面，这就形成了水葫芦根系对萘的单分子层吸附。

萘对水生植物有一定的毒害作用，利用水葫芦净化萘污水时，萘对水葫芦的生长有一定抑制作用，在非富营养化的水体中净化萘，既能使萘从水体中净化，也不会引起水葫芦的过度繁殖。

3.2.2.4 水生植物对水体中银污染的净化

将不同生活型的水生植物放入含银 2.0μg/g 的污水中培养，测得水生植物在不同时间内的净化率。净化率大小依次为，沉水植物＞漂浮和浮叶植物＞挺水植物。根系发达的水生植物，如凤眼莲对污水中银的净化率特别强，经 60h 后，其净化率达 100%。水蕹菜经水培后根系也很发达，60h 后，净化率也达 100%，可与凤眼莲相比拟。而根系不发达的水生植物则对污水银的净化率较差，如喜旱莲子草，60h 后，其净化率仅为 69.0%，芦苇仅为 66.0%。选取凤眼莲、水蓼和喜旱莲子草等不同种类的水生植物于起始银浓度为 2.0μg/g

溶液中培养，以不放水生植物的同一银浓度试验缸为对照，每隔2.0h测定一次水体中银浓度的变化值。试验结果表明，水生植物对污水中银的净化率，在一定范围内与停留时间呈正相关。如凤眼莲放入污水中8h后，水体中银浓度已由2.0μg/g降至0.34μg/g，净化率为83.0%；12h后，水体中银浓度仅为0.06μg/g，净化率已达97.0%。而对照组的含银量却降低得很少。同时还可看出，净化并不是缓慢过程，具有"快速"吸收的净化特性，即开始吸收速度很快，而后逐渐减慢，最后失去净化作用。

因为水生植物的生长都要受到气温的影响，因此将喜温水生植物和耐寒水生植物在不同季节、不同气温下做了实验。试验在玻璃培养缸内进行，条件仍按植物鲜重与含银污水重量之比为2∶100。空白对照组，污水银浓度为2.0μg/g。结果表明，喜温水生植物当气温低于20℃时，其净化率仅为60%左右。而夏、秋季节（20～35℃）对银的净化率较高。与凤眼莲对石油污水净化情况基本一致。但对耐寒水生植物来说，情况不同，如水芹菜和药芹等，尽管气温在10℃左右，其净化率仍达90%以上。上述研究结果揭示，水生植物的生长状况与净化率有关。在夏、秋季节，许多喜温水生植物处于生长旺期，吸收营养最多，同时生物量也最大，因此表现出较高的净化效率。然而到了深秋和冬季，许多喜温水生植物已经处于衰老和死亡阶段，新陈代谢作用显著减弱或停止，自然会失去其净化效能。但是对于耐寒水生植物来说，情况却相反，冬季或春季是其生长旺期，需要吸收较多的营养物质，因而表现出在寒冷季节对污水中污染物有较高的净化率（如水芹菜等）。因此，我们认为可以充分利用这两项习性不同的水生植物对含银污水进行净化处理，以解决冬季净化的问题。

水生植物对污水中银的吸收与净化，一般可分为三个阶段；第一是快速吸收与净化；第二是慢速吸收与净化；第三是释放作用。其中吸收与释放在实际作用过程中又是相对的动态平衡。例如槐叶萍在6h内则表现出快速吸收与净化作用，其对水体中银的净化率达81.0%；在6～24h内则表现出对银的慢速吸收与净化作用，净化率由81.0%上升到95.0%；24h后，因植物体吸收了过多的银离子而受到银的毒害，出现中毒症状，脱根烂叶，开始下沉。这时被吸收的银离子逐渐向水体释放，致使水中银含量回升。由此可知，在利用水生植物净化水体时，一定要掌握重金属银对植物体的中毒剂量和适宜的净化时间，还需要对净化后的植物残体进行及时打捞，否则很容易造成水体的二次污染。

一般说来，水生植物对污水中银的富集量以根部最多，其次才是茎、叶和果实。就总体而言，其对银的富集能力是：沉水植物＞漂浮和浮叶植物＞挺水植物。这与水生植物对其他重金属元素（如Cu、Pb，Zn，Cd，Mo等）的富集规律相一致。虽然凤眼莲和水蕹菜是漂浮植物，但是经专门培养后（控制营养盐），其根系相当发达，因而它们对银的净化和富集能力均超过其他水生植物。大多数水生植物的根部对污水中银的富集量都超过1000μg/g。在气温32.2～35℃，水温29.6～32.8℃，pH 6.5～7.0的试验条件下，将凤眼莲放在不同银浓度的试验玻璃缸中培养（含银污水15kg，凤眼莲鲜重0.3kg），曝露72h后，检测凤眼莲在不同银浓度下的富集能力。随着污水中银浓度的增加，凤眼莲体内的含银量则显著提高。当银浓度为8.0μg/g时，经72h富集后，凤眼莲根部的含银量达7200μg/g。水生植物在较高银浓度下有较高的富集量。但是当废水中离子态银＞1～2μg/g时，便对植物有明显的伤害作用。由此可知，水生植物对污水中银的净化及回收是有一定浓度范围的。

3.2.2.5　水生植物对水体中酚污染的净化

酚类化合物是一种常见的有机污染物，无论对动物、微生物都是剧毒的，但高等植物能很快解除其毒性。水生植物浮萍、金鱼藻有吸收酚的作用，并将其在体内分解转化为无毒成分，从而失去酚对植物的毒性。例如，酚进入植物体后，大部分参加糖代谢，酚和尿苷二磷酸葡萄糖结合成酚糖苷，储存于细胞内。一般形成含有一个葡萄糖的糖苷。在小麦的胚中可形成2、3葡萄糖苷。含有相邻酚基的化合物可形成异构糖苷。兼含有酚基和羧基的化合物解毒主要是羟基与葡萄糖结合形成葡萄糖酯。当用肉桂酸饲喂植物时，结果只分离到少量肉桂酰葡萄糖，而主要产物是对香豆酸及对香豆酰葡萄糖。另一少部分呈游离态的酚，则被多酚氧化酶和过氧化酶分解，转变成二氧化碳、水和其他无毒化合物，解除其毒性，参加细胞的正常代谢过程。一般情况下，植物吸酚后5～7d即全部分解掉。如在含酚的污水中，栽培灯心草或水葱，即可净化污水中的单元酚。

3.2.2.6 水生植物对水体中放射性锶（^{89}Sr）的净化

在核动力装置可能引发的潜在放射性污染物中，放射性锶和铯因其产率高、毒性大而成为关键核素，在进入水体后更加强其迁移性，历来颇受生态学和环境科学工作者的关注。通过对放养在含^{89}Sr污水中的水生植物卡州萍、水葫芦和金鱼藻及水中^{89}Sr比活度（即单位鲜重的活度）随时间的变化动态的研究发现，水体中^{89}Sr的比活度由于水生生物的吸收或吸附以及底泥的吸附作用，总体上随时间呈下降趋势。在同一处理的水缸、同一时刻采集的水生植物体中，^{89}Sr的比活度明显高于水体中的比活度。例如，在含^{89}Sr的污水中放养水生植物后的第7天，处理水体中^{89}Sr比活度为89.9Bq/g，卡州萍、水葫芦、金鱼藻则分别为924.4Bq/g、920.7Bq/g和665.2Bq/g，是水体中^{89}Sr比活度的10.3倍、10.2倍和7.4倍；终止试验时底泥为1479.4Bq/g，水葫芦和金鱼藻分别为1014.4Bq/g和847.4Bq/g，水中已降至63.7Bq/g，即底泥、水葫芦、金鱼藻中^{89}Sr比活度为水体中比活度的23.2倍、15.9倍和13.3倍。表明3种水生植物对^{89}Sr均具有一定的富集作用，底泥对水中的放射性锶也有较强的吸附和固着能力。水生植物中^{89}Sr的比活度随时间延长变化不大，一方面由于水生植物对^{89}Sr的吸收或吸附过程较快，至第7天已接近饱和，此后的吸收累积变得缓慢；另一方面因为它们在试验期间的自然生长（生物量随之增大）导致其体内^{89}Sr比活度下降，两种因素的综合作用决定了其比活度的变化。

^{89}Sr系由水体中引入，水体中的^{89}Sr较迅速且大量地被水生植物和底泥吸收或吸附，比较3种水生植物中^{89}Sr的比活度可见，水葫芦和卡州萍相近，皆略大于金鱼藻。富集能力通常以浓集系数CF（Concentration Factor）表示，它定义为水生植物中的^{89}Sr比活度与同一处理、同一时刻水中^{89}Sr比活度之比。由此所得各水生植物CF值随时间的变化为：在试验期间，3种处理的水生植物的CF值多在10～20之间，最大不超过30。表明3种水生植物对水体中的^{89}Sr具有一定的富集能力，但均未达到超常吸收或吸附的程度。由于水葫芦的生物产量远大于卡州萍（经测定卡州萍和中等大小的水葫芦的生物产量分别为1029g/m^2和5699g/m^2），故选取水葫芦作为净化水体放射性锶污染的生物材料较为合适，但最好与其他方法结合使用，以提高去污效能。

3.2.2.7 水生植物对水体中低浓度放射性锆（^{95}Zr）的净化

核动力装置可能引发的潜在放射性污染物中，放射性锆（^{95}Zr）与放射性锶和铯一样成为研究者关注的重要对象。在含^{95}Zr的水体中放养水生植物后，由于水生植物的吸收和吸附作用，使得水中的^{95}Zr比活度随时间延长呈下降趋势。放养初期^{95}Zr下降很快，仅3d就下降了50%，后期（3～14d）趋于平缓。经指数回归分析，水中^{95}Zr的比活度

C(Bq/mL)与时间t(d)之间呈指数负相关，表明随着时间的延长，水体中的^{95}Zr比活度将趋于稳定。这是由于在^{95}Zr浓度极低的水体中，水生植物的吸收、富集作用也会随之减弱，同时随着水体中^{95}Zr浓度的下降，底泥中吸附的^{95}Zr也会有少量解吸附而进入水体，这几种因素的综合作用决定了水体中的^{95}Zr浓度会达到一个动态平衡状态而趋于稳定。水生植物金鱼藻、卡州萍和水葫芦都能吸收低浓度水体中的^{95}Zr，并具有较强的富集作用，富集系数CF值达56.78～112.94。水生植物对^{95}Zr的吸收吸附速度很快，放养后仅3d，已达到较高的比活度，其中金鱼藻中的比活度已达最大值（1.767Bq/g），卡州萍和水葫芦中的比活度也分别达到最大值的80.2%和72.8%。随时间的延长，金鱼藻中^{95}Zr的比活度呈缓慢下降趋势，分析其原因，一方面是随时间的延长，水体的比活度下降使其吸附的^{95}Zr发生解吸而向水体释放，另一方面随着金鱼藻的自然生长，生物量随之增大，导致其体内的^{95}Zr单位鲜重的活度（即比活度）下降，亦即生长稀释致使其体内的比活度呈逐渐下降的趋势。卡州萍和水葫芦中的比活度随时间呈缓慢上升，表明这两种水生植物对^{95}Zr的吸收吸附速率大于解吸和生物稀释速率。3种水生植物对低浓度水体中^{95}Zr的富集系数均随时间而上升，其中卡州萍和水葫芦的上升幅度较大。比较3种水生植物的富集能力，总体上看相差不多，短时间（3d）内的富集能力金鱼藻最高（CF=76.83），较长时间（14d）后卡州萍（CF=112.94）和水葫芦（CF=105.59）较高。比较植物个体的大小、单位水面的生物量以及生长速度，认为选用水葫芦净化^{95}Zr轻微污染的水体比较合适。

放养14d后，^{95}Zr在水葫芦各部位中均有分布，表明水葫芦根系能吸收水体中的^{95}Zr，并有少量向水上部组织输运。根中的比活度最高，叶片次之，茎中较低，表明水葫芦吸收吸附^{95}Zr的主要部位是须根组织，这显然与其有巨大表面积的细长众多的须根组织有关。考虑各部位的质量，则水葫芦吸收吸附的^{95}Zr有82.45%集中在根部，水上部组织中（茎和叶）仅占17.55%。水生植物引入系统时和试验结束时，底泥中^{95}Zr的比活度和总活度非常接近，仅下降0.5%，表明被底泥吸附的^{95}Zr不易被解吸而进入水体，底泥对^{95}Zr具有较强的吸附和固定作用。这就决定了水体中的^{95}Zr比活度由于水生植物的吸收吸附作用而随时间呈下降的趋势。

3.2.2.8 水生植物对水体中三肼的净化

偏二甲肼、甲基肼和无水肼简称三肼，是高能液体燃料，对人体有潜在的危害，处理被三肼污染的水体对改善生态环境、保障人体健康具有重要意义。水葫芦、水花生、水浮莲和浮萍等4种水生植物对不同浓度的三肼污水的耐受能力试验结果表明，水生植物对偏二甲肼耐受能力最强，对甲基肼的耐受能力次之，对无水肼耐受能力最差，当无水肼浓度为10mg/L以下时，供试水生植物就已受害或死亡；4种水生植物对三肼污水耐受能力，以水葫芦为最强，水花生次之，而水浮莲和浮萍则较差。因水葫芦还具有根系发达、吸污力强、生长迅速、产量高和适应性广等诸多优点，在选择水生植物净化三肼污水时，可首选水葫芦。

将水葫芦放养在浓度为10mg/L、25.15mg/L和58.18mg/L的偏二甲肼的污水中，其将污水中的偏二甲肼浓度降至0.1mg/L以下时，所需时间分别为12d、28d和40d，而对照区（无水生植物）要达同样效果时，则需60d、80d和90d。水葫芦对偏二甲肼去除速率是对照的2.2～5倍。偏二甲肼浓度越低，水葫芦净化所需时间越短，在自然条件下，污水中偏二甲肼降解较为缓慢，要将对照区10mg/L的偏二甲肼污水，降至0.1mg/

L浓度以下，需长达2个月时间。水葫芦对甲基肼的净化效果表明，在处理12.75mg/L、27.60mg/L和60mg/L浓度的甲基肼污水时，其将污水中甲基肼的浓度降至0.1mg/L以下所需时间分别为16d、24d和38d，而对照在60d时仍未达到上述要求。试验初期，处理区和对照区甲基肼浓度下降较快，当浓度降低80%以上后，处理区的水葫芦的去除作用和对照区的自净作用都趋缓慢。特别是对照区，经过60d后甲基肼的浓度仍达0.16～5.18mg/L，甲基肼降低98.75%～91.37%。而放养水葫芦的处理区，甲基肼去除率可达99%。无水肼对水葫芦的毒性较大，当浓度超过10mg/L时，导致水葫芦受害死亡，试验在低浓度（3～7mg/L）条件下进行。放养水葫芦16d后，处理区和对照区无水肼的去除率均达99%以上，污水中浓度均低于0.1mg/L，两者之间差异不明显，说明无水肼具有良好的降解能力。

由于不同季节及不同地区温度条件差异很大，因此有必要了解温度对水葫芦净化效果的影响。水葫芦在日平均温度14℃、24℃、37℃ 3种温度条件对偏二甲肼的净化效果表明，温度越高，水葫芦净化效率越高，在37℃下，水葫芦净化偏二甲肼（污水中浓度降至0.1mg/L以下）仅需4d，而在24℃和14℃条件下则分别需12d和40d，如果没有放养水葫芦，37℃下需20d，24℃下需60d，14℃下则需更长时间。

水葫芦对三肼的吸收积累量与污水中三肼的浓度成正比，污水浓度越高，水葫芦体内含量越大。水葫芦吸收偏二甲肼后，79%以上积累分布在叶中，不到20%在根茎；吸收甲基肼后70%积累分布在根茎部，叶中约占30%；吸收无水肼后绝大部分积累在根茎部，叶片中只占1.34%。水葫芦体内三肼的转化极为缓慢，水葫芦净化14.54mg/L的偏二甲肼污水，经过60d后，体内含量仍有10.93mg/kg（鲜重）。

3.2.2.9 水生植物对水体中硫化物的净化

污水中硫化物经水生植物净化处理后，浓度显著降低，去除效果好。芦苇去除率达62.8%，效率最高，水葱、水葫芦、水花生去除率均在50%以上，效果明显。浮萍和对照池的去除率较低，分别为29.6%和22.4%。水生植物在不同的季节及污水中硫化物浓度不同时，其去除率和吸收率也不一样，在冬季（12月至翌年2月）各种水生植物在污水中硫化物浓度为7.11mg/L时，吸收率为11.9%～44.3%，去除率为47.1%～79.56%。春季（3～5月）污水中硫化物浓度为5.13mg/L，植物的吸收率为12.2%～43.2%，去除率为37.2%～68.2%。夏季（6～8月）污水中硫化物浓度为4.41mg/L时，吸收率为11.4%～32.5%，去除率为34.5%～55.6%。虽然各种水生植物在不同的季节对硫化物的净化能力并无显著差异，但水生植物芦苇、水葱、水花生和水葫芦净化污水中硫化物的效果比浮萍的净化效果高，差异达极显著，从而表明水生植物芦苇、水慧、水花生和水葫芦是净化污水中硫化物的良好植物。而芦苇、水葱、水花生和水葫芦4种水生植物对污水中硫化物的净化效果比较并无显著差异，但趋势为芦苇>水葱>水花生>水葫芦>浮萍。

3.2.2.10 水生植物对水体中农药的净化

一些水生维管束植物对有机农药的净化能力也很强，眼子菜在水中DDT浓度为0.45×10^{-9}时，植物体内浓度可达1.0μg/g，富集系数为2220，水中DDT浓度为2.1μg/g时，富集系数可达3500。蓼属植物在水中DDT浓度为0.30×10^{-9}时，体内浓度可达30.3μg/g，富集系数为10万。

水生植物凤眼莲可大幅度地加速水溶液中马拉硫磷的降解，其机理主要为凤眼莲吸收马拉硫磷后转移至茎叶并在体内降解。10～11g凤眼莲可将250mL的10mg/L马拉硫磷的降解速度提高160%。

毒死蜱是我国农业使用量较大且在环境水体中检出率较高的一种农药。筛选安全、经济、有效的水生植物来治理和修复毒死蜱对水的污染，具有重要的经济和社会价值。阳娟(2008)研究结果表明，毒死蜱在鸢尾、水葱和菖蒲的根系和茎叶组织中均有分布，培养液中毒死蜱浓度越高，植物吸收的量也越多。鸢尾和菖蒲吸收的毒死蜱主要集中在根系，较难转移至茎叶。水葱茎叶中残留大于根系残留。毒死蜱在有鸢尾、水葱和菖蒲的水环境中降解速度加快。在植物根系吸收和微生物降解的双重作用下，4种植物对毒死蜱的去除效果由大到小依次为，鸢尾＞水葱＞水葫芦＞芦苇。植物和微生物对毒死蜱降解所起的作用存在较大差异：鸢尾、水葱和菖蒲的去除贡献率分别为39.98%、62.37%和65.29%，微生物的去除贡献分别为41.28%、17.92%和13.79%。

3.2.2.11 水生植物浮床对城市污染水体的净化

赵丰等(2011)以香菇草(*Hydrocotyle vulgaris*)、睡莲(*Nymphaea tetragona*)和西伯利亚鸢尾(*Iris sibirica*)三种水生植物制成植物浮床，研究其对城市污染水体中污染物进行净化，试验共持续35d。结果表明，三种植物在污染水体中能保持较强生命力，对水体中COD_{Cr}、NH_4^+-N、TN和TP均有明显去除效果，香菇草、睡莲、西伯利亚鸢尾对水体中的TN去除率分别为90.0%、85.7%和81.2%，对TP的去除率分别为68.6%、57.0%和62.8%。

周晓红等(2009)以美人蕉、绿萝、马丽安三种景观植物制成生态浮床，研究三种植物浮床对城市污染水体中氮、磷的净化效果，试验共持续46d。结果表明，三种植物在污染水体中能保持较强的生命力。美人蕉、绿萝、马丽安对水体中TN的去除率分别为93.95%、90.25%和92.60%，远高于对照组的去除率(60.44%)；三种植物对水体中NH_4^+-N的去除率分别为98.06%、95.07%和97.61%，其中美人蕉、绿萝组NH_4^+-N的主要去除途径为硝化反应，马丽安组NH_4^+-N去除主要是通过氨挥发以及硝化反应等，而对照组NH_4^+-N去除率(81.62%)较高的主要原因为氨的挥发；三种植物对水体中TP和CODMn均有明显的去除效果，去除率显著大于对照组。

3.2.3 木炭及植物的皮、壳等对污水的净化

通常认为，木炭的多孔性使之具有良好的保水和物质吸附功能。利用木炭清除滴水和空气中的有害物质的研究倍受关注。有些树种的木炭，对特定浓度的污染物，有可能取得与活性炭相近的清除效果。关于木炭清除水中的有害物质，也就是水质净化功能，实际上是三种方式在起作用。这三种方式是过滤、吸附和微生物分解实现的。木炭过滤之物主要是小河流中肉眼可识的落叶和垃圾之类。木炭的作用是遮挡顺流而下的异物体，但随着异物体的堆积，水流将不畅，因此，需要定期清除异物。最好的方式是在木炭置放处的上游设置栅或网等阻隔设施。木炭的吸附机能是指木炭细孔吸附溶存于水中的物质及其微小悬浊物。木炭分布着大量的直径0.001μm至数百微米的细孔。木炭的细孔容积及表面积比相当大，是木炭吸附力极强的原因。实际上，木炭细孔上还存在着10μm以上的孔隙和为其万分之一的微孔。通过家庭生活污水净化实验，发现大孔径多的针叶树木炭的净化能力强于阔叶树木炭。然而，对极低浓度污水的吸附则以孔径小吸附力大的吸附剂为优。实际上，吸附机能伴有微

生物分解机能而存在，就是说，木炭水质净化能力并不单纯。

木炭的微生物分解能力是指混于污染水中的有机物被好气性微生物捕捉分解。分解物最终为 H_2O、CO_2、NO_3^-、SO_2、PO_4^{3-} 等所谓含氧无机物。在分解过程中，由于需要消耗溶解在水中的氧，因而，必须注意补氧，促使好气性微生物增殖。凡碳化温度在600℃以上的木炭，无机物成分极易从木材组织中脱离出来，从而呈现弱碱性。因此，嗜好中性和碱性的细菌和放线菌很容易在木炭上繁殖并形成生物膜。就是说，木炭吸附的微生物对有机物进行分解并形成生物膜。然而，生物膜过厚的话，其膜内生存的微生物将丧失活性。随着净化功能的丧失，生物膜将很容易脱落，成为悬浊物并成为木炭堵塞的原因。为防止这种现象，需要定期更换木炭。

水体水质净化还有一种情况需要重视，就是海上或河流或陆上流淌或漂浮的油脂的回收问题。当然也包括工厂或食堂、厨房等排出废水中的油脂的清除。研究表明，木质材料经热处理可以用作油脂吸附材。这种材料必须是能够大量吸附油脂，但吸水量要少。关于这种材料的性质和水质净化技术，美国、日本、欧洲和加拿大均有专利提出。材料制造原理的基点是低温碳化物几乎不吸纳湿气。

木炭也能清除空气中有害物质。有研究发现，木材废材碳化温度越高，甲醛的吸收能越强。作为室内环境的净化法，高温炭化的木炭可资利用。

植物的皮、壳等对重金属废水也有净化作用。棉秆皮、棉铃壳对重金属离子铜、镉、锌有明显的吸附作用；谷子谷壳黄原酸酯对重金属离子 Hg、Pb、Ca、Cu、Co、Cr、Bi 等有良好的捕集效果；松木对 Cu 有脱除作用等。

3.2.4 藻类植物对污水的净化

藻类对污水的净化效率高。另外，用藻类处理污水后产生的沉积物（主要是死藻）干燥后还可作为很好的肥料和鱼饲料添加剂，由于藻类在污水净化过程中产生大量的氧气，可减少水体因缺氧而形成的恶臭气味。因此，用藻类处理污水在水质的改善中得到越来越广泛的应用。

藻类不仅可用于治理生活污水，还可用于治理其他类型废水。在南非开普敦附近的一个污水处理场，采用一面积为1000m^{2}充满螺旋藻的水池，成功地处理着1000人产生的生活污水。在纳米比亚和德兰士瓦等地的多家制革厂利用螺旋藻处理生产废水。应用丹麦赭球藻成功处理含苯酚工业废水。藻类除对污水中的氮、磷等营养物有明显的去除效果外，对其他有机物和重金属亦有较强的富集和去除作用。

藻类植物可以去除污水中的营养物。将小球藻和栅藻分别培养在一级处理出水和二级处理出水中，结果表明，两种藻类在一级处理水中生长得较好，对氮、磷的去除率在培养1周后即达到70%以上。在利用藻类处理混合污水时发现，除了氮磷被大量去除外，BOD（生物需氧量）和 COD（化学需氧量）也减少了90%。营养物质是藻类生长的限制因子之一，但藻类生长良好，对氮磷营养物质去除效率也高。藻类对营养物质去除取决于污水中营养物质浓度、氮磷比例和营养物利用度及藻细胞内营养物浓度等。对氮的去除，一般为吸收利用，且优先吸收氨氮和其他还原态氨，由于藻类不产生活性硝酸还原酶，它对硝态氮的吸收仅仅发生在氨氮浓度极低或耗尽时。对磷的去除通常受 N/P 比影响，当污水中氮浓度高而磷浓度低时，藻类对磷的去除率升高，反之，藻类对磷的去除率下降。适宜比值在 N/P＝7/1～15/1。

藻类植物也可去除污水中的重金属。空星藻在温度为 23℃时，20h 后从含铅 1mg/L 溶液中吸收 100%的铅，在温度为 30℃时，仅 1.5h 就能从溶液中吸收 90%的铅，对镉的吸收效率要低一些，24h 后仅从 40mg/L 镉溶液中吸收 60%的镉。藻类对重金属的去除取决于光照、温度、pH 值、重金属浓度及其化学形态、其他离子和螯合剂的有无及水硬度等物理、化学因素。通常认为，藻类去除重金属的过程分为吸附和转移两个阶段。重金属与藻细胞表面的负电荷反应点（一般为多糖类）的结合发生吸附；转移是一种主动运输的过程，需要代谢提供能量。

藻类植物还可去除污水中的有机物。单种藻类对 BOD 的去除比单种细菌或原生动物更有效，其中普通小球藻对 BOD 的去除率可达到 83%。斜生栅藻、策哈衣藻和普通小球藻对丙体-666 有机农药的去除效果表明，当污水中丙体-666 浓度为 1mg/L 时，处理时间从 0.5h 至 96h，丙体-666 的残留量为 0.4943～0.3193μg/mL，藻体内的富集量为 34.65～33.73μg/mL。对金属有机物净化的研究发现，纤维藻能在 25μg/L 的三丁锡中生长，并能将三丁锡降解为二丁锡、单丁锡和无机锡。利用藻菌生物膜净化炼油废水发现，坑形席藻能去除正十四烷。在藻菌共生系统中，藻类也能单独降解偶氮染料。污水中有机物可为藻类生长提供重要的碳源。藻类对有机物的去除主要是通过富集和降解。对于不同藻类，不同污染物其富集机制亦不相同。

3.2.5　植物对水中细菌的杀灭作用

森林可以减少水中细菌的含量。污水通过 30～40m 宽的林带之后，每升水中所含的细菌数比没有通过林带的水减少了 50%。在通过 50m 宽 30 年生杨槐混交林后，1L 水中所含细菌能减少 9/10 以上。从草原流向水库的 1L 水中含大肠杆菌 920 个，但从榆及金合欢林分流向水库的水中，大肠杆菌数量减少 9/10。

水葱、田蓟、水生薄荷等植物也能很好的杀死水中的细菌。有一个污水池，每毫升水含细菌 600 万个。在其中种了一些水生植物如水葱、田蓟、水生薄荷后，只过了 2 天，里面的大肠杆菌全部消失。其中水葱净化污水的能力特别强，有一实验可以证明。在一个污水池中含有十几种污染物质，浓度都很高，养在里面的鱼全部中毒死亡。之后在池水中种上了水葱，不到 2 个月，池中的污染物质全都被水葱吸收，这个水池又可以养鱼了。

3.3 植物对土壤中污染物的净化

世界范围的城市化进程加快，为居民提供了高效经济的生活空间，同时也带来了日趋严重的生态危机。环境污染加重，污染物种类增多，其中，土壤污染已成为影响全球居民健康的重大生态问题之一，污染土壤的净化正逐渐成为保障生态安全的重要措施之一。植物除了具有抵抗和净化大气污染、水体污染的能力以外，对污染土壤的净化能力也是巨大的。植物可通过吸收、转化、清除或降解环境污染物，具有实现环境净化、生态功能修复的功能。因而，随着人们对生存环境空间质量的关注，植物在改善生态环境、保障人体健康等方面的自然功能也越来越引起人们的重视。因此，发挥植物对污染土壤的净化功能，实现长期、安全、有效修复土壤结构的目的，改善人居环境，成为世界环境保护工作者共同关注的一个重要内容。

从土壤污染类型的角度来划分，土壤污染主要有重金属污染和有机物污染等类型。有机物污染主要是农林业中喷洒农药和工业中有机物和石油泄漏等造成的。而重金属污染则多集中在矿区、工业区和城市。植物对污染土壤的净化是植物对污染物的吸收与富集、根系分泌物以及土壤微生物对污染物的降解等因素综合作用的结果。

3.3.1 植物对土壤中重金属污染的净化

由于工业的迅速发展，重金属污染已成为一个严重的问题，重金属具有长期性和非移动性等特性，一旦污染土壤，会对作物、农产品和地下水产生次级污染，并通过食物链影响人类健康。因此土壤中最为严重的有毒有害物质是重金属。在环境污染方面所说的重金属实际上主要是指汞、镉、铅、铬以及类金属砷、硒等生物毒性显著的重元素。

重金属对作物的毒害是非常明显的，在一些矿区和被重金属排放物所污染的地区多数植物不能生长。但有些特殊的植物在生理代谢过程中能从土壤中吸收、螯合和积累重金属，从而净化污染土壤。利用这些植物及其共存微生物体系来清除土壤中重金属的污染效果好，成本低，对环境扰动少。而且在去除土壤重金属污染的同时还可以在一定程度上降低污染土壤周围大气和水体中的污染物水平。因而，植物在净化重金属污染土壤中极具潜力。

用植物清理被重金属污染土壤在美国等国家已使用了数年时间，人们用这种方法清理受污染的工业区。1991 年纽约的 MelChin 在 Cd 污染的土壤上种植 5 种植物：遏菜蓝属，麦瓶草属，长叶莴苣，Cd 累积型玉米和 Zn、Cd 抗性紫洋芋。它们成功地剔除了土壤中 Cd 的毒性，将一片光秃的死地变成生机盎然的活土。这种应用植物净化污染土壤的方法比移走受污染土壤要廉价得多。因此，虽然可以通过几个途径来实现对污染土壤的净化，但最简单的做法是用诸如草类植物织成一张绿毯，覆盖被污染的土壤。

在所有污染环境的重金属中，Pb 是最常见的一种。芝加哥是美国儿童铅（Pb）中毒数目最多的地区，每年有 2 万多名 6 岁以下儿童被确定为血液中 Pb 含量超标，其程度足以对儿童造成永久的智力损伤。当地采用种植向日葵等植物来吸收土壤中的 Pb。研究结果表明，种植一枝黄花、羊茅和玉米、向日葵等植物是清除人们住宅周围土壤中所含的 Pb 的经济而又便捷的方法。收割这些植物以后，可以在原地种上第二批，直到土壤中的 Pb 含量降低到标准水平。某些植物能通过根部吸收金属元素，再将其转移到茎叶中。这样只需修剪枝叶就可以清除重金属污染，不必拔除整株植物。某些植物吸收的 Pb 也最终能从根部输送到地上的枝叶中，据报道，圆叶遏蓝菜可吸收 Pb 达 8500mg/kg 茎干重。印度芥菜培养在含高浓度可溶性 Pb 的营养液中，可使茎中 Pb 含量达到 1.5%。一些农作物，如玉米和豌豆也可大量吸收 Pb，但达不到植物净化的要求。印度芥菜不仅可吸收 Pb，还可吸收并积累 Cd、Cu、Ni、Cr、Zn 和 Ni 等。多年生植物，特别是木本植物是清除土壤中的 Pb、As 等污染物最理想的手段，蕨类植物可以直接将吸收了的 As 储藏在叶和茎中。Jaffre 等（1976）在新喀里多尼亚所发现镍（Ni）超富集树种 *Sebertia acuminata*，当切开树皮后，发现外皮层汁液中的 Ni 含量高达其干质量的 25%。有些木本植物，如某些旱柳品系可以蓄积 47.19mg/kg 的 Cd，当年生加拿大杨对 Hg 的富集量高达 6.8mg/kg，为对照株 130 倍，而苎麻（*Boehmeria nivea*）对 Hg 的净化率达 41%，某些苋属栽培种对铯（Cs）的累积性最强。据统计，目前大约有 400 种植物可以吸收毒素，利用植物净化污染土壤的市场正在迅速增长。

3.3.1.1 植物对土壤中重金属元素的吸收与积累

植物种植于污染土壤上，因植物种类、污染物种类不同，作用方式也不同。植物对土壤中重金属污染的净化是通过植物固定、植物挥发和植物吸收三种方式去除土壤环境中的重金属离子的。植物固定是植物利用根部累积和沉淀或通过根表吸收来固定土壤中的大量有毒金属，使土壤环境中的重金属流动性降低，生物可利用性下降，对生物的毒性降低，防止其进入地下水和食物链，减少对环境的污染。植物挥发是植物去除环境中的一些挥发性污染物（如 Pb），即植物将污染物吸收到体内后又将其转化为气态物质，使其退出土体。该类研究最多的是金属元素汞和非金属元素硒。即通过植物体将非挥发性的汞、硒的化合物转化为易挥发的单质汞、硒的化合物，减少污染物在土壤中的含量。然而，植物固定只是暂时地原位降低污染物的生物有效性，而不能永久清除土壤重金属污染，一旦条件变更，污染物会被释放，污染重现。植物挥发仅能去除一些可挥发的（或可转化为挥发的）污染物，而且向大气挥发的速度应以不构成生态危害为限。与之相比，植物吸收是目前研究最多并且最具有发展前景的植物净化方式，植物吸收是集永久性与广域性于一体的清除土壤重金属污染的有效方法，它是通过植物根系吸收土壤环境中的一种或者几种重金属离子，并将其转移、储藏到植物体的茎叶等地上部分。

植物根的表面，具有非常大的表面积和高亲和性化学元素受体，能特异地吸收无机元素营养。在吸收营养物质过程中，根表面也会结合和吸收许多化学污染物，如向日葵能从铀污染的水体中富集 30000 倍的铀，烟草根部可使液体培养基中加入浓度为 1～5mg/L 的 Hg^{2+} 在几小时内降低 100 倍。虽然在土壤中，植物根部的吸收活动要受到土壤多种特性的影响，使这些吸收过程比在液体培养基中的有效性降低，但仍然有某些植物具有很强的忍耐重金属及积累重金属的能力，因而，对于这些植物的研究也就越来越引起人们的重视。能够耐受并能积累重金属的植物称作超富集植物，通常，超富集植物的界定主要考虑以下两个因素：植物地上部富集的重金属达到一定的量；植物地上部的重金属含量高于根部。目前把植物叶片部分或地上部分（干重）中含 Cd 达到 100mg/kg，含 Co、Cu、Ni、Pb 达到 1000mg/kg，含 Mn、Zn 达到 10000mg/kg 以上的植物称为超富集植物。超富集植物对重金属很强的吸收和积累能力不仅表现在外界重金属浓度很高时，而且在重金属浓度相对较低的溶液或土壤中，超富集植物的重金属浓度比普通植物仍高 10 倍甚至 100 倍以上。与非超富集植物相比，超富集植物将重金属从根部转移到地上部的能力也明显较高。表明超富集植物对重金属具有持续地向地上部运输并将其储存的能力。这可能是因为超富集植物组织中的重金属大部分以可溶态存在，很容易向地上部分运输。超富集植物通常有两种类型：一是营养型超富集植物；二是具有超耐性的超富集植物。普遍认为，超富集植物的耐性由植物本身不同的生理机制所控制。

营养型富集植物是指对重金属具有高需求性，天生就超量地喜欢某种或某些重金属，并以这些元素作为自身生长的营养需求的植物，它们往往在元素正常含量下难以生存。对某种金属有耐性的超富集植物本身相对于非超富集体需要更高的金属离子浓度才能正常生长。超富集植物 *T. caerulescens* 相对于非超富集体需要较高的 Zn^{2+}（10^4倍）浓度，其叶片中 Zn 浓度较高时才能正常生长。对 Zn 的这种高要求并不是因为在低浓度下植株对 Zn 的吸收和地上部运输减少。因为严重缺 Zn 时，*T. caerulescens* 地上部 Zn 浓度仍可达 300～500μg/g（干重），远远大于普通植物 15～20μg/g（干重）的缺 Zn 临界值。

超耐性的富集植物是能超量吸收重金属并能将其运移到地上部的植物。超耐性植物能够积累普通植物 10～500 倍以上的某种重金属，多数超耐性植物是在其地上部分中有效地超量积累污染元素。如在非生理毒害情况下，*Thlaspi caerulescens* 和 *Arabidopsis halleri* 能在茎内富集 30000×10^{-6} Zn，而大多数作物的临界值是 500×10^{-6}。能超量积累 Zn、Ni、Cd 的植物多为十字花科的植物，但也有许多其他分类群的植物。十字花科遏蓝菜属植物具有很强的吸收 Zn 和 Cd 的能力，在重金属污染的土壤中，该植物积累的 Zn 是非超积累植物的 2.5～5.5 倍，并能将其从根部向地上部转移，约有 90%运输到地上部。一种十字花科植物印第安芥子能很快地聚集 Cd^{2+}、Ni^{2+}、Pb^{2+} 和 Sr^{2+} 进入根组织中。在富含 Ni^{2+} 的基质中，它能迅速地吸收 Ni^{2+} 转运至植物体内，且 Ni^{2+} 的累积超过地上部分干重的 3%。但也有相反的报道，一个相近的十字花科植物（*Alyssum montaum*）对 Ni^{2+} 较敏感，不能超量积累 Ni^{2+}。这表明，控制植物对重金属耐性及其超量积累的遗传位点是有限的。此外，香蒲植物和荠菜的栽培变种对 Pb 具有超耐性，铁角蕨属植物和柳属的某些种类对 Cd 有超耐性，半卡马菊、多花鼠边草等对 Ni 有超积累作用。森林中的苔藓和地衣可以作为痕量金属的“收集器”，灰藓能够吸收 Zn、Pb、Cd、Cu、Ni 等重金属。Rasmussen 指出，树附生苔藓植物，如同蒴藓、灰藓、扁枝平可以大量吸收重金属，在 25 年内，这些植物体内重金属的浓度增加了 10 倍。

超积累植物的根际都很发达，它的根际和根际土壤环境间存在着复杂的相互作用，能释放出多种有利于对有毒金属起固定作用的有机化学物质。其中包括一些低分子化合物单糖、氨基酸、脂肪酸、酮酸以及高分子化合物多糖、聚乳酸和黏液等。这些物质能酸化土壤环境，从而溶解重金属进入土壤溶液，还能把有毒金属转变为无毒或毒性较低的形态，减少污染物向地下水迁移和淋溶。另外，这些物质能改变根际微环境与微生物群落构成，有菌根植物根系活化了土壤中的金属，增加了植物对水和矿质元素（包括重金属）的吸收，从而提高生物产量。

此外，细弱剪股颖和羊茅能在含铅的废渣上迅速繁殖，这是由于植物与土壤中的铅离子首先在根部接触，细弱剪股颖的根细胞表面有很多种类的酸性磷酸酶的同工酶，所以能够适应高浓度的铅。有些植物的细胞壁表面有特异蛋白质能螯合重金属离子，而使其钝化并储存在细胞壁中，不影响植物的正常生长。有些植物适应于除铅以外的其他重金属。膀胱麦瓶草由于其细胞膜对铜离子的吸收有较大阻力，因而对铜的耐受性较高。宽叶香蒲对锌的耐受性好。因此，研究不同植物对不同金属离子的适应性不仅可以用来治理环境污染，而且还可以作为寻找某些矿质的指示植物。

尽管有关植物吸收污染元素的详尽生理机制还不十分清楚，但现有资料表明，锌载体蛋白（zine transporter，ZIP）的两个相关亚族，参与 Zn^{2+} 和 Fe^{2+} 的吸收。这两种载体蛋白具有膜外结合基序 HXHXH。拟南芥 ZIP1、ZIP2 和 ZIP3 基因代表的 ZIP 家族，可互补酵母缺锌的变异。此外，ZIP1 和 ZIP3 在根中表达受锌缺失诱导。这些基因无疑在植物吸收土壤锌的过程中起直接作用。这三个 Zn 转运载体蛋白活性可被 Mn^{2+}、Cd^{2+} 和 Cu^{2+} 抑制。表明，ZIP 除转运营养物质外，还可转送毒性元素。拟南芥的铁转运载体（iron transporter，ITR1）是典型的 Fe^{2+} 载体蛋白。ITR1 在根部表达，铁缺失可诱导其表达水平增加。它是正常铁利用所必需的。能互补酵母铁吸收缺失变异体，使之正常吸收铁。ITR1 蛋白能积极有效地转运 Cd^{2+} 和 Zn^{2+}。长期以来，人们认为铁饥饿植物可吸收高水平的其他可能有毒的金属离子（如 Cu^{2+}、Mn^{2+} 和 Zn^{2+}）。所以，似乎是 ZIP1、ZIP2、ZIP3、ITRI 以及相关可诱导的转运载体提供了通道，在植物经历营养元素缺失或胁迫时，植物可采用这些通道积极主动地吸收毒性离子。进一步研究还表明，向植物的根系通直流电能提高金属的活动性，增加金属和植物接触的机会，从而增加植物对重金属的富集能力。

超富集植物还必须有能力将某种元素从根系运转到茎叶。通常情况下，根内的Zn、Cd和Ni浓度往往比茎叶中的相应元素高10倍以上，但在超富集植物中，茎叶中的重金属浓度可以超过根内元素水平。

重金属由根向地上部转移的速度越快，地上部对重金属的耐性越高，植物净化被污染的土壤效果就越好。目前，已发现能富集Cr、Co、Ni、Pb、Cu、Se、Mn等的超积累植物共400余种，其中有277种是Ni超富集植物，柞木属有48个种植物体内重金属含量达1000～3750μg/g，而叶下珠属有10个种植物体内重金属含量高达1.18×10^3～3.81×10^4μg/g，一些超量积累植物还能够同时超量吸收、积累两种或几种重金属元素。对北京地区主要绿化植物及广东等地少量树种植物体内的重金属含量进行测定，发现对锌富集能力强的植物有毛白杨、加杨、旱柳、泡桐、臭椿、桑树、朴树、榆叶梅、连翘、紫穗槐等；对铜富集能力强的植物有泡桐、臭椿、毛白杨、朴树、油松、侧柏、圆柏、雪松、云杉、紫穗槐、木槿等；对铬富集能力强的植物有臭椿、毛白杨、加杨、刺槐、圆柏、海棠等；对铅富集能力强的植物有臭椿、毛白杨、白蜡、五角枫、桑树、侧柏、圆柏、白皮松、紫薇、紫穗槐、国槐、珍珠梅、海棠等；对镍富集能力强的植物有臭椿、加杨、银杏、旱柳、朴树、法国梧桐、海棠等。这些可作为重金属污染防护树种选择时参照。

随着研究的深入，人们发现选用根深叶茂、主干粗壮、生长快的植物易于提高重金属的去除效率；对土壤的环境参数进行合理的调控可以增加植物去除重金属的能力；另外，国外已开发出多种耐重金属污染的草本植物，用于净化污染土壤中的重金属及其他污染物，并已将这些开发出来的草本植物推向商业进程。

超积累植物在体内积累大量的重金属而不会产生毒害现象，这是因为其自身存在一定解毒机制，即重金属在植物体内以不具生物活性的解毒形式存在。对于已进入植物体的污染物，有些可以通过植物的代谢途径被代谢或转化，有些可以被植物固定或隔离在液泡中。同时也可能是植物具有保护酶活性的机制，即使在高浓度重金属状况下仍能维持正常的代谢过程。

虽然会有一部分被植物吸收的污染物或被转化了的产物重新回到大气中，但这一过程是次要的，不至于构成新的大气污染源。

3.3.1.2　植物对土壤中有毒重金属的吸收与解毒

植物对土壤中重金属污染净化的另一方式是将毒性元素转化成相对无毒的形式。许多元素（如砷、汞、铁、铬、硒）以多种状态存在，它们在植物体内转运、积累和对人类及其他生物产生毒害时，形式都不同。

无机汞（Hg）在污染的土壤和沉积物中是相对较难移动的，传统治理汞污染土壤造价昂贵，且需要挖出土体。在植物净化汞污染土壤方面的研究发现，杨树对汞污染有很好地削减和净化功能。加拿大杨对土壤汞具有较强的富集能力，当年生加拿大杨幼苗在生长期内对汞含量为50×10^{-6}的土壤中汞的吸收累积量高达6779.11μg/株，是对照的130倍；一个生长季中对15kg汞含量为50×10^{-6}的土壤中汞的削减效率可达0.9%。水稻田改种芝麻，可极大地缩短受汞污染的土壤恢复到背景值水平的时间。植物对汞的吸收在枝、叶、根等样品中的含量不同，秋茄幼苗对汞有较好的吸收和净化作用，其各器官的汞含量以根和叶最高。

汞被生物有机体吸收后常转变为比其他天然汞化合物毒性更强、生物有效性更高的甲基汞。由于甲基汞对人类健康危害严重，因此人们正在寻求阻止甲基汞进入环境的途径。

目前，人们采用一种转基因水生植物盐蒿和陆生植物拟南芥、烟草等去移除土壤中的无机汞和甲基汞，这些植物携有经修饰的细菌汞还原酶基因 merA 和细菌汞裂解酶基因 merB。merA 和 merB 是来自细菌 mer 操纵子的两个基因，细菌 merA 基因编码是一种依赖 NADPH 的汞离子还原酶，它将离子汞（Hg^{2+}）转化成金属汞（Hg^0）。金属汞比离子汞的毒性降低约 2 个数量级，且易挥发而被清除。组成型表达 merA 的转基因植物，与非转基因的对照相比，忍耐 Hg^{2+}浓度至少大 10 倍。这些植物可将根系吸收的 Hg^{2+} 转化为低毒的 Hg^0 从植物体中挥发出来。它们积累的汞远少于生长在低浓度条件下的对照植株，因植物是自养的，并存大量的根系统，所以应该能加快汞的清除速率。细菌 merB 基因编码是一个有机汞裂解酶，将甲基汞降解成甲烷和 Hg^{2+}。这个基因仅在与 merA 结合的细菌中表达，使得细菌 mer 操纵子的终产物总是 Hg^0。在适宜的甲基汞浓度中，表达 merB 转基因植物能明显积累 Hg^{2+}，而转入能表达细菌有机汞裂解酶基因 merB 的植物可以将根系吸收的甲基汞转化为巯基结合态 Hg^{2+}，同时表达 merA 和 merB 这两种基因的植物可以有效地将离子态汞和甲基汞皆转化为 Hg^0，并通过植物气孔挥发释放入大气。例如，转 merA 和 merB 基因的烟草和黄白杨已经表现出耐汞能力的提高，并对能杀死对照植株的甲基汞浓度高出 50 倍的浓度表现出耐性。

硒和硫同属于元素周期表中的第 6 族，因此硒和硫是具有非常相似化学特性的营养元素，植物对它们的吸收和同化过程是通过共同的途径。尽管硫在相当大的浓度范围内为所有的机体必需，但高水平的硒是有毒的。当一般植物吸收了土壤中的硒酸盐后，植物体内的半胱氨酸和甲硫氨酸即部分地被相应的含硒氨基酸所替代。当用于合成蛋白质时，可在半胱氨酸间形成—S—S—键，而含硒的半胱氨酸虽然可形成—Se—Se—键，但非常不稳定容易断裂，影响到此种蛋白质的结构和功能。但有很多植物对硒产生了适应，它们可以解除硒毒。这类植物对硒的解毒作用有两条途径。其一是耐高含量硒植物的超积累硒，如二沟黄芪和窄叶黄芪植株体内所积累的硒可高达 5000×10^{-6}，而一些非适应性植物的含硒量低于 5×10^{-6}。这些植物在吸收高浓度的硒后，仍然形成含硒的氨基酸，但却不参与蛋白质的合成，这些含硒的氨基酸只储存在细胞的液泡中，故对本身无害。另一解毒硒的机理是硒酸盐被转化成双甲基硒，其毒性为硒酸盐的 1/100，且易从叶和根中挥发掉。通过根际细菌的其他活性，硒的挥发性也能被增强。

化学转化也是离子代谢的重要步骤，Fe^{3+} 是典型的被氧化土壤中的主要离子形式。它难以被植物利用。若被利用，也是有毒的。高效率铁离子植物，如拟南芥利用还原机理从土壤中抽提铁。在根的表面，Fe^{3+} 被螯合物还原酶（FR02）还原成少毒的亚铁离子（Fe^{2+}），并被 ZIP 亚铁离子转运蛋白转运至植物根细胞中。由此表明，FR02 除了对营养元素的吸收外，在根的表面还可降低有毒元素的毒性。

3.3.1.3 植物吸收污染土壤中有毒元素后的区域隔离

超积累植物对吸收的重金属可以特定的方式将其转运至液泡中加以隔离，液泡可能是重金属离子储存的主要场所。

利用电子探针和 X 射线分析对天蓝遏蓝菜的观察表明，根中的 Zn 主要分布在液泡中，在细胞壁中分布较少；而叶片中的 Zn 主要积累于表皮细胞，特别是亚表皮细胞中。它的表皮细胞的大小与细胞中Zn的含量成显著的正相关。这就说明，根从土壤中吸收到Zn后转移到地上部时，优先储存于叶的表皮细胞中的液泡里，从而起到解毒作用。在高浓度Zn处理中，叶片的液泡内Zn高于质外体；植物的蒸腾作用驱动了Zn在叶片中的运输，然后积聚在近轴表皮细胞壁的质外体中。利用分散X射线法和单细胞液泡法，发现天蓝遏蓝菜成熟叶片中Zn主要积累在表皮细胞中，而在叶肉细胞中Zn的含量很低；估计在成熟细胞中，60%的Zn积累在表皮细胞的液泡中。说明表皮细胞中的液泡化可能是优先积累Zn的驱动力。将烟草和大麦中分离出来的完整的液泡暴露于Zn^{2+}中，结果表明液泡中有Zn^{2+}的积累，这一结果在遏蓝菜的根和地上部分再次得到证实。将紫羊茅用Zn^{2+}胁迫，发现其分生组织液泡体积明显增加。以上证据表明，通过液泡将重金属区室化是植物重金属抗性的重要机制。

3.3.1.4 植物对吸收的重金属元素的螯合作用

螯合效应是超积累植物忍耐重金属的重要机理之一，不同的超积累植物对不同的重金属胁迫其体内产生的螯合物质不同。目前在超积累植物中发现的螯合物质以其分子量大小可分为两大类，即草酸、组氨酸、苹果酸、柠檬酸及谷胱甘肽等小分子物质和金属硫蛋白、植物螯合肽、金属结合体及金属结合蛋白等大分子物质。

超积累植物内的有机酸、氨基酸等小分子有机化合物可与重金属离子结合形成稳定的螯合物质，一方面参与金属离子在细胞内区域化分布，降低细胞衬质中重金属离子的生理活性；另一方面为重金属离子的高效运转奠定基础，促进重金属在体内的运输（包括根细胞跨质膜运输、木质部长距离运输、叶细胞跨质膜和液泡膜运输），将根系吸收的重金属转运到植物的地上部分，以金属复合物形态存在于木质部汁液中、表皮细胞或叶肉细胞汁液中、液泡内或附着在细胞壁上，从而使植物尤其是超积累植物吸收、积累和储存重金属成为可能，并在一定程度上起到体内解毒作用。不同种类的超积累植物对不同的重金属忍耐性不同，其体内产生的小分子螯合物质也不同。

酸性土壤常产生特殊的毒性问题。在酸性土壤条件下，许多重金属元素的可溶性增加，可被大量转运到植物根部，即使是营养金属元素如Al^{3+}，在土壤pH值低于5.0时，亦对植物产生毒害。这是由于铝与氧配位体的亲和力极强，如Al^{3+}与ATP的亲和力比Mg^{2+}高10^7倍。这样，细胞中纳摩尔浓度的Al^{3+}就能与Mg^{2+}竞争ATP上的结合位点。因此，Al^{3+}对大多数植物都会产生毒害，但是有些植物能够积累大量的铝而不表现任何毒害症状。例如，老茶树叶的铝含量可以达到30g/kg（干重）；荞麦经铝处理5d后，叶片铝含量可以达到400mg/kg（干重），而在酸性土壤中生长时接近15000mg/kg（干重）；绣球花属植物生长在铝污染的土壤数月后，叶片中可累积铝3000mg/kg（干重）以上；而铝对马拉巴野牡丹的生长甚至有刺激作用。这说明，铝在此类植物细胞中以一些无毒的形式存在。据研究，耐铝植物通常可通过自身的生命活动调节根系积累和分泌有机酸，从而解除铝的毒害。有机酸解除铝毒有内部解毒和外部解毒两种类型。前者主要通过形成铝-有机酸复合体，降低细胞质中活性Al^{3+}浓度，防止Al^{3+}与敏感的细胞成分形成复合物；后者则是植物通过根系分泌有机酸到根际与铝络合而使铝失活。

有机酸是一类含有至少一个羧基的碳水化合物，其中有些有机酸存在于所有细胞中，参与代谢，调节渗透平衡。柠檬酸、草酸和酒石酸能与铝形成稳定的5-或6-环状结构，是较强的铝解毒剂。Al^{3+}在绣球花叶片中形成铝-柠檬酸（1∶1）复合物，荞麦叶片中形成铝-草酸（1∶3）复合物，储存于液泡中。有机酸与铝的这种高效络合可降低细胞质中的活性 Al^{3+} 浓度，防止 Al^{3+} 与敏感的细胞成分形成复合物。另外，还发现，荞麦中的铝在吸收、运输和储存过程中的化学形态会发生某些变化。进入根细胞的 Al^{3+} 先与草酸形成 1∶3 的复合物，当铝-草酸装载到木质部时，发生配体交换形成铝-柠檬酸，铝-柠檬酸从木质部卸载到叶片后，再次发生配体交换形成铝-草酸复合物。外部解毒主要是根细胞中的有机酸跨膜运输到质外体到达根际与铝络合解除铝毒。环境因子（如铝等阳离子毒害）可刺激根系增加有机酸的合成和分泌，降低根际毒性阳离子的浓度或降低细胞质中潜在毒性的代谢产物的积累。例如，在根系处于高水平的铝环境中时，耐铝小麦、菜豆品种向根际分泌的有机酸比敏感品种高 10 倍。在酸性土壤中，Al^{3+} 胁迫一旦发生，即可激活一种 Al^{3+} 抗性玉米突变体的相关基因表达。从根部释放柠檬酸进入基质，柠檬酸可螯合许多金属，特别是 Al^{3+} 复合体，从而降低细胞外的 Al^{3+} 活性，减少这种物质的毒害。一个 Al^{3+} 抗性拟南芥突变体也能组成型分泌柠檬酸进入基质。另外，一些转基因植物能（如烟草和番木瓜）过量表达一种细菌柠檬酸合成酶基因，柠檬酸合成酶是一个卡尔文循环酶，它能结合一个乙酰基和草酰乙酸形成柠檬酸。这些转基因植物产生的过量柠檬酸被分泌进入生长基质，赋予植物对 Al^{3+} 毒性更大的抗性。

在超积累植物中，螯合 Ni 的有机化合物主要有柠檬酸、苹果酸和组氨酸，但不同种类植物中螯合 Ni 的有机化合物种类不同。Ni-柠檬酸盐可能是 Ni 运输的主要形态，一些超量积累植物中柠檬酸含量与 Ni 含量成显著的正相关。在液泡的酸性 pH 条件下，柠檬酸可有效地螯合 Ni，说明柠檬酸在 Ni 的液泡区域化储存过程中确实起到一定的作用。而组氨酸可能是作为 Ni 的载体而穿梭于胞质和液泡之间。研究发现，虽然某种庭芥属超富集体叶片提取物中 Ni 的化学形态主要是由苹果酸和柠檬酸形成的络合物，但在木质部伤流物中，组氨酸络合物可达 Ni 总量的 40%，伤流物中几乎所有的组氨酸与 Ni 形成络合态，而在营养液中加入组氨酸时显然可以增加非超富集植物 *Alyssum montarum* 对 Ni 的抗性及由根部向地上部分的转运。对根部受到 Ni^{2+} 或 Co^{2+} 胁迫的 3 个超量积累植物研究表明，木质部液流中金属含量和组氨酸间存在线性关系。在这些植物组织中，Ni 的大部分形式是 Ni-组氨酸复合体；在另一个油菜属超量积累植物（*Thlaspi goesingense*）中，组氨酸可能只参与 Ni^{2+} 和 Zn^{2+} 从根际到根的代谢和转运。

谷胱甘肽（GSH）等小分子化合物有螯合镉的能力，且在超积累植物积累重金属的过程中起到不可忽视的作用。谷胱甘肽在植物吸收、积累和忍耐重金属中的作用主要表现在以下方面。一是在细胞的抗氧化系统中发挥作用。谷胱甘肽能促进植物体内过氧化氢酶和抗坏血酸氧化酶的活性，过氧化氢酶和抗坏血酸氧化酶是植物体内自由基清除系统，可清除因氧化胁迫而产生的自由基，减轻细胞质膜的脂类过氧化而造成细胞结构和功能上的破坏。二是谷胱甘肽与镉形成稳定的复合态储存于细胞的局部区域（如液泡内）。谷胱甘肽又是植物络合素的前体物质，可见谷胱甘肽在植物积累镉的过程中不仅能起到直接作用，而且更能发挥间接作用。把编码谷胱甘肽合成酶的基因转移到印度芥菜中，并使其在胞质中超量表达，结果是显著地增加了转基因植物对镉的积累。镉积累和耐性均与谷胱甘肽合成酶基因的表达有关。在镉处理条件下，转谷胱甘肽合成酶基因植物比野生植物含有较高浓度的谷胱甘肽。

Mn^{2+} 在质外体内的氧化作用被看作是引起锰毒的关键过程，因为 Mn^{3+} 是蛋白质和类脂的一种强烈的氧化剂，导致生物膜的破坏，而有机酸既可作为 Mn^{3+} 和 Mn^{4+} 的还原剂又可通过络合作用避免 Mn^{2+} 的氧化作用，可减轻锰的毒害。苹果酸可能作为一个束缚锰的载体，穿梭于细胞质和液泡之间，通过液泡膜进入液泡后，草酸就从苹果酸上把锰接受下来，使锰在液泡中累积，并降低 Mn^{2+} 的活性。

在植物中还发现，普遍存在两类螯合重金属的大分子物质，即金属硫蛋白和植物螯合肽，这是富含半胱氨酸的多肽，Ag^{+}、AgO_3^{3-}、Cd^{2+}、Co^{2+}、Hg^{2+} 和 Ni^{2+} 等金属是通过与这两个多态的半胱氨酸残基上的有机硫（R—SH）结合而被降低其生物活性的。

植物具有一个复杂的金属硫蛋白基因家族，编码由60～80个氨基酸组成的多肽，且含有9～16个半胱氨酸残基。金属硫蛋白通过半胱氨酸上的巯基与细胞内的重金属结合，形成金属硫醇盐复合物，降低细胞内可扩散的金属离子浓度，从而起到解毒作用。其与金属阳离子结合的特异性表现为：Bi＞Hg＞Ag＞Cu＞Cd＞Pb＞Zn。金属硫蛋白被认为可护送营养金属元素到它们发挥各种必要作用的地方（如在蛋白质折叠过程中，插入到酶活性中心）。然而，金属硫蛋白也能保护植物免受毒性金属离子的影响，且使它们积累起来。例如，过量表达金属硫蛋白的32个氨基酸金属结合α-域的转基因植株，提高了对 Cd^{2+} 的中等程度抗性，且 Cd^{2+} 的积累增加。金属硫蛋白-金属复合体可被谷胱甘肽修饰，这表明此复合体可被转运到液泡，以便长期隔离。有人曾把原在中国仓鼠中的屏蔽基因（即可将重金属离子排出的基因）导入一种十字花科——芜菁的体内，此种植物可将土壤中的镉留在植物根部，阻止它到达植物的茎、叶、果实的部位，这对保护人畜的健康很有好处。

植物螯合肽是非核糖体合成的、富含半胱氨酸的多肽，能作为载体将金属离子从细胞质转运至液泡中，并在液泡中发生解离，从而将这些金属元素隔离在液泡中，减轻重金属对植物的毒害作用。植物螯合肽合成的变异体或者植物螯合肽前体三肽-谷胱甘肽酶（GSH）都对 Cd^{2+} 和许多其他S-反应金属高度敏感，这表明植物螯合肽在保护植物免受毒性元素毒害中的作用。过量表达细菌谷胱甘肽合成酶（GS）的油菜转基因植株进一步证实这种作用。这些转基因植株具有高水平的GSH和植物螯合肽，增加了对 Cd^{2+} 的耐性，且比对照植株积累更多的 Cd^{2+}。编码螯合肽合成酶（Ps）的植物、动物和真菌基因最近已被鉴定。进一步克隆这些基因和培育转基因植物，在改良植物清除元素污染物方面具有潜在的应用价值。在基质中 Cd^{2+} 胁迫下，植物螯合肽合成增加了好几倍，这意味着植物螯合肽在毒性金属代谢中起直接作用。在转基因酵母中植物螯合肽的过量表达增加了对 Cd^{2+} 的耐性和 Cd^{2+} 的积累。很明显，通过对GSH和植物螯合肽基因的遗传操作有利于提高植物对毒性元素的积累及其耐性。Rauser分离到两种镉结合蛋白，其氨基酸组成既不同于已知的植物螯合肽也有别于金属硫蛋白。由此看来，植物体内还存在其他的金属结合肽。如紫羊茅是一种采自英国重金属污染矿区的单子叶草种，对多种金属表现了明显的抗性。在50mL/L镉离子胁迫下，紫羊茅根细胞的细胞质中诱导产生一种镉离子结合肽，其性质就类似于植物螯合肽。

3.3.1.5 超富集植物酶系统的保护作用

通过从耐重金属和非耐重金属的植物中提取酶来研究这些酶对重金属的忍耐性时发现：在体外，两种植物的酶对重金属的耐性相同，耐性植物并没有“抗性酶”；但是在体内，耐性植物的几种酶活性在重金属浓度增加时能维持正常水平，而非耐性植物的酶活性会降低。Mathys（1977）在研究膀胱麦瓶草（*Silenecucublue*）对Cu、Cd、Ni、Cd、Co、Mg的耐受性时发现，对耐Cu、Cd、Zn与不具耐性种群的磷酸还原酶、葡萄糖-6-磷酸脱氢酶、异柠檬酸脱氢酶等活性明显不同，具有耐性品种的硝酸还原酶、异柠檬酸酶被激活，特别是硝酸还原酶变化更为显著，耐性差的品种这些酶类则完全被抑制，从而认为耐性植物具有保护酶活性机制，使其在高浓度重金属状况下仍能维持正常的代谢过程。

3.3.1.6 施肥对植物吸收重金属的影响

施肥是农业生产中必不可少的一项增产措施，即使在污染土壤上亦是如此。常用的肥料（化肥）中，氮肥和钾肥中重金属含量很少，而磷肥中则含有数量不等的重金属元素。因为在磷矿沉积过程中，海水中的重金属元素与磷发生共沉淀作用而进入磷矿中。磷矿中较突出的重金属元素是镉（Cd）。据报道，磷矿中Cd的含量变幅较大，最高可达980mg/kg。磷矿制取磷肥时，其中的Cd可以大部分或全部进入磷肥中。肥料进入土壤后可对土壤产生一系列影响，植物生长也受到促进，这些都可能影响到植物对重金属的吸收。施肥可以通过促进植物生长、带入重金属离子、影响土壤pH值（少数情况下影响到土壤Eh）、提供能沉淀或络合重金属的基团、带入竞争离子、影响到根系和地上部的生理代谢过程或重金属在植物体内的运转等几种途径而影响到植物对土壤中重金属的吸收。

砷制剂被广泛用作除草剂及杀虫剂。为提高杀草效果及降低残留于土壤中的As对作物的毒害，有关施肥与植物As吸收的研究较多。在溶液培养中发现，添加磷可降低As对植物的毒害。当P/As摩尔比为4或更大时，As对小麦的毒害大为降低。另有报道称，磷强烈抑制砂培中苜蓿对As的吸收。在土壤中亦得到类似结果，即施磷可以降低As的毒害，在N、P、K肥料中，磷肥是影响As毒害最有效的肥料。因此，在施用砷酸钙作除草剂时，人们建议要避免与磷肥同时施用，以免降低除草效果。理论上保证磷的供给有助于减少砷的吸收，因为这样可以最大限度地减少诱导型磷酸盐转运蛋白的活性。不过需要注意的是，过量施用矿质磷肥可能引入额外的As，而且P与As可以竞争吸附土壤胶体的吸附位点，过度施用P肥可导致As的生物可获得性，进一步加剧As在植物中的积累。然而，P对植物As吸收的影响或许仅发生在含P低的土壤上。高P土壤上施P并不能降低As的吸收，而另外一些结果则发现，不管土壤供P状况如何，P并不能减轻As对植物的毒害，甚至增加其毒害。在微碱性条件下（pH 7.5），As的溶解度比微酸性时增加10倍。而这种不大的pH变幅是N肥和根际离子吸收活动在短期内能够达到的。另外，施用含Fe微肥可以减轻As的毒害，据说施用Mg肥也可以沉淀As而降低土壤As的有效性。

在重金属元素中，Cd的潜在毒性仅次于汞，但Cd的污染更易发生，危害也很大。施NH_4NO_3和过磷酸钙处理的小麦籽粒中Cd含量比单独过磷酸钙处理要高出一半，反映了N肥对植株吸收重金属的影响。另外，NH_4^+进入土壤后将发生硝化作用，短期内可使土壤pH值明显降低，若其施在孕穗期，势必造成籽粒中Cd的显著积累。NH_4^+被禾谷类作物吸收后，将导致根际pH值降低。NH_4^+还能与Cd形成络合物而降低土壤对Cd的吸附。对莴苣吸收Cd与施N量的关系研究发现，施N量少于100mg/kg时（N为NH_4NO_3），N增加对Cd的吸收，而施150mg/kg时，则抑制植株Cd的吸收。这可能是NH_4^+与Cd竞争或抑制Cd向地上部运转。关于磷肥对植物吸Cd的影响研究较多。一个较为普遍的观点认为，磷酸根能与Cd形成沉淀而降低Cd的有效性。在酸性土壤上施用磷肥，使莴苣Cd吸收降低，而在偏中性土壤上则不影响Cd的积累。大豆吸Cd量随土壤有效磷水平升高而增加。也有报道称，施400mg/kg磷（磷为$CaHPO_4 \cdot 2H_2O$试剂）使玉米幼苗Cd最多可下降50%，他们认为磷酸盐可以抑制植物对Cd的吸收，但在同一试验中，植株Cd吸收则增加或降低不显著。还有人提出一个折衷的看法，他们认为磷肥对植物Cd吸收的影响因土壤和植株种类不同而有变化，在缺磷的土壤上增施磷肥将降低植物Cd含量，但土壤供磷适中时，增施磷肥将明显增加Cd的积累。在旱地上，无论土壤有磷与否，施用磷肥［$Ca(H_2PO_4)_2$试剂］（不改变土壤pH值）对小麦和黑麦草吸Cd均无明显影响，个别处理Cd含量间或有显著增加或降低，大多与植株生长变化有关，土壤中有效Cd含量也不受施磷的影响。但在淹水条件下，磷酸盐却抑制了土壤Cd从交换态向络合态的转化，Cd的有效性因而提高，并且磷还促进了Cd从根系向地上部的运转，添加磷后地上部含Cd量明显增加。虽然施磷也提高了水稻对Cd毒害的抗性，不少人以前也曾注意到过磷酸钙肥料对Cd吸收的抑制效果不明显甚至增加水稻对Cd的吸收，而钙镁磷肥的抑制效果则较好。这或许部分与试验中使用的过磷酸钙含有游离酸有关，但更主要的可能还是$H_2PO_4^-$能抑制淹水土壤中Cd的形态转化而提高了Cd的有效性。影响Cd有效性的另一个重要因素是含氯肥料带入的Cl^-。Cl^-与Cd形成络合物的稳定常数比Pb高，远高于Ni、Cu、Zn等重金属离子。由于Cl^-与Cd形成络合物使可溶态Cd增加，植物吸Cd量随之增加。微量元素肥料中，Zn与Cd的性质相近，溶液培养中添加Zn能降低Cd的吸收。往土壤中添加Zn降低玉米根中Cd的含量而对地上部无影响。也有人发现，添加Zn不影响Cd的吸收甚至增加Cd的吸收。施用5mg/kg Zn使小麦地上部Cd从0.071mg/kg增加到0.190mg/kg，水稻上亦发现Cd的吸收与土壤中Zn/Cd比有显著正相关，原因可能是Zn提高了Cd的有效性。

Cu、Zn、Mo、Co作为必需的营养元素，在大多数情况下它们的主要问题是不足引起的作物营养失调症。关于肥料对这些元素有效性的影响（交互作用）研究很多。如增加N肥导致禾谷类缺Cu，磷肥诱导的生理性缺Zn。在高Cu含量的土壤上，施磷肥可以促进细弱翦股颖的生长，降低地上部Cu的含量，而N肥只能促进生长，对植株含Cu量无影响。氮肥以NH_4^+供应时，可减轻植株Zn的毒害，根中Zn含量也有所降低，这可能是由于NH_4^+有利于天冬氨酸的合成，其与Zn的络合可减轻Zn的毒害。控制$pH<5.5$时可减轻过量Mo对植物的毒害，砂培中Mo的吸收受P的影响很小。而磷能促进植株对土壤Mo的吸收。Cl^-可增加土壤对Mo的吸附，而SO_4^{2-}则降低其吸附。施磷可以减轻Co对番茄的毒害。Co与P之间存在拮抗作用，可能是形成了磷酸钴沉淀。

PO_4^{3-}、SO_4^{2-}可降低土壤对Cr的专性吸附，Cr(Ⅵ)同正磷酸性质相似，因而$KH_2PO_4^-$是Cr(Ⅵ)最好的浸提剂，所以磷酸根可能会提高土壤中Cr(Ⅵ)的活性，但同时它又与Cr(Ⅵ)竞争吸收位点。砂培中发现，增施N、K、Ca、Mg等营养元素可降低植株Ni毒害症状，而P则相反。施P明显增加植株Ni的吸收，而其他供试营养元素对Ni的吸收影响较小，在土培中也观察到类似结果，但也有人认为施P可降低Ni的有效性。在高肥力的土壤上增加Pb，对植株叶部Pb含量影响很小。在高P情况下，植株Pb的吸收可减少1/2。因此，Pb毒害仅发生在缺P的矿区土壤上。P对Pb吸收的抑制作用可能是在土壤和植株体内形成磷酸铅沉淀。在砂培中，P降低苜蓿对Se(Ⅴ)的吸收。施P可降低牧草中Se的含量，因而牧场施用磷肥后可导致当地牲畜缺Se。但另一些人则认为，P对植株Se吸收无作用或者增加Se的吸收。影响植株Se吸收的另一个重要因素是SO_4^{2-}。与Cl^-相比，SO_4^{2-}与Se(Ⅵ)有较强的拮抗作用，因而能抑制Se的吸收。施含SO_4^{2-}的肥料能明显降低植物对硒酸盐的吸收而对亚硒酸的影响较小，因此，土壤中SO_4^{2-}是影响植物Se积累的一个重要因素。硫酸铵能显著降低含Se较高的土壤上三叶草和黑麦草对Se的吸收，豆科植物的Se含量随含S肥料的用量增加而降低。据报道，低SO_4^{2-}时，植株Se的积累比高SO_4^{2-}时高10～20倍。另外在微碱性时，Se的溶解度比微酸性时增加6倍，因此施肥可能改变土壤pH值而影响到植物对Se的吸收。

植物中重金属解毒的基本机制之一就是利用含有巯基的小分子肽类，如谷胱甘肽(GSH)和植物螯合肽(phytochelatin)来螯合重金属，或者帮助重金属进行区室化，使重金属丧失对生物大分子的影响。因为这类小分子肽类依赖于S的同化，所以S的吸收和同化与重金属的解毒和积累也具有密切的关系。许多物种比如拟南芥、烟草等中S能够提高植物对Cd的耐性(Harada等，2002)，而外界S供给的减少则加剧植物对As的敏感性(Reid等，2013)。另有人报道，缺S时地上部Pb含量高于根系，而S供应充足时地上部Pb含量则比根系低。

Fe、Zn、Cd元素在化学性质上表现出很多的相似性，3种重金属常常利用相同的转运系统进行吸收运输或储存(Chao等，2012)，因此在很多时候表现为相互竞争关系。人们早在20世纪末就发现向土壤中施加铁氧化物可以显著降低大麦和玉米对Cd的吸收(Chlopecka和Adriano 1997)，而缺Fe时植物吸收积累Cd的能力则显著增强(Cohen等1998)。Baxter等(2008)研究发现，在改变外源Fe的浓度时，植物体内的Fe含量变化不明显，表明Fe在植物体内的平衡受到极其严格的调控。与此相反，尽管Fe含量没有显著变化，但Cd等重金属含量则与铁供给水平呈现极显著的负相关。进一步研究发现，这种现象是通过对亚铁离子运输蛋白IRT1的表达调节来实现的。在富Fe情况下，IRT1表达量很低，而Fe铁时则强烈诱导IRT1的积累，植物吸收Fe的速度增强。因IRT1除了可以运输Fe外，对Cd等重金属也具有很好的亲和性，所以IRT1的积累使得Cd等重金属的运输能力也大大增强，从而导致重金属的高积累。

Fe不仅影响与其化学性质类似重金属的吸收，对于As这种化学性质差异较大的类重金属也具有一定的影响。Carbonell-Barrachina等(2000)研究表明向土壤中施加铁氧化物能显著降低土壤中As的毒性，其原因可能是铁氧化物影响As的吸附解吸反应，降低了As的生物可利用性。但铁Fe对As的影响在不同土壤类型中是否具有普遍性以及是否存在其他的影响机制还需要进一步研究。

3.3.2 植物对污染土壤中有机污染物的净化

有机污染物能潜在地被化学降解和最终矿化成无害的生物化合物，但它们必须首先从污染的场所被有效地提取出来。植物根系复杂的生理生化特性给植物作为有机污染物清除剂提供了很大的潜力。对一些有机化合物的污染，植物的主要解毒反应是形成糖苷等复合物，使外来物质钝化，赋予水溶性，使其进入植物的液泡。有些有机物可直接形成复合物，而另外一些必须先经化学改性后才能形成复合物。

3.3.2.1 植物对土壤中残留TNT等硝基化合物的净化

TNT和在军火上常用的有关硝基取代的有机化合物大家族(如RDX、GTN)，严重污染环境，来自不同科的许多植物似乎都能降解TNT，但只有一些植物十分有效。如据Best等报道，对受美国阿依华陆军弹药厂爆炸物所污染的地表水进行水生植物和湿地植物修复的筛选与应用研究中发现，*Myriophyllum aquaticum* Vell. verde的降解修复效果甚佳。在TNT含量为1mg/kg、5mg/kg、10mg/kg的土壤条件下，与对照相比，利用植物的降解、移除量可达到100%。另据Peterson等报道，在全美的原军事基地中，大约有$82\times10^4m^2$的土壤受到爆炸物污染，主要污染物是TNT及其降解的中间产物，利用植物——柳条稷进行降解和净化是一有效途径。Burken等报道用^{14}C技术研究杂交杨对残留在土壤中莠去净的净化效果，认为通过杨树截干可以清除大部分的莠去净，且对树木生长没有任何副作用。无菌生长的 *Myriophyllum aquataum* 植物和 *Gatharanthus roseus* 毛根培养物都能部分降解 TNT 和释放中间产物进入生长基质中。甜菜的纯细胞培养物将 GTN 降解成 GDN 和 GMN，*Gartharanthus roseus* 毛根培养物能够降解在几天内加入到纯培养基质中的 25mg/kg TNT 的大部分。这些植物降解途径的终产物是 CO_2、铵或氨，虽然其降解酶活性没有细菌 TNT 降解酶活性大，编码这些植物酶的基因还未鉴定，但是植物控制着一个生态系统的大部分能量，因此在一个污染的生态环境中选择种植能够降解 TNT 的植物在清除有机污染物方面有潜在的应用价值，而转基因植物技术能增强植物的清除有机污染物的能力。例如，一个来自细菌依赖于 NADPH 的硝基还原酶当在烟草中表达时，能够增强 GTN 降解活性。转基因幼苗比对照对 GTN 和 TNT 的耐性高约 10 倍，且降解速度比对照快 2 倍。这些硝基化合物如何被完全矿化还不清楚。然而，降解效率的增强增加了应用植物修复有毒硝基芳香族污染物的可行性。

3.3.2.2 对三氯乙烯（TCE）和多氯联苯（PCBs）的净化

植物能够降解高度有毒、致癌，且难被代谢的芳香族化合物。在对野生生命和人类构成威胁的工业溶剂中，TCE 是地面水和土壤中分布最广的有机污染物。TCE 是难代谢的、有毒的、致癌的。生长在污染环境中的植物能吸收 TCE，有效地排出 TCE，并通过根际细菌降解 TCE。然而，只有到最近才清楚，植物酶在降解过程中起重要作用。植物含有一系列代谢异生素的专性同工酶及相应的基因，其代谢的产物以被束缚的状态保存。参与植物代谢异生素的酶主要包括细胞色素 P450、过氧化物酶、加氧酶、谷胱甘肽 *S*-转移酶、羧酸酯酶、*O*-糖苷转移酶、*N*-糖苷转移酶、*O*-丙二酸单酰转移酶和 *N*-丙二酸单酰转移酶等。而能直接降解有机污染物的酶类主要为：脱卤酶、硝基还原酶、过氧化物酶、漆酶和腈水解酶等。通过同位素标记的实验表明，植物中的芳香族脱卤酶可以直接降解 TCE，先生成三氯乙醇，再生成氯代乙酸，最后生成 CO_2 和 Cl_2。实验表明，无菌生长的杂交白杨主动地吸收 TCE 并降解成三氯乙醇、乙酸盐，最后成为 CO_2。还有报道认为，植物体内的脂肪族脱卤酶也可以直接降解 TCE。

PCBs 因在环境中的毒性、致癌性、广泛分布以及慢的降解作用，所以是最严重的污染物之一。细胞色素 P450 可以使植物体内 PCBs 的氧化降解。将人的细胞色素 P450 2El 基因转入烟草后，提高了转基因植株氧化代谢三氯乙烯（TCE）和二溴乙烯（EDB）的功能约 640 倍。一些植物和纯培养物能有效降解几个 PCBs 种类，例如，一种茄科植物的无菌培养物能十分有效地降解几个 PCB 同类物。虽然目前对 PCBs 被植物降解的代谢基础还不清楚，但已知许多能增强 PCB 降解的细菌基因，所以在今后几年将会开展利用这些细菌基因选择地进行遗传操作以清除 PCBs 污染的研究。

3.3.2.3 植物对土壤中多环芳烃（PAHs）等污染的净化

多环芳烃类化合物（PAHs）是环境中普遍存在的具有代表性的有毒有机污染物。多环芳烃（PAHs）是指 2 个或 2 个以上的苯环稠合在一起的一类化合物，它们在环境中普遍存在。有机物在不完全燃烧或高温处理条件下（$>$700℃）可产生 PAHs。在自然界中，有些藻类、微生物和植物能通过生物合成产生 PAHs，但数量不多。PAHs 的自然来源有火山爆发，森林植被和灌木丛燃烧以及细菌对动物、植物的生化作用等，但这不是环境中的主要来源。人类活动特别是化石燃料的燃烧是环境中 PAHs 的主要来源。PAHs 由于水溶性差，辛醇-水分配系数高，常被吸附于土壤颗粒上。因此，该类化合物易于从水中分配到生物体内、沉积层中，土壤就成为PAHs的主要载体，PAHs在土壤中有较高的稳定性，苯环的排列方式决定着PAHs的稳定性，非线性排列较线性排列稳定，苯环数与其生物可降解性明显呈负相关关系。由于高分子量PAHs（>5环）及非线性排列的PAHs占绝大部分，其生物降解及自然挥发损失是极少的，所以PAHs在环境中是不断积累的。有些PAHs具有强烈的毒性，PAHs的毒性表现在三个方面。其一，强致癌性、致突变性及致畸性。人类及动物癌症病变有70%～90%是环境中化学物质引起的，而PAHs则是环境中致癌化学物质中最大的一类。其二，对微生物生长有强抑制作用。PAHs因水溶性差及其稳定的环状结构而不易被生物利用，它们对细胞的破坏作用抑制普通微生物的生长。其三，PAHs经紫外光照射后毒性更大（PAHs的光致毒效应）。据报道，PAHs吸收紫外光能后，被激发成单线态及三线态分子，被激发分子的能量可通过不同途径损失，其中一部分被激发的PAHs分子将能量传给氧，从而产生出反应能力极强的单线态氧，它能损坏生物膜。

植物可以降解与修复PAHs污染的土壤。研究表明，有植物生长的PAHs污染土壤中，菲的降解率平均提高0.3%～1.1%，芘的降解率平均提高2.4%～53.8%。另一项研究也表明，在有苜蓿草存在的条件下，土壤微生物降解PAHs的功能增强，苜蓿和柳枝稷种植于PAHs污染土壤上6个月后，土壤中的PAHs含量下降了57%，继续种植苜蓿可进一步减少PAHs总量的15%。植物在春季和秋季吸收能力较强，主要吸收较高分子量的PAHs。某些有机污染物在进入植物细胞后会发生化学转化，其中羟基化作用是植物脱毒的一个重要反应。PAHs在植物体内发生的主要转化反应就是羟基化作用，微粒体单氧化酶可使单环和多环芳烃转化为羟基化合物。在植物体内，这一过程已被苯、萘和苯并［*a*］芘的氧化所证实。芳烃化合物进一步氧化生成苯醌。有机污染物分子在植物体内转化形成的产物主要是低分子量物质，它们类似于二级代谢产物。这些物质的进一步转化过程（称深度氧化）很慢。通过污染物的化学结构可知，一种污染物被氧化的方式有多种。最常见的氧化反应除了羟基化反应以外，还有脱氨反应、脱硫反应、*N*-氧化反应、*S*-氧化反应、无环烃和环烃氧化反应等。虽然植物不能完全降解被吸收的PAHs，但植物的吸收有效地降低了土壤中的PAHs浓度，加速了从环境中清除PAHs的过程。从目前国内外研究看，在修复PAHs污染土壤时选用牧草的较多，通常认为苜蓿草、黑麦草去除多环芳烃效果较好。而运用植物和微生物共同组成的生态系统有效地去除了土壤中的PAHs。研究表明，在用苜蓿草修复多环芳烃污染土壤时，投加特性降解真菌可不同程度地提高土壤PAHs降解率，真菌对荧蒽、芘和苯并［*a*］蒽/䓛的降解有明显促进作用，而细菌能明显提高苊稀/芴、蒽和苯并［*a*］荧蒽/苯并［*k*］荧蒽的降解率。

3.3.2.4 植物对土壤中有机农药的净化

有机氯农药DDT是全球的环境污染物，尽管早在20世纪70～80年代，世界大多数国家就已停止生产和使用该类农药，但其对生态环境的影响依然存在，甚至在远至北极与南极地区，仍可检测出DDT的残留。在不少食品中所检测出DDT的残留，与土壤中受DDT的污染密切相关。而植物可以吸收、富集和降解DDT。因此，目前常用植草方法净化污染土壤中的DDT及其主要降解产物。

实验表明，将草种植在DDT总浓度为0.215mg/kg的污染土壤上，多种草对DDT及其主要降解产物均具有不同的富集能力。DDT在大多数草中的浓度随着种植时间的延长而增加，不同品种草所增加的数值不同。草体中DDT及其主要降解产物含量在0.014～0.783mg/kg鲜重。DDT在根与叶中的浓度分布，以在根部的浓度为最高，不同品种的草，其根/叶浓度的比值也不同，其比值在1.00～7.98之间，尽管DDT在根部的浓度高于在叶中的浓度，然而，对大多数品种的草，DDT富集在叶中的总量高于在根部的量。DDT在根/叶质量的比值在0.20～2.06，这主要是由于就草的生物量而言，草叶的生物量高于根部的生物量。植草3个月后，土壤中DDT的浓度都有明显的降低，土壤中DDT的浓度从0.215mg/kg下降到0.058～0.173mg/kg，其下降幅度可达73.0%～19.6%。在去除土壤中DDT及其主要降解产物的作用上，草的吸收只占原施药量的0.13%～1.08%。23.95%～71.94%的DDT及其主要降解产物从土壤中消失。污染物从土壤中消失应是它们从土壤中挥发、淋溶与生物化学降解几种效应共同作用的结果。DDT属于微挥发并近于难挥发的化合物。有报道，DDT通过挥发而从土壤损失的量占原施药量的0.43%。农药的挥发主要发生在土壤的表层，有植被生长的土壤也减弱农药的挥发。DDT又属于强亲脂性、在土壤中具有强吸附力和弱迁移力的化合物，因而，在种植草期间，土壤中的DDT随挥发以及随渗透水穿过土层而淋失的量是轻微的。土壤中DDT损失的主要因素是植物本身对DDT的吸收与富集以及土壤中微生物对DDT的降解共同作用的结果，其中根部分泌物的参与是不可忽视的。

2,4-D是一种植物生长调节剂，当进入小麦、豌豆等作物体内后，激素活力消失。在杂草中由于2,4-D浓度过高导致杂草死亡。这种除草剂在作物中之所以失去活力，是因为作物中含有相关的酶，使2,4-D转化为糖苷。虽然杂草中也含有相关的酶能使2,4-D的侧链降解，但酶的活性很低。另外一种除草剂敌草隆也是其侧链发生转化，进而形成精苷被解毒。

阿特拉津是一种人工合成的化学除草剂，它适用于玉米、甘蔗、高粱、茶园和果园，可防除一年生禾本科杂草和阔叶杂草，对某些多年生杂草也有抑制作用。但是，阿特拉津在土壤中的残留期较长，并具有生物蓄积性，对粮食和食品安全构成威胁。而白杨树能降解土壤中10%～20%的阿特拉津，并且发现，白杨树通过根系将其吸收并将其转化、分解。在砂质土壤里，100%阿特拉津会被完全分解。另外，有研究表明，在外部根际菌群与宿主植物共存时，对于土壤中的阿特拉津，其净化效率可比单独的植物净化高3倍。

除此之外，植物还可以净化土壤中其他污染物。例如，英国人Chaken证明，水稻对砷具有较强的吸收率，且吸收速率随其生长速度的增加而增加。

总之，植物在净化污染土壤方面有着高效、安全、经济、持久等特点，是与城市实现可持续发展目标相吻合的。城市是经过高度人工干扰的特殊环境，城市的生态环境问题中土壤污染是最难以解决的问题之一。因此，在城市建设中应充分重视植物在此方面的功能，针对土壤污染的种类而有目的选择植物种类并进行合理地搭配，有效净化污染土壤，为创造安全、良好的城市环境服务。

3.3.3 植物对土壤盐渍化的改良

土壤盐渍化主要发生在干旱、半干旱地区，易溶性盐分由于地面蒸发作用向地表积累，导致表土盐渍化。土壤盐渍化是我国土地利用上一个重要问题，它造成森林和草原退化，我国1/3的草原存在严重退化问题，其中1/3便是由土壤盐渍化引起的。我国盐渍土总面积约为$1.0\times10^{12}m^2$，仅新疆维吾尔自治区就有$5.15\times10^{10}m^2$，许多农地因盐碱问题而无法利用。

盐渍土得到改良的一个重要指标是地下水位的下降。森林能显著地降低林内风速和气温，减少林内水分蒸发量，同时蒸腾作用将水分从深层土壤直接散发到空气中，降低了地下水位，使盐分不在地表积累。研究发现，刺槐、紫穗槐、水杉和刚竹等对淤泥质海岸具有降盐改土的功能，在这些林分内的土壤全盐量都小于1.0g/kg，已基本脱盐，而对照地（草甸滨海盐土）土壤中全盐量为1.6～5g/kg。

3.3.4 影响植物净化污染土壤的因素

（1）环境条件

包括土壤水分、pH值、有机质含量、孔隙度等，这些因素会间接决定土壤微生物的数量、种类和生物活性。pH值变化显著影响耐重金属植物对重金属的吸收，在不同pH值处理的被Zn、Cr污染的土壤盆栽试验中，*T. careulesences* 吸收的Zn、Cr量大小随土壤pH值下降而增加。改善土壤的环境条件，可以显著提高PAHs的生物降解效果。

（2）污染物性质

在低pH值下，重金属呈吸附态进入土壤溶液，会增加植物对重金属的生物获取量。有机化合物的亲水性大小是影响它能否被植物吸收的因素之一，亲水性越大，进入土壤溶液的机会越小，被植物吸收量越少。通常PAHs环的数目越多，越难被植物降解。加入EDTA会增加金属的活性和可溶性，但EDTA活化土壤重金属存在污染地下水的风险。

（3）植物种类

已发现有88种植物能有效吸收和富集70余种有机污染物；而还有很多植物对重金属的耐受性特别高，其体内重金属含量是同类土壤上其他植物的100倍或1000倍。如果能找到或驯化出这种超富集植物，植物净化效率将大幅提高。不同植物甚至同一种植物的亚种或变种所产生的分泌物和酶的种类、数量、功效是不同的，这对植物净化的功效产生一定的影响。经基因工程改造的植物能显著提高净化的功效。

（4）根系分布

许多植物根系分布很窄，穿透的深度受土壤条件和土壤结构的影响。植物净化土壤中的Pb污染物时，其深度最多只能达到15cm，而Pb的移动范围为15～45cm。但在有些情况下，根的深度可达110cm，并扩展到高浓度的污染物的土壤中。净化过程发生时，植物根系必须和污染物接触，所以根系的分布深度直接影响着被净化土壤或地下水的深度。多数能富集重金属污染物的植物根系分布在土壤表层，这对植物净化的效果会产生影响。3年生的橡树的根系在30cm的土层内，90%的根密度是分布在20cm土层内。

（5）污染物浓度和滞留时间

柳树能降解除草剂Bentazon，但当除草剂的浓度太高时，会对植物产生毒害，使植物无法生长或引起植物生长的衰退。浓度在1000～2000mg/kg时，Bentazon对多种植物产生毒害。土壤中存留几年的污染物的生物获取量比新鲜污染物要少得多，降低植物的净化功效。

3.4 植物对热、噪声污染的净化

3.4.1 植物对热污染的净化

城市特殊的地表能吸收和储存大量的太阳能，因而城市热量比郊区和乡村多。这是因为城市下垫面对太阳辐射的反射率比乡村小（一般小 20%～30%），而且城市下垫面的混凝土、沥青、砖瓦、石料及钢材等的热容量大，热导率比自然地面高，白天可大量储存太阳能量，再通过长波辐射使近地表的气温迅速升高。另外，城市的高层建筑物增加了接受太阳辐射的表面积；而且城市的人为活动又增加了热量来源，如城市的生产单位的生产活动会产生大量的热量，冬季取暖将释放大量的热量，车辆的运行也产生大量的热量；还有，城市空气中存在的大量污染物也是导致城市热量增多的原因。鉴于上述原因，使城市气温高于四周郊区气温，这便是城市热岛效应，即热污染。

俗话说，大树底下好乘凉，在有植物的区域，其温度一般要比没有植物的区域低。夏季，绿化状况好的绿地中的气温比没有绿化地区的气温低 3～5℃，较建筑物下甚至低约 10℃。植物的遮荫主要是通过植物的冠层对太阳辐射的反射，使到达地面的热量有所减少。植物叶片对太阳辐射的反射率为 10%～20%，对热效应最明显的红外辐射的反射率可高达 70%，而城市的铺地材料如沥青的反射率仅为 4%，鹅卵石的反射率为 3%，因此通过植物的遮荫，会产生明显的降温效果。植物遮荫作用的大小取决于植物群落的复杂程度，植物群落层次越多，所阻挡的太阳辐射也就越多，地面温度下降的越快；对于单株植物来讲，树冠越大，层次越多，遮挡的太阳辐射也越多，遮荫作用越明显。因此，要想取得较好的遮荫降温作用，可通过增加群落的层次性，或扩大冠层的幅度等途径来实现。

植物的遮荫降温作用不单对地面，对建筑物的墙体、屋顶等也具有降温效果。据日本学者调查，在夏季，虽然建筑物的材质不同，但墙体温度都可达 50℃，如此高温必然使其向室内传递，造成室内温度上升，而用藤蔓植物进行墙体、屋顶绿化，其墙体表面温度最高不超过 35℃，从而证明墙体、屋顶植物的遮荫降温作用。种植攀援植物的建筑物与不种植的相比，表面温度要低 5～14℃，室内温度要低 2～4℃。

此外，植物能通过蒸腾作用，吸收环境中的大量热量，降低环境温度，同时释放水分，增加空气湿度。对于夏季高温干燥的地区，植物的这种作用就显得特别重要，据测定，在干燥的季节里，每平方米树木的叶片面积，每天能向空气中散发约 6kg 的水分。水分的蒸发消耗大量的热量，这样就使植物分布区的温度下降，湿度增加。

增加绿地面积能减少甚至消除热岛效应。有人统计，$1\times10^4m^2$ 的绿地，在夏季可以从环境中吸收 81.8MJ 的热量，相当于 189 台空调机全天工作的制冷效果。如北京市建成区的绿地每年通过蒸腾作用释放 4.39×10^8t 水分，吸收 107396×10^8J 的热量，这在很大程度上缓解了城市热岛效应，改善了人居环境。

森林植物也可影响水库的水温。在有森林保护的水库中，水温较无森林保护的低得多，水温的增高，通常称为“热污染”，热污染可使水产生不正常的气味，并影响水的物理、化学性质及水中细菌等各种变化。

3.4.2　植物对噪声污染的净化

噪声是一种特殊的空气污染，随着现代工业、交通、运输、宇航、广播等事业的发展，城市噪声扰民随处可见，噪声的声级越来越高，成为人们生活环境中的重要公害。噪声超过 70dB 时，对人体就非常有害。它会对人体产生多方面的负面影响。如影响休息、干扰工作、损害听力，甚至成为引起神经系统、心血管系统、消化系统等方面疾病的重要原因。

森林植物群落具有阻挡、降低和吸收噪声的作用，其茂密的枝叶通过对音波的折射、反射、吸收能明显地减慢声波的传播速度，叶表面的气孔和茸毛也能吸收声音。据测定，城市公园的成片树林可降低噪声26～43dB；绿化的街道比未绿化的噪声减少10～20dB，对于高层建筑的街道，没有树木的人行道比有树木的噪声高5倍。这是声波从车行道至建筑物墙面，再由墙面反射而加倍的结果。沿街房屋与街道之间，留有5～7m宽的地带植树绿化，可以减低交通车辆的噪声15～25dB。因此，树木对噪声的传播具有机械的阻隔和吸收作用，是一种"绿色的消声器"。一些园林植物如加拿大杨、忍冬、杜鹃花属等，在减弱噪声中充当着主要角色。林带减弱噪声的效果与其宽度、密度、高度、种类组成和林带结构有关。垂直郁闭的林分或下层植被及地被物稠密的林分吸音效果良好。理想的防音林应该是高立木度、高郁闭度、高疏密度的壮龄常绿复层林。一般以枝叶茂密、处在生长季节的阔叶林减噪效果最显著。叶片大而质硬并重叠排列的树种减噪效果较好；分枝低、树冠低的乔木减噪作用要比分枝高的、树冠高的乔木明显；灌木效果最好。据测定，一般阔叶树的树冠可吸收26%的声能，反射和消散74%的声能。噪声衰减量与林带的宽度关系密切，40m宽的林带可使噪声降低10～15dB；30m宽的林带降低6～8dB；10～14m宽的林带降低4～5dB。马路上20m宽的多行行道树（如雪松、杨树、柴树各1行），噪声通过后，比间距空旷地减少5～7dB，防护林带的高度以在10m以下为宜，防声林距噪声源6～10m，消声效果最佳。树木的隔声能力多发生在低频率范围，在此范围内，槭树减噪可达15.5dB，杨树达11dB，椴树约为9dB，云杉5dB。据测定，绿化隔音比较好的树种有雪松、圆柏、龙柏、层铃木、楸树、垂柳、海桐、桂花、女贞、臭椿、木槿、蔷薇、丁香、火炬树等。藤本植物有紫藤、爬山虎等，噪声通过1km的草坪可降声超过20dB。大量实验认为，在交通流量很大的道路与住宅区之间，如能栽植120～180m宽的林带，完全可以将噪声阻隔于居民生活环境之外。另外，森林除直接减弱噪声音量之外，还能够给人以心情舒畅和精神松弛的效果，这是其他消音措施所不具备的。

第4章 植物修复工程

环境污染的修复历来是环境保护学科的重要研究内容，并因其具有无法估算的环境效益、社会效益和经济效益而成为各国政府、社会各界和环境工作者关注的焦点，该领域内的技术发展与创新常常代表了环保学科学术研究的前沿。

经过研究者数十年的不懈努力，物理修复和化学修复污染环境的技术、方法日臻成熟，相关机理也研究得较为透彻。传统的用于修复污染土壤的方法有固化、玻璃化、热处理、泵处理、电动修复等技术。而针对稳定且难以转移的重金属污染，较为成熟的治理措施有 淋滤法、施用非毒性改良剂法、吸附固定法、深耕法、排土法与客土法、生物还原法、络合浸提法、化学冲洗法等。这些修复方法普遍费用昂贵，一般只用于点污染的治理，治理的效率不高，又各有缺点。深耕法虽能降低表层土壤重金属的浓度，但实际导致其向深层土壤扩散，并且重金属存在二次活化的可能；排土法是将土壤转移进行异地清除金属离子，会引起表层沃土的流失，而且工程复杂，设备及技术要求高，花费多；使用阳离子交换树脂固然能降低重金属的植物可利用性，然而其无选择地吸收多种阳离子，甚至包括植物赖以生存的营养成分，从而导致植物营养缺乏。用于修复水污染的吸附法、萃取法、反渗透法、混凝沉淀法、蒸发浓缩法等，也存在各种缺憾。萃取法得到的废渣（中和渣）量大，出水浓度往往不达标，需做进一步处理；混凝沉淀法的沉淀产物需二次处理，无疑增加了治理成本。这些水污染处理方法费用普遍较高，治理大量废水时，更是常因费用过高无以为继而很难实际操作。

处理费用昂贵、技术设备要求高、处理过程复杂、存在二次污染等问题已经成为传统污染环境修复方法难以逾越的鸿沟。近几十年来，随着生物技术的蓬勃发展，生物修复（Bioremediation）污染环境的新方法应运而生。生物技术是微生物工程、细胞工程、酶工程、基因工程等的总称，其中在生物修复范畴内研究最多、应用最广的当数微生物工程，即从污染土壤中筛选出能降解污染物的细菌、放线菌、固氮菌、酵母菌和霉菌，通过实验室的驯化、修饰等提高其降解能力，制成菌剂再用于污染土壤的修复。利用生物技术处理土壤污染、水污染和城市垃圾等环保问题，是提高经济效益和环境效益的有效手段，与传统修复方法比较，其具有如下优势：a. 生物修复是从分子水平降解污染物，降解的产物和副产物又可以被生物重新利用，从而增进了清除污染物的效果，并能变污染物为宝；b. 生物技术是以常温常压和接近中性的条件下的酶促反应为基础的生物化学过程，大多数生物修复技术可以实行原位修复，与常常需要高温高压的化工过程比较，反应条件大大简化，实施过程稳定，效果好；c. 生物修复污染物的最终降解产物大多为无毒无害的稳定的物质，如二氧化碳、水、氮气和甲烷气体等，是一种安全、彻底的修复方法。1989 年，美国阿拉斯加海域大面积石油污染成功生物修复被认为是生物修复发展的里程碑。

生物修复或者说微生物修复的对象主要是有机污染物，土壤污染的主要污染物——重金属、多氯苯类（PCBs）和多环芳烃类（PAHs）等化合物却难以生物降解；大多数的有机污染物在环境中的浓度极低，如目前长江、辽河水体中的多氯有机物（以六六六和DDT为主）总量仅为20ng/L左右，用微生物进行现场修复时，因其生物量小、去污能力差和生物体很小而难于进行后处理的缺点，面对广泛存在的大面积、低浓度环境污染而束手无策；微生物应用到环境中会引起另一种形式的污染，即生物修复仍然无法摆脱二次污染的困扰。环境污染治理陷于此种尴尬境界时，植物修复技术异军突起，使研究者的思绪为之一动。

植物修复污染环境的起始，应追溯于20世纪50～70年代，当时已经开始植物耐重金属机理的研究，20世纪70年代末至90年代初，人们逐渐把注意力转向对超积累植物的研究。其实许多对镍（Ni）、硒（Se）、硅（Si）、锌（Zn）、镉（Cd）、铜（Cu）和钴（Co）的富集性植物远在植物修复概念出现以前就已被发现，Baumann早在1885年就报道了遏蓝菜属*Thlaspi calaminare*植物茎叶灰分中的ZnO含量达17%，此后Minguz和Vergnano（1948）在意大利Tuscany地区的富镍蛇纹石风化土壤中发现*Alyssum bertolinii Desvaux*（布氏香芥）的叶片中镍（Ni）的含量达到1%干重，他们称这种植物为超富集体（Hyper-accumulator）。70年代末期，Brooks等对富Ni地区的植物标本进行分析后发现，Ni超积累植物主要产于几个属，在已鉴别出的168种植物中，有45种Ni超积累植物属于庭芥属（*Alyssum*），在Ni超积累植物研究快速发展的同时，其他重金属的超积累植物也相继被发现。早期研究的超积累植物主要作为指示植物用于帮助探矿者更易发现矿床，直至进入20世纪90年代，才注意到超积累植物及其微生物共存体系在治理环境污染研究中的重要性，同时也探明土壤因子影响植物修复的效率，1983年美国科学家首先提出利用植物来清除土壤重金属污染的设想。迄今，中国在植物修复领域的研究取得了很大进展，但整体上尚处于起步阶段。在国外，污染土壤的植物修复技术的基础理论研究起步较早，已取得不少研究成果，植物修复技术的开发与推广方面也做了大量的开创性工作。

植物修复污染环境有异于物理修复、化学修复和微生物修复的特性和优点，植物修复方法处理成本低廉、吸收污染物的生物量大、适应性强、适于现场操作、易于后处理、操作简单、效果持久、不破坏土层构造、安全可靠、兼顾保护和美化环境，已经成为人们普遍能够接受的去除环境污染物的首选技术。植物修复适用于大面积、低-中浓度的污染位点，可以抵抗和净化大气污染、净化污染土壤和污染水体。可处理的污染物类型有：重金属（包括放射性金属元素），有机化合物（如农药）、溶剂（如TCE）、炸药、原油、聚芳香烃、氯化物、军用化学物2,4,6-三硝基甲苯（TNT）、多环芳烃（PAHs）、垃圾填埋淋滤物质等，空气污染物质如烟尘、二氧化硫、氮氧化物、一氧化碳、烃类化合物及臭氧、氟化氢、氯气，过氧乙酰硝酸（PAN）、乙烯、酸雾、颗粒物及沙尘暴等，富营养化湖泊、河道、生活污水等的氮和磷等，这些污染物对绿色植物有一定的影响和危害，同时，绿色植物对其又有一定的抵抗和吸收净化能力，一些特殊植物的净化能力非常强，可以用于修复污染。植物修复使污染物不再威胁人类健康和生存环境，促使恢复和重建自然生态环境和植被景观。1999年全世界植物修复的市场为3400万～3800万美元，2000～2005年市场可能扩大10倍。

基于上述其他方法无可比拟的优点，植物修复这一新兴边缘学科领域，越来越受到世界环境工作者的瞩目，必将成为环境污染研究的发展方向。在实际应用中，该领域研究内容涉及植物修复机理的探索、超积累植物品种的筛选与创造、多种植物配置、修复的环境因子参数要求、提高修复效果的手段、方案设计、可行性分析等，需要植物学、植物化学、植物生态学、生物学、环境化学、土壤学、土壤化学、土壤微生物学、农业工程学、生态学、生理生化、遗传学、微生物学、分子生物学与基因工程技术等学科知识的融会贯通及相关研究者戮力同心。

4.1 植物修复的机理

很久以来，人们便知道植物的生命活动对其周围发生的化学的、物理的和生物的过程都会产生深远的影响。在枝条和根的生长、水和矿物质的吸收、植株的衰老及其完全腐解等过程中，植物都能深刻地改变周围的环境。用于修复污染物的植物存在多种改变周围污染环境的生理机制，运用农业技术在污染的土壤、水体、空气环境种植和生长某些植物，并改善对植物生长不利的化学和物理方面的限制条件，植物便会遵循自身修复污染物的机理直接或间接地吸收、分离或降解污染物。

4.1.1 植物修复的概念、特点

4.1.1.1 植物修复的概念

植物修复（Phytoremediation）是指依据特定植物对某种环境污染物的吸收、超量积累、降解、固定、转移、挥发及促进根际微生物共存体系等特性，利用在污染地种植植物的方法，实现部分或完全修复土壤污染、水污染和大气污染目标的一门环境污染原位治理技术。“植物修复”一词最早出现于 1994 年，“Phytoremediation”中的“Phyto”为希腊语“植物”之意，Remediation 取自拉丁语，意为“修复”。植物修复包括利用植物固定或修复重金属污染土壤，利用植物净化水体和空气，利用植物清除放射性核素和利用植物及其根际微生物降解有机污染物等方面。严格地说，植物修复应属于生物修复的范畴。

从植物修复的研究历程可知，该技术最早体现在重金属超积累植物的发现上，由于人们对土壤重金属污染修复束手无策，于是将这类植物的应用拓展到土壤污染修复中。植物修复土壤污染的研究因历时久远且积累了丰富的资料，修复机理、技术均日臻成熟，应用也最为广泛，植物修复水污染和大气污染则是近几年发展起来的。因此，上述植物修复的概念可以理解为广义上的，至今许多学者和文献仍将植物修复解释为狭义上的概念，即植物修复主要指利用植物清除污染土壤中的重金属。

植物修复与传统的环境污染修复技术迥然不同，有其独有的特点，它之所以成为环保产业的新热点和生长点，归因于无可替代的卓绝优势，反之也有相应的局限性。

4.1.1.2 植物修复的优点

① 植物修复最显著的优点是处理成本低廉，大大低于传统方法。Cunningham 对利用各种技术治理一块 $4.86\times10^4 m^2$ 铅污染土地的成本进行了估测比较，其中挖掘填埋法为 1200 万美元，化学淋洗法为 6300 万美元，客土法为 60 万美元，植物萃取法为 20 万美元；同样对 1 亩（$666.7m^2$）受污染的土壤进行修复，传统的方法需要花费 25 万美元，而植物修复仅为其的 1/100～1/10000；显示了植物修复技术的优势。

② 植物修复是原位修复，不需要挖掘、运输和巨大的处理场所。

③ 吸收污染物的生物量大，易于后处理。

④ 操作简单。

⑤ 效果持久。如植物固化技术能使地表长期稳定，有利于生态环境改善和野生生物的繁衍。

⑥ 安全可靠。

⑦ 植物修复重金属污染物的过程也是土壤有机质含量和土壤肥力增加的过程，被植物修复过的干净土壤适合于多种农作物的生长。

⑧ 植物修复对环境扰动少，不会破坏景观生态，有较高的美化环境价值，容易为大众社会所接受。

迄今，植物修复技术仍处于实验阶段，还不成熟，虽在实践中有所应用，但因受限于多种问题困扰，距离广泛应用还需多项技术突破。

4.1.1.3 植物修复技术的局限性

① 修复速度慢。用于清理重金属污染土壤的超积累植物个体矮小、生物量低、生长缓慢、生长周期长，修复污染环境需时太长，修复效率低，因而总体计算，经济上并不一定很低廉，这是目前限制超富集植物大规模应用于植物修复的最重要因素。例如在英国洛桑试验站的植物修复工程表明，利用富锌的天蓝遏蓝菜（*Thlaspi caerulenscens*）修复444mgZn/kg土壤到欧共体规定的标准330mg/kg，仍需13.4年。

② 植物修复对土壤类型、土壤肥力、气候、水分、盐度、酸碱度、排水与灌溉系统等自然和人为条件有一定的要求。

③ 超富集植物对重金属具有一定的选择性，即一种超积累植物往往只对一种或两种重金属具有富集能力，对其他浓度较高的重金属则表现出某些中毒症状，而土壤重金属污染多为几种重金属复合污染，且常常伴生有机污染，因此，用一种超富集植物难以全面清除土壤中的所有污染物，也限制了植物修复技术在多种重金属污染土壤治理方面的应用前景。

④ 富集了重金属的超富集植物需收割并作为废弃物妥善处置。用于储存重金属的植物器官往往会通过腐烂、落叶等途径使重金属污染物重返土壤，因此必须在植物落叶前收割并处理植物器官。

⑤ 污染物必须是植物可利用态，并且植物修复土壤和水污染时，污染物只能局限在根系植物根系所能延伸的区域内，一般不超过20cm土层厚度，才能被有效清除。

⑥ 要针对不同污染状况的环境选用不同的生态型植物。重金属污染严重的土壤应选用超积累植物，而污染较轻的土壤应栽种耐重金属植物。

⑦ 异地引种对生物多样性的威胁也是一个不容忽视的问题。

自然界植物物种的多样性和污染环境对植物进化施加选择压的作用，致使在各种环境污染中，总有某些植物能够茁壮成长，呈现出勃勃生机。这种漫长的自然选择的结果，是植物对污染环境产生了3种适应类型。

1）植物能够逃避环境污染，即植物可以与污染物互不相干的和平共存。在污染物浓度较高的环境中，植物依靠自身的调节功能，仍能进行正常的生理活动，免受污染物毒害，是植物消极、被动躲避污染物的类型。该类型的植物对污染物基本没有影响或影响较小，种植这种植物不能达到修复环境污染的目的。

2）植物被动吸收环境污染物后，通过自身适应性调节，对污染物产生超耐性。超耐性植物能够积累普通植物10～500倍以上的某种污染物。如在非生理毒害情况下，*Thlaspi caerulescens* 和 *Arabidopsis halleri* 能在茎内富集30000μg/g Zn，而大多数作物的临界值是500μg/g。香蒲（*Tygha* spp.）植物对Pb具有超耐性，铁角蕨属（*Asplenium* spp.）植物对Cd有超耐性。超耐性植物在污染环境中仍能生长，但有时根、茎、叶等器官及各种细胞器会受到不同程度的伤害，使植物生物量下降。

3）营养型超富集植物。植物超量地喜欢某种或某几种环境污染物，并视其为自身生长所必需的营养成分。植物可以不同程度吸收、固定、降解、挥发污染物，并能不受伤害地完成自身生命活动，相反，如果没有环境污染物或污染物处于正常浓度，植物却难以生存或生长不良。此为这类植物遗传上的特性。如Reilly发现南非一些热带、亚热带植物唇形科蒿莽草属（*Haumaniastrum*）的*Beciumhjomblei*种只有在Cu含量大于100mg/kg的土壤上才能正常生长，这一现象是研究者们所希望的，也是植物修复所必需的。

以第一种类型适应环境污染的植物，其忍耐机理可能有以下几种。

1）回避机制。植物由于某些因素的影响不吸收或少吸收污染物，以此来抵御环境污染，对植物生长而言，是最佳的忍耐方式。回避机制是植物某些敏感组织（如根尖分生组织）的自我保护可行性策略。

2）酶适应机制。环境的污染物能诱导某些植物的根际细胞产生特异的适应性酶，这种酶能帮助植物不受污染物的制约，继续生长。

3）细胞壁作用机制。某些耐重金属污染的植物的细胞壁具有更优先健合金属的能力，抑制金属离子介入植物根部的敏感部位，从而起到阻止重金属影响植物生长的作用。

4.1.2 植物修复的机理

用于修复环境污染的植物清除污染物的机理、反应不尽相同，现有的植物修复方式可归纳为7种，即植物萃取、根际过滤、植物降解、植物挥发、植物固定、植物-微生物协同修复以及人工湿地技术，在本节将分别说明。

4.1.2.1 植物萃取

(1) 植物萃取（Phytoextraction）的概念

植物萃取也称为植物积累或植物吸收，指利用富集污染物能力较高的植物从土壤、水和大气中直接吸取重金属、有机污染物、粉尘等，并将其转运蓄积到该植株的地上可收割部分，将植物富集部位收获后通过热处理、微生物处理、物理或化学处理等达到消除环境污染目的的技术。植物萃取是目前研究最多并且最具有发展前景的植物修复方式，主要用于污染土壤的治理。

植物萃取技术有赖于那些具有超常积累污染物能力的植物，这类植物被称为“超积累植物（Hyperaccumulators）”或“超富集植物”。超积累植物是指地上部组织中对重金属元素的吸收量超过一般植物100倍以上，但不影响正常生长的植物。一般认为富集Cr、Co、Cu、Ni、Pb含量在1000mg/kg以上，Mn、Zn含量在10000mg/kg以上为超积累植物。迄今为止，已发现铜超积累植物24种，其中*Aeolanthus biformifolius* 含铜高达13500mg/kg，是当前已知的铜积累量最高的植物；在南非蛇纹岩发育的土壤地区，发现镍的超累积植物Berkheyacoddii，地上部分富集量高达7880mg/kg，对于含镍量为100mg/kg的土壤，只要种两次这种植物就能达到欧洲规定（CEC，1986）的水平（75mg/kg）。

利用超富集植物进行原位修复环境污染时，可针对污染场地的湿度、土质、pH值、气候等具体条件选择种植一种或多种超富集植物，使之生长一段时间后再砍伐，最后通过焚烧或堆肥方式使污染物消除或得到循环利用。植物的种植、砍伐和焚烧的过程可重复多次，直至污染土中的污染物含量减少到允许值为止。超富集植物在处理土壤和水中的重金属污染、有机污染物中应用最为广泛，与一般植物相比，它们能从土壤、水和大气中吸收大量的污染物。

造成环境污染的重金属主要包括镉（Cd）、铬（Cr）、铜（Cu）、铅（Pb）、汞（Hg）、砷（As）、镍（Ni）、锰（Mn）、钴（Co）及锌（Zn）等元素，现已发现近700种重金属超累积植物，主要集中在欧洲、美国、新西兰和澳大利亚。但是据研究，Ni、Zn、Cu元素最容易被植物所吸收，其中几乎半数以上属Ni超积累植物，而Pb、Cr、Hg不是植物生长的必需元素，对植物又有毒害作用，因此利用植物吸收来清除它们的污染较难，现仍处于研究阶段。

有机污染物主要包括PCBs、PAHs、有机溶剂（TCE等）、总石油烃类（TPH）、杀虫剂和爆炸物（TNT等）等，20世纪90年代后，广泛开展研究有机污染物的超富集植物及其在植物体内的吸收、转运和在组织中分布等。

各种重金属元素在土壤和植物中的平均含量以及营养型超积累植物的临界标准值列于表4-1，表4-2列举了较为典型的重金属超累积植物，表4-3则列出了对有害气体（蒸气）具有较大吸收量的常见树木。

表4-1 重金属在土壤、植物中的平均含量及营养型超积累植物的临界标准（沈振国等，1998）

重金属元素	土壤平均含量/(mg/kg 干物质)	植物平均含量/(mg/kg 干物质)	超积累植物临界标准/(mg/kg 干物质)
Cd			100
Co	10	1	1000
Cr	60	1	1000
Cu	20	10	1000
Mn	850	80	10000
Ni	40	2	1000
Pb	10	5	1000
Zn	50	100	10000

表4-2 某些超累积植物对重金属的超富集状况（史瑞和，1989；Cunningham，1996）

重金属元素	超累积植物种类	地上部元素含量/(mg/kg 干物质)	发现地点	植物平均含量/(mg/kg 干物质)
Cu	*Ipomea allpina* 高山甘薯	12300(茎)	扎伊尔	3.490
Cd	*Thlaspi caerulesccens* 遏蓝菜属 天蓝遏蓝菜	1800(茎叶)	宾西法尼亚	0.210
Cd	*Juncus effuses* 灯心草	8670		
Pb	*Thlaspi rotundifolium* 圆叶遏蓝菜	8200(茎)	不详	2.520
Zn	*Thlaspi caerulenscens* 天蓝遏蓝菜	51600(茎)	宾西法尼亚	20.990
Zn	*Thlaspi calaminare* 遏蓝菜属	39600	德国	20.990
Mn	*Macadamia neurophylla* 粗脉叶澳洲坚果	51800(茎)	新喀里多尼亚	25.650
Co	*Haumaniastru robertii* 蒿莽草属	10200(茎)	扎伊尔	0.036
Ni	*Psychotria(ha)douarrei* 九节木属	47500	新喀里多尼亚	0.490
Re	*Dicranopteris dichodoma* 铁芒萁	3000(地上部分)		
Se	*Astragalus racemosus* 紫云英属	14900	怀俄明	5.000

表 4-3 一些常见树木对有害气体（蒸气）的吸收情况（江苏省植物研究所等，1978）

植物名称	性状	有害气体(蒸气)					应用
		SO_2	Cl_2	HF	Hg	Pb 粉尘	
棕榈(*Trachycarpus fortunei*)	常绿乔木	√	√	√	√		工厂绿化
蓝桉(*Eucalyptus globules*)	常绿乔木	√	√	√			污染不太严重地区
银桦(*Grevillea robusta*)	常绿乔木	√	√	√			工厂区绿化
樟叶槭(*Acer cinnamomifolium*)	常绿乔木	√	√				
黄槿(*Hibiscus tiliaceus*)	常绿乔木		√			√	
木麻黄(*Casuarina equisetifolia*)	常绿乔木	√	√				
盆架子(*Alstonia scholaris*)	常绿乔木	√	√				
菩提榕(*Ficus religiosa*)	常绿乔木	√	√				
樟树(*Cinnamomum camphora*)	常绿乔木	√		√			污染较轻地区
侧柏(*Biota orientalis*)	常绿乔木	√					很好抗污净化树种
桧柏(*Juniperus chinensis*)	常绿乔木	√			√	√	
乌桕(*Sapium sebiferum*)	乔木	√	√				工矿区防污树种
女贞(*Ligustrum lucidum*)	常绿小乔木	√	√	√	√	√	
厚皮香(*Ternstroemia gymnanthera*)	小乔木或灌木	√					
大叶黄杨(*Euonymus japonicus*)	常绿灌木或小乔木	√		√	√	√	污染严重地区栽培
海桐(*Pittosporum tobira*)	常绿灌木或小乔木	√		√		√	污染严重地区
山茶(*Camellia japonica*)	常绿灌木或小乔木		√	√			
柑橘(*Citrus reticulata*)	常绿灌木或小乔木	√		√			
构树(*Broussonetia papyrifera*)	落叶乔木	√	√	√		√	先锋绿化树种
板栗(*Castanea mollissima*)	落叶乔木	√		√			工厂绿化
银杏(*Ginkgo biloba*)	落叶乔木	√					轻污染地区
梧桐(*Firmiana simplex*)	落叶乔木	√		√			中度污染地区
刺槐(*Robinia pseudoacacia*)	落叶乔木	√	√	√	√	√	污染严重地区
臭椿(*Ailanthus altissma*)	落叶乔木	√			√	√	污染严重地区 净化空气树种
垂柳(*Salix babylonica*)	落叶乔木	√		√			污染较轻地区
悬铃木(*Platanus acerifolia*)	落叶乔木	√	√	√		√	烟尘污染或有害气体 污染较轻地区
桑树(*Morus alba*)	落叶乔木或呈灌木状	√	√	√		√	中度污染地区绿化
紫薇(*Lagerstroemia indica*)	落叶乔木或呈灌木状	√				√	
夹竹桃(*Nerium indica*)	常绿灌木	√	√		√	√	工厂抗污树种

注：表中“√”表示对该种气体吸收。

用超积累植物清理污染土壤的“植物疗法”在美国等国家已使用了数年时间，人们用这种方法清理受污染的工业区。芝加哥是美国儿童铅（Pb）中毒数目最多的地区，每年有2万多名6岁以下儿童被确定为血液中Pb含量超标，其程度足以对儿童造成永久的智力损伤。当地采用种植向日葵（*Helianthus annus* L.）等植物来吸收土壤中的Pb。研究结果表明，种植一枝黄花（*Solidago canadensis* L.）、羊茅（*Festuca* sp.）和玉米（*Zea mays* L.）、向日葵等植物是清除人们住宅周围土壤中所含的Pb的经济而又便捷的方法。美国佛罗里达大学的科学家发现，利用蕨类（*Pteridium* sp.）植物，可以很有效地将土壤内的砷(As)吸走。1986年乌克兰切尔诺贝利核电站事故后种植向日葵，用以清除地下水中的核辐射，Dushenkov等1999年在研究中发现某些苋属（*Amaranthus* sp.）栽培种对铯（137Cs）的累积性最强。应用诸如草类植物织成一张“绿毯”覆盖被污染的土壤，是比移走受污染土壤要廉价和简单得多的污染修复途径。

（2）植物萃取环境污染物的方式

超累积植物吸收环境污染物的方式纷繁多样，分属于不同属或种植物的相异生理特点决定了处理污染物机理的多样性，分别展现出各自独特的除污功效。许多有关植物生理等领域的学说被提出，试图解释这一少数物种所具有的极端生理现象。国内外学者探究到的吸收机理可以明确以下几方面观点。

超累积植物利用根系吸收土壤和水中的污染物，整个吸收过程包括植物根表面的吸收、根表面细胞膜上转运系统将污染物向细胞内的主动运输、重金属在植物体内的转运和运输等多个生化反应和物理过程。

① 根表面的吸收　超累积植物的根系普遍比较发达，有着极大的根表面积，在吸收土壤和水中营养物质的同时，也伴随着吸收环境污染物，许多无机和有机污染物都能不同程度地从根系表皮细胞进入植物体内，可以说，植物表面的吸收是化学物质进入植物体内最重要的途径之一，是去除污染物最快的一步。Heaton 等（1998）实验研究烟草根系对 Hg^{2+} 的吸收，将定量根系浸入 Hg^{2+} 浓度为 1～5μg/kg 的液体培养基中，由于根部的吸收作用，几小时后培养基中的 Hg^{2+} 浓度降低到原来的百分之一。当然，植物修复实践中，由于根表皮细胞周围土壤中的各种微粒物质（如粘性颗粒、腐殖质等）的吸附作用等降低了金属物质的可溶性，根系在土壤中实际的吸收效率要低很多。

② 根表皮细胞对污染物的吸收　根表皮细胞对土壤中重金属污染物的吸收以主动运输的方式进行，即通过根表皮细胞膜上的转运蛋白系统进行。主动运输的调解机制也适用于重金属的吸收。如土壤中有机酸对于根系吸收重金属污染物的效率有显著的促进或抑制作用，根部大量分泌柠檬酸能够阻碍金属离子特别是 Al^{3+} 的吸收，而组氨酸、十二烷基磺酸钠、EDTA 等多数有机酸则促进吸收。土壤 pH 值的降低也能明显地增强金属离子的溶解性及转运进入根部的速率，例如当土壤的 pH 值低于 5 时，作为营养元素的 Al^{3+}、Mn^{2+} 等也会在体内过度积累，甚至达到毒性水平。

根部表面吸收也可能是由螯合离子交换和选择性吸收等物理和化学过程共同作用的结果。一些学者曾提出超富集植物的根系可以分泌特殊有机物促进土壤中重金属元素的溶解和根系的吸收或者根毛直接从土壤颗粒上交换吸附重金属，但目前还未研究证实。

植物根对环境中中等亲水性有机污染物（辛醇-水分配系数为 $\lg K_{ow}=0.5\sim3$）有很高的去除效率，中等亲水性有机污染物包括 BTX（即苯、甲苯、乙苯和二甲苯）、氯代溶剂和短链脂肪族化合物等。环境中微量除草剂阿特拉津可被植物直接吸收。

根系吸收的污染物一部分滞留在根部，另一部分转移到地上部。例如，*Thlaspi ochrolecum* 根中积累的 Zn 仅有 32%转移到地上部，*Thlaspi arvense* 在根液泡中储藏的 Zn^{2+} 的比例为 12%，而 *Thlaspi caerulescens* 只有 5%。疏水有机化合物（$\lg K_{ow}>3.0$）易于被根表强烈吸附而难以运输到植物体内，而比较容易溶于水的（$\lg K_{ow}<0.5$）有机物不易被根表吸附而易被运输到植物体内。

③ 重金属以络合态在超积累植物体内运转　植物必须有能力将吸收的污染物从根系运转到茎叶，通常情况下，根内的 Zn、Cd 和 Ni 浓度往往比茎叶中高 10 倍以上，但在超富集植物中，茎叶中的重金属浓度可以超过根内元素水平。一旦重金属进入植物组织或细胞，可以以多种方式运输，主要机制之一就是对重金属的络合作用。植物金属硫蛋白、植物络合素、游离的有机酸等物质将为重金属在植物体内的存在形态、运输和分布起重要的作用。

重金属化合物进入植物根部后，与植物体内的一些金属结合蛋白络合形成复合物，然后在体内转运。目前最引人注目的是两类富含半胱氨酸的多肽，即金属硫蛋白（metallothionein，MT）和植物络合素（phytochelatin，PC）。与硫共价结合的金属离子如 Ag^{+}、Hg^{2+}、Cd^{2+}、Ni^{2+}、Cu^{2+} 等能够与这些多肽分子中半胱氨酸残基上的巯基共价结合而形成络合物。通常，毒性重金属在体内与金属硫蛋白、植物络合素等金属结合蛋白络合为复合物后，随着这些蛋白一起被转运，最终在植物体的某些器官（如叶）中沉积。超积累植物 *Thlaspi caerulescens* 在吸收 Zn 的过程中，Zn 穿透根和叶细胞中原生质膜的速率较非超积累植物高。

对某些金属积累植物的木质部液体的分析表明：有机酸如组氨酸、苹果酸、柠檬酸等参与了金属转运，超富集植物体内的有机酸可通过螯合作用促进重金属的运输并降低重金属的毒性。Ni 超富集植物 *Alyssum serpyllifolium* 中有机酸的含量比其他植物中高得多。一种 Ni 超富集植物的提取物中，含 18%的 Ni、24%的柠檬酸和 43%的苹果酸，三者摩尔比为 1：0.4：1，酒石酸的含量极低，植物体内的 Ni 主要是和柠檬酸络合。庭芥属超富集体 *Alyssum lesbiacum* 叶片提取物中，Ni 的化学形态主要是由苹果酸和柠檬酸形成的络合物，而在木质部伤流物中组氨酸含量明显提高，组氨酸络合物可达 Ni 总量的 40%，伤流物中几乎所有的组氨酸都能与 Ni 形成络合态，而在非超富集植物 *Alyssum montanum* 中其含量没有变化，如果在营养液中加入组氨酸，则可以显著增加 *A. montanum* 对 Ni 的抗性及由根部向地上部运输的数量。Ni 的超累积植物 *A. serpyllifolium* 也有类似情况，植物伤流液中组氨酸与镍含量成正相关，组氨酸在植物体内与 Ni^{2+} 配位，能提高植物对 Ni^{2+} 的耐受性并促进在植物中的运输。如果能通过基因技术，调控这些有机酸的新陈代谢，就可能促进植物对重金属的吸收和提高耐性。

金属转运到地表部分可能发生在木质部，但是植物可以通过韧皮部使金属在体内重新分配。植物运输污染物的速度越快，表明该种植物的超累积能力越强，修复污染的效果就越好。

④ 超富集植物对重金属离子的储存　植物将重金属或有机污染物等吸入体内后，存在液泡的分室化效应，通过组织细胞内液泡膜上特异性转运蛋白的跨液泡膜转运作用而进一步在液泡中富集。忍耐型植物根部能灵活地泵吸锌到液泡，而非耐性植物没有这种能力。根中的 Zn 主要分布在液泡中，在细胞壁中分布较少，叶片的液泡内 Zn 高于质外体。对 *Alyssum serpyllifolium* 的组织进行离心分离发现，72%的 Ni 分布在液泡中，在超富集植物 *Silene vulgaris* 中，Cd 主要积累在下层表皮细胞的液泡中，储存 Cd 可能是其耐 Cd 的机制。

然而，液泡并非污染物的唯一富集部位。在 *Thlaspi caerulescens* 中的 Cd 主要分布在质外体中，液泡中分布较少；一种 Ni 超富集植物的叶片中，Ni 主要积聚在表皮细胞或绒毛中；有的超富集植物叶片中的 Zn 主要积累于表皮细胞，特别是亚表皮细胞中。*Silene coronatus* 中的 Ni 主要分布在叶片的细胞壁中；植物的蒸腾作用驱动了 Zn 在叶片中的运输，然后积聚在近轴表皮细胞壁的质外体中；对于与细胞壁具有高度亲和力的重金属如 Pb、Cu 来说，其存于细胞质内的量是极少的，蹄盖蕨属（*Athyrium yokoscense*）植物所吸收的 Cu、Zn、Cd 总量中大约有 70%～90%位于细胞壁，大部分以离子形式存在或结合到细胞壁结构，如纤维素、木质素上，随植物根部吸收铜总量的增加，细胞壁上铜的浓度也随之增加，而细胞质内铜的浓度却变化很小，因此，在植物对铜的耐性中，细胞壁起着重要作用；除细胞壁外，叶绿体是另一重要的铜分布位点，纤维素等细胞壁物质、酸溶性和水溶性极性化合物是与铜结合的主要细胞成分；许多观察表明，重金属进入忍耐型植物的共质体。

⑤ 利用植物的叶片吸收大气中的污染物　叶对大气中的汽溶胶和其他污染物的吸收可分别通过气孔和表皮角质层进行。大气中约有 44%的多环芳烃（PAHs）被植物吸收，植物还可以有效地吸收空气中的苯、三氯乙烯和甲苯。

吸收气态无机污染物，植物叶片主要通过气孔渗透的生理过程。植物可以通过气孔吸收大气中的多种化学物质，包括 SO_2、Cl_2、HF、重金属（如 Pb）等，其中对于可溶性污染物如 SO_2、Cl_2和 HF 等，要求通过湿润的植物表面吸收；而植物对于挥发或半挥发性有机污染物的吸收与污染物本身的理化性质（分子量、溶解性、蒸气压和辛醇-水分配系数等）有关。对于植物如何从空气中吸收重金属的机理性认识还很有限。

对疏水性极高的有机污染物，如杀虫剂、尿素衍生物、酚类、蒽类等物质，绝大多数是通过角质层渗透。

植物叶片对有机物的吸收能力与叶片的年龄和毛状体的量有关。一般来说，幼叶吸收外源有机污染物的能力比成熟叶片强，毛状体的量越大，越有利于吸附有机污染物。研究发现，芥子科植物含有许多叶面表皮毛状体，它对大气中多环芳烃类污染物的固体和液体汽溶胶具有较强的吸附力。

叶片吸收的污染物滞留在叶片中或转运到其他部位。植物主要通过叶片吸收氟化氢（HF），叶肉细胞吸收溶解在叶组织内部溶液中的 HF，并以扩散方式或由维管束将其转移到其他器官的细胞中去，但也有研究发现，叶片吸收 HF 后，将其积累在叶尖和叶缘，很少转移到茎或根部。

除吸收外，吸附也是叶片治理大气污染的有效途径。吸附是一种物理过程，主要发生在植物地上部分的植株表面，吸附与表面结构如叶片形态、粗糙程度、叶片着生角度等有关。植被是从大气中清除亲脂性有机污染物如多氯联苯（PCBs）和多环芳烃（PAHs）最主要的途径。

（3）重金属污染物存在形式与植物吸收效果

土壤中重金属的存在形态十分复杂，大多数的有害金属或者与土壤中的有机和无机成分结合，形成不溶性沉淀，或者吸附在土壤颗粒表面上，而在土壤溶液中的有害金属是极少的。

在土壤环境中重金属主要有以下几种存在形态：水溶态，指游离于土壤溶液中的重金属离子或者是土壤溶液中可溶性的重金属化合物；交换态，指位于离子交换位点上和专性吸附在无机土壤组分上的重金属离子；有机结合态；沉淀或难溶态复合物；存在于硅酸盐矿物结构中的残渣态重金属。

对于水溶态，超积累植物可以直接吸收；残渣态重金属植物不能利用；植物要积累交换态、有机结合态和难溶解复合物形态的金属，首先必须提高重金属的释放，使它们进入土壤溶液中。这种使与土壤相结合的金属的解脱过程可以通过以下几种方式来实现：a. 植物在根际分泌金属螯合分子，然后通过这些分子螯合和溶解与土壤相结合的金属，也可以在土壤内人为添加化学螯合剂来溶解不溶性金属，使重金属释放到溶液中，成为水溶态；b. 根能够通过具体的有金属还原酶参与的离子膜还原反应，还原与土壤结合的金属离子；c. 通过调节土壤环境，降低 pH 值，可以使与土壤结合的金属离子进入土壤溶液。植物通过根部分泌质子酸化土壤来溶解金属，另外，通过施用含铵肥料或土壤酸化剂来降低土壤溶液的 pH 值，使碳酸盐和氢氧化物结合态重金属溶解、释放，同时也能增加吸附态金属的释放，还可以通过溶解氧化物来增加重金属的溶解性。如在氧化物含量高的土壤内使用抗坏血酸，使亚硒酸盐氧化成硒酸盐，以增加硒的溶解性。

（4）植物吸收的相关基因

① 离子转运蛋白基因（ZIP 和 ITR1） 已从拟南芥中分离到两种转运蛋白及相关的基因，即锌转运蛋白和铁离子转运蛋白。锌转运蛋白（zinctransporter，ZIP）是一类能够转运 Zn^{2+}、Fe^{2+}、Cu^{2+}、Cd^{2+} 等的跨膜蛋白。植物体内含锌量不足可诱导该蛋白基因在根部的表达，而基因突变使该蛋白不能合成时，植物表现为 Zn^{2+} 缺乏症，说明这类蛋白与 Zn^{2+} 等的吸收有直接关系。运用基因工程技术使该基因在植物体内超量表达，将有助于植物超量积累 Zn^{2+}。铁离子转运蛋白（irontransporter 1，ITR1）能够高效地转运 Fe^{2+}、Cd^{2+}、Zn^{2+} 等。这两类转运蛋白及其他可诱导型转运蛋白为毒性金属离子转运进入根部提供了有效的通路。

② 汞转运蛋白基因（merT） merT 基因所编码的蛋白承担汞离子在细胞内转运的功能，直接影响生物体内汞离子的积累。MT 基因编码的金属硫蛋白能够与 Hg^{2+} 和 Cd^{2+} 等重金属离子结合，在 merT 转运蛋白的协同作用下超量积累这些重金属离子。

4.1.2.2 根际过滤

根际过滤技术（Rhizofiltration）简称根滤，是指在植物根际范围内，借助植物根系生命活动，以吸收、富集和沉淀等方式去除污染水体中污染物的植物修复技术。它与植物萃取有相似之处，即都是使污染物在植物体表或体内富集。但根滤只发生在植物根系或植物的水下部分，而植物萃取引起的污染物富集出现在植物地上部分，不是在根系中。根滤适合于修复水中污染物，对涉及大片轻度污染水体的净化时，根际过滤技术是一个特别有效且经济的方法。植物萃取更适于清除土壤中的污染物。有时常把植物萃取和根滤统称为植物富集（Phytoaccumulation）。

美国康乃尔大学威廉·朱厄尔教授研究发现，废水在植物根部形成一层膜，植物有如生长在阴沟不漏水的膜内，在不添加任何养料的情况下，植物的外延根就可以将污水中的有毒物质滤掉，净化废水。

一个理想的用于根际吸收的植物，应该具有迅速生长的根系，且这些根系能长期在水溶液中去除有害污染物。某些水生植物特别适合于根际过滤技术，如凤眼莲、破铜钱等，具有发达的纤维状根系和很高生物产量，尤其适合根际过滤技术的要求。凤眼莲是一种漂浮植物，能够在水中有效地去除镉、铬、硒和铜。破铜钱能够在水中有效地去除重金属和放射性核素。在乌克兰的切尔诺贝利试验场发现，向日葵能很有效地吸收池水中呈溶解态的放射性金属元素。

根际过滤技术特别适合于放射性核素污染水体的净化。在利用向阳花属植物去除水体中铀的实验中，几乎所有从水中去除的铀都集中在根部，并且根部与水相中铀浓度比的生物累计系数达 30000。Macaskie 指出，如果能与基于微生物的生物修复技术相结合，放射性核素的根际过滤技术将更加有效。在应用根际过滤技术处理含铀废水时，植物根部及其根际微生物的共同作用，对废水中的铀具有较高的吸附效率，因此，创造利于根际微生物生长的条件，对于提高铀的清除效率起着极其重要的作用。另外，因为向地表部分运输会产生更多污染了的生物残体，故用于根际过滤技术的植物不应是有效的金属传输者。

4.1.2.3 植物降解

环境污染物一旦被植物吸收后会有多种去向，除可以在组织间运输和再分配之外，某些植物还可将其在体内代谢、分解，使其毒性降低或完全消失，达到去除环境中有机污染物的目的。这涉及植物降解的范畴。

（1）植物降解的概念

植物降解（Phytodegradation）也称为植物转化（Phytotransformation），是指植物本身通过体内的新陈代谢作用或借助于自身分泌的物质（如酶类），将所吸收的污染物在体内分解为简单的小分子如CO_2和H_2O，或转化为毒性微弱甚至无毒性形态的过程。

以三硝基甲苯（TNT）为例，TNT在环境中非常稳定，是重要的环境危险物。杨树（*Populus deltodex*）、茄科植物 *Lyeopensicon peruvianum* 能从土壤和水体中迅速吸收TNT，在体内代谢为高极性的2-氨基-4,6-二硝基甲苯，最后转化为脱氨基化合物，转化的速度很快，以至于在某些植物体内很难检测出TNT的母体化合物，植物甚至在高浓度的TNT环境中（750mg/L）仍能生长良好。狐尾草属植物（*Myriophyllum aquaticum* Vell. Verdc）降解修复受美国阿依华陆军弹药厂爆炸物TNT所污染的地表水的效果甚佳，与对照相比，其降解、移除量可达到100%。另据报道，在全美的原军事基地中，大约有$82\times10^4m^2$的土壤受到爆炸物污染，主要污染物是TNT及其降解的中间产物，利用柳条稷（*Panicum virgatum* L.）进行降解和修复是一条有效途径。

把杨树种植于含有阿特拉津的土壤中，从它的根、茎、叶能提取到阿特拉津和6种代谢产物，而且随着时间的推移，叶片中代谢产物含量明显上升。黑藻对林丹、氯丹这些多氯苯类化合物有较强的清除能力。杂交杨树（*Poplus* sp.）截干可以清除残留在土壤中的大部分莠去净，且对树木生长没有任何副作用。

（2）植物降解的方式

① 植物体内酶氧化降解作用　植物体内的脱毒过程大部分属于酶氧化降解过程，即植物是通过酶催化氧化降解污染物，一般由多步反应完成，降解产物主要是低分子量物质。直接降解有机污染物的酶类主要为脱卤酶、硝基还原酶、过氧化物酶、漆酶和腈水解酶等。植物体内与NO_2代谢有关的酶类主要为硝酸盐还原酶（NR）、亚硝酸还原酶（NiR）和谷氨酰胺合成酶（GS）。

硝酸盐还原酶和漆酶可降解军火废物如TNT（2,4,6-三硝基甲苯），使之成为无毒的成分，脱卤酶可降解含氯的溶剂如TCE（四氯乙烯），生成Cl^-、H_2O和CO_2。通过根际的酶来筛选可用于降解某类化合物的酶，这可能是一种能快速找到用于降解某类化合物的植物的方法。

细胞色素P450是一种多功能酶，这种酶由构建膜和可溶态物质组成，能催化氧化反应和过氧化反应，它位于细胞质和分离的细胞器上，这种分布大大增加了植物的脱毒能力。植物体内PCBs的氧化降解主要是细胞色素P450的催化作用，而非过氧化物酶所致。植物体内还有一种微粒体单氧化酶，能使单环和多环芳烃转化为羟基化合物而被植物体吸收利用。

迄今，已发现有些酶能分解含氯的溶剂（如三氯乙烯、四氯乙烯），有些酶能降解除莠剂、三氮杂苯等农药，还有些酶能分解和转化废弹药。植物中的酶可以直接降解TCE，先生成三氯乙醇，再生成氯代乙酸，最后生成CO_2和Cl_2；植物体内的脂肪族脱卤酶也可以直接降解TCE。不同化合态毒性差异较大的金属（如铁），在某些酶的特异性催化作用下，由毒性较强的价态（Fe^{3+}）转化为毒性较低的价态（Fe^{2+}）。而一些污染物如PCBs在植物体内较难降解。

降解产物的进一步转化即深度氧化研究较少。杂交杨经三氯乙烯（TCE）水培液培养一段时间后，植物体内检出其降解产物三氯乙醇（TCOH），离开水培液后，TCOH逐渐消失，说明在体内TCOH被进一步降解，但其产物尚未确定。杂交杨能通过植物酶的催化氧化将TCE并入植物组织，成为其不可挥发和不可萃取的组分。植物对三氯乙烯（TCE）污染浅层地下水系的代谢效应，植物的茎、叶、根都可检测到TCE代谢为3种产物：2,2,2-三氯乙烷（TCET），2,2,2-三氯乙酸（TCAA）和2,2-二氯乙酸（DCAA），使地下水中TCE的浓度远低于植物，范围是0.4～90mg/L。

受体内酶活性和数量的限制，植物本身对污染物的降解能力往往较弱。为提高植物修复效率，研究者普遍采取将动物或微生物体内能降解这些污染物的基因转入植物体内的手段。将人的细胞色素P450基因转入烟草后，提高了转基因植株氧化代谢三氯乙烯（TCE）和二溴乙烯（EDB）的能力约640倍。这种基因工程的手段不仅能提高植物降解有机污染物的能力，还可以使植物修复具有一定的选择性和专一性，这也是基因工程技术的一个重要应用领域。

② 重金属络合解毒机制　有害金属进入细胞内必须解毒，才能减弱对植物的伤害。络合作用是指重金属离子与植物中对重金属具有高亲和力的大分子结合形成螯合物。超富集植物体内的各种有机化合物与重金属络合（螯合）后，能降低重金属自由离子的活度系数，减少其毒性，促进重金属的运输。植物体内存在多种金属配位体，主要包括有机酸、氨基酸、植物螯合肽（PCs）和植物金属硫蛋白（MTs）。金属配位体与金属离子配位结合后，细胞内的金属即以非活性态存在，或形成金属配位复合体后转运进入液泡中，从而降低原生质体中游离态金属的浓度。

Ni超富集植物 *Alyssum serpyllifolium* 中有机酸的含量比其他植物中高得多。在Ni超积累植物的汁液中鉴定出含Ni的化合物—— Ni柠檬酸盐，可以认为许多Ni超积累植物都是通过柠檬酸盐与金属的螯合作用来解除Ni对超积累植物叶面的毒害。其他的有机酸化合物如草酸、苹果酸、氨基酸、介子油葡萄糖苷等都有解毒功能（Popp，1983）。在高浓Ni 300μmol/L培养时，*Thlaspi lesbiacum* 的木质部汁液中的组氨酸含量明显提高，而在非超富集植物 *Alyssum montanum* 中其含量没有变化。当在培养液中添加组氨酸时，*A. montanum* 耐Ni能力增强，而且Ni从根部向地上部运输的数量增加。

在多种微生物、动物和植物细胞内普遍存在对金属离子具有亲和能力的蛋白质，称为金属结合蛋白（肽），金属结合蛋白最重要的结构特征是其富含His、Cys等氨基酸，目前用于重金属修复研究的金属结合蛋白主要来源于生物体、人工合成和生物文库筛选。在植物中发现了两种主要重金属结合肽即金属硫蛋白（Metallothinein，MT）和植物螯合肽（Phytochelation，PC），它们可与环境中的金属离子通过化学结合作用形成复合物使其失活，从而降低、富集或消除金属离子对生物细胞的毒性。植物为了适应高浓度的金属胁迫，能够形成缩氨酸类化合物即植物螯合肽（PC），这类缩氨酸的形成与植物含有元素周期表内29～83号过渡簇和主簇元素有关。多种重金属离子可诱导PC合成，例如Cd^{2+}、Cu^{2+}、Ag^{+}、Hg^{2+}、Pb^{2+}、Zn^{2+}等，并能与PC形成复合物，对植物重金属耐受性所起的重要作用。植物螯合肽既可以在根际环境存在，也可以在植物体内存在。尽管在高等植物中发现了与动物中金属硫蛋白相似的核酸类物质和蛋白质，但未见有任何实验证据能表明这类植物金属硫蛋白与植物重金属解毒作用有关，而植物螯合剂应该作为改善高等植物重金属耐受性的重要生物技术加以研究。

这种螯合物对重金属的固定作用，起保护植物体内重金属敏感酶的作用，而这些敏感酶总是控制着植物螯合剂的生物合成过程，从而影响到植物对重金属的忍耐性。

除络合作用外，金属元素和植物种类的不同解毒方式也有差异。锌在液泡内的区室化是锌离子的一种解毒机制。*Festuca rubra* 根尖分生细胞中的液泡体积在暴露于含锌离子溶液时增大，这表明，锌在液泡内的积累是锌离子的一种解毒机制。液泡中金属的多价螯合作用是帮助植物对重金属解毒的原因之一，植物茎、叶对重金属的解毒作用也与植物螯合物有关。以天蓝遏蓝菜为例，它表皮细胞的大小与细胞中 Zn 的含量成显著的正相关。这就说明，根从土壤中吸收到Zn后转移到地上部时，优先储存于叶的表皮细胞中的液泡里，从而起到解毒作用。细胞内锌离子的另一种解毒机制就是形成肌醇六磷酸锌沉淀。

③ 植物同化污染物　对含有植物生长所需营养元素的污染物，植物能将其同化到自身物质组成中，促进植物体自身生长的现象。除了参与光合作用的 CO_2 外，植物还可以有效地吸收空气中的 SO_2，并迅速将其转化为亚硫酸盐至硫酸盐，再加以同化利用。高等植物不仅能同化大气中的汽溶胶和其他污染物，还能从土壤和水体中吸收大量的致癌性芳香烃类物质，如苯并[*a*]芘、苯并[*a*]蒽、二苯并蒽。在同样条件下，普通枫树对大气中苯的吸收量比榆树高数百倍，比美洲椴树高数千倍。所以，在城市绿化和一些化工厂周围常栽种枫树。黑麦草能从土壤和水体中吸收大量的苯并[*a*]芘，所以在草坪草选择上黑麦草当作首选草种。

污染物植物降解的产物可以通过木质化作用同化成为植物体的组成部分，也可通过挥发、代谢或矿化作用使其转化成 CO_2 和 H_2O，或转化成为无毒性的中间代谢物如木质素，储存在植物细胞中，环境中大多数 BTEX 化合物，含氯溶剂和短链的脂肪化合物都是通过这一途径去除的。有机污染物到达叶肉细胞后同化成小分子有机物，被植物吸收，作为细胞骨架的物质。

④ 植物体内羟基化作用　羟基化作用是植物脱毒的一个重要反应，有机污染物进入植物体后，植物细胞将发生化学转化，如除草剂在植物体转化过程中形成的烷基基团，羟基化生成尿素可被植物吸收利用。多环芳烃（PAHs）在植物体内的转化反应主要是羟基化作用，微粒体单氧化酶可使单环和多环芳烃转化为羟基化合物。在植物体内，这一过程已被苯、萘和苯并［*a*］芘的氧化所证实。芳烃化合物进一步氧化生成苯醌。有机污染物分子在植物体内转化形成的产物主要是低分子量物质，它们类似于二级代谢产物。这些物质的进一步转化过程（称深度氧化）很慢，但尚未被实验证实。植物吸收 PAHs 后发生氧化降解，芳环上的大部分 C 原子被结合到脂肪族化合物中，变成了低分子量物质，一部分进一步氧化降解，一部分被植物吸收利用。

每种污染物被氧化的方式有多种。最常见的氧化反应除羟基化反应外，还有脱硫反应、脱氨反应、*N*-氧化反应、*S*-氧化反应、无环烃和环烃氧化反应等。

（3）植物降解的相关基因

寻找对某种环境污染具有超富集能力的植物固然是一种简便易行的方法，但遗憾的是，许多污染物至今还没有发现与之对应的超富集植物，如超富集汞的植物，同时还存在植物富集效率不高等问题。近年来，随着分子生物学技术的发展，人们试图从微生物、动物和植物中分离、克隆与植物修复相关的基因，将其导入植物体内，以便达到预期修复目的。如向模式植物拟南芥转移 merA 和 merB 基因，获得抗汞和挥发汞的转基因植物。与植物降解相关的基因如下。

① 有机汞裂解酶基因（merB）　具有抗汞性的革兰阴性细菌中，存在 merB 基因编码，

有机汞裂解酶，催化有机汞转化为汞离子（Hg^{2+}），降解甲基汞。用merB基因转化拟南芥，所得到的转merB植株对甲基汞及其他有机汞的抗性显著增强。

② 汞离子还原酶基因（merA） 抗汞细菌中，存在merA基因，编码汞还原酶（Hg（Ⅱ）reductase，HR），催化离子汞还原为基态汞（Hg^0）。

③ 金属硫蛋白基因（MT） 1957年Margoshes和Vallee在研究马肾中Cd天然结构蛋白时发现并命名MTs，迄今为止，MTs仍是唯一发现的天然含Cd^{2+}的生物化合物。金属硫蛋白（MT）基因家族，编码一类由60～80个氨基酸组成的多肽，金属硫蛋白MTs（Metallothioneins），分子量通常6～7kDa，富含Cys（20%～30%）等氨基酸，其中通常包含9～16个半胱氨酸残基，不含芳香族氨基酸，通常普遍存在于动物、高等植物、真核微生物及少数原核生物中。现在仍未了解清楚MTs在细胞中的基本功能，普遍的共识是：MTs可作为金属伴侣可以帮助相应金属元素在蛋白质折叠过程中，转运到其他的蛋白（如锌指结构蛋白）上，插入到活性中心，MT也可以络合重金属元素，控制细胞内微量元素的浓度，为细胞躲避重金属的伤害提供保护作用等。

豌豆PsMTA等基因已被克隆、鉴定并在不同植物中进行了遗传转化。小鼠的MTI基因，编码含有32个氨基酸的金属结合结构域，导入该基因的转基因烟草获得了较强的超富集Cd^{2+}能力。

MT基因有许多同源基因，如小鼠MTI、人类MTIA（α结构域）和MTII，中华大蟾蜍MTII、酵母CUP1。

④ 植物络合素合成酶基因（PCS） 植物络合素（PC）的结构式为$(\gamma\text{-Glu-Cys})_nX$，其中$n$一般为2～11，而X常为甘氨酸，也可以是丙氨酸或丝氨酸，是一类非核糖体合成的多肽。PC可与重金属络合形成配体复合物而产生植物的重金属抗性，并影响重金属在植物体内转运和富集，PC存在于真菌、水生硅藻外和各种植物中。PCs中Cys的SH多少对PCs结合重金属的能力起主要作用，羧基可增强多肽对金属离子的亲和能力并对金属蛋白复合物起稳定作用。

PC由三种酶催化合成，其中植物络合素合成酶（Phytochelatin synthase，PCS）的功能是催化GSH（还原型谷胱甘肽）之间的结合，形成PC_2直至PC_n寡聚体。拟南芥、小麦和酵母菌中存在它的同源基因AtPCS 1、TaPCS 1和SpPCS。重金属离子能激活PCS酶的活性。

⑤ 铁离子还原酶基因（FRO2） 铁虽是多种植物生长必需元素，但铁在土壤中主要以难溶的三价铁化合物形式存在，如氢氧化铁及多种氧化铁，难以吸收利用，而且对植物呈现出较强的毒性。拟南芥则能通过还原机制实现高效转化和吸收土壤中三价铁。超铁累集拟南芥突变体存在（frd21）FRO2基因，编码的还原酶，能够螯合三价铁离子并将其还原为相对无毒的亚铁离子，为跨膜蛋白，具有跨膜转运电子的功能。

酵母中可分离出铁离子还原酶基因FRE1和FRE2，FRE2和FRE1＋FRE2转基因烟草植株叶中Fe^{3+}的还原量比对照高4倍。

4.1.2.4 *植物挥发*

植物挥发（Phytovolatilization）指利用植物将污染物吸收到体内后，将其降解转化为气态物质，或把原先非挥发性的污染物变为挥发性污染物，再通过叶面释放到大气中。植物挥发是利用植物去除环境中的一些挥发性污染物。植物挥发是与植物吸收相连的，植物的吸取、积累、挥发作用达到减少环境污染物的目的。

植物的叶具有蒸腾挥发作用，蒸腾作用驱动小分子物质在叶片中的运输、积累、转化，有的被利用，有的被挥发到大气中，向大气挥发应以不构成生态危险为限，避免“二次污染”。利用植物的挥发作用，促进重金属转变为可挥发的形态，并将之挥发出土壤、水体和植物表面。一些植物在植物体内能将 Se 、As 和 Hg 等甲基化而形成可挥发性的分子，释放到大气中去。目前这方面研究最多的是元素汞与硒，有毒的 Hg^{2+} 经植物挥发后变成了低毒的 Hg，高毒的硒变成了低毒的硒化物气体。

无机汞（Hg）在污染的土壤和沉积物中是相对较难移动的，且通过生物或化学过程可以转变为毒性很强、生物有效性很高的甲基汞（CH_3-Hg^+）。传统治理 Hg 污染土壤造价昂贵，且需要挖出土体。利用植物挥发能便捷有效去除环境中汞。细菌在汞污染位点存活繁衍，通过酶的作用可将甲基汞和离子态汞（Hg^{2+}）转化为毒性小得多的单质汞而挥发到大气中。运用分子生物学技术将细菌体内对汞的抗性基因（汞还原酶基因 merA）转导到芥子科植物 *Arabidopsis thaliana* L. Heynh. 中，这一基因在该植物体内表达，进行汞污染的植物修复，将植物从环境中吸收的汞还原为 Hg^0，使其成为气体，从植物体中挥发。经基因工程改良过的烟草（*Nictioana tobacum* L.）和拟南芥菜（*Arabidopsis thaliana*）同样能把 Hg^{2+} 变为低毒的单质 Hg 挥发掉。转基因水生植物——盐蒿（*Artemisia halodendron* Turcz. ex Bess.）移除土壤中的无机汞和甲基汞。这些植物携有经修饰的细菌汞还原酶基因（merA），而转入能表达细菌有机汞裂解酶基因（merB）的植物可以将根系吸收的有机化合态甲基汞转化为巯基结合离子态（Hg^{2+}），拥有这两种基因的植物可以有效地将离子态汞和甲基汞皆转化为毒性较低的基态汞（Hg^0），并通过植物表皮细胞气孔挥发释放入大气。

利用植物也可将环境中吸收的硒 Se 转化为可挥发态形式（二甲基硒和二甲基二硒），从而降低硒对生态系统的毒性。

杨树是多品种系列的速生树种，各种杨树对多种有机污染物具有修复能力。白杨树能把所吸收的三氯乙烯（TCE）中的 90% 蒸发到大气中。植物的茎、叶、根都可检测出 TCE 的气化挥发及 2,2,2-三氯乙烷（TCET），2,2,2-三氯乙酸（TCAA）和 2,2-二氯乙酸（DCAA）3 种代谢中间产物。水培条件下杂交杨茎、叶可快速去除 1,4-二氧六环化合物，8d 内平均清除量达 54%，从模拟土壤中的清除较慢，18d 仅有 24%。其途径皆是由蒸腾吸收后通过叶片表面产生气化挥发。但杨树个别品种会造成“二次污染”，要通过筛选、繁殖适合不同修复场地的杂交树种才能有的放矢。

由于植物挥发只适用于挥发性污染物，应用范围很小，并且将污染物转移到大气中对人类和生物有一定的风险，因此它的应用将受到限制。

4.1.2.5 植物固定

(1) 植物固定的概念

植物固定（Phytostabilization）是指利用植物活动降低污染物在环境中的移动性或生物有效性，达到固定、隔绝、阻止其进入地下水体和食物链，以减少其对生物与环境污染的目的。当前植物固定的研究重点集中在重金属的去除上，Pb、Cr、Hg 是植物固定最可能的选择目标。

(2) 植物固定的方式

植物固定的作用机理表现为几种形式。

① 物理固定 包含游离污染物的土壤能和植物根系紧密结合，即根通过吸附作用，在根部积累大量污染物质，把污染物质和土壤固定在原地，防止污染物风蚀、水蚀和淋失等，减少二次污染。

② 螯合固定 通过植物根系改变土壤的化学、生物、物理条件来抑制其中的污染物，使其发生沉淀或被束缚在腐殖质上，减少它对生物和环境的危害。植物根系可以改变土壤的水流量，而根分泌物与根际中某些游离污染物如重金属等络合，促进植物对污染物的螯合作用，形成稳定的螯合体。以植物螯合剂的缩氨酸或其母体谷胱甘肽与重金属化合而对重金属的固定是植物解毒的一个重要途径。地衣中的藻类和真菌的细胞壁上也都观察到重金属络合物。螯合作用降低了污染物的活度，降低溶解态化学污染物在土壤中的流动性，将污染物稳定在污染土壤中，防止污染物在土壤中迁移和扩散，或经空气进入其他生态系统。

③ 改变污染物氧化还原电位 植物能使污染物发生氧化还原反应，改变其化合价或者把污染物变为不可溶的物质，如促使 Cr^{6+} 转变为 Cr^{3+}、铅转化为磷酸铅等，从而使其降低甚至完全丧失毒性。

④ 缔合作用 植物的生命活动提供了具有生物活性的土壤环境，而有机和无机污染物在此种环境下，以不同程度进行着化学和生物的缔合作用。这些缔合作用包括有机物与木质素或土壤腐殖质的结合、植物枝叶分解物和根系分泌物对重金属的固定作用、腐殖质对金属离子的螯合作用、在含铁氢氧化物或铁氧化物包膜上（此包膜存在于土壤颗粒表面或包埋于土壤中的小空隙里）形成金属沉淀及金属多价螯合物等，这些缔合作用降低了土壤溶液中污染物的浓度，也就是降低了污染物的可利用性，也减少了污染物被淋滤到地下水或通过空气扩散进一步污染环境的可能性。

植物固化技术的研究与实践主要针对于采矿、冶炼厂废气和污水厂污泥污染土壤的复垦。在重金属含量高的地段，由于毒性和人为扰动，天然植被比较稀少，需要种植一些耐金属类植物，建立植物覆盖。如一些植物可降低 Pb 的生物可利用性，根部释放的分泌物能促使污水中的铅以磷酸铅的形式沉淀下来，另外，根部的细胞壁上有许多由呼吸过程二氧化碳所形成的不可溶 $PbCO_3$，缓解 Pb 对环境中生物的毒害作用；植物能将铀酰离子转化成某种铀化合物沉积，隔离在根部以阻止其从污染点扩散等。

适用于植物固化技术修复土壤污染的植株应具有如下特性：a. 能够耐受土壤中高浓度的污染物；b. 能够通过根部物理固定、沉淀、缔合或还原等作用固定污染物。

然而，植物固定并没有将环境中的污染物彻底去除，只是暂时将其固定，使其对环境中的生物不产生毒害作用，如果环境条件发生变化，污染物的形态和生物可利用性往往发生改变。因此，植物固定不是一个很理想的修复环境污染的方法。

值得一提的是，植物对环境污染的上述四种修复方式并非格格不入、互不相干，相反，同一种植物往往同时采取两种或三种方式处理某一污染物，如杂交杨树从土壤中吸收的 TNT 有 70%被固定在根系，10%转移到叶部，15%被植物吸收利用。更重要的是，在修复土壤和水污染时，植物根系与微生物之间发生着微妙且富于变化的关系，这对于植物吸收、植物降解和植物固定起到至关重要的作用，是三者不可或缺的修复机制，并将它们紧密的联系起来。

4.1.2.6 植物-微生物协同修复

(1) 植物-微生物协同修复的概念

植物-微生物协同修复又称为植物促进（Phytostimulation）或根降解（Rhizodegradation），指利用绿色植物及其共存微生物体系，通过促进植物的根系和根系周围微生物的活性和生化反应，使污染物释放、吸收和转化而降低或去除毒性，达到修复土壤污染物的一种环境污染治理技术。

植物根系-土壤-微生物与其环境条件相互作用的微区域，形成一条独特圈带，称为根际圈（Rhizosphere）。这个区与无根系土体的区别即是根系的影响。它以植物的根系为中心，不仅聚集了大量的细菌、真菌等微生物，还影响到蚯蚓、线虫等土壤动物的生理作用，实际上体现了一个特殊的"生物群落"的综合作用。

生长于污染土壤中的植物首先通过根际圈与土壤中污染物质接触，这些污染物质包括不能降解的重金属等无机物，又包括难以降解的多环芳烃（PAHs）等有机污染物。大量研究表明，根际圈通过植物根及其分泌物质和微生物、土壤动物的新陈代谢活动对根际中污染物进行的酸碱反应、氧化还原反应、络合解离反应、生化反应、活化固定、吸附解吸等一系列活动，改变重金属的生物有效性和生物毒性，把有机污染物分解为小分子产物，或完全矿化为 CO_2、H_2O。植物-微生物协同修复系统在污染土壤植物修复中起着重要作用，而其作用机理则体现在多个层面上。

（2）植物根际促进修复的方式

① 植物根系分泌物对微生物和土壤动物的影响　根是植物体重要的器官，植物在不断地竭尽全力寻找水源和矿物质的进化过程中，形成了庞大的根系和超凡的吸收机制。以盆栽黑麦为例，根的总长（包括根毛）大约为 620km，总表面积超过 3000m^2。如果在土壤中栽培，其根系将更大。植物根系具有固定植株、吸收土壤中水分及溶解于水中的矿质营养等生理功能。在植物-微生物协同修复系统中，根系表面积越大，根毛越多，修复的效果越显著。

根系发育的整个表土层形成一个特殊的生态环境，它不仅是物质和能量的交换场所，还是土壤物质循环的重要作用界面。植物根系在从这个门户之地吸收水分、矿质营养，同时向根系周围土壤环境释放各种物质。植物根系分泌物包括 4 种类型：a. 渗出物，即细胞中主动扩散出来的一类低分子量的化合物，包括 CO_2、C_2H_2、HCO_3^-、H^+等；b. 分泌物，即细胞在代谢过程中被动释放出来的物质，有机酸、糖类物质、氨基酸、脂肪酸、酮酸、单糖类、多糖、维生素、酒精、聚乳酸、生长因子、细胞的自分解产物等；c. 黏胶质，包括根冠细胞、未形成次生壁的表皮细胞和根毛分泌的黏胶状物质（根生长穿透土壤时的润滑剂）；d. 裂解物质，即成熟根段表皮细胞的分解产物、脱落的根冠细胞、根毛和细胞碎片等；据估计，根系分泌的有机化合物在 200 种以上，每年释放的总量约占其年光合作用产量的 10%～20%，称为根际沉降（Rhizodeposition）。

根系分泌物质增加了土壤有机质的含量，为根际微生物生长提供了有机碳源，植物释放的有些分泌物也是微生物共代谢的基质，根系的输水性能也为微生物生长提供更为适宜的湿度环境，并且，植物根系巨大的表面积也是微生物的寄宿之处。这些因素刺激着某些微生物和土壤动物在根系周围大量地繁殖和生长，使得根际圈内微生物和土壤动物数量远远大于根际圈外的数量，一般为根际圈外的 5～20 倍，有的高达 100 倍。根际圈内增加的微生物没有选择性，证明是由于根区的影响，而非污染物的影响。根际微生物的群落组成依赖于植物根的类型（直根或丛根，有瘤或无瘤）、根毛的多少以及根的其他性质、植物种类、植物年龄、土壤类型以及植物根系接触有毒物质的时间等，这些因素都可以影响根际微生物对特定有毒物质的降解速率。

这种微生物在数量和活动上的增长，增加了微生物对污染物的矿化作用，因此根际圈内的微生物，除直接利用自身的代谢活动降解有机污染物外，还具有根际圈外细菌所不具有的降解有机污染物的独特之处。而且发现多种微生物联合的群落比单一种的群落对化合物的降解有更广泛的适应范围。如多种细菌可利用植物根分泌的酚醛树脂如儿茶素和香豆素进行降解 PCBs 的共代谢，也可以降解 2,4-D。

植物根际增加的微生物能增加环境中有机物质的降解。有些土壤微生物不能将有机污染物作为生长营养加以利用，但根系分泌物在微生物降解有机污染物时起共代谢或协同作用，促进有机物最终分解为 CO_2、H_2O、N_2、Cl_2等简单无机物。在有石油污染的水稻田土壤中分离出的微生物 *Bacillus* sp. 仅在有水稻根系分泌物存在的情况下才能在石油残留物中生长。这表明，水稻根系促进了特定的微生物消除石油残留物。有研究发现，根际微生物对阿特拉津的矿化作用与土壤有机碳成分直接相关。土壤中有机碳的增加可阻止有机污染物向地下水转移。植物根际区的农药降解率与微生物数量的增加呈正相关。一般认为，微生物繁殖所需的能源和营养由根系脱落细胞和分泌物供给，而多种微生物构成的微生物群落也可以在以除草剂 2-甲基-4-氯丙酸作唯一碳源和能源的条件下生长。

植物根区的菌根真菌与植物形成共生作用，植物根际分泌物刺激了细菌的转化作用，用以降解不能被细菌单独转化的有机物。

② 根际分泌物改变有机污染物的吸附特性　根际分泌物能促进土壤中有机污染物与腐殖酸的共聚作用，帮助污染物固定，同时这种缔合形式能提高植物对污染物的吸收转运能力。如南瓜、甜瓜等植物的分泌物，能与 2,3,7,8-TCDD 等有机污染物结合，并增加其水溶性，从而提高植物对其的吸收转运效果。苜蓿草在修复多环芳烃和矿物油污染土壤时表现显著，正是由于苜蓿草的根特异分泌一些有益的化合物。

③ 植物根际环境有助于保持酶的活性　在单子叶植物根际圈内，分泌有降解特定有机污染物的酶，如脱卤酶、硝酸还原酶、过氧化物酶、酚氧化酶、抗坏血酸氧化酶、漆酶和腈水酶等，促进有机污染物的转化和降解，使之降解为低分子量的有机物，甚至可进一步分解为 CO_2、H_2O 和无机盐（Schnoor，1995）。这些酶只有在植物存在的环境中才能有效发挥降解污染物的作用，而游离于根际以外的酶会被低 pH 值、高金属浓度和细菌毒性等因素摧毁或钝化，丧失降解能力。

④ 植物根系促进污染物的固定　植物根系向周围土壤中分泌的有机物能不同程度地降低根际圈内污染物质的可移动性和生物有效性，减少污染物对植物的毒害。如分泌金属螯合分子，包括有机酸等，与土壤结合态的金属螯合和溶解，降低重金属的活度，减少毒性。

植物对有害金属离子的吸收与离子在溶液中的活度有关。重金属在土壤中的存在形态十分复杂，大多数的有害金属要么与土壤中的有机和无机成分结合，形成不溶性沉淀，要么吸附在土壤颗粒表面上，而在土壤溶液中的有害金属是极少的。对植物来说，要积累这些与土壤相结合的金属，首先必须使它们进入土壤溶液中。螯合物质如有机酸、氨基酸、多肽、蛋白质等可增加金属离子的溶解度，降低其活度。根系分泌的低分子量有机酸在土壤金属离子的可溶性和有效性方面扮演着重要角色，根际游离金属离子如果和分泌到跟际的螯合剂形成稳定的金属螯合物复合体，其活度就降低，这是解脱与土壤相结合金属的方式之一。此外，根系分泌物可以通过吸附、包埋金属污染物，使其在根外沉淀下来。根系分泌物的黏胶状物质与 Pb^{2+}、Cu^{2+}、Cd^{2+}等金属离子竞争性结合，使它们停滞在根外，黏胶状物质的主要成分是多糖，金属在黏胶中可以取代 Ca^{2+}、Mg^{2+}等离子，作为连接糖醛酸链的桥，也可以与支链上的糖醛酸分子基团结合。铀和微生物细胞壁上的活性基团发生定量结合反应，这些基团包括羧基、羟基、磷酸基、氨基等，通过物理吸附或形成无机沉淀沉积在细胞壁上。

⑤ 植物根分泌物对根际环境的影响　根系对根际土壤理化性质的影响很大。根际区的CO_2浓度一般要高于无植被区的土壤。氧浓度、渗透和氧化还原势也是植物影响的参数。植物根际环境为微生物提供生存场所，并可转移氧气，使根区的好氧转化作用能够正常进行，这也是植物促进根区微生物矿化作用的一个机制。环境改变还调节污染物的化学形态，对污染物质起钝化、固定作用。

根际有机酸分泌物存在对金属离子的酸溶解作用。根际分泌的甲酸、乙酸和苹果酸等有机酸能调节根际 pH 值，加速土壤根际圈酸化，黏胶有时以酸形式出现，其携带的羧基等酸性基团增加根部质子（H^+）释放，对根际也有明显酸化作用，使根际土壤的 pH 值与无植被的土壤相比较要高 1～2 个单位。土壤中绝大多数金属污染物都是以难溶态存在，其可溶性很大程度受环境酸碱度的影响。一般而言，土壤 pH 值越低，其溶解度就越大，活性就越高，反之则越固定，活性降低。因此，低 pH 值可以促进难溶性矿物的溶解，使与土壤结合的金属离子进入土壤溶液。当土壤 pH 值从 7.0 下降到 4.55 时，交换态 Cd 增加，难溶性 Cd 减少，表明根系中有机酸引起的 pH 值变化在一定程度上调节着植物对重金属的吸收。各种有机酸对 Cd 的活化能力最强，而对 Pb 的活化能力最弱。

植物根系的生长也能不同程度地打破土壤的物理化学结构，使土壤产生大小不等的裂缝和根槽，土壤变得疏松、通风，引导土壤中挥发和半挥发性污染物的排出。根系分泌物对土壤团聚体大小、阳离子交换量（CEC）及吸附性均有不同程度影响。根系分泌物中的黏胶对土壤微团聚体稳定性、团聚体大小、分布等物理性质有显著影响。种植豌豆（*Pisum sativum*）、玉米（*Zea mays*）和黑麦（*Secale cereale*）的土壤，大于 9.5mm 的团聚体明显减少，而 0.25～9.5mm 的团聚体增加。根际阳离子交换量显著增加的原因是根际分泌物中黏胶和聚醛酸含有大量羧基，是很好的阳离子交换基团。

根系与土壤物理、化学性质不断地变化，使得土壤结构和微生物环境也不断变化。根系的输水性能也为微生物生长提供更为适宜的土壤湿度环境。根际环境还可以刺激根系分泌糖类和有机酸，可强化根际硝化细菌活性，从而有利于尿素衍生物的降解。由于根际土壤中微生物的活动明显高于非根际土壤，氧化还原电位的下降，诱导发生还原活化作用，使土壤中如 Fe、Mn 等变价金属还原，提高它们的有效性。根际环境的改变与植物种类和根系的性质有关。

（3）微生物活动增进植物修复效果

微生物与植物的作用是相互发生的，二者是相辅相成的。一方面，植物为根际微生物提供多种营养，降低有毒物质对微生物的毒性，另一方面大多数污染物达到一定浓度时对植物具有毒性，在植物修复过程中，植物承受环境污染物的毒性影响是经过根际系统以及根际微生物作用后的毒性影响，由于根际微生物对有机污染物的降解、代谢作用，使环境污染物对植物的影响作用大大减小。根际微生物对凤眼莲（*Eichhornia crassipes*）清除水溶液中马拉硫磷起了约 9%的作用。在根际，一些有机污染物被植物或与之有关的微生物降解、矿化，某些杀虫剂成分如三氯乙烯和石油醚等能在根际快速降解，但在土体中降解过程的整体速率相对较慢。

植物和微生物的相互作用是复杂的、互惠的。微生物群落可分布在根际、根组织、木质部液流、茎叶组织中以及叶的表面。微生物的生命活动如氮代谢、发酵和呼吸作用及土壤动物的活动等对植物根也产生重要影响，它们之间形成了互生、共生、拮抗及寄生的关系。

① 微生物影响根系分泌物的释放　土壤中微生物的次生代谢产物，对植物根系的分泌作用既有刺激又有抑制，影响根细胞渗透性和根的代谢活动，因而影响根分泌物的组成与含量。大豆（*Glycine max* L.）根分泌物可以显著促进根际细菌的生长，而细菌的存在可以促进根系的分泌作用。用粪产碱菌浸种或沾稻根系均能明显增强水稻根分泌氢离子的能力。

② 根际微生物改变根际营养对植物的有效性　增加了植物对水、矿质元素和包括重金属的吸收，从而提高生物产量。细菌是根际圈中数量最大、种类最多的微生物，是最活跃的生物因素，在有机物分解和腐殖质的形成过程中起着决定性作用。最明显的例子是有固氮菌的豆科植物，其根际微生物的生物量、植物生物量和根系分泌物都有增加。这些条件可促使根际区有机化合物的降解。2-氯苯甲酸在种植野黑麦（*Elymus dauricus*）并接种 1∶1 的假单孢干菌（*Pseudomonas aeruginosa* R75 和 *Pseudomonas savas-tanois* CB35）土壤中的含量，56d 后由 61mg/kg 下降到 29mg/kg，而在种植该植物的消毒土壤中的含量没有变化。

③ 植物的根自身有相当的代谢活性，并有多种代谢酶在起作用，活跃在根际的微生物群落能将植物的这些功能进一步提高，而植物降解有机污染物产生的毒性物质也只能由微生物进一步清除，大量活跃的微生物可以把大分子化合物转化为小分子化合物。

④ 微生物也可以分泌出质子、有机质，增加对植物根际重金属元素的活化能力。大多数微生物细胞壁存在着磷酸质的羧基使细胞壁带负电，能够与金属离子结合，如某些酵母菌的活菌或死菌对 Cu^{2+}、Cd^{2+} 和 Ni^{2+} 都有不同程度的吸附能力。微生物也能产生某些物质与金属发生反应，如硫细菌产生 H_2S 与金属反应生成硫化物沉淀。

(4) 特异性根分泌物与修复植物遗传改良

特异性根分泌物是植物营养效率基因型差异的标记物，它可作为修复植物遗传改良的一个重要指示性状。特异性根分泌物组分和含量上的变化反应了植物对难溶性养分选择吸收的遗传差异，这为分子图谱分析及控制基因定位奠定了基础，也为植物基因型的遗传改良、矿质营养育种以及基因工程的应用提供了有效途径。

目前，特异性根分泌物有：禾本科植物缺铁或缺锌时主动分泌的麦根酸类植物铁载体、木豆缺磷时分泌的番石榴酸，白羽扇豆缺磷时大量分泌的柠檬酸。这 3 种特异性分泌物均由营养胁迫诱导产生。荞麦（*Fagopyrum esculentum Moench* L.）在铝胁迫时，大量分泌草酸，而且这种分泌作用专一性很强。因此，草酸的分泌很可能是荞麦耐铝胁迫一个重要反应，草酸能否作为荞麦耐铝胁迫的特异性根分泌物还值得商榷，但可以肯定，草酸是荞麦耐铝胁迫反应的一个重要指标。能否用草酸作为荞麦耐铝胁迫的遗传改良标记也有待进一步研究。

在植物遗传改良中最有希望获得成功的是麦根酸类植物铁载体，因为植物铁载体的分泌与否在植物之间差异非常明显。双子叶和非禾本科单子叶植物对缺铁的适应性反应主要表现为根系还原力，氢离子分泌量及酚酸类物质分泌量增加，而禾本科单子叶植物对缺铁的反应则主要表现为大量分泌植物铁载体。正是这些差异的存在，为人们研究这些机理的遗传控制基因提供了动力和目标。相信运用现代分子生物学的手段，将这些植物特异性状（如特异性根分泌物）的控制基因克隆出来，共同导入目标作物中，不仅会实现粮食增产，而且也会实现植物对胁迫环境的适应和修复。

(5) 菌根生物修复技术

大多数植物都能形成菌根，菌根（真菌）是土壤中的真菌菌丝与高等植物营养根系形成的一种特殊的联合共生体。菌根真菌在从植物根部获取必需的碳水化合物和其他物质的同时，也为植物提供生长所需的营养和水。Bradley 于 1991 年首次报道石楠菌根能够降低植物对过量重金属铜和锌的吸收。

菌根真菌是土壤真菌的一种，但与土壤中放线菌和细菌等微生物相比，其对土壤中有机污染物具有更大的忍耐能力，并且能利用土壤中大多数持久性有机污染物作为碳源来获取能量。菌根对持久性有机污染物的降解作用没有专一性。不同的菌根真菌能降解同一种有机污染物，同一个菌种能对不同的有机污染物起作用。如多氯联苯能被 13 种外生菌根真菌降解，菌种 *Hebeloma crustuliniforma* 能降解菲、蒽、荧蒽、芘、二萘嵌苯及多种多氯联苯等物质。

菌根能促进植物富集重金属离子，起到转移土壤重金属污染物的目的。菌根植物的根系首先通过根面上菌丝与根际圈内的重金属接触，进而对重金属产生吸收、屏障和螯合等直接作用。

菌根对污染物植物修复的作用主要有以下几个方面。

① 菌根的形成也同时影响植物根际微生物的种类和数量　据研究，树木每克外生菌根（鲜质量）能支持 106 个好氧细菌和 102 个酵母菌。菌根根际微生物的数量比周围土壤高 1000 倍。

② 从枝状菌根外生菌丝的重量占根重的 1%～5%　在 1cm 长的菌根表面，外生菌丝的干重约为 3.6μg。这些菌根表面外生菌丝体向土壤中的延伸，极大地增加了植物根系吸收的表面积，有的甚至可使根表面积增加 46 倍，菌丝能帮助植物从土壤中吸收矿质营养和水分，增强了植物的吸收能力，促进植物生长，提高植物的耐盐、耐旱性，当然也包括对根际圈内污染物质的吸收能力的提高，在污染土壤修复中起着重要作用。外生菌丝在土壤中形成纵横交错的网络，增加了与根接触的土量，可提高土壤质量。此外，菌根生物修复技术不但能修复土壤，同时也能提高植物抗病能力和作物产量。

菌根向宿主植物传递营养，使植物幼苗成活率提高，宿主植物抗逆性增强、生长加快，促进植物对污染物的修复作用。Merlin 等早在 1952 年就证实了菌根菌丝向宿主植物传递 P 和 N，促进宿主植物的生长。近年来，对菌根真菌菌丝向宿主植物传递 N 和 P 进行的定量测定得知，菌根菌丝对植物体 N、P 的运输量较大，促进植物的生长。

③ 菌丝本身能够吸收、累积和运输重金属　在菌根真菌中，重金属被束缚在细胞壁的组成成分中，如纤维素衍生物、黑色素及几丁质。此外，重金属可以在真菌细胞内部积累，如 Zn 和 Cd 等，这可能促进了根系对重金属的吸收能力。

菌根能影响菌根植物对重金属的积累和分配，使菌根植物体内重金属积累量增加，提高植物提取的效果。菌根苗体内 Cu 含量是非菌根植物体内 Cu 含量的 2.6 倍，Zn 含量是 1.3 倍。在锌、镉和镍污染的土壤上接种菌根真菌后，苜蓿（*Medicago sativa*）体内重金属由根系向地上部分转移增加。这有利于应用植物提取重金属的操作（Richen，1996）。

④ 菌根直接分解有机污染物　菌根真菌是异养微生物，它需要分解外源碳得到能量以供生长和繁殖，而有机污染物以碳为主要构成元素，理论上可以作为菌根真菌的外源碳。菌根真菌可能通过酶分泌而直接代谢有机污染物。土壤环境能促进真菌好氧酶的生产，菌根真菌用好氧酶类直接降解土壤有机污染物的物质。利用好氧酶把有机污染物转化为正常代谢中容易降解的中间产物，进而矿化为二氧化碳、水和无机盐。菌根真菌所分泌的酶也可能通过提高污染土壤中的其他微生物活性，间接降低土壤有机污染物的污染水平。

⑤ 共代谢降解　共代谢是指化合物不能被完全矿化利用，降解菌必须从其他底物获得大部分碳源和能源。对于降解土壤有机污染物的微生物来说，即是指利用一种易于摄取的初级底物作为碳源和能量来源，而有机污染物作为第二底物被降解。在根际土壤中，菌根真菌与植物互为共生关系，菌根真菌从植物获得基本的碳源，植物通过菌根增强对矿质养分的吸收，这种共生关系可能导致菌根真菌通过从植物获得基本能量和底物，再通过共代谢的方式加速降解土壤中的有机污染物。

菌根真菌对大多数有机污染物起到不同程度的降解和矿化作用，其降解的程度取决于真菌的种类、有机污染物类型、根际圈物理和化学环境条件及微生物群系间的相互作用。许多外生菌根真菌对多氯联苯（PCBs）可以部分降解，如裂皮腹菌属真菌和黏盖牛肝菌属的真菌可以不同程度地降解较难降解 POPs，其他真菌对供试的 PAHs（菲、蒽、荧蒽、芘）都能部分降解。

有些微生物对一些有机污染物的降解，可能并不是从共代谢基质上获得能量和碳源，只是改变了共代谢化合物的化学结构。微生物能代谢有机物，不是将其作为能量来源利用，而是一种辅助代谢现象，即通过菌根真菌在利用生长基质的同时，实现一种酶触过程，将有机污染物分解。

⑥ 菌根对重金属的屏障作用　内生菌根真菌在根系外形成菌丝后，对重金属也有机械屏障作用。外生菌根真菌形成菌套，对重金属的屏障作用较为明显。在受 Zn 污染的大戟属植物 *Euphorbia cyparissias* 的内生菌根中，高浓度的 Zn 以结晶态沉积在真菌菌丝和菌根皮层之间。在玫瑰色须腹菌（*Rhizopogon roseolus*）和欧洲赤松（*Pinus sylvestris*）形成的菌根中，Cd 和 Al 富集在菌套中。有的研究认为，细菌将 Cd 吸附在夹膜（即细胞壁外的一层膜）上，有的研究认为，质粒能编码细菌的主动运输和称为化学渗透泵的排除系统，从而使 Cd 从细胞质移动到周质区即细胞膜与细胞壁间的空间。

⑦ 菌根真菌细胞中的成分，如几丁质、色素类物质能与重金属结合，将重金属纯化。根霉菌 *Rhizopus arrhizus* 细胞壁上的几丁质与离子态的铀化合，并保持在菌丝体的细胞壁内。内生菌根真菌也可以分泌某些物质将重金属螯合在菌根中，以减少其向植物地上部转移。菌根真菌培养物中，草酸、柠檬酸、苹果酸、琥珀酸等有机酸随着重金属浓度的增加而增加，这可能是真菌利用这些有机酸降低 pH 值及与重金属结合、纯化重金属的结果，进而具有降低重金属毒性。真菌利用外生菌丝细胞质的黏液与 Cu 和 Zn 的聚磷酸盐的螯合作用修复 Cu、Zn 污染土壤。

⑧ 内生菌根真菌对重金属污染土壤的修复还表现在间接作用方面，即真菌侵染植物根系后改变根系分泌物的数量和组成，进而影响根际圈内重金属的氧化状态，同时也能使根系生物量、根长等发生变化，改变土壤 pH 值等植物根际环境，改变重金属的存在状态，从而影响重金属的吸收和转移，降低重金属毒性。外生菌根真菌促进根对有机污染物吸收。

在 Zn、Cd 和 Ni 污染的土壤上接种菌根真菌，发现苜蓿体内重金属由根系向地上部的转移量增加，而燕麦则与此相反，这是因为菌根真菌的侵染使苜蓿的根变短，而使燕麦的根增长。这种间接的调节作用，有可能保护根系免受重金属毒害，也可能促进以重金属元素为营养的根系的吸收能力。菌根小麦可通过调节根际中土壤的金属 Cu、Zn、Pb、Cd 形态调节土壤中金属的生物有效性，降低重金属的毒性。通过 X 射线光谱分析发现，耐重金属菌株 *Pisolithustinctorius* 分泌物含大量与磷酸盐结合的铜和锌，从而限制了铜和锌的毒性。

对植物菌根真菌的修复作用还有必要进行更为深入的研究，筛选出保护性真菌及特异性共生植物，以便作为废弃重金属矿区和有机污染地区再绿化工程中的先锋植被种，不仅对污染土壤起到修复作用，而且还利于环境的美化及水土保持。

4.1.2.7 人工湿地技术

在植物-微生物协同修复技术应用于水污染处理的探索中，逐渐建立起一套较为系统的污水处理技术，即人工湿地技术。

人工湿地技术（Constructed Wetlands）是指利用人工建造和监督控制的、适宜于水生植物或湿生植物生长的、与沼泽类似的地面即人工湿地，处理废水的一种污染治理工艺。人工湿地技术是20世纪70～80年代蓬勃兴起的废水处理新技术。处理工艺主要有三种形式，即表面流工艺（SFW）、地下潜流工艺（SSFW）、立式流湿地工艺（VFW）。它具有出水水质稳定、基建及运行费用低、维护管理方便、耐冲击负荷强、适于处理间歇排放的污水、氮磷去除率高等优点，尤其适合我国国情。

人工湿地能够利用基质-微生物-植物这个复合生态系统的物理、化学和微生物分解来实现对废水的高效净化。物理作用，即当污水进入湿地，经过基质层及密集的植物茎叶和根系，使污水中的悬浮物固体得到过滤，并沉积在基质中，也称为物理沉积。化学反应，即指由于植物、土壤-无机胶体复合体、土壤微生物区系及酶的多样性，人工湿地中的污染物可以通过各种化学反应如化学沉淀、吸附、离子交换、拮抗、氧化还原等过程得以去除。去除有机污染物主要依赖系统中的生物与其发生生化反应，由于生长在湿地中的挺水植物对氧的运输、释放、扩散作用，能将空气中的氧气转运到根部，再经过植物根部的扩散，在植物根际就会有大量好氧微生物将有机污染物分解。而在根系较少达到的区域将形成兼氧区和厌氧区，有利于硝化、反硝化反应和微生物对磷的过量积累作用，从而达到除氮磷的效果。

水生植物在人工湿地污水净化中起着十分重要的作用，一方面水生植物自身能吸收一部分营养物质，另一方面它的根区为微生物的生存和降解营养物质提供了必要的场所和好氧、厌氧条件。人工湿地的植物要选择高等水生维管植物，芦苇、蒲草、灯心草、水葱等耐污能力强、根系发达、茎叶茂密、抗病虫能力强，且有一定经济价值，都被用于人工湿地技术。

在湿地系统吸附和转化的污染物总量中，植物根系吸附只占很小的一部分。植物根系在人工湿地中的作用有：提供微生物附着和形成菌落的场所，并促进微生物群落的发育；根部通过释放氧气来氧化分解根际周围的沉降物；植物代谢产物和残体及溶解的有机碳给湿地中的硫酸还原菌和其他菌提供食物源等。唐述虞曾用人工湿地技术处理含重金属的铁矿酸性排水。目前人工湿地常用的植物为水生或半水生的维管植物，如凤眼兰、破铜钱等。它们能在水中长期吸收铅、铜和镉等金属。

现已开展涉及人工湿地处理工业废水的研究，可用来清除水体中低浓度放射性铀，并认为人工湿地独特而复杂的净化机理使其能够在含重金属工业废水的处理中发挥重要作用。

人工湿地生态结构复杂且收获富含金属残体的难度大。在通气良好的水中，印度葵幼苗能从人造污水中积累不同的金属。基于此幼芽的人工湿地系统，不仅可以迅速建立，还易于收获富含金属的残体。

但是，迄今为止，应用人工湿地处理特殊工业废水的研究和实例尚不多见，这在一定程度上已经成为该技术进一步推广应用的限制因素。

4.2 植物修复的影响因素

植物与环境污染物质的相互作用是十分复杂的，有毒物质被植物修复的原因尚难完全阐明。在研究植物修复环境污染的作用中，发现了植物修复效果的多种影响因素及其规律，并对此进行了较为深入的研究。植物从环境中对污染物的治理效果主要依赖于植物的特性、污染环境特点、污染物的物理化学性质和环境条件等。

4.2.1 植物特性

植物修复的效果主要受限于植物本身的修复能力，取决于植物对污染物的吸收同化能力，植物的吸收效率、蒸腾速率、植株生物量、植物的年龄、根系发育状况（如根系结构、根毛多少、根瘤的有无）等生理特点对植物同化污染物的能力产生重要影响，这些修复特性是植物自身的遗传特性，取决于植物本身。

4.2.1.1 植物蒸腾作用的影响

植物对污染物的吸收分为主动吸收和被动吸收，被动吸收可看作污染物在土壤固相-土壤水相、土壤水相-植物水相、植物水相-植物有机相之间一系列分配过程的组合。其动力主要来自蒸腾拉力，植物蒸腾作用是水分养料等向上运输的动力，增加蒸腾作用可加大污染物运输量，加快污染物的吸收。不同植物的蒸腾作用强度不同，对污染物的吸收转运能力不同。将芥菜置于电扇旁，EDTA-Pb 吸收量增加 30%，相反，套上塑料袋则吸收量减少 35%。

蒸腾速率是决定污染物吸收的关键因素，其又取决于植物的种类、叶片面积、营养状况等。

4.2.1.2 植物组织成分的影响

植物种类间组织成分不同，不同植物积累、代谢污染物的能力也不同。脂质含量高的植物对亲脂性有机物染物的吸收能力强。如花生等作物对艾氏剂和七氯的吸收能力大小顺序为：花生＞大豆＞燕麦＞玉米，蔬菜类对农药的吸收能力顺序为：根菜类＞叶菜类＞果菜类。

4.2.1.3 植物种类

植物种类不同，对污染物的吸收能力各不相同，即使同一种类植物不同部位对污染物的吸收也有区别，这可能缘于植物对污染物的吸收机制存在差异。夏南瓜对 PCDD/PCDF（$\lg K_{ow}>6$）的富集能力明显大于其同族植物南瓜、黄瓜且它们间的吸收方式不同，夏南瓜与南瓜主要以根部吸收为主，并向地上部分迁移，而黄瓜主要通过地上部分从空气中吸收。

约有近 90 种植物能有效吸收和富集 70 余种有机污染物，而有些植物对重金属的耐受性特别高，其体内重金属含量是同类土壤上其他植物的 100 倍或 1000 倍，如果能找到或驯化出这种植物（超累积植物），植物修复效率将大幅提高。遏蓝菜属植物 *Thlaspi rotundifolium* ssp. 是已知的极少能富集 Pb 的植物。与玉米、菊、向日葵相比，豌豆通过 EDTA 螯合诱导修复铅污染土壤的效果最佳。

不同植物甚至同一种植物的亚种或变种所产生的分泌物和酶的种类、数量、功效是不同的，这对植物修复的效果产生一定的影响。经基因工程改造的植物能显著提高修复的功效。

如改造的拟南芥菜和烟草在能杀死未改造种的 Hg^{2+} 浓度下存活，并把有毒的 Hg^{2+} 变为低度的单质 Hg 挥发掉。

因此，要想使植物对污染环境修复获得成功，首先必须选择具有高效同化污染物能力的植物，不同种植物对同一污染物的同化能力可相差千倍以上。同化能力强的植物可以大大地缩短修复时间，植物释放的酶也作为筛选修复植物的依据之一。

4.2.1.4 植物的富集部位

植物不同部位累积污染物的能力不同，对于多数植物和大多数污染物，根系中累积的浓度高于茎叶和籽实，根系中须根的富集浓度又高于主根。如农药被植物通过根系吸收后，在植物体内的分布顺序为：根＞茎＞叶＞果实，这一区别预示在选取植物种类时，禾本植物比木本植物更好一些。在蓖麻、豌豆、向日葵等作物种苗的根和茎对水体中锌的去除效果存在差异，各种植物幼苗的根中分别积累了高达 30.0mg/g、20.5mg/g 和 18.3mg/g 的锌，在其茎中则分别积累了 7.08mg/g、5.89mg/g 和 7.88mg/g 的锌，使水体中锌浓度明显降低。

4.2.1.5 植物生育期的影响

同一种类不同亚种的植物，其修复效果都有一定差异。同一植物，在其不同的生长发育阶段，对污染物的吸收降解速率也是不一样的。植物不同生长季节，由于生命代谢活动强度不同，吸收污染物的能力也不同，如水稻分蘖期以后，其根茎叶中 1,2,4-三氯苯等污染物的浓度大幅度增加。

4.2.1.6 植物根系对污染物吸收的显著影响

理想的修复植物应具有根系发达的特点。根系是与污染物接触最密切的部分，根的发育状况在很大程度上决定了根区的降解效率。因此，必须将植物根部的生长状况与污染物的垂直分布状况密切联系在一起。

根系分布范围严重影响植物修复效果。许多植物根系分布很窄，穿透的深度受土壤条件和土壤结构的限制。用芥菜（*Brassica juncea*）提取土壤中的 Pb 污染物时，其深度最多只能达到 15cm，而 Pb 的移动范围在 15～45cm，因此，该种植物的 Pb 修复是无效的。但有些植物，根的深度可达 110cm，并扩展到高浓度的污染物的土壤中。修复过程发生时，植物根系必须和污染物发生接触才能进行有效修复，所以根系的分布深度直接影响着被修复土壤或地下水的深度。对于处于深层的污染物，最好选用根系发达的植物。如果根的分泌物是可溶的，被吸附性质差，而且不会被很快降解，那么植物的作用范围就会扩大。多数能富集重金属污染物的植物根系分布在土壤表层，这对植物修复深层污染的效果会产生不利影响。3 年生的橡树（*Querus phellos* L.）的根系在 30cm 的土层内，90%的根密度是分布在 20cm 土层内。

须根比主根具有更大的比表面积，且通常处于土壤表层，而土壤表层比下层含有更多的污染物，因此须根吸收污染物的量高于主根，这一区别是禾本植物比木本植物吸收和累积更多污染物的另一主要原因。另外，根系类型不同，根面积、植物根系的结构和年龄、根分泌物、根系释放的非生物物质的溶解性、酶、根在分解过程中有毒物质释放的能力都不同，导致根际对污染物吸收、降解能力存在显著差异。

植物影响根际微生物的数量和种类。微生物群落与植物根系相结合的生态生理学的特性、植物根的类型（直根、丛根）、植物种类、植物年龄、根系分泌物对微生物群落选择中的作用以及植物根系接触有毒物质的时间都影响根际微生物的群落组成。根系与土壤物理、化学性质不断地变化，使得土壤结构和微生物环境也不断变化。

除此之外，植物遭受自然灾害的复原能力、植物抗病虫害特性等也是需考虑的因素。

在确定了最佳修复植物种类之后，环境条件则对植物修复效果存在着至关重要的促进或抑制效应，所有利于植物吸收、处理污染物的环境因素水平无疑会增进和加速植物修复效果，而有碍于植物对污染物作用的环境条件将削弱修复效果、延缓植物修复进程。与植物修复相关的环境因素或间接影响到环境水平的因素包括：植物栽种方式、污染物的种类和浓度、土壤 pH 值、氧化-还原电位、金属螯合剂种类和浓度、污染时间、修复时间以及土壤的理化性质等，依靠根系促进作用的修复还受植物根系生理功能及根际圈内微生物群落组成的影响，这些因素对植物生长指数、植物汁液总日流量、生物有效污染物浓度等构成影响，进而影响修复效果，在设计植物修复技术方案时必须对此予以考虑。

4.2.2 土壤性质

土壤理化性质直接影响植物的生长状况，从而对植物吸收污染物的效果具有显著影响。同一品种的草在不同土壤和不同污染条件下，对污染物 DDT 的清除能力是不同的，土壤中总 DDT 的浓度降幅为 19.6%～73.0%。在植物修复土壤污染工程实施之前，要先了解受污染的土壤所处的地理、气候和海拔条件，以便选择适合生长在该条件下的修复植物种类，再进行污染环境的植物修复。

4.2.2.1 土壤的酸碱度

土壤酸碱性不同，其吸附污染物的能力也不同。碱性条件下，土壤中部分腐殖质由螺旋态转变为线形态，提供了更为丰富的结合位点，降低了污染物的生物可给性。相反，当 pH<6 时，土壤颗粒吸附的污染物可重新回到土壤水中，随植物根系吸收进入植物体。

pH 值对细菌吸附 Cd 的影响显著。随着 pH 值的降低，生物富集系数也随之降低，这是因为细菌螯合重金属的有机配位体螯合化合物的稳定性降低。在 pH 值为 6.5 时，假单孢菌（*Pseudemonas fluorescens*）的生物富集系数（细菌生物量与溶液中重金属浓度之比）平均为 231，吸附的 Cd 最大浓度高达 1000mg/kg 以上，在此酸碱度下，细菌对重金属的吸附能力很强。可见，细菌吸附能力的大小除因种类不同而有差异外，还受生长环境中 pH 值的影响。土壤 pH 值变化显著影响超累积重金属植物对重金属的吸收。低 pH 值有利于芥菜吸收铅，其吸收铅的量随 pH 值增大而降低。重金属超富集植物吸收的 Zn、Cr 量大小值随土壤 pH 值下降而增加。在 pH 4.0～7.0 范围内，门多萨假单胞菌 DR-8 菌株降解单钾脒的速度随 pH 值升高而加快，pH 7.0 反应 30h，其降解率达到 58.4%。

4.2.2.2 土壤的含水量及水分供给状况

植物主要从土壤水溶液中吸收污染物，土壤水分不足，能抑制土壤颗粒对污染物的表面吸附能力，促进其生物可给性。土壤水分胁迫影响植物体内蛋白质的合成与核酸代谢，导致酶活性降低，从而影响根分泌物的组成、含量。砂土或砂壤土中生长的大豆与小麦（*Triticumae stivum* L.）在土壤水分达萎蔫点后再灌水，其根释放氨基酸量均较正常条件高。但土壤水分过多，处于淹水状态时，会因根际氧分不足，而减弱对污染物降解能力。当土壤种植水稻时，矿物油的降解在淹水嫌气条件下受到明显限制。因此，良好的灌溉与排水系统等也是植物修复需考虑的因素。

土壤水分和相对湿度还通过影响植物的蒸腾速率行使限制植物修复效果的作用。

4.2.2.3 土壤通气性

O_2、CO_2混合气体对植株的分泌有影响，在CO_2丰富的条件下分泌作用加强，分泌物中的氨基酸种类和数量皆高于有氧条件。

H_2O_2作为一种氧源补给，注入土层中以释放游离氧，可作为土壤中生物氧化的电子受体，但H_2O_2对那些不具有H_2O_2酶的根际微生物来说，具毒害作用，因此如果将H_2O_2作为氧源，应测试具植物修复能力的根际微生物种群的H_2O_2酶活性。在缺氧的条件下，可投加硝酸盐和碳酸盐作为替代的电子受体，能比氧更有效地提高根际降解菌的生物活性。

通气对石油污染土壤生物修复的影响显著。增进土壤通气性和孔隙度等可为石油烃污染土壤中的植物共生微生物提供充足的电子受体，可保持土壤 pH 值稳定，从而促进了微生物的生物活性，强化了对石油污染物的氧化降解作用。

4.2.2.4 土壤温度

土壤中的温度条件会影响植物生长，更主要的是影响根际微生物的活性。在37℃时，门多萨假单胞菌 DR-8 菌株降解单钾脒的降解速度最快，温度越低，降解速度越慢，在12℃时反应 30h，降解率仅为 2.6%。

4.2.2.5 土壤的营养条件

营养元素的丰缺状况直接影响根分泌物的组成和数量。缺磷时，菜豆（*Phaseolus vulgaris* L.）分泌物 pH 值下降 1.0～1.6 单位，*Mesoam erican* 菜豆下降 0.3～0.6 单位。大多数植物缺锌时，碳水化合物、氨基酸和酚类化合物分泌量增多。缺锰、缺铜会导致植物氨基酸、有机酸、酚类分泌量增加。因此，营养元素影响植物生长，从而影响植物的分泌作用。营养物水平（N、P）是微生物降解包气带土层中石油污染物的重要限制性因素，提高土层中 N、P 等营养元素的含量将大大提高污染物的降解率。植物蒸腾速率也受土壤营养水平的影响。

土壤中矿物质和有机质的含量比例是影响污染物生物可给性的重要因素。矿物质含量高的土壤对离子性污染物吸附能力较强，降低其生物可给性。有机质含量高的土壤会吸附或固定大量的疏水性污染物，降低其生物可给性。土壤有机质含量高的壤土中，作物的狄氏剂（一种杀虫剂）含量低于砂土和黏土中作物的含量。土壤中铜的溶解性很大程度上受土壤溶液中可溶性有机质的控制。

有机肥对苜蓿草及水稻降解土壤中有机污染物包括矿物油、多环芳烃等有很大影响，且有机肥对不同植物和不同有机污染物的影响不同，但基本呈正相关。其原因是有机肥与苜蓿根际土著真菌和细菌、水稻根际细菌数量呈明显正相关，而与水稻根际真菌数量无关，土著真菌、细菌数量与有机肥量的这种相关性与有机肥对矿物油和多环芳烃降解的促进作用一致，说明有机肥对植物降解有机污染物的影响源自其对根际细菌、真菌的影响。当土壤种植苜蓿草时，重污染土壤矿物油降解率明显受有机肥的影响，施肥后降解率提高。但对较轻污染的土壤，有机肥对矿物油的降解有微弱的副效应。投有机肥在水稻土壤中，对增强促进多环芳烃降解效果好于苜蓿草土壤。但与试验投加的专性真菌和细菌的量无关。

4.2.2.6 土壤共存元素

土壤中共存元素对植物吸收重金属具有协同或拮抗作用。如植物对土壤铅的吸收与土壤中磷、铁、铜、镉等元素含量相关。

影响植物修复效果的各项土壤环境条件常常结合在一起，共同影响修复效果。如利用根际微生物降解PAHs的环境影响条件包括土壤的温度、湿度、pH值、土壤类型、通气状况、养分条件和土壤中多环芳烃的浓度等。当温度为24～30℃、湿度为30%～90%、pH值为7.0～7.8、氧气含量为10%～40%、C∶N∶P为100∶10∶1时最有利于PAHs的微生物降解。改善土壤的环境条件，可以显著提高PAHs生物降解效果。

土壤环境条件，如养分状况、土壤温度、湿度、pH值、可溶性氧、土壤的氧化-还原电位、盐度、土壤质地和营养状况等，会通过影响微生物、植物生长及污染物状态而对修复效果产生影响。与对植物的影响作用相比，土壤类型及土壤理化性质更主要的是影响微生物的活动。这些因素会间接决定土壤微生物的数量、种类和生物活性，使同一种植物对同样的污染物有不同的吸收效果。选择最佳的环境条件将有助于提高植物-微生物修复的效率。植物-微生物协同降解土壤有机物要求的土壤环境条件列于表4-4中。

表4-4 影响土壤有机物降解的土壤因素（吴方正，1995）

因素	条件要求
土壤温度	15～35℃
土壤湿度	25%～85%的持水量
土壤pH值	5.5～8.5
氧化还原电位	好氧(或兼性)＞50mV；厌氧＜50mV
氧气含量	好氧时体积占10%以上；厌氧时1%以下
养分比例	C∶N∶P＝120∶10∶1

植物根际区的土壤条件对植物修复效果的影响尤其重要，而根际环境条件很大程度上又受到植物的调节，根际区的CO_2浓度一般要高于无植被区的土壤，根际土壤的pH值与无植被的土壤相比较要高1～2个单位。氧浓度、渗透和氧化还原势以及土壤湿度也是植物影响的参数，这些参数与植物种和根系的性质有关。

土壤颗粒组成直接关系到土壤颗粒比表面积的大小，影响其对有机污染物的吸附能力，从而影响污染物的生物可给性。

4.2.3 水环境条件

植物修复技术并不适用于一切受污染的水体，即它对水体的动力条件及水质现状是有选择性的。一般来说，植物修复技术适宜在水流较缓的宽浅水体，水深一般在3m以内。此外，水流的水力停留时间及流速对于植物修复技术运用于污染水体治理也是有影响的。对于水体的水质而言，由于生物种群对环境胁迫的存在都有一定的适应性反应，因此，在用修复技术治理污染的水体时，对水体的水质也有一定的要求。研究表明，高污染负荷的水环境对实施植物修复是十分不利的，这也是目前该领域研究的难点和热点。

江河湖库的护坡建设同样也影响到植物修复技术在水环境污染治理建设中的效果。我国长期以来，比较注重强化河道本身的功能，如防洪、排涝、通航等。因此，截弯取直、采用混凝土材料护坡、衬砌河床的做法，在目前我国许多地区的护坡建设中相当普遍。这种护坡建设人工化、渠道化的做法割裂了土壤与水体的关系，使水系与土地及生物环境相分离，破坏了自然河流的生态链。近年来，许多发达国家已经开展了生态河堤的研究和应用，取得了较好的植物修复和生态修复效果。生态护坡建设技术是在保证初期坡面稳定和坡面植被保绿保活的前提下，遵循植被群落生态演替的自然规律，利用人为手段加快坡面植被群落的演替速度，最终使坡面与当地生态环境融为一体。生态护坡的建设具有保水、抗蚀、增加坡面强度以及截流面源等多项功能，能为植物生长持续提供充足稳定的养分和良好的生长环境，从而有效增进植物修复水污染环境的效果。因此，护坡的生态建设应该作为江河湖库水环境植物修复的一个重要的组成部分加以考虑。

4.2.4 气象条件的影响

影响污染物植物修复的气象条件主要有温度、风、湿度和光照等。

4.2.4.1 风和湿度

风速和湿度会影响污染物的挥发及植物的蒸腾作用。

4.2.4.2 光照和温度

光照、温度变化影响植物光合作用的强度以及光合产物的运输、分布，从而影响根分泌物含量与组成，影响植物修复效果。

温度对植物修复的影响主要表现为：影响土壤中污染物的挥发；影响植物气孔开合程度，从而影响其对污染物的叶面吸收作用；影响土壤和植物对污染物的吸附和分配能力，因为污染物的土壤吸附和植物角质层分配过程均属放热过程。

天然水体环境温度对微生物清除 NH_4^+-N 效果影响显著，水温越高，微生物去除 NH_4^+-N 效果越好，尤其在较低的水温下，水体温度对修复效果影响最大。

4.2.5 耕作方式

地耕处理能有效改善污染土壤的植物修复效果。地耕处理就是对污染土壤进行耕耙，在植物种植过程中施加肥料，进行灌溉，施加石灰，从而尽可能为植物吸收和微生物代谢污染物提供一个良好环境，使植物根系和微生物有充足的营养、水分、适宜的 pH 值和疏松透气的土壤物理环境，保证植物根系延伸的范围更加广泛，微生物的活动更加旺盛，使植物修复作用在土壤的各个层面上都能有效进行。这种方法的优点是简易经济，但污染物有可能从处理地转移，如果污染土壤具有渗滤性较差、土层较浅、污染物又较易降解的特点，可以采用这种方法。

修复植物的栽培措施也影响着植物修复的效果。与直接再污染土壤中播种超累积植物相比较而言，育秧后再移植到污染土壤中的超累积植物有更高的重金属吸收和积累量。

4.2.6 植物损伤因子和机械阻力

生长在土壤中的植物，其根分泌物的种类和数量会受到土壤各种物理应力、机械损伤以及病虫害伤害等因子的影响。土壤板结，根系生长阻力过大，呼吸加快，根系产生的分泌物急剧增加。病虫害或机械损伤时，植物为抵抗不良环境，呼吸加快，代谢变快，产生大量的代谢产物，与此同时根系分泌作用加强，根分泌物增加。另外，机耕有时使根皮遭到破损，即使在极小的压力下也可能诱导大量根分泌物的释放，这种损伤又常与土壤中线虫的大量繁殖有关。

4.2.7 微生物的影响

微生物的种类、数量、活性对于农药的代谢至关重要。有时某种微生物虽能忍受高浓度的污染物，但其降解能力很低，需与其他微生物共同代谢。用农药对微生物脱氢酶活性的影响指标，可以表征不同种类微生物氧化代谢活性的高低。以单钾脒农药为例，DR-8菌株的脱氢酶活性比DB-22菌株高约2倍，且二者对单钾脒都比较敏感，50mg/L的单钾脒对菌株脱氢酶活性有明显的抑制作用，浓度达到300mg/L时，DR-8菌株的脱氢酶活性被抑制了90%以上。

微生物对根分泌的影响重大。根际碳水化合物、氨基酸、维生素等物质的存在为根际微生物的繁殖提供了大量的能源，其种类和数量直接影响根际微生物种类和数量，而土壤中微生物的次生代谢产物，对植物根系的分泌作用既有刺激又有抑制，因而影响根分泌物的组成与含量。大豆（*Glycine max* L.）根分泌物可以显著促进根际细菌的生长，而细菌的存在可以促进根系的分泌作用。用粪产碱菌浸种或沾稻根系均能明显增强水稻根分泌氢离子的能力。微生物对根系分泌作用的影响有3个方面：a. 影响根细胞渗透性和根的代谢活动；b. 对根分泌物中的某些化合物产生吸收；c. 改变根际营养对植物的有效性。

微生物的作用在植物修复中的有效发挥，有赖于适宜的基本生活条件和环境条件。包括：a. 碳源和能源，有些有机污染物可以作为营养源，但诸如PAHs、PCB这样的污染物，因其毒性、不溶性和化学稳定性的特殊性，在植物修复时应额外施加营养；b. 提供微生物代谢所需的无机营养物，如N、P及微量、痕量元素；c. 环境介质中合适可利用的水量；d. 适宜的温度，一般要在5～30℃之间；e. 适宜的pH值一般要在6～8之间，微生物降解作用所产生的有机酸会导致pH值降低，其产生的影响因所治理的污染物组成和环境的缓冲能力不同而有差异。

4.2.8　污染物特性

污染物的种类、物理化学性质（如疏水性、解离度）、污染物的形态、浓度等直接影响植物对污染物的吸收利用，污染物分子量的大小、结构等也影响其渗透进入植物细胞的速度。

土壤有机污染物植物修复的效果直接取决于有机污染物的生物可利用性，并于污染物的物理化学性质如蒸气压、K_{ow}、分子大小、分子结构、半衰期及离解常数等有关。

有机污染物的亲水性大小也是影响它能否被植物吸收的因素之一，评价污染物亲水性的一个重要参数就是辛醇-水分配系数K_{ow}。污染物的水溶性越强（K_{ow}越低），通过植物根系硬组织带进入内表皮的能力越小，但随蒸腾流或汁液向上迁移却越容易。$\lg K_{ow}=1.0\sim3.5$的水溶性有机污染物较易被植物吸收运转，$\lg K_{ow}>3.5$的憎水性有机污染物被根表面强烈吸附，不易向上迁移，$\lg K_{ow}<1.0$的亲水性有机污染物不易被根吸收或主动通过植物的细胞膜。如农药的亲水性影响其植物修复的效果。具有中等$\lg K_{ow}$（约1～4）的农药可以在植物木质部流动，比较适合于植物修复，$\lg K_{ow}>4$的农药会被植物根部大量地吸收，但却不能大量转移到幼芽上，可利用收获根的修复技术，将植物根部收获，晒干并完全燃烧以破坏、清除这类农药。

污染物的分子量和分子结构会影响植物修复效率。植物根系一般容易吸收相对分子质量小于500的有机化合物，分子量较大的非极性污染物因被根表面强烈吸附而不易吸收和运转。如石油污染土壤中的短链、低分子量的有机物更容易被植物-微生物协同作用体系降解。分子结构不同的污染物会因其对植物的毒害性不同而影响植物修复效果。如氯代苯酚对农作物的危害随苯环上氯原子个数增加而加大，在氯原子个数相同时，邻位取代毒性最大，有机物结构中的氯原子数越多，则可降解性越差。微生物对有机物氧化时，低碳烷烃比高碳烷烃易氧化，烷烃比芳烃易氧化。通常 PAHs 环的数目越多，越难被植物降解。

污染物浓度和滞留时间也是影响植物修复效果的因素之一。柳树（*Salix nigra*）能降解除草剂 Bentazon，但当除草剂的浓度太高时，会对植物产生毒害，使植物无法生长或引起植物生长的衰退。浓度在 1000～2000mg/kg 时，Bentazon 对多种植物产生毒害。土壤中存留几年的污染物的生物获取量比新鲜污染物要少得多，降低植物的修复功效。

不同重金属在土壤中的存在形态各异，其与土壤固相键合的牢固程度也不相同，植物可利用程度就有差别。了解重金属的化学形态及植物可利用性，以便增加植物对重金属的吸收量。大多数重金属以液态、离子态、有机态和颗粒态等多种形态存在，有些重金属如汞和砷等还能够以蒸气的形式存在。

环境中存在汞不同化合态间的循环。通常以各种 Hg^{2+} 化合物为起点，排放到水体、土壤中后，除了少数被水生生物吸收外，大都残留在水体及其周围的淤泥中。水体里的汞化合物容易被鱼等水生动物吸收，转化为毒性很大的甲基汞，或者被微生物转化为易挥发的基态汞而挥发到大气中，也有一部分与介质中的 H_2S 反应形成沉淀，其余大部分仍沉积在土壤中，造成环境污染。而挥发到大气中的汞最终又大都散落回水体、土壤中。在不同形态的汞化合物中，甲基汞生理毒性为单质汞的数千倍，而且由于其脂溶性强、极易跨过细胞膜而渗入细胞内，对人体的毒性最大，而基态的汞是低毒或无毒的。植物修复的目的就是将甲基汞转化为离子汞，进而转化为单质汞并使之挥发，或者将离子汞转化为 HgS 等沉淀物。汞还能同黏土矿物、腐殖质、金属水合氧化物等结合形成颗粒态汞。

不同铅化合物对水稻铅吸收的影响存在定差异。无论用何种铅化合物处理，水稻根系中铅含量均持续增加，但增加的幅度不一致。当土壤中铅添加量＜3000mg/kg 时，水稻根系吸收 $Pb(NO_3)_2$ 的含量比 $PbCl_2$ 偏高，但当铅添加量≥3000mg/kg 时，这种差比关系恰好相反。用 $Pb(NO_3)_2$ 处理的水稻，其稻草、稻谷和稻米中 $Pb(NO_3)_2$ 的含量比 $PbCl_2$ 明显偏高，特别是当土壤中铅添加量＞3000mg/kg 时，这一特征更为显著。再者，当土壤中加入 $PbCl_2$，且铅添加量＞3000mg/kg 时，水稻根系中铅含量继续增长，而稻草、稻谷和稻米中的铅含量只有极微弱的升高，或者说几乎没有发生改变；用 $Pb(NO_3)_2$ 处理的水稻没有这一特征。

4.2.9 添加剂的影响

使用有机配位体也许是迄今促进植物修复效果最有效的因素之一。因与配位基的螯合作用，土壤中游离金属离子的活度降低，改变离子价数或符号，土壤对金属-配位复合体的吸持强度因而大大降低，为维持游离金属在溶液和固体颗粒之间的平衡关系，金属从土壤颗粒表面解吸，提高了重金属的植物可给性。加入 EDTA 会增加金属的活性和可溶性。可溶性重金属浓度在亲脂性螯合剂投加后 6h 达到最大，此后则有所降低。螯合诱导修复作为一种强化植物吸取金属的措施而倍受关注和青睐。

修复的成功与否与螯合剂类型的选择密切相关。螯合反应的效率取决于有关离子与螯合离子之间的相对缔合常数，以及这种离子和螯合离子对土壤表面的亲和力，而螯合剂的金属缔合常数是直接影响植物修复效果的重要因子。在铅污染土壤的植物修复中，螯合剂对土壤溶液、玉米根、枝叶浓度的影响大小次序为，EDTA＞HEDTA＞DTPA＞EGTA＞EDDHA。一般土壤溶液、植物根、枝叶中重金属浓度随螯合剂浓度升高而增加，但不同植物增长曲线的走向不一，寻求曲线的突跃点对于确定螯合剂最佳投加量具有一定意义。EDTA替代EDDHA减少了遏蓝属植物地上部全锌含量和根系吸锌速率。乙酸和EDTA同时施入pH8.3、含铅1200mg/kg的污染土壤后，印度芥菜地上部的铅浓度从28mg/kg增加到147mg/kg，显著地增加了铅吸收效率。施用EDTA可极显著地增加土壤NH_4NO_3提取态铜量，增加根际土壤水溶态和交换态铜含量，能活化土壤铜而提高其移动性。外加EDTA对芥菜生长和生物量没有显著影响，但可显著或极显著地增加芥菜铜浓度和吸铜量，从而提高芥菜对铜的总吸收量。低分子量有机酸对芥菜生长和铜吸收没有影响。但EDTA活化土壤重金属存在污染地下水的风险，这一点必须加以考虑。

同种螯合剂对不同重金属植物吸收积累的影响各异。种植在添加镉、铜、铅、锌等重金属并经2.5 mmol/kgEDTA处理过的土壤中的芥菜，枝叶中铅积累最多，达3600mg/kg。用人工沸石为螯合剂，能极大地增加Pb、Cd的吸收和从根向枝叶中转移。人工合成的高聚物则有阻止重金属进入、保护植物免受重金属毒害的作用。

将表面活性剂的浓度控制在合理范围内，将会促进土壤疏水性复合有机污染物的生物可给性，提高其植物修复效率。一定浓度的表面活性剂TW-80能提高土壤中PAHs的植物吸收率和生物降解率。

4.2.10 复合型人才的需求

植物修复技术是融生态学、生物科学、环境科学、植物学、植物生理学、土壤学、现代水利工程学、景观学、美学等多学科于一体，并在它们相互交叉、相互渗透、相互合作的基础上发展起来的一门新型技术，因此对人才综合素质的要求是很高的，需求量也很大。就我国目前的教育体制和科研实力来看，复合型人才的培养还相对薄弱，这也是制约我国植物修复技术运用的一个关键问题。

4.3 提高植物修复能力的途径

在植物修复环境污染的过程中，受各种因素的影响，修复效果常常存在某些不足。在污染胁迫环境下长期诱导、驯化得到的植物超富集突变体，往往植株矮小、生长缓慢、生物量低，易于受到杂草的竞争性威胁，而生长速度快、生物量大的植物又可能存在吸收污染物能力偏低、组织中富集量不高等缺憾，且多为野生型稀有植物，区域性分布较强，严格的气候条件要求使引种受到严重限制。通过植物对污染物的直接吸收，主要受到目标化合物的可利用性及植物摄取机制的限制，同时，污染地的理化性质、污染物的存在状态、环境的温湿度和pH值等对植物修复产生各不相同的影响，因此，单纯的植物修复出现效率低、应用窄、效果不尽如人意的问题确实难以避免。若以修复植物从污染环境中吸收移走的污染物量来表征植物修复效率，那么提高植物修复效率应依据植物修复的影响条件，从植物、污染物和环境条件三方面入手，探索提高植物修复能力的有效途径。

4.3.1 修复植物品种的自然变异体筛选

至今能适用于工程化修复环境污染的植物种类、数量十分有限，寻找筛选和栽培驯化自然界中存在的修复植物，使其能适用于修复重金属污染的土壤、净化污水和固化污染物的实际应用，是当前植物修复研究的关键。

4.3.1.1 修复植物的基本特征

应该说，大多数植物对污染物都具有一定的清除能力，只有那些清除能力强的植物才具有实际应用价值。植物修复实践中，需广泛调查研究，综合考查植物个体的各项指标，通过筛选修复效率高的植物品种，提高植物修复能力。

应用于植物修复的植物具有下列特征：a. 植物体具有从环境中高效超量富集或促进降解污染物的潜力；b. 在污染物浓度高和浓度低的污染环境中均有很强的污染物吸收富集能力和很高的修复效率；c. 修复对象具有一定普遍性，能同时高效修复环境中的多种污染物；d. 具有一定的生物量、生长周期短和较快的生长速率；e. 植物生长对环境气候条件适应性强，抗逆性强，易于成功引种；f. 具有发达的根系组织；g. 植物对农艺调控、螯合剂添加等措施反应积极；h. 植物易于种植，便于人工或机械操作。

4.3.1.2 修复植物筛选目标和内容的确定

上述特征可以作为筛选理想植物修复品种的衡量指标。

修复植物筛选中，以植物个体清除污染物潜力的指标最为重要，需要优先考虑，现在发现的超累积植物均是以此为目标标准而界定的。在实际筛选修复植物研究中，具体的筛选目标一般并非涵盖了理想植物的所有特征，而是有针对性的、依据现有植物材料和实验计划解决的污染环境实际情况而确定的。

(1) 改善生物量的植物筛选

经过污染环境长期选择而生存下来的植物品种多数属于超耐性植物类型，由于长期忍受污染物的毒害作用，致使生物量小、生长缓慢，环境修复所需时间长，是迄今困扰植物修复实际应用最急于解决的问题。理想的修复植物应具有易存活、生长快、适应性强、根系发达等特点，因此寻找营养型超富集植物品种成为多数筛选研究的主要目标性状。应特别注意对野外发现的一些重金属耐性强、生长快、生物量大并有一定的重金属富集能力植物的筛选、引种培育和综合试验工作，而不能仅仅把范围缩小在少数富集能力特别高，但往往生物量都很小的一些植物上。

(2) 提高低浓度污染物修复效率的植物筛选

微生物修复无法彻底清除低浓度的环境污染，而低浓度、大面积的环境污染在实践中占有相当的比例，植物修复被认为吸收低浓度污染物具有得天独厚的优势，此类筛选目标常用于现有植物品种的进一步改良。植物的根是植物与微生物、污染物最密切接触的部分，根系的发育状况在很大程度上决定了根圈的降解效率。据报道，较高的根枝比、根中碳的释放等因素与根圈土壤微生物数量显著相关，并影响污染土壤修复的有效性。从以往研究看，单子叶植物的纤维状根系统比双子叶植物粗大的根系统覆盖的表面积更大，因而降解效率更高。因此在选择修复植物时，根及根圈的物理形态要重点考虑。

(3) 适宜栽培性质的筛选

在有关植物修复性能的指标达到的基础上，可以进一步筛选易于种植甚至便于人工或机械操作的植物品种，如果修复重金属污染的环境，还可以筛选重金属回收率高的植物品种，降低植物修复的成本。最终，依据植物筛选的所有目标特征，先重后轻，反复比较，综合筛选。

(4) 依据污染地性质的筛选

植物修复性能的具体指向由污染环境的具体特征决定。一般来说，研究较少甚至无研究记载的新型污染地，必须实地调查研究污染环境的主要污染物和复合污染物种类，选择对该类污染物具有较高修复效率的植物。如镉（Cd）污染严重的土壤，筛选能超量累积或固定、促进降解Cd的植物种类；针对镉（Cd）、铜（Cu）、铅（Pb）、锰（Mn）及锌（Zn）多种重金属元素共同污染的土壤，则筛选无修复专一性、能普遍吸收多种污染物的植物品种；再如筛选对水溶性有机污染物高吸收富集且根系分泌能力强的特异植物。

（5）适合引种植物的筛选

如果待修复污染环境的污染物，在其他地理位置的污染环境中，已经得到理想的修复植物品种，则应充分考虑两地的生物气候条件差异，逐步驯化、筛选较快适应新气候环境的植物品种，实现目标品种的成功引入。

（6）植物修复机理决定筛选内容

植物在修复污染中所启动的修复机理在很大程度上决定了植物种类的选用，如利用根系促进作用去除BOD和N（反硝化）时，所选植物就需具备能为微生物提供附着界面的庞大根系以及较强的传氧能力；而利用植物超量吸收N、P重金属和某些有机物污染物的功能时，就需要选择具有较好的富集吸收能力并且生长速度快的种类；如果去除的污染物目标较多时就需要寻找能够有效地发挥多种生态功能的种类，或不同生态功能类型的种类搭配使用。利用根滤和根系促进作用修复污染的植物品种，重点选择具有特异性分泌物的植物。并不是所有植物都能形成菌根，据估计，地球上有占总种数3%的植物具有外生菌根，有94%的植物具有内生菌根，菌根真菌对宿主植物对宿主植物有一定的选择性，选择能形成菌根的植物品种。国内外研究显示，在修复PAHs污染土壤时选用牧草的较多，通常认为苜蓿草、黑麦草去除多环芳烃效果较好。杨柳科的植物尤其是杨柳属，已被证实通过吸收有机物至根部，可大量去除土壤及地下水中的有机污染物。另外，对当地气候的适应、植物的抗逆性及对病虫害的抵抗能力、植物管理的难易包括植物的后处理等也应给予考虑。

（7）大气污染修复植物的筛选

修复大气污染的植物必须从对有害气体表现抗性的植物中筛选。目前已知桑科、木兰科、芸香科的柑橘属、木樨科的女贞属、棕榈科、山茶科、壳斗科、四照花科、黄杨科等植物对有害气体抗性较强，而松科、柏科、杉科、藜科、石竹科、十字花科、百合科、胡桃科中大部分植物抗性较弱。

但并非所有抗性植物都是修复功能植物候选者，植物对有害气体具有抗性的原因有3种。

1）叶子结构不利于有害气体的进入而表现抗性，如常绿阔叶树叶子多半比较厚、革质、外表皮角质化或表面具有蜡质、有害气体不易进入而抗性较强；某些植物叶上多茸毛，对有害气体有一定阻挡作用；有的植物在不利条件下气孔关闭，停止气孔交换而表现抗性。此类植物与有害气体不发生直接关系，不适合作为修复功能植物。

2）植物能吸收多量的有害气体而不受危害，它们在生理上具有积累、转移、消除污染物质的能力，即如上所述有修复污染能力，本身为净化空气的环保功能植物。

3）植物具有较强的再生能力，在受有害气体危害后易于恢复，如女贞、杨树等，此类植物是否适合作修复功能的候选植物，将依是否有效修复大气污染而定。不同植物对大气污染物有不同的吸收能力，其大小要通过测量和计算植物在污染区和生态条件相似的非污染区（对照区）内对某类污染物吸收的含量差获得，但是植物吸入有害气体后还会转化、降解，对有害气体进行同位素标记追踪可能较为精确、全面和科学。

此外，植物具有同时吸收多种有害物质的能力，一种污染物吸收量与另一种污染物的吸收量在不同情况下具有不同的消长关系。将植物的抗污能力和吸污能力相结合，成为抗污染植物筛选的依据。

4.3.1.3 高效修复植物的筛选标志物

由于有机污染物的种类繁多，完全依赖反复试验的方法来筛选高效率的修复植物是不现实的。

植物释放的酶可作为判断作植物修复效果、筛选修复植物的标志物之一。可以通过鉴定植物根系分泌物中与污染物相关的降解酶的种类与含量来定向筛选对某类化合物有特异清除能力的植物。有研究认为，Cd 对土壤脲酶活性的影响比较大，对过氧化氢酶活性的影响比较小，随土壤 Cd 浓度增加，脲酶活性下降趋势比较明显，可用土壤脲酶活性变化反应土壤受 Cd 污染程度；Cd 对土壤酶活性有抑制作用，但是一种暂时性现象，经金盏菊和经月季修复后，土壤脲酶活性恢复较快，可尝试把脲酶活性恢复情况作为修复效果和生态环境恢复的重要依据。过氧化氢酶不宜作判断植物修复效果和生态环境改善的依据。特异性根分泌物是植物营养效率基因型差异的标记物，它可作为植物遗传改良的一个重要性状，其组分和含量上的变化反映了植物对难溶性养分选择吸收的遗传差异。公认的特异性根分泌物有：禾本科植物缺铁或缺锌时主动分泌的麦根酸类植物铁载体，木豆缺磷时分泌的番石榴酸，白羽扇豆缺磷时大量分泌的柠檬酸。

植物体内特异性天然化合物含量也可以用于测试植物对类似结构污染物的清除能力。如大黄属植物 *Pheum palmatum* 含丰富的蒽醌衍生物，其组培细胞能高效吸收并转化培养基中的硫代蒽醌或二硫代蒽醌。

分析植物与微生物之间的生物化学和生态学关系后发现，那些能忍耐或产生化感物质(Allelopathic) 的植物-微生物体系可能是降解有机污染物的理想体系。

在天然植物范围内广泛筛选修复植物的本质是对植物自然发生的单基因突变体的筛选。植物在正常生长、发育过程中，具有变异的普遍性和无方向性，其中包括能适应和清除环境污染物的变异，人为选择和保存这种突变体，就可以得到符合目标特性的修复植物。经过不断的实验室研究及野外试验，人们已经找到了一些能吸收不同金属的植物种类。在长期的生物进化中，生长在有害金属含量较高的土壤上的植物产生突变株，具有适应有害金属胁迫的能力，产生超量积累植物，豌豆的突变株是单基因突变，积累的铁比野生型高 10～100 倍；拟南芥属（*Arabidopsis*）积累镁的突变株可以比野生型积累的镁高 10 倍。

近年来通过实验，国内外的研究人员已相继筛选出大批能高效地吸收、转移、降解和清除各种环境污染的多种作物与草类，如十字花科植物等。凤眼莲、芦苇等种类已经应用在氧化塘和人工湿地中，用于废水治理工程实践。我国的野生植物资源十分丰富，在研究、开发野生植物于植物修复方面，有希望获得重要的发现。在自然界，特别是矿区进行调查、筛选、鉴定、收集理想的修复植物资源，建立数据库是完全可行的。

4.3.2 人工诱变修复植物变异体的筛选

4.3.2.1 物理、化学诱变

通过在自然界中广泛调查、选取得到的植物种类，尚存在不同缺憾，如往往只对某种特定的污染物表现出超富集能力，还未发现能积累所有关注重金属元素的植物，而对于很多环

境污染物尚未能找到合适的超富集植物；同时生长缓慢且生物量低等，而且自然发生变异的概率很小，有益变异更加稀少。运用传统的常规方法进行筛选优良修复植物的研究需要作长期、大量的工作。除通过野外寻找外，可以试用物理、化学手段增加变异频率。例如，化学诱变剂产生了大量的突变体，连续的突变作用引起豌豆（*Pisum salivum*）10～100倍量高的Fe的累积，而在拟南芥菜（*Arabidopsis thaliana*）中，连续的突变过程导致其Mn的含量增加8倍，并且与Cd、Cu、Hg等的结合呈高敏感性。

4.3.2.2 有性杂交创造变异体

超积累植物虽然能从污染土壤中大量吸收有害金属，但往往由于它们的生物量小，导致了植物修复的时间很长，常常需要几十年甚至几百年。因此，有人通过将这些超积累植物与和它们相近的、具有很大生物量的植物杂交来解决这一问题，试图通过遗传育种的方法将普通作物高生物量和生长速度快的性状整合到重金属离子超富集植物中去，或者相反把重金属离子超富集植物能够超富集重金属离子的性状整合给普通的作物。如将超积累植物与生物量高的亲缘植物杂交，筛选出了能吸收、转移和耐受金属的许多作物和草类，主要集中在十字花科植物。

4.3.3 基因工程技术改良修复植物的遗传特性

由于常规遗传育种手段筛选修复植物存在种间有性繁殖不亲和及育种时间过长等缺憾，改良修复植物特定的遗传特性的设想有时只能以现代分子生物学的手段（转基因）来实现。采用基因工程和分子生物学上的手段，通过改进植物的遗传性能，来提高植物对污染物的吸收转化能力或提高特异修复植物的生长速度和生物量，有助于快速、高效达到理想修复植物的标准，超越常规筛选手段探寻修复植物历时久、效果差的鸿沟，实现提高植物修复能力的目的。

用分子生物学手段对现有植物资源进行改造，有可能培育出清除污染物的超级植物，此领域研究已有了很多非常成功的例子。将表达有机汞裂解酶的基因merB转入拟南芥后，该转基因植物在高浓度污染的甲基氯化汞环境中生长良好，而常规植株则不能在此环境下生存。导入细胞色素P450E1基因的植物对TCE的代谢能力提高了640倍。

基因工程和分子生物学在培育修复植物方面的应用刚刚起步，研究工作主要聚焦于创造自然界难以找到的超累积特定污染物的新型修复植物品种和把能使超积累植物个体长大、生物量增高、生长速率加快、生长周期缩短的基因转到现有植物中并得到相应的表达，使其不仅能克服自身的生物学缺陷，而且能保持原有的超积累特性，从而提高植物修复污染环境的效率，并能更适合于栽培环境下的机械化作业。

转基因手段改良修复植物遗传特性的技术规程已有一些研究。首先要找到对污染物累积性或代谢能力高的生物，通过生物化学、分子生物学等方法鉴别出控制这些特性的基因，然后将这些基因按特定方案定向连接起来，并在特定的受体细胞中，与载体一起得到复制与表达，使受体细胞获得新的遗传特性。最后，要将转基因植物进行田间实验，确定是否达到目的。

现已开始利用植物、菌类或动物的基因改良植物，以用于特定污染物的修复。超累积植物是提供有修复价值基因的一个重要来源，但前提是必须详细了解这些植物的超累积机理和基因控制机制。在遗传分析的模式材料拟南芥中，已经分离到了很多对各种重金属离子超敏感的突变株，对这些突变株进行遗传分析并分离相关基因，有望利用这些基因来提高植物对重金属离子的耐受性和富集作用。

自然界中，某些生物尤其是细菌在进化过程中，形成了对金属的耐性和累积性，这些优良性能很可能是受某种基因控制，将这些基因引入受体植物中，就有可能得到适合于植物修复的的品种。人们在细菌中发现有汞离子还原基因（merA)，具有汞离子还原酶基因（merA）的细菌不仅能还原 Hg^{2+}，对 Au^{3+} 和 Ag^{2+} 也有一定的还原能力。将 merA 引入到拟南芥菜，发现其抗汞能力提高 3 倍，并提高了对汞的吸收能力，这种植物对 Au^{3+} 抗性也得到提高。携有经修饰的 merA 基因的烟草可将根系所吸收的甲基 Hg 转化成 Hg^{2+}。金属结合蛋白 merA 基因转移到黄杨树中后，这些黄杨树体内含 Hg^{2+} 量较对照组减少了 10 倍，成功实现了对周围环境中 Hg^{2+} 的生物修复。可以对 merA 基因的序列进行改造，使之尽可能地符合真核基因的碱基组成。merA 基因的表达与否和表达强度直接关系到汞还原酶的有无和多少，而生物体内、汞离子（底物）的状态和含量及环境因子以激活或抑制的方式影响 merA 基因的表达。因此，merA 基因表达的调控是汞还原酶酶促反应强度的决定性因素。

将 merB 基因引入拟南芥菜，转基因植物能有效将甲基汞和其他形式的有机汞转化为无机汞。现已实现经改良的细菌有机汞裂解酶基因 merB 在芥子科植物 *Arabidopsis thaliana* 中的表达。在氯甲基汞和醋酸苯基汞含量很大变化范围内，表达 merB 的转基因植物生长良好，而在同样浓度的有机汞污染下无 merB 基因的植物则不能生长或死亡，即使是最低量的 merB 基因得到表达即可提高植物对有机汞的忍耐性。merB 基因在大生物量（如树木、灌木、草等）植物中的表达可用来降解污染土壤中的甲基汞，将汞累积并清除。

将转 merA 和 merB 植株杂交得到的转 merA+merB 双基因植株和转 merB 植株对有机汞的抗性分别比野生型高 40 倍和 20 倍。而且只有转 merA + merB 双基因植株能将有机汞转化为基态汞，merB 基因产物是这一解毒途径的关键酶。拥有这两种基因的植物可有效地将离子态 Hg 和甲基 Hg 转化成 Hg^0，而通过植物挥发释入大气。

一些抗重金属基因也用于基因工程，如啤酒酵母的抗铜基因 cup1、cr55、ccc2P 和 pcalP，*Stapplylocuus aureus* 的抗镉基因 cadC、cadA。如果把这些基因引入菌根真菌可能会大大提高真菌的耐重金属能力，相应地提高其修复能力。拟南芥菜经转基因后，对铜的吸收提高了 7 倍。将细菌中的 1-氨基环丙烷-1-羧酸（ACC）脱氨基酶基因引入到番茄中，使番茄具有了对 Cd、Co、Cu、Mg、Ni、Pb 和 Zn 的耐性并不同程度地提高了这些重金属在植物组织中的富集量。由于环境中重金属污染经常是多种金属离子，将多种编码重金属结合蛋白（肽）基因转移到同一种作物中，以期得到有多种修复功能的转基因植物是研究的重要方向。

通过基因工程技术将金属结合蛋白（肽）展示在植物细胞中表达，获得对重金属离子具有高效结合能力的基因工程植物，有望成为一种高效、经济、方便的生物修复方法。可以通过金属结合肽在一些天然药用植物和重要的经济作物中的表达增强它们对环境中重金属的耐受能力。将外源的金属结合肽或蛋白表达在经济作物番茄和油料种子中，增强对重金属 Cd^{2+} 的耐受能力。植物对金属的解毒与金属硫蛋白基因（MTs）和植物螯合肽（Phytochelatin，PCs）有关。金属硫蛋白基因可以从人、小白鼠、中国仓鼠、酵母中等获得，并已经从许多植物中分离了类金属硫蛋白（类 MT)。番茄引入金属硫蛋白基因后，可以提高植物组织中金属硫蛋白的含量，能明显提高植物对 Cd、Cu 等的耐性或增加对它们的吸收。在 A1thaliana 中 MT-mRNA 的表达水平与其耐铜能力之间相关性极强。将金属硫蛋白基因导入欧洲油菜和烟草，所得的转基因植株能耐受$CdCl_2$浓度高达0.1mmol/L。通过基因工程技术促进植物重金属结构蛋白PCs在植物细胞内的过量表达也是增强植物吸附重金属能力的一个重要手段。但由于PCs的典型结构（γGlu Cys）$_n$Gly中的谷氨酸是γGlu，与动物来源的MTs（为Glu）有所差别，不能直接克隆和表达。现倾向于从微生物中得到与PCs合成有关的酶的基因，然后将它们克隆表达在植物细胞中，促进外源PCs或自身PCs在植物细胞的过量表达，增强植物对重金属的抗性和结合能力。

通过基因工程技术，促使外源的金属结合蛋白（肽）在植物的特定部位表达，可以改变重金属在植物各部分的分布，将环境中的重金属转移到非可食部分，这是植物修复今后新的努力方向。这需要对重金属在植物中的吸收、转运和储存的相关机理了解透彻，而且选择恰当的启动子表达金属结合蛋白也非常重要。

许多超积累植物已克隆出Cad1和Cad2（镉敏感基因）、高亲和性锌等基因，为生物工程技术的应用同植物修复技术的结合和发展提供了良好的机会。

在模式生物裂殖酵母中分离到了其液泡膜上负责转运Cd蛋白复合体的基因。该基因的超量表达能够提高酵母对Cd的耐性和富集程度，同样，该基因或其在植物中的同源基因在转基因植物中的超表达也会具有相同的结果。

还发现了与铁吸收有关的基因2FRO2、FRE1、FRE2和铁蛋白基因，引入这些基因能促进植物如水稻对铁的吸收，最大的达3倍。将从酵母中分离出的两个铁离子还原酶基因FRE1和FRE2转入烟草，在贫铁条件下，FRE2和FRE1＋FRE2转基因植株叶中铁的浓度高于FRE1转基因植株和普通植株，在供铁条件下情况相同，并且转双基因植株叶中的Fe^{3+}的还原量比普通植物高4倍。这些研究为预防贫血病提供了一种新途径。

运用现代分子生物学的手段，将植物特异性状（如特异性根分泌物）的控制基因克隆出来，共同导入目标作物中，不仅会实现粮食增产，而且也会实现植物对胁迫环境的适应。其中，在植物遗传改良中最有希望获得成功的是麦根酸类植物铁载体，因为植物铁载体的分泌与否在植物之间差异非常明显。双子叶和非禾本科单子叶植物对缺铁的适应性反应主要表现为根系还原力，氢离子分泌量及酚酸类物质分泌量增加，而禾本科单子叶植物对缺铁的反应则主要表现为大量分泌植物铁载体。正是这些差异的存在，为人们研究这些机理的遗传控制基因提供了动力和目标。应用遗传工程培育植物，使它们能分泌出特殊的分子，诱导植物根际细菌去降解环境毒素。

将细菌中编码四硝酸酯（PETN）还原酶（能够将PETN分解）的基因转入烟草中获得了转基因植株。尽管普通烟草在PETN含量极低的情况下也不能生长，而该转基因植株不但可以正常发芽和生长，而且可以很快将吸收到其体内的PETN彻底分解掉。从而为由于战争和工业生产导致四硝酸酯（PETN）和三硝酸酯（GTN）污染土壤的植物修复提供了新思路。

植物体内与NO_2代谢有关的酶和基因的表达调控研究已比较清楚，所涉及的酶类主要为硝酸盐还原酶（NR）、亚硝酸还原酶（NiR）和谷氨酰胺合成酶（GS），这几种酶的基因都已成功转入受体植株中，并随着转入基因的表达和相应酶活性的提高，转基因植株同化NO_2的能力有了不同程度的提高，从而为培育高效修复大气污染的植物提供了快捷的途径，同时也为修复植物的生理基础研究提供了新的实验工具。

以植物螯合剂的缩氨酸或其母体谷胱甘肽与重金属化合而对重金属的固定是植物解毒的一个重要途径。谷胱甘肽合成酶基因（GS）在芥子草细胞溶质中的表达，使该转基因植物对 Cd 的累积量明显高于野生植物 2 倍。Cd 胁迫下，GS 酶控制了谷胺甘肽和植物螯合剂的生物合成过程，因此，表达 GS 基因为超级重金属累积植物的培育提供了良好的前景。

质体 ATP 合成酶基因 APS1 在芥子草中的表达，转基因芥子草对 Se 的耐受性和硒酸盐的还原能力明显高于野生植物，ATP 合成酶对植物还原硒酸盐起到媒介作用，同时起到调控植物吸收与同化硒酸盐的作用。

应用转基因工程技术，把超富集植物的特异基因转入到生物量大、生长速率快的植物中去，培育出具有实用价值的转基因植物，或把超富集基因转到农作物上以增强作物对重金属的忍耐性。印度芥子、大麦等生长很快的植物有望通过基因工程技术成为植物修复的重要种类。

但转基因技术也面临一些问题：转基因植物可能会对当地生物群落产生威胁；由于转基因植物与野生植物的杂交，使后代失去转基因植物的某些特征；转基因植物的出现无疑又扩大了污染源的范围等。因此，应加强有价值基因的筛选、转基因植物对环境的影响、转基因植物遗传性能等的研究。持谨慎的态度来进行转基因技术的研究，预防基因污染。随着现代生物技术的突飞猛进，预期这方面研究一定会取得突破性的进展。

4.3.4 调节重金属污染物的生物有效性

4.3.4.1 重金属元素的植物可利用性

重金属的植物可利用性是指重金属能够被植物吸收的程度。重金属进入土壤后，很快就会通过一系列物理、化学和生物过程与矿物质或有机物结合。土壤中的重金属元素通常存在：水溶态、交换态、沉淀或难溶态复合物、有机物结合态和残渣态五种形态。水溶态指游离于土壤溶液中的重金属离子或者是土壤溶液中可溶性的重金属化合物，交换态指位于离子交换位点上和专性吸附在无机土壤组分上的重金属离子。对于水溶态，超积累植物可以直接吸收；对于交换态、有机结合态和难溶解的复合物就要通过调节土壤环境来提高重金属的释放，残渣态植物无法吸收。根据植物的可利用性程度，可将土壤中的重金属分为三种类型，即能够被植物直接吸收的类型，用 I（intensity）表示；不能被直接吸收但与土壤中可直接吸收部分存在动态平衡的部分，用 Q（quantity）表示；不能吸收类型。解吸常数 $K_d = I/Q$，表示可利用部分的补充速率。土壤中重金属的植物可利用性是一个动态的过程，它不仅与金属浓度有关，还取决于金属的物理、化学形态、土壤理化性质以及金属与植物的接触时间。植物对重金属的修复能力首先体现在活化污染区重金属元素，使之成为植物可吸收态上。

植物因环境诱导而产生的提取作用，一般来说对污染物（如铅、镉、砷等）的富集效果远远低于修复污染的要求，而且生物富集系数（植物地上部重金属含量与土壤重金属含量的比值）也较低。提高植物对重金属污染物的生物利用效果已成为迫在眉睫的问题，除通过修复植物品种的人工驯化培育外，由于重金属的化学形态受土壤的物理化学条件控制，可以人为采取多种方式，改善土壤性质，通过控制土壤的 K_d 改变重金属可利用部分的浓度，提高土壤中重金属的植物可利用性。帮助植物提高污染物的生物有效性，通常采取的措施有：添加螯合剂、添加表面活性剂、施用稳定剂、提高植物-微生物协同修复效果、调节土壤环境、增施营养元素和采取适宜的栽培措施等。

4.3.4.2 螯合剂对重金属的生物有效性的影响

施用螯合剂或配位剂诱导或强化植物超富集作用被称为螯合诱导修复技术。常用以增加土壤溶液中金属的浓度，促进植物对金属的吸取和富集。

在土壤中加入的螯合（络合）剂首先与土壤溶液中的可溶性金属相结合，由于离子价数的减少或符号的变化，可防止金属沉淀或吸附在土壤上。随着自由离子的减少，为维持游离金属在溶液和固体颗粒之间的平衡关系，被吸附或呈固相的金属离子开始从土壤颗粒表面溶解。通过人为的添加螯合剂能加速这种平衡移动，提高金属可利用形态的含量。螯合剂已广泛用来评价某种金属的植物可利用性，而且土壤施用螯合剂后也提高了植物对微营养元素的利用率，促进了植物的生长。

螯合反应的效率取决于有关离子与螯合离子之间的相对缔合常数，以及二者对土壤表面的亲和力，因此，运用螯合诱导技术强化植物提取修复的成功与否与螯合剂类型的选择密切相关。常用的络合剂及其对土壤 Pb 的解吸活化顺序为：ETDA＞HEDTA ＞CDTA ＝DTPA＞EGTA＞HEIDA＞EDDHA ＞NTA，此外，还包括弱有机酸如柠檬酸、苹果酸等。

在重金属污染土壤的植物修复研究中，EDTA 是最常见、最有效的络合剂。1951 年首次报道了在营养液培养中番茄、向日葵、玉米及大麦能够利用 Fe-EDTA，初期用于提高农田土壤中微量元素的有效性，以后发现金属离子螯合剂 EDTA 对多种金属元素的活化作用，如可以增加植物对铅的吸收。Cd 污染的土壤中加入 EDTA 后，水提取的 Cd 浓度增加了 400 倍以上；芥子草添加 EDTA 可显著提高土壤溶液中总有机碳、Cu、Zn、Pb 和 Cd 浓度等。

选择的螯合剂需施用于相应的植物和重金属元素，才能有效提高植物对重金属离子的螯合和富集浓度。例如对铅施用 EDTA、对镉施用 EGTA、柠檬酸对铀的吸收可能也比较有效。

利用螯合剂辅助的植物提取技术可以通过以下步骤来完成：a. 分析土壤的污染情况，并选用合适的植物/螯合剂组合；b. 在污染的土地上栽培所选用的植物；c. 一旦栽培的植物达到合适的生物量，立即施用合适的金属离子螯合剂，以促进植物对其的吸收和富集；d. 经过适当的金属离子富集期（几天或几周），收获植物的全部生物量。如果所选作物和季节合适，还可以继续进行下一轮的植物提取处理。通过该方法每年可以从土壤中去除 180～530kg/ha 的铅；收获后，富集了重金属离子的植物残体可以被当作危险废物处理掉或对其中的重金属离子进行回收。

但是，施加 EDTA 也可能引起植物吸收重金属减少，可能是由于添加 EDTA 后植物生长量大大减少。因此，尽管单位重量植物的重金属含量增加，但吸收的总量反而减少。还需注意的是，经络合剂活化后的重金属，短期内活动性大幅度增加，而植物却不能同步大量吸收，重金属易于向土壤下部渗透，即提高了其淋溶迁移性能，如果长期添加络合剂且处理不当，污染可能扩散到土壤深部的地下水资源，增加潜在环境风险，同时，螯合剂能导致大量营养元素的流失，发生土壤贫瘠化，准确研究添加螯合剂的时期和量将对解决此问题有所帮助。如果能配制缓释螯合剂，使土壤中的重金属逐步释放，然后再被超积累植物吸收，则是一种可行的、环保的修复技术。柠檬酸、草酸、苹果酸等其他低分子量有机酸在提高金属的溶解度及其生物有效性方面的作用效果虽然较差，但能克服上述缺点，是环境友好的修复技术。

4.3.4.3 蚯蚓对重金属的活化

蚯蚓在取食、做穴和排泄等生命活动中可能对土壤中的重金属化学行为产生直接或间接的影响。用蚯蚓处理垃圾时加入蚯蚓后，重金属的溶出量明显增加。蚯蚓活动显著增加红壤DTPA提取Cu的含量，且能增加种植于此种土壤上黑麦草的地上部分生物量。因此，利用蚯蚓不仅可以改善土壤性质，增加植物生物量，而且可以提高土壤中重金属的生物可利用性，从而增加植物提取出来的总金属量。

4.3.4.4 表面活性剂提高有机污染物的可利用性

由于有机污染物的生物可获得性是实施植物修复的主要限制因素，国外参照金属污染的植物修复，应用生物表面活性剂（鼠李糖酯），明显增强有机污染物的水溶性与微生物的降解；环糊精可同时增加有机污染物及金属的溶解性，在土壤复合污染的修复中可望有重要的应用。

4.3.4.5 稳定剂增进植物对重金属的耐性

土壤性质对土壤中重金属的活性影响很大，添加土壤稳定剂改良调节剂（包括酸、石灰、有机质、炉渣等），以调控改变土壤营养状况和物理化学性质，降低土壤中重金属的活动性，促进微生物发育及植物根系生长。

羟基磷灰石对重金属活性有一定抑制，当其用量为0.5%、1%和5%时，随着用量的增加，土壤中Zn、Pb、Cu、Cd和As的可交换态含量降低，但5%的用量会抑制作物生长，可能过量应用会导致作物营养元素失衡。

石灰是一种经济有效的土壤重金属稳定剂，应用较广泛。石灰能提高土壤的pH值，增加土壤表面负电荷，从而使土壤对重金属的亲和性增加，促进重金属生成碳酸盐、氢氧化物沉淀，还可增加土壤团聚性，降低重金属的流动性（雷娜娜等，2015）。在污泥的联合堆肥过程中，加入石灰可以使Cu的残渣态转化为氧化态，Mn的残渣态转化为还原态，并且可以减少Ni的还原态转化为残渣态。加入石灰还可以使Pb的残渣态增加，减少Zn的残渣态向氧化态的转化。因此，石灰可以降低重金属的利用（Wong和Selvam，2006）。在研究加入牛粪和木屑的水葫芦的堆肥过程（30d）中，可以发现加入石灰可以降低重金属的生物利用度和渗出性（Singh和Kalamdhad，2013）。用不同浓度石灰水溶液（分别为0.025%和0.050%）淋洗受铅锌矿尾矿严重污染的水稻土，发现石灰水溶液可以将土壤中的Cu、Zn和Pb等重金属淋洗出来，而且淋洗次数越多，土壤中重金属含量越低（范稚莲等，2008）。

有机肥料也可以有效降低土壤中重金属的活性。有机肥料对土壤中Cd的有效性、各形态及其生物活性均有影响，使土壤交换态Cd向弱结合有机态、锰氧化物结合态转化，有效降低土壤中有效态Cd的含量，而猪粪效果优于秸秆类。

石灰和肥料同时使用，能补偿稳定剂造成的土壤营养元素匮乏。冶炼厂周围污染土壤施用石灰一年后，土壤溶液中的重金属浓度明显降低，有效地防止了重金属妨碍苏格兰松树（*Pinus sylvestme*）的生长及对地下水的污染，同时施用肥料，可有效避免土壤常量元素缺乏。

采用斜发沸石与污水污泥共同堆肥的方法可降低重金属活性。将重金属污染的污水污泥与25%～30%的斜发沸石混合堆肥150d后，污泥中100%的Cd、28%～45%的Cu、10%～15%的Cr、41%～47%的Fe、9%～24%的Mn、50%～55%的Ni和Pb及40%～46%的Zn都被去除。而留在污水污泥中的重金属绝大多数是以残渣态形式存在。富铁物质、磷灰石可能比石灰、天然沸石更能降低Zn的植物可给性。

添加碳酸钙的土壤，交换态Cd含量显著下降，专性吸附态Cd、铁锰氧化物交换态Cd

含量显著增加。碳酸钙处理后，玉米全Cd含量及叶片H_2O提取Cd、$NaNO_3$提取Cd、HCl提取Cd和残余Cd含量均明显减少。

碱性稳定剂对土壤中重金属的活性有一定的抑制作用。碱性多硫化物（APS）加入土壤后，土壤溶液中的Hg含量增高，原因是可溶性Hg硫化物的生成及由于提高了土壤pH值后，Hg腐殖酸溶解性增强。APS能有效地将土壤中的Hg^0及$HgCl_2$转化为硫化物，TMT只能转化$HgCl_2$，对Hg^0无效。

选用土壤改良剂来沉淀、结合或吸收污染物，可减少污染物的迁移并降低其对动、植物的毒性。在对铅锌尾矿进行植被修复时，向尾矿中添加改良剂（如生活垃圾），不仅能使生物覆盖与净化效果显著提高，而且让另一污染源——垃圾得到有效、合理的利用。

一些对重金属固定能力强的土壤也可以作为重金属稳定剂使用。黄壤、砖红壤及沃沙土都能使砂性土中的易移动态Cd向更稳定态转化，但其效果因土壤pH值和Cd加入量等因素的不同而异。在pH7时黄壤的效果最好，沃沙土在pH4和pH7的效果相似，而砖红壤在两种pH值下的效果都较差。

4.3.5 提高植物-微生物协同修复效果

通过根际微生物可以加速植物吸收某些矿物质，如铁和锰 。根际内以微生物为媒介的腐殖化作用可能是提高金属植物可利用性的原因。土壤中微生物的活性及其生物量增长受到底物的限制，特别是碳源，根际环境中碳源的输入明显增加微生物的活性。

根际微生物对土壤重金属污染环境存在适应性分化，长期受金属污染的环境可能已存在丰富的耐重金属微生物资源，在重金属污染环境中筛选可供应用的耐重金属根际微生物，通过种子处理或加入到灌溉水中，使选择的特定微生物与植物发生作用，具有广阔的前景。Cu污染土壤中芦苇根际环境存在耐Cu细菌，根际环境中的细菌群落与非根际环境在对Cu的吸收能力、生长速率、胞外多聚物都存在明显的不同。

研究具有重金属耐性的促植物生长根际细菌的应用将为重金属污染土壤的植物修复提供效果更佳的新方案。镍污染土壤中分离到耐重金属污染并促进植物生长的根际细菌SUD165/26，在具有较高水平重金属污染的土壤中促进植物的生长。锌污染土壤中接种丛枝菌根真菌的苗期玉米，其菌根共生体的建立，明显地改善了植株对磷素的吸收和运输，有助于植株在重金属污染逆境中的生长。

菌根真菌能借助有机酸的分泌活化某些重金属离子，并且还能以其他形式如离子交换、分泌有机配体、激素等间接作用影响植物对重金属的吸收。分离培养的重金属耐性生态型丛枝菌根，接种到受重金属干扰的植物生长环境，在实施植物修复中将有广阔的应用前景。锌污染土壤中接种丛枝菌根真菌的苗期玉米，在未增加体内锌浓度的前提下，较对照显著提高了叶和根中的锌吸收量，表明菌根植物在重金属锌污染的土壤上具有一定的生物修复作用。对玉米（*Zea mays* L.）接种VA菌根，植物根际土壤中交换态Cu有显著增加的趋势，在无菌根和有菌根条件下较非根际土分别增加了26%和63%。内生菌根真菌如泡囊丛枝菌根（VAM）存在活化作用，促进金属吸收，土壤浓度高时，存在屏障作用，会抑制植物对金属的吸收。在污染条件下，菌根真菌究竟是促进吸收重金属的作用大还是屏障作用大，则与植物种类、菌根种类、土壤类型和耕作等条件有关。对于重金属超积累植物来说，菌根的活化作用可能大一些，对于其他植物来说屏蔽的作用可能大一些。

鉴于菌根真菌在增进植物修复效果中的重要作用，提出了对菌根真菌修复进行调控的设想。

① 引入外源固氮菌的设想　在石油污染土壤中，C/N 比偏高。当可利用的氮下降时，因长碳链的断裂和氮的固定而导致对植物的损害增加。在这种情况下，只有固氮植物能存活，这是原油对生物自然选择的结果。氧化降解也改变土壤细菌群的组成，如好氧的蛋白水解菌和纤维分解菌的减少，而厌氧的固氮菌的增加。C/N 比是影响微生物活性的一个重要指标。在石油污染土壤中，C/N 比偏高，这使固氮菌占选择优势。故可在真菌菌丝周围引入外源固氮菌，利用菌根周围微生态环境和分泌物使外源固氮菌在菌根菌丝周围微生物中占有一定比例，从而促进植物-菌根真菌这一共存体系的降解能力。

② 引入外源细菌的设想　用土著菌代替实验室菌株来进行生物修复，被认为是一个较好的方法，因为后者因竞争力低和适应性差经常在田间被淘汰。菌根菌丝周围有机污染物浓度的降低是由于微生物群的代谢转换或土著微生物群新的代谢酶活性的进化。然而，土著微生物群的代谢潜能对有机污染物的快速和完全降解总是不够的。引入控制特定降解途径的基因，而使菌丝周围某一细菌的降解活性增强，能解决这一问题。在试管中修饰的细菌或将供体的代谢基因直接转移到根际土著细菌中都是可行的。能降解芳香族化合物的代谢酶通常是由细菌的质粒基因编码的。将含有适当代谢质粒的供体菌株直接接种到根际，已观察到土著转化结合分子的形成和异源物质降解率的增加。在许多研究中，已观察到引入的供体和土著微生物群在土壤和根际中的结合，极大地提高土著菌的降解能力。一旦土壤中有了转化结合子，它就能自行繁殖，因此，外源菌的长期存活对污染降解并不是必要的。然而，只有少数研究观察到代谢基因和质粒在引入的细菌和土著土壤细菌之间的转化。这种结合在很大程度上不仅依赖于细菌的生理活性，而且依赖于其保持高的种群密度和通过土壤迁移以使细胞相互接触的能力。土壤类型、土壤颗粒的吸附能力、温度、营养元素、植物根和蚯蚓活性对土壤中质粒转换都是很重要的。

4.3.6 土壤环境的调控措施

植物对土壤污染物的吸收和污染物的环境危害，不仅取决于污染物在土壤中的含量，而且与其在土壤中的活性有关。土壤环境对土壤中重金属的活性影响很大，可以通过调节土壤 pH 值、氧化还原电势、竞争离子、电渗透性等因素，改变土壤污染物活性。

4.3.6.1 调节土壤 pH 值

pH 值是影响重金属在土壤中活性的一个重要因素。降低 pH 值不但可以提高金属的溶解度，还可以降低土壤对金属的吸附，这样便大大提高了土壤溶液中金属的浓度。因此，通过使用化肥中所含的氨离子或施加土壤酸化剂维持微酸性的土壤环境，使碳酸盐和氢氧化物结合态重金属溶解、释放，同时也能增加吸附态金属的释放，有可能增加土壤中金属的植物可利用性并提高植物的吸收。此外，高的硝化速率也能造成土壤 pH 值降低，从而改变重金属的活性。

提高土壤 pH 值引起重金属元素活性降低。Cd 的活性通常受土壤酸碱性的影响很大，一方面随着 pH 值升高，可增加土壤表面负电荷对 Cd^{2+} 的吸附，另一方面则由于生成 $CdCO_3$ 沉淀，使其活性逐渐降低。在 Cd 污染的土壤上施用碱性物质如石灰，一般每公顷土壤施用 750kg 石灰，使土壤中重金属有效态含量降低 15%左右，从而使酸性土壤可被植物利用的 Cd 的活性降低，对减少 Cd 被作物吸收具有一定的作用。在发育于不同母质的旱地黄筋泥、水田黄筋泥、旱地红砂土、水田红砂土上施加石灰，有效态 Cd 明显减少。因此，在被镉污染的土壤上施用石灰是降低植物吸收镉的有效措施之一。

4.3.6.2 改变土壤的氧化还原电势

土壤中重金属的活性也受土壤的氧化还原状况的影响，因而与土壤的水分状况有着密切的联系。在水稻抽穗后进行落干，籽实的含镉量比正常灌水的高出 12 倍。在水田灌溉时，由于水层覆盖形成了还原性的环境，土壤中的 SO_4^{2-} 还原为 S^{2-}，有机物不能完全分解而产生硫化氢，与镉生成溶解度很小的 CdS 沉淀。而水中的 Fe^{3+} 还原成 Fe^{2+}，与 S^{2-} 生成 FeS 沉淀，由于镉在土壤中具有很强的亲硫性质，与之形成共沉淀，降低镉的活度，而难于被作物吸收。可见，通过调节土壤水分可以控制重金属在土壤植物系统中的迁移，旱田改水田降低土壤的氧化还原电位，能够降低重金属 Cd 的活性，减小对植物的危害。

许多土壤中的金属以氧化物的形态存在。因此，通过溶解这些氧化物能够提高可溶性金属浓度。已知许多植物能够从根部释放还原剂以从土壤中获取不溶性金属。向用亚硒酸盐改良的富含锰氧化物的土壤中添加抗坏血酸，会增加硒的可溶性，这是因为抗坏血酸提高了锰将亚硒酸盐氧化为硒酸盐的能力。

4.3.6.3 陪伴离子的竞争调节作用

土壤溶液中与被吸收离子对应的竞争离子可以用来有效地控制金属的植物可利用性。例如，通过把基于硫酸盐的 NPK（16-5-12）［意为氮磷钾肥料，16-5-12 表示 16%的氮，5%的磷（以 P_2O_5 表示）及 12%的钾（以 K_2O 表示），百分比数字表示 N、P、K 之含量，而非某些化合物的含量］化肥转化为基于氯盐的 NPK（16-5-12）化肥，可以避免硫酸根和硒酸根对植物吸收的竞争，提高小麦对硒的吸收。

当土壤中某种重金属含量较高，对土壤的污染较为严重时，可利用另一种对作物危害较轻，且浓度低时对作物生长有利的微量元素拮抗它。由于 Cd 和 Zn 通常是伴随而生的，具有相似的化学性质和地球化学行为，因而 Zn 具有拮抗 Cd 被植物吸收的特性。土壤中适宜的 Cd/Zn 比，可以抑制植物对 Cd 的吸收。因此，可以通过向 Cd 污染土壤中加入适量 Zn，调节 Cd/Zn，减少 Cd 在植物体内的富集。

4.3.6.4 电渗透作用

向植物根系通直流电能提高金属的活动性，增加金属和植物接触的机会。以石墨为电极，向植物根系的生长介质中通 0.12～0.15 mA 的电流，能使蒿属 *Artemisia tilessi* 根系中的铅、铁、铜、钙和铝的浓度增加 1 倍。对于豚草属植物 Ragweed，直流电能使地上部分铅的浓度增加 1 倍。

4.3.7 增施营养元素

养分是影响植物吸收污染物的重要因素。有机肥不仅可以改善土壤的理化性状、增加土壤的肥力，有机质在土壤中分解也能释放有机酸和氨基酸，促进微生物生长，而且可以影响污染物在土壤中的形态及植物对其的吸收。因此，施用有机肥等营养元素是提高植物修复效应的有效措施。

施加营养，能促进植物的生长，提高根部活动强度，相应地促进了植物对污染物的分解和吸收。土壤中施加硫能促进镍 Ni 的超累积植物 *Berkheya coddii* 对钴 Co 和镍 Ni 的吸收，植物中钴和镍的含量与添加硫呈明显的正相关（$P<0.01$），含量可以分别达到1500mg/kg（干物质）、300mg/kg（干物质），施加氮肥产生同样的效果，但施加磷肥对吸收影响不明显。而添加磷能显著提高蜈蚣草对As的富集能力，当添加磷超过400mg/kg时，蜈蚣草对砷的富集效果显著提高；当添加磷达800mg/kg时，相应的富集系数分别为10.7和9.8，分别是不添加磷对照处理的2.8倍和2.7倍。增施N、P无机营养物和微量、痕量营养元素能有效激发根际微生物的代谢活力。因此，植物营养肥料应依据污染物和植物种类有所选择地施用。

增施营养已成为土壤重金属污染物的固定及其植物修复调控的有效途径和措施。向Cd污染土壤中加入有机肥，由于有机肥中大量的官能团和较大比表面积的存在，可促进土壤中的重金属离子与其形成重金属有机络合物，增加土壤对重金属的吸附能力，提高土壤对重金属的缓冲性，从而减少植物对其的吸收，阻碍它进入食物链。施加氮肥能够促进植物对土壤中镉的吸收，土壤施磷肥通常降低旱地植物体内重金属的含量。因此，在Cd污染土壤中施加有机肥是一种十分有效的治理方法。

利用有机肥改良Cd污染土壤存在一定的风险，主要是由于有机肥在矿化过程中分解出的低分子量有机酸和腐殖酸组分对土壤中的Cd起到了活化作用，关键取决于腐殖酸组分和土壤环境条件，如果能够系统地研究不同pH值、Eh值、质地等土壤条件下，腐殖酸组分对Cd的移动性和生物有效性的影响，合理施用有机肥就可以一方面对农田Cd污染起到了净化的作用，另一方面克服传统治理方法中既需消耗大量资金，又造成营养元素流失、二次污染等问题。

4.3.8 栽培措施

农业栽培措施，包括采取合理耕作栽培制度、深耕、灌溉、水作或旱作等农艺措施与技术，可以促进植物生长、提高植物的生物量或增加收获次数，并人为改变根际pH值、Eh、微生物和根分泌物等特征，从而提高植物修复的综合效率。

通过套种超富集植物 *Thlaspi carulescens* 和非超富集植物 *T. arvense* 发现，当这两种植物的根系交织在一起时，*Thlaspi carulescens* 对Zn的富集能力显著提高。美国加州一个人工构建的1ha二级湿地功能区中，种植不同的湿地植物品种，显著降低了该区农田灌溉水中Se的含量。

在研究Cd污染农田的生态模式中，筛选出了湖桑、苎麻、红麻、棉花等一批适生耐Cd作物品种，种植后使土壤中Cd含量普遍下降 。

环境污染的治理是一项十分复杂和困难的工程。实践表明，针对污染环境特征，通过有目的地多年种植优选的植物，采取适宜的农艺调控措施，对所种植物、灌溉条件、施肥制度及耕作制度进行组合，使修复效果达到最优化，是合理利用和改良污染环境的良好途径，可以有效地减少污染物通过食物链进入人体和家畜的机会，并可获得较好的经济效益、社会效益和环境效益。

4.4 环境修复工程中植物资源的合理配置

在环境修复工程中，土壤污染、水污染和大气污染的修复一般采取物理治理、化学治理、微生物修复和植物修复等多种技术手段。限于污染物特性、污染时间、污染地性质、修复介质要求等多种因素的交叉影响效应，任何一种污染治理方法都存在修复优势和缺憾，本节就修复方法选择和最适修复对象确立的原则作简明论述，探讨植物资源在环境污染修复工程中合理配置的原则。

4.4.1 物理治理方法及适用范围

4.4.1.1 客土法

客土法是最常用的物理治理方法。在被污染的土壤上覆盖一层非污染土壤或将受污染的土壤人工挖掘、运移，送至指定地点填埋，然后将未受污染的土壤填回。此法只不过是对污染物的转移，而未从真正意义上清除污染物，且需花费大量的人力与财力，在换土过程中，又存在着占用土地、渗漏、污染环境等不良因素的影响，因而，并不是一种理想的污染治理方法。此方法最早在英国、荷兰、美国等国家应用，适用于小面积污染严重的土壤治理，如治理重金属污染和清除高危害物质等。

4.4.1.2 热处理法

热处理法是向污染土壤通入热蒸汽或用低频加热的方法，使污染土壤表面或孔隙中的污染物质变成气体，通过挥发作用将其有效地从土壤中清除或回收。其中，微波增强的热净化作用是最近兴起的一种热解吸法，它能实现有机污染物的原位修复。此法适用于挥发性和半挥发性有机化合物、重金属汞等污染物的去除和被硼和石油烃类复合污染土壤的治理，对极性化合物特别有效。存在的不足之处是：费用高，易使土壤有机质和土壤水遭到破坏，能量消耗大。

4.4.1.3 通风去污法

液体污染物泄露后，产生横向和纵向的渗透，最后存留在地下水界面之上的土壤颗粒和毛细管之间。在该地区打井引发空气流经污染土壤区，使污染物通过挥发而被清除。此法所需成本不到土壤挖掘法和清洗法的十分之一，速度却是其五倍以上，是清除有机物的污染，特别适合于治理被汽油、JP-4型石油、煤油或柴油等挥发性较强的石油烃类污染。但这种方法又存在以下的缺点：容易受到土壤条件的制约，低透气性、不均匀的地层结构都会影响去除效果；由于气体难以穿过水体，所以对水体以下地带污染的治理不能发挥作用；难于彻底去除低挥发性烃类；耗时较长。

4.4.1.4 隔离控制法

采用黏土或钢铁、水泥、皂土或灰浆等人工合成材料，将被污染土壤和周围环境隔离开来，这一方法没有破坏污染物，只是防止其向环境（大气、地下水、土壤）的迁移。这一方法相对运行费用较低，在工程上需挖掘土塌，所以操作较复杂；此法不能永久的治理，如能再引入微生物治理法，则能达到彻底的治理。适合于多数土壤污染的治理，对于渗透性差的地带，尤其比较适用。

4.4.1.5 真空吸引法

土壤气体真空吸引法（SVE）是用处于负压状态的处理装置将土壤中的污染物质从土壤中解吸出来，再将解吸气体进行吸附处理的一种物理化学修复技术。

4.4.1.6 淋滤冲洗法

先用清水或有机溶剂、表面活性剂等溶液冲洗污染土壤，然后再将这些含有污染物的水溶液从土壤中抽提出来进行再处理。对于重金属污染，为防止二次污染，需利用含有配位体化合物或阴离子的溶液冲淋土壤，使之与重金属络合。此法适于地下水和土壤同时被污染的环境治理，对面积小、污染重、渗透性能强的土壤尤为适用。不足之处在于，化学表面活性剂不易降解，造成二次污染，可使用生物表面活性剂替代，同时容易引起某些营养元素的淋失和沉淀，工程设计复杂。

利用二氧化碳在临界温度以上时的双重性质，采用二氧化碳和水等的混合溶剂清除土壤中的石油烃类等有机物。二氧化碳比较便宜，因此治理费用较低，且不会给环境带来二次污染，不足之处在于治理过程中要控制操作。

4.4.2 化学治理方法及适用范围

4.4.2.1 化学焚烧法

常用的化学治理方法，利用有些污染物在高温下（815～1200℃之间）易分解的特性，在高温下焚烧以达到去除污染的目的。土壤的理化性质也会遭到破坏，使土壤无法重新利用。焚烧法只适于小面积、污染严重、小颗粒土壤的治理。

4.4.2.2 光降解法

在有氧气存在下，自然光能使石油烃类发生氧化分解，添加二氧化钴、氧化锌、氧化钨、硫化银、硫化锌、氧化锡等光催化剂，降解速率就能显著增加。光降解法费用较高，对污染严重、面积不大、深度不大的土壤可用此方法进行治理，易产生的臭氧造成二次污染。光降解法是一项新兴的深度氧化水处理技术，具有不加化学试剂、可在低压下进行、对温度要求不高、催化剂成本低、能有效降解结构稳定的污染物、污染物降解完全等优点。该项技术只是进行了初步的实验可行性探讨，具体实施与应用还有待于进一步的验证。

4.4.2.3 化学氧化法

向污染的土壤中喷撒或注入臭氧、过氧化氢、高锰酸钾、二氧化氯等化学氧化剂，使其与污染物质发生化学反应来实现净化的目的。化学氧化法不会对环境造成二次污染，但操作比较复杂，适合于土壤和地下水同时污染的治理，可配合曝气装置。

4.4.2.4 化学栅防治法

防治土壤污染的新方法。该方法是将既能透水又具有吸附或沉淀污染物的固体化学材料置于污染堆积物底层或土壤次表层的蓄水层，使污染物留在固体材料内，从而控制污染物扩散，净化污染源。

治理重金属污染物采用沉淀栅，有机污染物采用吸附栅，两种污染物都有时，采用联合栅。化学栅易于老化，即失去其沉淀或吸附能力。化学栅的作用与地下水的流向、流速、流量紧密相关，地下水模型的建立又同污染点的地质情况、水文状况有关联，解决这些问题都有较大难度，使化学栅的应用受到了一定的限制。

4.4.2.5 固化稳定技术

固化稳定技术包括两个方面：采用化学方法降低污染物的可溶性和可提取性，同时采用物理方法将污染土壤包埋在一个坚固基质中。适于治理同时被石油烃类和重金属污染的土壤，这种固定法与传统的固定法相比，优点在于废弃物基质的质量增加较少，不足之处在于限制了将来对土地的利用，还原剂的施用可能会造成二次污染，且随着时间的推移，污染物可能会再度污染环境。

4.4.2.6 电化学修复

在水分饱和的污染土壤中插入一些电极，然后通一低强度的直流电（每平方米几安培）穿过污染的土壤，通过电化学分解和电动力学迁移的复合作用使污染物从土壤中去除的过程。电化学法对污染物的转移和去除主要取决于以下几个因素：电极反应、pH值、土壤表面化学、水系统的平衡化学、污染物的电化学特征和土壤基质的水文特征。此法经济合理，特别适合于低渗透性的黏土和淤泥土，每立方米污染土壤需要100美元左右。而且，可以回收多种重金属元素。但对于渗透性高、传导性差的砂质土壤清除重金属的效果较差。在欧美一些国家发展很快，已经进入商业化阶段。

热解吸法、焚烧法、客土法和固化稳定作用等为场外治理方法，与现场治理相比，费用高，但治理过程的可控性强，要求时间短，治理较彻底。一般在下述条件存在时，选择场外治理较好：a. 有足够的资金，污染急于治理；b. 由于泄漏等事故，造成污染面积不大，污染物浓度很高；c. 环境条件复杂，现场治理较难；d. 治理费用和现场治理相差不大；e. 对于被重金属和石油烃类复合污染土壤的治理。

总之，用物理化学方法治理环境污染，对于污染重、面积小的土壤或水体具有治理效果明显、迅速的优点，但对于面积较大的污染环境则需要消耗大量的人力与财力，而且容易导致土壤结构的破坏和土壤肥力的下降，可能对环境造成二次污染，可操作性差。

4.4.3 微生物修复方法

利用微生物的生命代谢活动来减少环境中有毒有害物质的浓度或使其完全无害化，使污染的环境部分或完全恢复到原初的状态。

微生物修复方法有着物理、化学治理方法无可比拟的优越性：处理费用低，处理成本只相当于物理、化学方法的1/3～1/2；处理效果好；对环境的破坏和影响少；不会造成二次污染；处理操作简单；善于治理较大面积的土壤污染；不仅能够通过就地处理、生物反应器等形式来实现，而且还能够实现原位修复等。故生物修复技术是一种效果良好并被广泛应用的污染修复技术。

4.4.3.1 微生物菌种来源的选择

用于修复环境污染的微生物菌种有两种来源。

第一种是向土壤或含水层中引进优选出的菌种。能迅速提高微生物的数量，有可能迅速提高污染物的微生物降解速率，但由于微生物不是在污染地带现场培育的，现场治理能力可能不如实验室强，而且微生物在现场的生存、繁殖可能一时难于稳定。这一方法比较适合于治理以下类型的污染：a. 由于泄漏等事故造成的时间不长的土壤污染；b. 有机物质和有毒金属元素等污染物浓度高的地带；c. 需要急于净化的土壤；d. 污染物质的浓度相当低，但危险性很大的场地。

第二种是通过调节土壤或地下水各方面条件，排除不利于降解污染物菌种繁殖的因素，在土壤中培育出大量的优势微生物。不需要在场外培养微生物，不需要向污染地带投加微生物，费用较低，但污染物的浓度太高或太低都可能对降解不利，且有利于微生物繁殖的条件难于控制。这种治理方法适合于下述污染地带的治理：a. 已被污染很长时间的地区；b. 已被多种有机污染物污染了一段时间的地区；c. 污染物含量不高的地区；d. 在短时间内不急于治理净化的地区；e. 含水层已被污染的地区。

4.4.3.2 原位微生物修复技术

① 投菌法 直接向遭受污染的土壤接入外源的污染降解菌，同时提供这些细菌生长所需营养，已取得了良好的效果。就地将污染物降解。

② 生物培养法 定期向土壤投加 H_2O_2 和营养，以满足污染环境中已经存在的降解菌的需要，使土壤中微生物通过代谢将污染物完全矿化为二氧化碳和水。Kaempfer 向石油污染的土壤连续注入适量的氮、磷营养和 NO_3^-、O_2 及 H_2O_2 等电子受体，经过 2 天后便可采集到大量的土壤菌株样品，其中大多为烃降解细菌。

③ 生物通气法 是一种强迫氧化的生物降解方法。在污染的土壤上打至少两口井，安装鼓风机和抽真空机，将空气强排入土壤中，然后抽出，土壤中的挥发性有机毒物也随之去除。主要制约因素是土壤结构，土壤要具有多孔结构。该方法与通风去污法有相似之处，但它强调了微生物的作用。

④ 农耕法 对污染土壤进行耕耙处理，施入肥料，水灌，加石灰调节酸度，使微生物得到最适宜的降解条件。该方法费用低，操作简单，但污染物易扩散，故主要使用于土壤渗透性差、土壤污染较浅及污染物又易降解的污染区。

4.4.3.3 异位生物修复技术

① 预制床法：在不泄漏的平台上，铺上石子与砂子，将遭受污染的土壤以 15～30cm 的厚度平铺其上，并加入营养液和水，必要时加入表面活化剂，定期翻动充氧，以满足土壤中微生物生长的需要。内容涉及 pH 值控制、翻动操作、湿度调节及营养要求等。该方法实质上是农耕法的一种延续，但预制床可以防止污染物的迁移扩散。

② 堆肥式处理：与预制床处理不同的是，土壤中直接掺入了能提高处理效果的支撑材料，如树枝、稻草、粪肥、泥炭等易堆腐物质，使用机械或压气系统充氧，同时加石灰以调节 pH 值，经发酵使大部分污染物降解。堆肥法是传统堆肥和生物治理的结合。它依靠微生物使有机物向稳定的腐殖质转化，是一种高温有机物降解的固相过程。影响堆肥法效果的主要因素有水分含量、碳氮比、氧气含量、温度和酸度。

③ 生物反应器：把污染土壤移到生物反应器中，加入 3～9 倍的水混合使其呈泥浆状，同时加入必要的营养物和表面活化剂，鼓入空气充氧，剧烈搅拌使微生物与底物充分接触，完成代谢过程，而后在快速过滤池中脱水。

由于生物反应器内微生物降解的条件很容易控制与满足，因此其处理速度与效果优于其他处理方法。但它对高分子量 PAHs 的修复效果不理想，且运行费用较高，目前仅作为实验室内研究生物降解速率及影响因素的生物修复模型使用。

④ 厌氧处理法：对一些污染物如三硝基甲苯、氯代有机化合物进行好氧处理不理想时，可采用厌氧处理法更为有效。现已有厌氧生物反应器之类的厌氧生物修复技术，处理效果和速度都优于其他方法，但由于其厌氧条件难于控制，易产生中间代谢污染物，且处理费用极高，对高分子量的多环芳香烃治理效果又不理想，故目前尚在实验室阶段。

4.4.4 植物治理方法及适用范围

针对环境污染的种类而有目的选择植物种类并进行合理地搭配，能有效修复污染环境，为创造安全、良好的城市环境服务。

4.4.4.1 植物修复类型的选择

依据修复原理将植物修复分为六种类型，分别对应适宜修复的污染物种类，列于表4-5。

表4-5 污染环境的植物修复类型及其可处理的污染物（黄铭洪等，2003）

类型	处理的污染物
植物固定	重金属、酚类和含氯的溶剂
植物提取	Ni、Zn、Pb、Cr、Cd、Se，放射性核素、BTEX（苯、甲苯、乙基苯、二甲苯），五氯苯酚、短链脂类复合物
根际过滤	重金属、放射性核素、有机复合物
植物降解	军需品（TNT、DNT、RDX、硝基苯、苦味酸、硝基甲苯、硝基甲烷、硝基乙烷），阿特拉津、含氯溶剂（四氯甲烷）、溴代甲烷、四溴甲烷、四氯乙烷、二氯乙烷，DDT、其他含磷、氯的杀虫剂，多氯联苯，苯酚
植物-微生物协同作用	多环芳烃、BTEX、石油烃碳水化合物、高铝酸盐、阿特拉津、草不绿、多氯联苯、其他有机复合物
植物挥发	含氯溶剂（四氯甲烷和三氯甲烷），Hg、Se

4.4.4.2 植物种类选配

植物在处理系统中所起的功能在很大程度上决定了种类的选用。如主要去除对象是BOD和N（反硝化）时，所选植物就需具备能为微生物提供附着界面的庞大根系以及较强的传氧能力；而当靠植物的吸收去除N、P、重金属和某些有机物时，就需要选择具有较好的富集吸收能力并且生长速度快的种类；如果去除的污染物目标较多时，就需要寻找能够有效地发挥多种生态功能的种类，或不同生态功能类型的种类搭配使用。另外，对当地气候的适应、植物的抗逆性及对病虫害的抵抗能力、植物管理的难易包括植物的后处理等也应给予考虑。用来进行修复的植物可以包括高等植物界的一切植物，如野生的草、蕨以及栽培的树木、草皮和作物，作为修复植物它们应具备在污染土壤上能正常生长，自身生长没有被抑制的特点。国内外的研究人员已相继筛选出了一大批能够高效地去除各种污染物的植物。

在富营养湖泊五里湖中选用耐寒植物伊乐藻（*Elodea nuttallii*）、菹草（*Potamogeton crispus*）、沉水植物和喜温植物菱（*Trapa* spp.）及凤眼莲（*Eichhonia crassipes*），组建成了常绿型人工水生植被，不仅常年保持较好的水质，而且对外来污染冲击有很强的缓冲能力。它可用于污水净化和小型富营养化水体的生态恢复等。河岸芦苇带对我国江河湖库水质氨氮污染有削减净化效应，能有效地截流陆源营养物质。

人工培育大叶相思-桉树-湿地松混交林用于整治广东茂名页岩油工业固体废物堆置场及其周围环境，已使灰渣转化为具有一定肥力的新成土，并逐步向更适于植物生长的方向演化。MTBE污染的地下水可以被小白杨树修复，相对于微生物降解，植物修复历时非常短，其快速的吸收转化引起研究者的极大关注。

桦树和柳树的一些种可以耐受铅和锌，通过种植并结合多种土壤添加剂固定土壤中重金属，能达到植物稳定的目标。可以在铅锌矿建立和定居几种先锋植物，包括草本（*Vetiver zizanioides*）、禾本豆科（*Sesbania rostrata*）和木本豆科（*Leucaena leucocephala*），具有茎瘤和根瘤的一年生豆科植物，生长速率快，能耐受有毒金属和低的营养水平，因而是理想的先锋植物。某些严重污染的土壤如果用植物修复的办法来去除重金属，通常要选择抗旱型的、能在重金属污染和营养缺乏的土壤上快速生长的树木或草本植物。香根草（*V. zizanioides*）具有很发达的结构精细的根，对土壤盐度、钠、酸性、铝、锰和重金属

(砷、镉、铬、镍、铅、锌、汞、硒和铜)也有很高的耐受能力，适合于金属污染土壤的复垦和土地填埋区渗出液的处理。依据植被覆盖率和生物量计算，香根草是在南中国铅锌矿复垦中最有效的植物。据韦朝阳等（2001）研究，Bengalgram（*Cicera rientium*）和Cow pea（*V. ungiuculata*）是对富含铅的土壤耐受性和适应性最强的植物。而黄铭洪等（2003）研究发现，Cow pea和Bragg soybean（*Glycine max*）通常有最大的干物质产量，并能从酸性含锌、锰、铅、铜、镍、铝的矿砂中大量吸收除了铝以外的其他重金属。*Lotus purshianus*、*Lupinus bicolor*、*Trifolium pratense*是耐受铜的豆科植物。东南景天能忍耐和超积累土壤中高浓度的锌、铅和铜。对于低浓度含铀废水的处理技术选用，一般而言，当水量较小、共存离子少、水溶液偏酸性，可优先考虑采用混凝沉淀、萃取、吸附、膜分离等技术；而当水量大pH值范围波动大（pH=3～9），以及存在多种共存离子时，优先考虑采用植物修复技术进行处理。

依据陆生植物的养分吸收特性，利用水上种植技术，在以富营养化为主体的污染水域种植粮油、蔬菜、花卉等各种适宜的陆生植物，在收获农产品、美化水域景观的同时，通过植物根系的吸附和吸收作用，富集水中导致水域富营养化的主要因素——氮、磷等元素，降解、富集其他有害无毒污染物，并以收获植物体的形式将其搬离水体，从而实现变废为宝、净化水域、保护水生态环境的目的。在浙江省大型水库、运河、鱼塘等五种不同类型水域，成功地种植了46个科的120多种陆生植物，累积面积10余公顷，其中大面积单季水稻每公顷产量在8.5t以上，最高可达10.07t；美人蕉、旱伞草等花卉比在陆地种植取得了更好的群体和景观效果。

植物种类选择与重金属种类及其对重金属的吸收水平相关。如对Cu的吸收表现为，狼把草>蜈蚣草>酸模草>肾蕨；对Cd的吸收表现为，酸模草>蜈蚣草>狼把草>肾蕨；对As的吸收表现为，蜈蚣草>狼把草>酸模草>肾蕨；从整体来说，对Cu、Cd、As吸收较好的有狼把草和蜈蚣草。园林植物对Cu的吸收表现为，红枫>月季>杨树>红花继木；对Cd的吸收表现为，月季>红枫>红花继木>杨树；对As所吸收的是红枫和杨树（赖发英等，2003）。

此外，修复植物必须适应当地的气候条件，本地种应该是比较好的选择。土地生产经营者希望在污染农田治理时，获得的直接经济效益与治理前持平或提高，因此修复植物应选择有经济效益的植物。麻类作物是经济潜力巨大的植物，我国有多年生的苎麻、剑麻、蕃麻等和一年生的黄麻、红麻、大麻、亚麻、青麻等种类，且麻类作物为耐汞作物，土壤汞浓度为7.4mg/kg的农田种植六年苎麻，即可使土壤汞浓度恢复至背景值水平。因此，可以种植麻类作物并拔除麻根以清除农田土壤中的汞污染。

建立起的植物修复基地适用于类似污染土壤的治理，尤其是多年生木本植物可一次投入多年受益，投资相对较低，兼具修复、保护和美化环境的功能，即使一些环境污染物在植物内大量积累，也可以通过转移植物而清除。植物因其具有物理、化学、微生物治理方法不具备的优势和保护人类健康、易为大众接受等优点，成为世界环境工作者共同关注的一个重要内容，成为工、农业可持续发展的有力保障之一，将越来越受到世界环境建设和管理者的瞩目。

4.4.5 不同修复技术的联合

虽然现已筛选的修复植物对环境污染的修复能力很强，随着研究的深入，发现超积累植物往往植株矮小，生物量较低，生长速度慢，生长周期长，而且受到土壤水分、盐度、酸碱度的影响，很难在实际中应用。可见，单一的物理、化学、微生物、植物治理均有各自的优缺点，治理都可能不彻底。如果能够根据污染土壤特性、污染的程度、当地的农业生产习惯、气候条件、经济技术水平及预期达到的修复目标综合考虑，将植物修复技术与物理治理、化学治理、微生物修复等环境污染治理法结合起来应用到污染的修复中，可以取长补短，比单一的方法效果好，达到高效、低耗的效果，所以现在倾向于联合运用多种技术，实行综合治理，充分发挥多种技术的联合优势。

据资料显示，最经济、最有效的是化学和微生物、植物修复技术相结合的方法，即先用化学试剂降低环境中污染物的浓度，再用生物降解法对污染进行治理。例如，当土壤中污染物浓度太高时，土壤中现存的微生物数量锐减，单用生物治理不能发挥作用，需配合其他的方法降低污染物的浓度，其中淋溶冲洗法即是一种可选择的方法，尤其适用于土壤和地下水同时被污染的治理。先用表面活性剂再加微生物的方法适用于被石油烃类严重污染土地的治理，对于地下水被石油烃类污染的治理则可先用微生物降解一部分污染物质，剩下的污染物质和微生物可通过加氧化剂的方法去除，从而达到饮用水的卫生要求。植物修复与传统的物理、化学方法相结合的综合技术应用于重金属污染土壤的修复中，可能会获得更好的处理效果。

有关土壤氯代有机化合物的修复技术各有利弊，如土壤淋洗法不仅易造成地下水污染，而且处理费用昂贵；生物法、植物法虽可实现原位修复，但只能处理一些常规的氯代有机化合物且处理周期长；而常规的物理化学法对土壤扰动大且成本高。为此，尝试着将不同技术之间进行组合或结合，新兴联用技术表现出良好的处理效果。

电磁波加热（Radio frequency heating，RFH）与其他技术联用（如土壤水蒸气浸取、地下水曝气、生物修复等）时，RFH 可以提高土壤污染物的去除率。因为加热可以改变土壤、地下水和污染物的物理、化学和生物特性，使它们更易于处理，所以降低了处理时间和费用。RFH 技术与土壤水蒸气浸取技术联用，修复土壤中五氯乙烷（PCE）污染的去除率增加了 8 倍。

动电法和化学法相结合的 Lasagna 法适合于修复含污染物质的低渗透性土壤。首先通过电流将污染物质迁移至处理区域，然后将污染物在处理区域去除或矿化。在含四氯乙烯（TCE）的土壤中，运用活性炭吸附的 Lasagna 法修复，其中 98%的 TCE 得以去除。

4.5 植物修复工程的可行性分析

植物修复是一项新兴的、廉价的、绿色的污染治理技术，目前该技术仍主要处于试验研究阶段，真正在实践中应用时，与所有污染处理技术一样，也会受到其自身局限性的制约。首先，不是所有环境污染物都适用于植物修复；其次，植物修复技术是一种科技含量较高的处理方法，它的运作必须符合污染地适用的植物修复条件；此外，运用该技术修复污染环境，周期较长。它对污染程度、污染类型、污染环境的自身特点、植物种类、周边环境治理状况、资金投入等硬件条件有一定的要求，同时对人才、管理等软件方面的要求也相对较高。在实施某项植物修复工程之前，必须从多种影响因素的各个层次上仔细考察，获得无障碍运行的切实保证。因此，有必要对植物修复工程计划的可行性进行充分研究和论证。

植物修复工程计划所要进行的可行性分析程度，取决于计划所具有的复杂程度。一般而言，小范围内实施的简单修复计划或低成本的原有措施改进计划，并不需要全面分析其可行性；相反，如果针对试用新型替代修复植物品种、治理大面积特殊污染地环境、修复新型污染物对象，或是要投入大量资本、花费很长时间才能完成环境改造的工程方案时，就一定要在技术、环境、经济及管理上进行深入、全面的系统性分析，评价其是否具有可行性。

4.5.1 植物修复工程方案的简述

重大植物修复工程方案在确定之前，一般需依据修复目标设计多个各具优势的修复技术措施，再从这些既定的技术方案中综合筛选，找出一种或少数几种较好的方法，进而从各个关键的制约因素角度出发，进行进一步详细深入的可行性研究，据此才能确定最后的实施方案。

4.5.1.1 方案简述的目的

方案简述是对需要评估可行性的植物修复重点方案作以简单的介绍，说明方案的具体内容、修复效果、优势以及方案所要解决的问题等。方案简述的目的是为可行性分析做准备。通过方案简述有助于参加方案评估的人员清楚了解方案的基本情况、实施要求和可能产生的影响，为进行合理地评估提供必要的信息和资料。

4.5.1.2 方案简述的内容

方案简述报告通常由植物修复工程方案课题小组的有关人员编写。报告可采用文字说明的形式叙述，也可以附加表格、图例等表达方式形象阐述。方案简述的内容涵盖名称、类型、基本内容、修复效果等基本资料，尤其应详细阐明待评估方案独有的特点、优势、实施要求、环境影响及潜在效益和风险等。

① 方案的名称　名称应能简明扼要的展示方案实施的地点、处理对象、目的等，如利用植物修复技术治理某地区农田土壤镉污染的工程方案。

② 方案的基本内容　此部分应详细阐明污染现状、拟解决的问题、植物修复技术措施和路线等。污染现状既包括待治理目标环境的特点，如土壤污染环境的土质、土壤含水量、微生物种类和含量、有机质含量、污染程度和时间、周边环境状态等，水污染环境的水质、水力、原有水生植物、污染程度和时间等，也需指明污染物的种类、存在状态、含量、分布范围、转化和吸收特性等。技术内容是指修复植物的选择、植物的修复潜力、修复原理、耕作制度、提高植物修复效果的具体措施和实施步骤等，技术方法的叙述应尽量简单明了，条理清晰，深入浅出，帮助评估者准确、迅速掌握技术要领。

③ 实施要求　指保证既定方案能顺利实施所必须具备的硬件和软件条件。污染地物理化学性质、设备配置、技术可操作性、技术人员、经济投入量、管理等。

④ 实施消耗　方案实施过程中，造成的仪器设备损耗、植物消耗量、污染地性质的变化、能量消耗、水资源消耗等。

⑤ 预计环境修复效果　方案完全实施所需的总体时间和顺利实施后环境污染的治理程度。一般以时间为序，按时间段预计修复效果和确定效果检验指标。

⑥ 实施后的潜在环境风险　即污染物形态转化产生的二次污染、污染物的淋漓、渗漏、对周围环境的影响、处理后效等。

⑦ 可能产生的附加经济效益　用于修复污染环境的植物如果选择经济作物，则可能产生相应的经济效益，方案中可以就此作以估算，如水稻修复镉污染土壤等。但估算效益的同

时，必须充分考虑污染物对经济作物食用部分的影响，在保证污染物无向该处富集或微量不足以引起人畜伤害的前提下才有经济效益可言。

4.5.2 植物修复工程的技术可行性研究

技术可行性研究（技术评估）是对植物修复工程的重点方案技术的先进性、实用性、可操作性和可实施性等进行系统的研究和分析。这就需要对植物修复技术方法、污染环境与技术的匹配性、相关过程、植物资源及限制因素有完整、深入的了解。通过实地勘察、实践调研、参观类似的工程实施效果进行比较鉴别等的方式，能更加准确可靠地判定技术的可行性，如果必要时需进行小范围内的试运行试验，则更能有助于避免工程计划中预想不到的实际障碍。主要涵盖工程设计中各项技术的先进性、安全性和可操作性。

4.5.2.1 技术可行性分析的目的

系统地探明植物修复工程方案中提出的关键技术在国内外是否具有先进性，确保环境修复效果显著、快速、安全。技术可行性研究旨在通过实验室所进行的试验研究提供生物修复设计的重要参数，并用取得的数据预测污染物去除率，达到清除标准所需的生物修复时间及经费。

切实保证方案中的各项技术在待修复的污染区域中确实具有使用性，确保为当地创造环境效益，提升该地区的经济效益；分析方案技术上只有安全性、可靠性；确定方案中提出的技术对于具体实施队伍而言，具有可操作性和可实施性，确保方案能够顺利实施并发挥预期的修复作用。

4.5.2.2 技术可行性分析的内容

具体某项植物修复工程方案的技术分析内容，需要围绕考察和判定该技术是否最适合目前意图修复的污染环境特点和修复类型而设定，并能确保在既定的时间内顺利完成，达到原定的目标。一般需要考察多种的因素并多方询问相关的问题，下面列出一些技术可行性分析中需研究调查的可能问题，可供参考：a. 通过与国内外同行业同类技术的横向对比研究，分析该技术是否为国际或国内领先水平；b. 技术上的成熟程度、有无实施先例；c. 是否能高效降低环境的污染程度；d. 污染地是否为可耕作区域，无建筑物，农产品生产是否可以停产，有无足够的空间运行工程；e. 是否需要增加储存、运送和其他辅助设备，所需设施是否需另行购置和安装；f. 新仪器或新技术与目前污染地的生态环境和耕作制度是否能够匹配；g. 如果运行植物修复工程技术，现行经济生产是否要求停产，如果是需停产多久；方案对现有经济生产的生产率、生产量、产品质量和劳动力等有无影响，如果有目前的经济效益将损失多少；h. 操作技术、控制技术的难易程度，是否需要特别的专家协助操作，所需工作人员的数量及技术要求；i. 多长时间之内修复环境的污染指标能达到安全标准？j. 该工程实施是否会产生新的潜在环境风险？k. 现有公共设施能否满足工程实施的需求（包括对水、气、热力、电力等的要求）；l. 投资方能否按阶段如期、足额提供资金，保证工程的适时性和完整性，如果资金迟到或中途停拨，对修复的影响有多大；m. 对生产管理的影响程度，是否需要修改操作规程；n. 是否符合法律及地方政策法规。

需要进行技术评估的方案大致分为超累积植物提取污染物的修复方案、提高植物修复效果的方案、多种修复方法综合运用等几种主要类型。针对不通类型的方案，在技术评估时对前述的分析点应有不同的侧重。

如果有任何措施可能影响到修复效果或是存在潜在危险时，则需对此项措施进行详细地分析研究，若并非无法克服的问题，则提出改进建议，若现有的科技水平确实无法避免该措施带来的副作用，则需考虑选用其他替代措施或增添善后处理措施，这将可能导致增加成本及操作费用。

在工程实施涉猎的范围内，所有受到影响的部门和人员需共同来审核技术可行性分析报告的结果，因此事先与污染地使用者、维修采购部门、当地主管部门等的沟通协调，可促进该项修复方案易于为这些部门接受。

4.5.2.3 植物修复工程关键技术的研究和可行性分析

植物修复技术的优势关键在于，修复植物对污染物最佳去除作用的潜力，对以应用超累积植物为主要修复技术的方案，必须进行广泛、细致的植物种类调查、研究和筛选，修复效果、修复时间历程和植物与污染地的匹配性是可行性分析的主要考察内容，必要时进行小规模的试验加以验证。此外，修复工程实施期间的植物种植不应引起周边环境的生态竞争破坏。

胡晓东等（2004）在我国水环境污染治理的研究中提出，水生植物的评价就是水环境植物修复技术可行性分析的核心组成部分，针对不同的水环境污染状况，不同的水生植物的污染吸收能力和吸收效果是不同的，水生植物选型是非常必要且关键的。我国野生植物资源丰富，生长在水污染环境中的野生超富集植物种类繁多，为植物选型提供了资源上的可行性。挺水植物主要吸收深部底泥中的营养盐，通常不吸收或很少吸收水中的营养盐；浮叶植物在一般浅水湖泊中有良好的净化水质效果；某些大型漂浮植物的耐污性很强，是良好的水质净化植物选择。相信，随着生物技术，基因、克隆技术的发展和应用，进一步开发生物量大，适应性强，富集能力强的适宜植物在工程应用中将愈加可行。

研究表明，有些植物修复技术所需的时间较长，少则一二年，多则十几年，过长的修复周期使这项技术的可行性大为降低，应予以适当考虑，综合评价。

总之，技术可行性分析的原则是：方案中采用的技术要有利于高效治理环境污染、减少二次污染、改善生态建设、降低能源和资金消耗，确保经济效益和环境效益兼得。

4.5.3 植物修复工程方案的环境可行性分析

方案的环境可行性分析在技术可行性分析之后进行，若技术上不可行，此方案即被淘汰，不必进行环境可行性分析。

利用植物修复技术修复土壤污染时，对土壤肥力和土壤结构没有破坏，还能增加土壤有机质含量和土壤肥力，同时能减少土壤侵蚀的发生，有些技术甚至可以永久解决被修复基质中的污染问题，而不是将污染物从一个基质搬运到另一个基质，还有可能回收一些重金属，而且适用的污染物广泛。因此可以说，植物修复技术具有其他污染修复方法无法比拟的环境可行性。

植物修复也存在缺点，要求植株具有高生物量，对污染物的耐性要高，否则植物不能生长或修复效果不理想，因此常常采取添加络合剂辅助提高修复效果。如对于重金属污染土壤，由于重金属通常被强烈吸附，其生物有效性较低，因而 EDTA、低分子量有机酸等有机络合物常被用来活化土壤中的重金属，以促进其向植物地上部运输，提高植物修复效率。然而，螯合剂的加入虽然提高了重金属富集的有效性，但也提高了重金属被淋洗到周边水土的可能，因此要进行环境风险评价后才能决定是否采纳。例如，EDTA活化土壤重金属存在淋溶迁移的潜在环境风险，这种次生潜在环境风险与土壤质地有关，在粗质地土壤上风险更大。络合剂的另一种环境危险则来自于其在土壤中的降解性或持留性。据Andrew（1999）报道，在水培条件下，500mg/L的EDTA在最适宜的条件下10d内降解率仅3%～50%。即使在加入乙酸钠作为碳源的条件下，72d内废水中的微生物也不能降解EDTA。在5～8周内，好氧条件下土壤微生物对EDTA的降解率近8%左右，EDTA-重金属螯合物的降解速率与EDTA相似。修复植物富集了重金属和放射性核素污染物，也要对其材料进行处理和风险分析，如要将萃取了^{137}Cs、^{90}Sr的太阳花当作放射性废物进行处理。

对污染环境进行植物修复，必然涉及工程、生物、农艺管理，甚至使用化学物质等措施。目前的植物修复技术所采取的途径仅仅是种植单一的修复型植物，往往修复不彻底，还有可能引起土壤环境的改变。为避免出现二次污染现象，我们应对可能出现的负面影响进行有效的评价、预测和预防。

4.5.3.1　环境可行性分析的标准

环境可行性分析是对植物修复工程重点方案在二次污染物产生和排放、能源消耗和生态影响等方面进行全面研究、讨论和分析，其目的是预测和评价某项污染综合预防方案实施后的安全性。环境可行性分析需要权衡比较各种可行方式对环境可能产生的优缺点，植物修复的目标是使污染物减少或消除，避免农业生产和人们生活中污染物对人畜健康、生态环境的损害。这就要求所有的植物修复方案都必须具有良好的环境效益，也要防止某些方案实施后对环境产生新的影响。对植物修复方案环境可行性的评判，可从以下方面给予考虑：a. 降低由于修复某些方面的污染而又导致其他方面污染物产生的产量及毒性；b. 降低污染物存在形式改变后传播到其他介质的风险；c. 减少植物超富集部位收获后对环境的二次污染；d. 降低植物修复作用对污染地理化性质和共生生物生态平衡的破坏；e. 评估使用添加物提高修复效果时，添加物的降解性和持留性；f. 维护待修复地区的生态系统，最大程度减少修复植物的种植对物种多样性的竞争性干扰；g. 利用植物固定作用的方案，保持修复结束后的较长时间内污染物仍为生物无效态，且不易转移；h. 符合相关的法律规定。

这些标准可以采用加权方式，按照实际影响大小和关键性等分别标定1～10的加权分数，每项标准又可以划分若干级别，将可行性分析量化，在应用于多种选择方式的比较鉴别时，能让环境评估小组做出迅速的判断。

4.5.3.2　环境可行性分析的监测对象

① 考虑环境的多介质性，即水、气、渣、噪声等多方面，分析和讨论污染物修复转化后以其他形态在环境介质中的转移情况。特别需要强调的是：不能为了减少一种环境介质中的污染物而增加另一种环境介质中的污染物，即不会导致污染物在不同环境介质中转移、不会造成二次污染。

② 资源合理配置、利用引致能源结构变化和消耗减少的情况。

③ 考虑国家和地方法规要求控制的污染物。

④ 分析未列入法规制度的有毒有害污染物的存在情况。

⑤ 分析二次污染物的产生量，同时观测污染物毒性变化和能否回收利用：a. 方案的实施应有利于使毒性较大的污染物向毒性较小的方向转变；b. 有利于不可降解的物质向可降解的物质方向转变；c. 有利于不可回收的物质向可回收的物质方向转变。

⑥ 评估方案实施后对生产中防火、防爆等安全性及对工作人员健康的影响。

⑦ 植物监测环境可行性分析对象。

植物监测是一种重要的环境监测手段，具有敏感性强、综合性强、简便易行、成本低等特点。植物监测可根据污染环境中生长的植物叶片的伤害症状、体内污染物含量或一些生理生化指标（如叶绿素含量、丙二醛含量、SOD 含量、光合速率等）的变化，对环境污染作出判断。许多植物种类和品种可作为环境污染物的指示植物。美洲五针松（*Pinus strobus*）、挪威云杉（*Picea abies*）等可作为 O_2 和 SO_2 的监测植物；低等植物尤其是苔藓和地衣可用于监测重金属，欧洲女贞（*Ligustrum Vulgare*）可监测环境中 Pb、Zn 和 Cd 等金属元素。

环境可行性分析由植物修复工程方案小组负责完成，参加的部门和人员应包括方案小组成员、环保部门技术人员、评估人员和行业专家等。

可以列表进行环境可行性分析，具体到每个实际方案不一定涉及所有的污染物，可根据实际情况调整表格内容。有些方案环境效益显而易见，但难于量化，对此可用文字定性描述。

4.5.4 植物修复工程方案的经济可行性分析

4.5.4.1 经济可行性分析的意义

植物修复与传统的修复技术相比，成本要低得多，如把 Pb 从土壤中清除的预期成本只有传统修复技术的 50%～70%。然而，采用植物修复技术对环境污染进行治理时，资金的投入仍然是个大问题。首先，从植物修复技术自身的特性来看：植物修复是一个长期的过程，该技术的前期投入量不一定是最大的，但在中、后期的维护、管理、技术更新等方面需要不断有资金介入。其次，我国依然是一个发展中国家，经济效益原则总是摆在首位，人们在治理环境污染时，最先考虑的还是投入少，见效快，实用性强的技术，而往往忽视环境可持续发展的宗旨，特别在许多经济欠发达的地区，对环境污染的控制尚不能解决，就更谈不上投入资金用于治理。再次，国家在进行生态资金筹措时，虽然也采取了一定的鼓励政策，但是收效甚微。另外，作为污染地的使用者，一般多考虑眼前利益，他们希望在污染农田治理时期内，获得的直接经济效益与治理前持平或提高，经营者如果不能从污染治理中得到实惠，则很难使工程实施顺利进行。从以上几个方面可以分析出，资金是制约我国环境植物修复技术应用的瓶颈之一。所以，在实施植物修复技术之前，经济的可行性分析是顺利运行的关键保障。

经济可行性分析是从经营者角度分析方案的经济收益，即将拟选方案的实施成本与可能取得的各种经济收益进行比较，确定方案实施后的营利能力，并从中选出投入最少、经济效益最佳的方案，为投资决策提供依据。这项工作在方案通过技术可行性分析和环境可行性分析后进行，若前两者不能通过，则不必进行经济可行性分析。

经济可行性分析必须评估各种植物修复方案可能造成的支出增加或减少，特别是在衡量有关对操作支出的开销，因此经济上的可行性分析的主要目的在于比较植物修复工程方案所造成的这些额外费用或额外获利的大小。

4.5.4.2 经济可行性分析的评估内容

经济可行性分析评估任何由植物修复计划而获取的利益，以及任何阻碍达到计划目标的因素。经济可行性分析相对较为复杂，获利及损失的衡量，是以该项因素将增加或减少经营者收入而言。当衡量植物修复方案所能产生的效益时，可从直接及间接两个角度来看，除此之外，更有许多无形的费用也必须加以考虑。在许多方案当中，植物修复方案所产生的间接及无形费用，通常无法以财务的方式来加以估算而被忽视或折扣，但却是一个相当重要的因素，必须列入，决策时加以考虑。

传统的成本效益分析方法用于植物修复工程成本效益分析会有以下不足：a. 不能将植物修复工程投资优于其他投资的事实完全阐明；b. 不能详细涵盖工程实施所需与环境相关的所有支出；c. 不能从长远的观点考虑植物修复带来的社会、环境和经济利益。

因此，据此得出的植物修复工程方案评价结果具有很高的不准确性。

总的来说，传统方式常将各项环境成本集中成单一成本，以至于评估者不能分辨导致最大环境支出的是哪一项过程或操作，因而不能准确断定植物修复工程的真实效益。

为了实现植物修复工程对环境费用影响的整体、正确评估，可以将环境成本合理分成4类，分别纳入工程方案的之中，使经营者意识到植物修复工程能显著减少环境成本，改善环境质量，经营者因而获得竞争优势，并实现农业可持续发展的目的。

（1）直接成本

直接成本项目就是只考虑计划本身的成本，直接成本可区分为资本支出及操作维持费用两部分，在执行经济分析时，各种费用支出都必须加以考虑。

① 资本支出　如修复植物的购买和繁殖、购买仪器设备、添加剂和肥料的购置、场地整理、耕作制度设计、电力安装、技术人员培训费用、启动费用、使用执照费用、流动资本及利息费用等。

② 操作维持费用　如修复植物的日常管理、水及能源、设备维护、劳工、修复植物富集后的收割、运输、处置、储存、掩埋、废弃物处理及其他费用等项目均包括在内。而生产率的提高、卖出及重新使用副产品等所获得的经济效益，都将从年度的操作费用中扣除。

此外，由于新技术的使用，使废弃物等再次利用所得的经济效益和环境效益都意味着直接成本的降低。如超富集了重金属（如Pb、Zn）的植物，需干燥并放在有保护作用的筒中填埋，这一点像常用的处理土壤污染的方法。但植物质量轻，管理时仍比直接处理土壤经济、方便。若通过加工工艺可以将超富集重金属（Cu、Ni）的植物焚烧，残渣可填埋或用来提纯回收金属，提高自然界中这些宝贵重金属的利用率，变废为宝，即植物采矿思想。对于灰分中含重金属（Zn、Cu、Ni或Co）为10%～40%的植物，采用金属冶炼回收的方法是一有效途径，既有一定的经济效益，又使污染物得到妥善处理，避免产生二次污染，可以有效降低操作维持费用。

如果只限于直接成本分析，可能会得到植物修复并不是一项很好投资项目的错误结论。

（2）间接成本

植物修复污染工程项目的投资不同于一般的资本投资，因为间接成本将显示出植物修复能大幅度地节省费用，这些费用如行政费用、满足法规而所需的操作费用（如执照、资料记录、报告、采样、准备、厂房关闭的善后处理保证）、保险费用、工人补偿费用、现场废弃物管理等都有影响。但因为这些项目均不能明显地用数字表示出来，所以常常在整个财务分析上被忽略掉，因此在做包含这些项目的财务分析时，应尽量朱雀估算及定义间接成本项目的费用。

（3）责任保险成本

估算及分配将来的责任保险成本可能会隐含许多的不确定性，尤其对于许多非人为控制的因素，更加难以估算，例如植物收获后由于储存不当造成的污染物意外淋溶等，而对于未能符合新设标准而可能遭受到的处罚也很难予以估算。同样，对于操作者因掩埋有害废弃物不当等操作错误而造成有害污染物对人体伤害及财产损失而引起的诉讼也难予以估计。在做费用评估时，如何分配和评价将来的责任保险费用，将产生许多实际分析上的困难。

(4) 形象与关系成本

一项植物修复工程计划可从节省用水、能量及原料、减少废弃物生成和回收使用等项目实现实际成本降低，而另一方面也可从农产品质量的改善、公司形象的提升及改善员工健康等方面获得长远好处。因为受限于这些项目的价值不易于衡量，所以一般在植物修复工程的评估过程中常常未被列入，但应尽可能地加以考虑，至少在估算中列出所有容易计算分配的支出项目后，向评估和决策人员强调这些因素的重要性。

非实质获利的项目可能包含：a. 由于提高农产品品质而改善公司形象，因此提高消费者对于绿色产品的信任，增强出口销售竞争力，使得治理完成后环境产出品的销售获利增加；b. 改善生产者及消费者之间的关系；c. 减少健康医疗所需费用；d. 改善劳资双方的关系而促使产量提高；e. 改善与执法机关的关系。

在此需要强调的是，植物修复工程计划中的责任保险及非实质获利等项目并不如其他项目能在 3～5 年内即可获益，因此在做经济评估时必须考虑到长期效益。当在做植物修复计划的决策时，必须选择长期财务指标进行衡量。

4.5.5 管理可行性分析

管理制度上的分析是针对执行和操作植物修复工程投资计划时的人员、资金、材料等管理上优缺点进行评估，评价方案实施管理是否有助于实现人尽其能、物尽其用、节省材料、合理统筹、提高效率，使计划顺利实施。它包含下列项目：a. 工作人员评估；b. 工作分析及责任界定；c. 各项计划实施过程及步骤的调控能力；d. 信息系统及决策流程图；e. 植物修复在政策上的权重。

在分析时需考虑管理的执行、财务的流程及步骤、个人执行情形、员工水准及训练要求等，会计责任也需予以涵盖。若能给予适当的物质奖励及升迁等适当的激励，则能够促使员工为达到污染综合预防的目标而更加努力。在执行上必须给具有洞察力、受过专业培训的植物修复管理人员赋予相当的决定权。此外，在植物修复管理中还应该提高宣传力度，加强并鼓励民间企业的参与，与此同时，推动公众对植物修复技术保障生态效应的认识，使更多的个人、企业、机构参与植物修复活动。

第5章 植物修复技术的应用

5.1 水生植物修复体系

世界上大多数地区的河流都受到严重的环境压力。农业、工业、人类生活都造成了淡水水域的环境污染，发展中国家95%以上的城市污水未加任何处理就排入地表水中，这些水体中携有过量的细菌、病毒、农药、化肥、重金属等，对人类和动植物造成重大威胁。目前世界各地对此都采取积极的方式进行修复和治理，其中利用水生植物对污染水体进行修复是非常有发展前景的。

5.1.1 大型水生植物对污染水体的修复

大型水生植物是一个广泛分布在江河湖泊等各种水体中的高等植物类群，其生长的水塘或湿地很早就被利用来消纳污水。它们在水体中的生态功能使其在水污染防治中具有很大的应用价值。随着水污染的加剧，为了寻找高效低耗的水污染处理技术，20世纪70年代，水生植物开始受到人们的关注，许多这类植物的耐污及治污能力被研究发现，多种以大型水生植物为核心的污水处理和水体修复生态工程技术被开发。大量工程实践表明，这项技术具有低投资、低能耗等优点，因此近年来已成为环境领域的研究热点之一。

5.1.1.1 大型水生植物及其生态功能

大型水生植物是一个生态学范畴上的类群，是不同分类群植物通过长期适应水环境而形成的趋同性适应类型，主要包括水生维管束植物和高等藻类两大类。水生维管束植物（aquatic vascular plant）具有发达的机械组织，植物个体比较高大，通常具有4种生活型：挺水（emergent）、漂浮（free drifting）、浮叶（floating leaved）和沉水（submergent）（表5-1）。

表5-1 大型水生植物的4种生活型（种云霄，2003）

生活型	生长特点	代表种类
挺水植物	根茎生于底泥中，植物体上部挺出水面	芦苇、香蒲
漂浮植物	植物体完全漂浮于水面，具有特化的适应漂浮生活的组织结构	凤眼莲、浮萍
浮叶植物	根茎生于底泥，叶漂浮于水面	睡莲、荇菜
沉水植物	植物体完全沉于水气界面以下，根扎于底泥或漂浮于水中	狐尾藻、金鱼藻

大型水生植物可通过光合作用将光能转化为有机能，并向周围的环境释放氧气，在水生生态系统中处于初级生产者的地位，能够发挥多种生态功能，如短期储存N、P、K等水体中的植物营养物质，净化水中的污染物，抑制低等藻类的生长和促进水中其他水生生物的代

谢。与藻类相比，大型水生植物的特点是更易于人工操纵，即可通过人工收获将其固定的N、P带出水体。这些特点是利用大型水生植物进行污水处理，特别是针对湖泊富营养化治理的理论基础。

5.1.1.2 大型水生植物系统的运行方式

根据所利用的植物生活型不同，水生植物污水处理系统有漂浮植物系统、挺水植物系统和沉水植物系统3种基本方式（表5-2）（曹向东，2000；黄韵珠，1995；李卫平，1995；倪乐意，1995；吴振斌，1994）。在这些系统中，植物处于核心地位，它的光合作用使系统可以直接利用太阳能；而植物的生长带来的适宜的栖息环境，使多样化的生命形式在系统中的生存成为可能，并且正是植物和这些生物的联合作用使污染物得以降解，因此，这类系统通常被称为自然处理系统或人工生态处理系统。与传统的微生物处理方式相比，它的优势之处在于：低投资、低能耗、处理过程与自然生态系统有着更大的相融性等。缺点在于：处理时间长、占地面积大及受气候影响严重。

表5-2 大型水生植物污水处理系统

类型	使用方式或地点	处理范围	污染物去除机制	使用较多的种类	研究和应用情况
漂浮植物系统	强化氧化塘等类似的塘系统	城镇污水的二级或三级处理、某些工业废水、暴雨径流、受污染天然水	植物的吸收、微生物的代谢	凤眼莲、浮萍、大漂、水花生、满江红	设计简单，但工艺优化的研究较少，应用受制约
挺水植物系统	人工或天然湿地	城镇污水的二级或三级处理、工业废水、暴雨径流	微生物的代谢、植物吸收（以是否收割而定）	芦苇、香蒲、灯心草、菰	研究应用最多，工艺设计已渐成熟
沉水植物系统	天然水体	沉水植被恢复、受污染水体修复	对氮、磷的短期储存、控制富营养化表现形式	水体原有种类	操作和实施难度较大，研究和应用较少

除单独使用外，这三种方式也经常被组合应用或与其他的处理工艺形成联合处理系统进行各类污水的处理。随着研究应用的深入，现在这些联合系统正在趋向于以水生植物为结合点，把污水处理和其他功能统一起来，使其扬长避短。如四川成都，为了处理受污染的府河水在岸边建造的活水公园，其中的水生植物塘系统既营造了公园的主要景观，又可有效地进行污水的处理；中国科学院水生生物所在传统生物塘基础上改进的综合生物塘系统，则是把污水处理和水产养殖结合的一个尝试；而加拿大约翰·托德教授的“活机器”系统，则把这一点做得更加完美，它通过把人工湿地处理和水产养殖综合系统封闭在温室内，使空间充分利用，既创造了一个高效的废水处理系统，也是水生动植物的资源输出系统。由此可见，因地制宜的综合利用，是以水生植物为主的污水处理方式发展的方向。

5.1.1.3 污染物的去除机制

可以利用植物直接吸收污染物。被植物直接吸收的污染物包括两大类：一是氮、磷等植物营养物质；二是对水生生物有毒害作用的某些重金属和有机物。第一类被吸收后用以合成植物自身的结构组成物质，第二类则是脱毒后储存于体内或在植物体内被降解。大型水生植物可以直接从水层和底泥中吸收氮、磷，并同化为自身的结构组成物质（蛋白质和核酸等），同化的速度与生长速度、水体营养物水平呈正相关，并且在合适的环境中，它往往以营养繁殖方式快速积累生物量，而氮、磷是植物大量需要的营养物质，所以对这些物质的固定能力也就非常高（表 5-3）。由于大型水生植物的生命周期比藻类长，死亡时才会释放这些营养物质，因此，氮、磷在其体内的储存比藻类稳定，所以可通过在富含氮、磷等营养物质的污水中种养水生植物，达到使污水脱氮除磷的目的，同时又可收获生物资源。在这方面，由于易于收获并且生长速度快，漂浮植物凤眼莲和浮萍被研究和应用较多。环境中的重金属和一些有机物并非是植物生长所需要的，并且达到一定程度后具有毒害作用，对于此类化合物，一些植物也演化出了特定的生理机制使其脱毒。植物通常是通过螯合和区室化等作用来耐受并吸收富集环境中的重金属，这种机制也存在于许多水生植物中，如重金属诱导就可使凤眼莲体内产生有重金属络合作用的金属硫肽，这些机制的存在使许多水生植物可大量富集水中的重金属（表 5-4）（Pilon-Smits，1999；Qian，1999；叶居新，1999；俞子文，1992）。不同的有机物在植物体内有着不同的代谢机制，如酚类进入植物体后参与糖代谢，和糖结合生成酚糖苷，或被多酚氧化酶和过氧化物酶氧化而解除毒性；凤眼莲具有直接吸收降解有机酚类的能力，据报道，放养凤眼莲后水的酚去除效率比对照快 2～3 倍；最近的研究发现，沉水植物狐尾藻等还具有直接吸收降解三硝基甲苯（TNT）的能力。酚及氰化物等在植物体内能分解转变为营养物质。

表 5-3　一些大型水生植物的 N、P 含量和生长率

植物种类	存储量/(t/hm²)	生长率/[t/(hm²·a)]	组织的氮含量/(g/kg 干重)	组织的磷含量/(g/kg 干重)
凤眼莲	20.0～24.0	60～110	10～40	1.4～12.0
大漂	6.0～10.5	50～80	12～40	1.5～11.5
浮萍	1.3	6～26	25～50	4.0～15.0
槐叶萍	2.4～3.2	9～45	20～48	1.8～9.0
香蒲	4.3～22.5	8～61	5～24	0.5～4.0
灯心草	22	53	15	2.0
镳草	—	—	8～27	1.0～3.0
芦苇	6.0～35.0	10～60	18～21	2.0～3.0
沉水植物	5	—	13	3

表 5-4　典型大型水生植物的生长特点及其污染物去除潜力

植物种类	生长特点	污染物去除功能
凤眼莲	根系发达，生长速率快，分泌克藻物质	富集镉、铬、铅、汞、砷、硒、铜、镍等；吸收降解酚、氰；抑制藻类生长
大漂	根系发达	富集汞、铜
浮萍	生长速率快，分泌克藻物质	富集镉、铬、铜、硒；抑制藻类生长
紫萍、槐叶萍	生长速率快，分泌克藻物质	富集铬、镍、硒；抑制藻类生长，
满江红	生长速率快，分泌克藻物质	富集铅、汞、铜
芦苇、香蒲	根系非常发达，生长速率快	去除 BOD、氮
石菖蒲	根系发达，分泌克藻物质	抑制藻类生长
狐尾藻	生长速率快	吸收 TNT、DNT 等结构相近化合物

5.1.1.4　植物种类选择与搭配

植物在处理系统中所起的功能在很大程度上决定了种类的选用，如主要去除对象是 BOD 和 N（反硝化）时，所选植物就需具备能为微生物提供附着界面的庞大根系以及较强的传氧能力；而当靠植物的吸收去除 N、P、重金属和某些有机物时，就需要选择具有较好的富集吸收能力并且生长速率快的种类；如果去除的污染物目标较多时，就需要寻找能够有效地发挥多种生态功能的种类，或不同生态功能类型的种类搭配使用。另外，对当地气候的适应、植物的抗逆性及对病虫害的抵抗能力、植物管理的难易包括植物的后处理等也应给予考虑。通过实验，国内外的研究人员已相继筛选出了一大批能够高效地去除水中各种污染物的植物（表5-4），这些种类有些已经用于实际的废水治理工程中，如凤眼莲、芦苇等应用在氧化塘和人工湿地中。

5.1.2 富氧化水体修复的优化设计

5.1.2.1 优化设计基础

健康的水生植被由着生在湖盆上的湿生植物、挺水植物、浮叶植物和沉水植物所组成，各类水生植物对底质条件和湖水深度有各自的适应范围。岩石湖岸往往承受着强烈的水域或风浪冲刷，因而是无法种植水生植物的。大部分水生植物同样无法在砾石基质上生长，只有某些宿根性多年生挺水植物例外，它们的植丛能借助发达的根状茎和根系向裸露的砾石基质上扩展，通过其促淤作用逐渐形成沉积物。在砾石质湖滩上栽植芦苇、茭草等挺水植物是可行的。砂质沉积物和淤泥是任何水生植物都能适应的，但当水体受到有机物严重污染时，则不宜选择苦草、微齿眼子菜、马来眼子菜、水车前等种类。湿生植物只能够生长在季节性显露的滩地上；挺水植物的分布上限可以高出最高水位线，分布下限可以达到最低水位线下1m左右的深度，但水位年变幅比较大时分布下限也比较高；浮叶植物的最大适应水深一般在3m左右；沉水植物则可达到10m左右的深度。

芦苇等挺水植物抗御风浪的能力比较强，可以在有底质条件的迎风岸生长。有些沉水植物如马来眼子菜、苦草等也有较强的适应风浪能力，它们往往分布在水生植被的外沿。莲、芡、水车前等阔叶植物只能生长在湖湾深处或挺水植物群落之间接近静水的环境中。湖水有机污染比较严重时应以挺水植物为主。一定强度的风浪能够帮助沉水植物清洁其表面，保持水面开敞有利于沉水植物的生长。定期收割可以及时清除趋于衰老的植物茎叶，刺激新生茎叶的形成，保持沉水植物的旺盛生长。湖水透明度比较低时能限制沉水植物和浮叶植物的分布深度。

依据人类的需求的不同，选择不同的水生植被来净化水体。对于调蓄型湖泊，因其以蓄洪、泄洪、灌溉为主要功能，因此，恢复水生植被的主要目标是保护堤岸，减轻风浪和水流对湖岸的侵蚀，因此在沿岸带一定宽度范围内恢复挺水植物和湿生植物可以有效地保护岸堤，但一定要严格限制其规模，过度发展将会引起淤塞，阻滞水流，影响蓄洪和泄洪功能。对于水源型湖泊，以城镇供水为主要功能，保护水质是恢复水生植被的主要目标。以沉水植被为主，在光合作用过程中向湖水中释放大量的氧气，这有利于保持湖水的高度氧化状态，促进有机污染物和某些还原性无机物（比如氨态氮、亚硝态氮、硫化氢等）的氧化分解，提供强大的生物降解能力。沉水植物可以直接吸收湖水中的营养盐，降低湖水营养水平，抑制浮游藻类的生长，其周丛生物还能直接捕食浮游藻类。大多数沉水植物有饲用价值，定期收割利用不仅能够创造一定的经济效益，还能有效地防止二次污染并输出大量的营养盐。对于运动娱乐型湖泊，以水上运动、娱乐为主要功能，应选择观赏性湿生植物和挺水植物为主，辅以少量的浮叶植物。

各种类型湖泊对水质保护都有严格的要求。尤其在污染负荷比较高的情况下，水生植被的水质保护功能显得更为重要。恢复水生植被的首要目标就是要在现有的环境条件下保障所要求的水质，设计水生植被必须优先考虑其在污染净化、营养平衡和生态平衡方面的作用，能够在给定的污染负荷和水质需求条件下保持湖泊的营养平衡和生态平衡，不发生蓝藻水华或者将蓝藻水华控制在不危及水质保障的程度上。

5.1.2.2 优化设计

在富营养化湖泊大型水生植物恢复中，物种和群落是恢复生态系统的主体。恢复物种和群落的选择是恢复成败的关键因素之一。合理优化的群落配置是提高效率形成稳定可持续利用生态系统的重要手段。

（1）先锋物种的选择

在水生植物生物学特性、耐污性、对氮、磷去除能力及光补偿点的研究基础上，筛选出几种具一定耐受性的，能适应湖泊水质现状的物种作为恢复的先锋物种，同时为水生植物群落的恢复提供建群物种。物种选择原则应遵循适应性原则、本土性原则、强净化能力原则、可操作性原则。根据上述基本原则，并在广泛调查的基础上，结合原有水生生物种类，进行恢复先锋物种的选择。近年来国内外有关水生植物的生理生态特性及其在湖泊治理中的许多研究为物种选择提供了可能（表5-5）。

表5-5 水生植物综合功效分析（金相灿，2001）

植物名称	去氮性	去磷性	适应性	耐成活性	耐污力	净化能力
水葫芦	+++	+++	++	+++	极强	强
满江红	+ +	++	+ +	+++	耐污	中强，对高浓度N、P净化效果好
水花生	+++	+	++	+++	耐污	中，对低浓度N、P净化效果好
慈姑	+++	++	+++	+++	耐污	强，对高浓度N、P净化效果好
芦苇		++	+++	++	强	强
茭白	+++	+++	+++	++	耐污	强，对高浓度N、P净化效果好
菱角	+	+	+++	++	强	强，对低浓度N、P净化效果好
莲	+	+	+++	++	中等	强
菹草	+++	++	++	+++	中等	中强，对低浓度N、P净化效果好
金鱼藻	++	+	+++	++	耐污	中强，对高浓度N、P净化效果好
红线草	—	—	+++	++	强	强
微齿眼子菜	—	—	+++	++	耐污	中
黑藻	—	—	+++	+++	耐污	中
伊乐藻	+++	+++	+++	+++	中等	强

注：去氮性3个“+”表示净化率＞75%，2个“+”表示在65%～75%，1个“+”表示＜65%；适用性，3个“+”表示经济价值高，2个“+”表示经济价值适中，1个“+”表示经济价值小；耐成活性，3个“+”表示既易栽培又易成活，2个“+”表示次之。

（2）群落配置

通过人为设计，将欲恢复重建的水生植物群落，根据环境条件和群落特性按一定的比例在空间分布、时间分布方面进行安排，高效运行，达到恢复目标，即净化水质，形成稳定可持续利用的生态系统。一般来说，水生植物群落的配置应以湖泊历史上存在过的某营养水平阶段下的植物群落的结构为模板，适当地引入经济价值较高、有特殊用途、适应能力强及生态效益好的物种，配置多种、多层、高效、稳定的植物群落。人工植物群落的构建主要包括如下2个方面的内容。

① 水平空间配置 水平空间配置指不同的受污水域或湖区上配置不同的植物群落。依据恢复目标的不同，所配置的植物群落可分为生态型植物群落和经济型植物群落。生态型植物群落以水体污染的治理、污水净化、促进生态系统的恢复为主要目标，注重群落的生态效

益，其建群种一般为耐污、去污能力强、生长快、繁殖能力强、环境效益好的物种。经济型植物群落则以推动流域经济发展，顺应地方的需求为目的，注重群落经济效益的发挥，建年群种一般为经济价值较高、有特殊用途、具一定社会经济效益的物种。在湖泊水生植被恢复群落配置时，应同时考虑生态学和经济学原则，将生态型群落和经济型群落的配置有机结合起来。对某些污染相当严重、水生植物很难恢复的湖区，应以生态恢复为目标，配置以生态效益为主的植物群落结构；而对某些污染较轻、水质较好的湖区，应在生态恢复的同时考虑经济效益，本着利于地方可持续发展的原则配置生态经济型植物群落。

② 垂直空间配置　水生植物群落的生长和分布与水深有密切的关系，有的植物群落只能分布在浅水区，如挺水植物群落、某些沉水植物群落（如菹草群落和马来眼子菜群落）等，有的植物群落常分布在较深水区，如苦草群落。因而在进行群落配置时，还要考虑不同生活型植物群落与不同沉水植物群落对水深的要求。群落配置时从湖岸边至湖心，随水深的加深，分别选用不同生活型或同一生活型不同生长型的水生植物，这些物种分别占据不同的空间生态位，能适应不同水深处的光照条件，以它们作为建群物种形成群落。

在进行群落的配置时，除考虑湖区的水质、水深等条件外，还需考虑底质因素，如底质是泥沙质还是淤泥质，根据不同植物对底泥的喜好性在不同的底质上配置的群落也不同。

5.1.2.3　技术途径

恢复水生植被是一个从无到有、从有到优、从优到稳定的逐步发展过程，其中包含了水生植被与环境的相互适应、相互改造和协同发展。在没有人为协助的条件下，要完成这一自然发展过程至少需要十几年甚至几十年的时间。人工恢复水生植被则利用不同生态型、不同种类水生植物在适应和改造环境能力上的显著差异，包括挺水植物、浮叶植物、沉水植物的恢复，设计出各种人为辅助的种类更替系列，并且在尽可能短的时间内完成这些演替过程。

5.1.2.4　水生植被的收割利用

采用水生植被修复富氧化水体时，必须及时收割水生植物。收割可以去除多余的或者不需要的水生植物，控制水生植物可能对环境产生的不利影响。一般包括收割、收集、加工储存、运输到岸边、处置或利用等。主要利用途径包括动物饲料、鱼饵料、能量来源如产沼气、堆肥作为土壤调节剂或者肥料添加剂等。

5.1.3 新疆芦苇湿地污水处理绿色生态工程

新疆地区利用当地的自然条件，选择芦苇湿地对污水进行净化处理，收到很好的效益。通过芦苇湿地净化，许多污染物得到去除（表 5-6）。

表 5-6　污水经芦苇湿地深度处理的效果

项目	BOD	SS	NH_4^+-N	TN	TP	氯苯	氯酚	农药类
去除率	90%	91%	76%	84%	87%	81%	82%	89%

污水中的无机污染物（重金属）和有机物最大限度地被湿地芦苇吸附、吸收，充分利用自然净化功能，使污水自由净化达到渔业水质标准，一可彻底消除水污染隐患，二可改善与恢复自然生态环境，使经济效益、社会效益、环境效益达到最佳统一。

5.1.3.1 芦苇湿地污水处理绿色生态工程的技术原理

经过初级处理的污水，在湿地系统中通过物理沉降、过滤、吸附作用进一步除去可沉淀的固体、胶体、BOD、氮、氯、磷、重金属、细菌、病毒及难以溶解的有机物质。通过氧化-还原作用及化学凝固、吸附进一步除去磷、重金属及难溶物质。通过微生物代谢、氧化作用、植物的吸收及细菌的消化与反消化作用进一步除去BOD、氮、磷、胶体和难溶有机物及重金属。特点：a. 芦苇的根茎非常发达，能疏通土壤，为水体提供通路；b. 氧气通过芦苇的叶和杆传入根区，再通过根茎和根系传到周围，提供好氧消化所需要的氧；c. 由于细菌的作用，污水在根区内经过好氧处理，又经土壤的厌氧处理；d. 污水中的悬浮物沉降在土壤表层枯死的叶杆上与好氧生物发生好氧消化。优点：基建投资低；装置简单，建造方便，不需要机械和电动设备；运行维持费用低；种植条件限制不严；出水质量稳定；过剩的芦苇可为造纸提供原料。

5.1.3.2 芦苇湿地污水处理绿色生态工程的技术可靠性

芦苇湿地污水处理绿色生态工程对污水中污染物有较高的去除效果，包括土壤、植物等十分复杂的过程。对污水兼有土壤处理和水生植物净化的双重作用，污水流经湿地其污染物被土壤截流，发生物理化学变化，经化学分解、沉淀及微生物的氧化降解，污水中的有害物质在湿地中被芦苇富营养植物吸收，消除了污染，改善了生态环境，得到了芦苇资源。净化后的水再用于农灌和养殖，技术可靠，易操作，只需加强管理即可达到预期目的。

5.1.3.3 芦苇湿地污水处理绿色生态工程的规模与投资

根据县、市实际情况选择项目规模，建设芦苇湿地333.3～1333.33hm^2，日处理污水50000～200000m^3。项目分两期建成。项目拟总投资预算1500万～6000万元，从初始阶段开始建设需投入3年即可达到最佳效益。其中包括：污水排放管网工程拟投资250万～3000万元；沉淀池及氧化塘工程拟投资500万～2000万元。湿地工程拟投资125万～500万元；不可预见费125万～500万元。

5.2 陆生植物修复体系

5.2.1 植物对土壤重金属的修复

5.2.1.1 植物对土壤重金属修复方式

(1) 植物提取（Phytoextraction）

植物提取是利用专性植物根系吸收一种或几种污染物特别是有毒金属，并将其转移、储存到植物茎叶，然后收割茎叶，离地处理。专性植物，通常指超积累植物，可以从土壤中吸取和积累超寻常水平的有毒金属，例如镍浓度可高达3.8%以上。示范性试验表明，十字花科遏蓝菜属植物具有很大的吸取锌和镉的潜力。这种植物是一种可在富锌、铅、镉和镍土壤上生长的野生草本植物。

(2) 植物挥发（Phytovolatilization）

植物挥发是与植物吸取相连的。它利用植物的吸取、积累、挥发而减少土壤污染物。目前在这方面研究最多的是类金属元素汞和非金属元素硒。许多植物可从污染土壤中吸收硒并将其转化成可挥发状态（二甲基硒和二甲基二硒），从而降低硒对土壤生态系统的毒性。在美国加州 Corcoran 的一个人工构建的二级湿地功能区（15 亩面积，1 亩＝666.7m²，下同）中，种植的不同湿地植物品种显著地降低了该区农田灌溉水中硒的含量（在一些场地硒含量从 25mg/kg 降低到 5mg/kg 以下），这证明含硒的工业和农业废水可以通过构建人工湿地进行净化。

（3）植物稳定（Phytostabilization）

植物稳定是利用植物吸收和沉淀来固定土壤中的大量有毒金属，以降低其生物有效性和防止其进入地下水和食物链，从而减少其对环境和人类健康的污染风险。植物在植物稳定中有两种主要功能：保护污染土壤不受侵蚀，减少土壤渗漏来防止金属污染物的淋移；通过在根部累积和沉淀或通过根表吸收金属来加强对污染物的固定。已有研究表明，植物根可有效地固定土壤中的铅，从而减少其对环境的风险。

（4）根系过滤（Rhizofiltration）

根系过滤作用是利用植物庞大的根系过滤、吸收、富集水体中的重金属元素，将植物收获进行妥善处理，达到修复水体重金属污染的目的。此种方法更多的应用在水体污染修复之中。适用于根系过滤技术的植物，主要有水生植物、半水生植物，也有个别陆生植物，如各种耐盐野草、向日葵、宽叶香蒲等（表 5-7）。

表 5-7 重金属污染植物修复技术（韦朝阳和陈同斌 2002；徐礼生等 2010）

类型	修复目标	污染物	所用植物	应用状态
植物提取	提取、收集污染物	Ag,As,Cd,Co,Cr,Cu,Hg,Mn,Ni,Mo,Pb,Zn,放射性元素	印度芥菜、遏蓝菜、向日葵、杂交杨树、蜈蚣草	实验室、中试及野外工程试验均开展
植物挥发	提取污染物挥发到空气中	As,Se,Hg	杨树、桦树、印度芥菜	实验室、野外工程应用
植物稳定	污染物稳定	As,Cd,Cr,Cu,Hg,Pb,Zn	印度芥菜、向日葵	工程应用
根系过滤	提取、收集污染物	重金属,放射性元素	印度芥菜、向日葵、水葫芦	实验室及中试

5.2.1.2 植物对土壤重金属的修复实例

（1）苎麻对土壤镉的修复实例

选用苎麻作为土壤镉污染的修复植物已取得明显效果（项雅玲，1996）。在湖北省大冶县农田镉污染区，分别在镉污染水田和旱地改种苎麻改良（表 5-8）。苎麻通过发达的地下根茎从土壤中摄取镉，再逐渐向地上草叶输送。水田种植苎麻总吸镉率达 1.67%，地上茎叶吸镉率达 0.98%，地下根茎 0.69%；旱地种植苎麻总吸镉率达 2.21%，地上茎叶 1.36%，地下根茎 0.85%。苎麻吸镉率高于水稻、小麦和玉米的吸镉率，苎麻是强吸镉性经济作物，对土壤镉污染修复有很高的应用价值。通过苎麻两年的改良效果看，采用苎麻对镉污染土壤进行修复，水田和旱地土壤镉降低率分别为 2.65%和 3.17%，按此降低率计算，通过 20 年改良可使该区域土壤镉含量降低到 0.6×10^{-6}～2.2×10^{-6}，镉污染土壤可以得到有效改善。随着麻龄的增加，根和茎叶镉含量、积累率和吸镉率随之增大。三龄麻根镉积累率 313%，比二龄麻 207%和一龄麻 139%分别高出 51%和 125%。此外，采用苎麻改良土壤，可以切断镉随稻米和油料进入食物链，消除对人体健康的影响，且可以提供轻纺原料。据统计，在镉污染农田种植苎麻，每年每公顷可收入 4500 元，比种植水稻和花生具有更高经济效益。这对于我国南方（江西、湖北、湖南、广西）铅锌矿和其他重金属矿的 1300hm² 的镉污染土壤修复，具有较好的应用价值。

表5-8 苎麻五年改良后土壤镉含量变化

试验点	土壤镉/(mg/kg)		镉降低率/%
	改良前	改良后	
1	3.56	2.83	20.5
2	4.67	3.43	26.6
3	6.78	4.81	29.1
4	9.15	6.03	34.1

(2) 毛白杨对土壤重金属的修复实例

毛白杨是我国北方常见的一种落叶乔木，具有耐寒、耐旱、生长快等特性。毛白杨对土壤重金属污染元素Pb、Cd具有较高的富集作用，可以作为重金属超积累植物吸收、固定污染元素Pb、Cd。利用毛白杨的这种特性逐步净化北京市南郊污灌区重金属污染土壤。由于毛白杨有大量水平吸收根分布在0～40cm土层，而土壤Cd也集中分布在0～30cm土层，树木根系在土壤中的分布与Pb、Cd在土壤中的分布大致相同，使根系与土壤Cd有较大接触面积，有利于树木对Pb、Cd的吸收。例如在一个生长期内，毛白杨人工林可吸收消减土壤Cd 0.6～1.2mg/kg，而树木的生长不受影响。

对于北京市南郊污灌区的重金属污染可以采取以下模式的生态工程措施来综合治理，总体思路是实行农作物、经济作物和毛白杨、部分种类灌木以及草本植物相结合的复杂生态结构，改变以往单一的水稻种植结构（水稻是富Cd植物，同时与节水农业不相适应）。

毛白杨（或杨类）生态屏障林主要分布在北京市南郊污灌区污水沟渠两岸和公路两侧，可与适宜性较强的柳类以及紫穗槐等灌木种类水平种植和垂直分布，主要通过乔本植物发达的根系吸收并固定大量的重金属污染元素，同时改善污水沟渠（例如新凤河）的景观风貌，也可应用到京密饮水渠以及干枯河道（例如永定河）堤岸上，既可以美化环境，又可以净化重金属，防止扬沙等。

① 毛白杨（或杨类）幼苗林　在污灌区的核心地带重金属污染相当严重，农作物（尤其是水稻）的Cd、Pb富集作用强烈，已严重危害人体健康。在该区应该大面积种植毛白杨幼苗林，既可利用毛白杨幼苗生长迅速、对土壤中的重金属Cd、Pb具有很高的积累速率的特点，又可通过销售毛白杨幼苗，获得较高经济效益。

② 农杨间作型　在污灌区的中度污染区，由于该区是传统的农作物产区，并且农业集约化程度较高，为适应这一特点，可采用以农为主，一般以粮、棉、油为主，兼营生产椽材的小径毛白杨或小径用材毛白杨林，造林规格为4m×8m（株距和行距），前两年间作棉获为主，后两年间作冬小麦、大豆为主，第五年各行间伐杨树。

(3) 龙葵对土壤镉的修复实例

茄科植物龙葵（*Solanum nigrum* L.）属于镉超积累植物，研究表明在Cd浓度为25mg/kg条件下，龙葵茎叶中Cd含量达到103.8mg/kg和124.6mg/kg，超过Cd超积累植物应达到的临界含量标准100mg/kg，地上部Cd含量大于根部，其地上部Cd富集系数为2.68，且生长未受到抑制（魏树和，2004）。

殷永超等（2014）以龙葵为修复植物在沈阳市西部张士灌区进行了为期2年的野外场地规模Cd污染土壤植物修复预试验和试验研究。对修复前、后土壤Cd含量分析表明，土壤表层和亚表层Cd的去除作用明显。预试验和重复试验中土壤表层Cd的平均减少率为6.3%和16.8%，亚表层各层Cd的减少幅度分别为50.6%和49.5%（20～40cm）、73.5%和

53.9%（40～60cm）、80.7%或未检出（60～80cm）。上述结果表明，在农田土壤条件下，龙葵植株可产生较大的生物量，从而提高对Cd的积累与运移能力。

由表5-9可以看出，土壤Cd含量均有不同程度减少。例如，种植修复植物龙葵前（4月）土壤Cd含量范围在1.07～3.66mg/kg，均值2.29mg/kg，而龙葵植物收获后（10月）土壤中Cd含量范围在0.72～3.67mg/kg，均值1.96mg/kg，平均减少0.33mg/kg。

表5-9 植物修复重复试验前、后土壤（0～20cm）Cd含量及去除率（殷永超等，2014）

采样点	4月/(mg/kg)	10月/(mg/kg)	减少量/(mg/kg)	去除率/%
1	3.66	3.42	0.24②	6.58
2	2.69	2.57	0.13②	4.66
3	2.19	1.97	0.22②	10.19
4	3.42	2.82	0.60②	17.64
5	2.29	2.40	−0.11①	−4.68
6	2.33	2.17	0.16	7.02
7	3.34	3.67	−0.32②	−9.65
8	2.39	2.46	−0.06②	−2.61
9	2.33	2.22	0.11②	4.75
10	3.23	3.00	0.23②	7.08
11	2.10	1.30	0.81②	38.32
12	2.12	1.42	0.70②	33.06
13	2.72	1.85	0.87②	32.04
14	1.91	1.30	0.61②	32.93
15	1.77	1.17	0.60②	33.93
16	2.03	1.72	0.31②	15.32
17	1.19	0.92	0.26②	22.10
18	1.07	0.60	0.47②	44.03
19	1.32	1.45	−0.13②	−9.59
20	1.63	0.75	0.88②	54.14
均值	2.29	1.96	0.33	16.82

① $P<0.01$。
② $P<0.05$。

5.2.2 植物对土壤有机污染的修复

5.2.2.1 植物对有机污染物的降解机制

(1) 对有机污染物的直接吸收和降解

植物对位于浅层土壤有机物有很高的去除率，有机物和植物根表面结合得十分紧密，致使它们在植物体内不能转移，水溶性物质不会充分吸着到根上，迅速通过植物膜转移。一旦有机物被吸收，植物可以通过木质化作用在新的植物结构中储藏它们及其残片，可以代谢或矿化它们为水和二氧化碳，还可使它们挥发。去毒作用可将原来的化学品转化为植物无毒的代谢物如木质素等，储藏于植物细胞的不同地点。化学物质经根的直接吸收取决于其在土壤水中的浓度和植物的吸收率、蒸腾率。植物的吸收率取决于污染物的物理化学特性和植物本身（植物受有机污染物运载剂组分的影响）。蒸腾作用是决定植物修复工程中污染物吸收速率的关键变量，它又与植物种类、叶面积、养分、土壤水分、风力条件和相对湿度有关。

通过遗传工程可以增加植物本身的降解能力，把细菌中的降解除草剂基因转移到植物中产生抗除草剂的植物。使用的基因还可以是非微生物来源，如哺乳动物的肝和抗药的昆虫。

(2) 植物中酶对有机污染物的作用

与植物酶有关的有机物降解速率非常快，致使化学污染物从土壤中的解吸和质量转移成为限速步骤。植物死亡后酶释放到环境中可以继续发挥分解作用。美国佐治亚州 Athens 的 EPA 实验室从淡水的沉积物中鉴定出脱卤酶、硝酸还原酶、过氧化物酶、漆酶和腈水解酶等五种酶，这些酶均来自植物。研究植物特有酶的降解过程为植物修复的潜力提供了有力的证据。在筛选新的降解植物或植物株系时需要关注这些酶系，需要注意发现新酶系。硝酸还原酶和漆酶能分解炸药废物（2,4,6-三硝基甲苯即 TNT）并将破碎的环状结构结合到植物材料或有机物残片中，变成沉积有机物的一部分。植物来源的脱卤酶能将含氯有机溶剂三氯乙烯还原为氯离子、二氧化碳和水，测定每一个代谢物、代谢途径，以及反应动力学和放射性标记化合物的研究，都为生物工程提供了重要信息，可望取代反复尝试选择植物的方法。

分离到的酶（如硝酸还原酶）确实可以迅速转换 TNT 一类底物。但经验表明，植物修复还要靠整个植物体来实现。游离的酶系会在低 pH 值、高金属浓度和细菌毒性下被摧毁或钝化，而植物生长在土壤上，pH 被中和，金属被生物吸着或螯合，酶被保护在植物体内或吸附在植物表面，不会受到损伤。

(3) 植物根际对有机污染物的生物降解

Anderson 等（1974）的实验表明，植物以多种方式帮助微生物转化，根际在生物降解中起着重要作用。根际可以加速许多农药以及三氯乙烯和石油烃的降解。植物叶的微生物区系和内生微生物也有降解能力。植物提供了微生物生长的环境，可向土壤释放大量糖类、醇类和酸类等分泌物，其数量约占年光合产量的 10%～20%，细根的迅速腐解也向土壤中补充了有机碳，这些都加强了微生物矿化有机污染物的速度。如阿特拉津的矿化与土壤中有机碳的含量有直接关系。根上有菌根生长，菌根菌和植物共生具有独特的代谢途径，可以代谢自养细菌不能降解的有机物。

在应用植物修复时，每个清除点需要种植不同的植物以联合发挥作用，如苜蓿根系深、有固氮能力，杨树和柳树栽种广泛、耐涝而生长迅速，黑麦和野草生长浓密、覆盖力强，可以根据不同植物不同的特点搭配使用。

5.2.2.2 植物修复有机污染的实例

(1) 利用杂交杨修复有机废物

杨树有许多突出的优点，如速生、寿命长（25～50 年）、抗逆性强、可耐受高有机浓度、栽种易成活。Schnoor 等（1975）用 2m 长的杂交杨（*Populus deltoids nigra*）DN34 枝条埋 1.7m 深，让其发根。干旱年份，根可形成很强的根系向下扎到地下水层吸收大量的水分，这样增加了土壤的吸水能力和减少了污染物的向下迁移。在土质条件良好、温度适宜的情况下，第一年可以生长 2m，三年后可达 5～8m 高。栽种的密度为每公顷 10000 株，以后自然变得稀疏，为每公顷 2000 株。每年平均固定碳量 2.5kg/m^2。在衣阿华州的 Amana 河边种植杂交杨树 6 个生长季，平均每年每公顷生产的干物质为 12t。

为了防治衣阿华州农业径流的污染，沿河栽种杨树建立缓冲带，8m 宽，共 4 排，合每公顷 10000 株，目的是截留和去除除草剂莠去津和硝酸盐对河流下游和地下水的污染。经过检测，种植杂交杨地表水的硝酸盐含量由 50～100mg/L 减少到小于 5mg/L，并有 10%～20%的莠去津被树木吸收。

将杨树种在垃圾填埋场上，可以防止污水下渗，改善景观，吸收臭气。

(2) 种苎麻修复汞污染

据熊建平等（1991）研究，水稻田改种苎麻后，总汞残留系数由0.94降为0.59。有以下好处。

① 受汞污染的土壤恢复到背景值的水平（0.39mg/kg），所需时间极大地缩短了，在土壤汞含量82mg/kg下，水田要86年，而旱地只要10年；在土壤汞含量49mg/kg下，水田要78年，而旱地只要9.2年；在土壤汞含量24.6mg/kg下，水田要67年，而旱地只要8.0年。

② 切断了食物链对人体的危害。

③ 有可观的经济效益，苎麻价在正常的情况下比水稻高50%。

苎麻是耐汞作物，土壤汞含量在70mg/kg以下时苎麻产量不受影响。

5.2.3 植物对固体废物的修复

5.2.3.1 矿山废石场的植物修复

(1) 废石场修复的类型

针对废石场堆放的地点和具体条件需要选择不同的修复方式。如果在采矿过程中，将废石堆放于废弃的露天矿坑，尤其是深凹露天采矿坑，则可在废石填满矿坑时，予以平整并复土、种植，从而把露天开采破坏了的土地，恢复成农业用地或造林用地。如果是水平矿床的浅露天矿，可采用边开采、边堆放废石，逐年平整、逐年修复的方法进行修复。如果废石堆放在采矿场以外，而且已形成废石堆，不仅占用了大量土地，而且废石堆本身已成为环境的污染源。在这种情况下，应根据不同要求，采用不同的方法予以修复。我国大多数矿山修复主要是按设计要求进行整治堆放，有一些地区，要求及时修复造田，并采用补偿征地的形式，进行严格控制。

(2) 废石场修复程序

废石场的修复可归纳为异位修复和原位修复两种形式。对植物修复来说，修复程序一般可分为平整废石堆、覆盖表土以及种植植被。

① 平整废石堆　按照当地修复条例的要求，合理的安排废石堆的结构。美国在整治废石堆时，一般把酸性废石铺在下面，中性废石放在上面，对植物生长不利的粗粒老石以及有害物质堆在下面，细粒岩石或易风化的岩石放在上面。经过这样整治以后，修复造田有利于植物生长。在整治废石堆的过程中，为了防止地表径流的冲刷作用，废石堆坡面的坡度大小也很重要，美国的矿山废石堆坡面的坡度按10%～15%考虑。我国不少矿山在整治废石堆时，也吸取了国外的经验。如我国的小关铝土矿，是按照废石的成分、种类以及种植坡度的要求，进行分层压实堆置的。分层堆置的顺序是：酸性、碱性岩石在下层，中性岩石在上层；大块岩石下层，小块岩石在上层；不易风化的岩石在下层，易风化的岩石在上层；不肥沃的土质在下层，肥沃的土质在上层。实践证明，这样进行堆置以后，有利于土地使用和植物生长。在整治废石堆的过程中，其坡面的大小，是按照植物的种类及种植的方便来考虑的。如种植农作物时，其坡度一般保持在2%～5%之间；若种草放牧，考虑牲畜的安全，其坡度一般应保持在10%以下；种植树木时，其坡面坡度可以大一些，但不得超过25%。

② 覆盖表土　对废石堆加以平整后，根据废石和废土再种植的可能性，需要在废石堆表面覆盖表土。表土的来源一般是露天开采时预先储存在临时堆放场的耕植土，也可以是采矿场刚剥离下来的表土，或者是从邻近的土地上挖掘出来的表土。不论从何处取来的表土，

均应满足植物生长的要求。覆盖表土的厚度，在美国一些州制定的修复条例中规定为46～66cm。我国小关铝土矿，在整治后的废石堆上，覆盖表土厚度为1.2～1.5m。而且，为了保证土质肥沃促进植物生长，有时在覆盖土上再覆盖一层厚度为10～20cm的耕植土，以利植物生长。

③ 种植植被　在废石堆上覆以表土后，根据废石和覆土的种类、性质及当地情况，进行适宜植物的选择。一般可以选择适宜生长的农作物，如草本、灌木或其他树木，然后进行人工或机械栽种。

以赤峰市元宝山矿区植物修复为例，研究人员从1989年开始，通过移土盆栽和实地引种的方法，对沙打旺、草木犀、紫花苜蓿、披碱草、冰草、羊草等十几种优良牧草进行栽培试验，从中筛选出生态幅度宽、抗逆性强、耐贫瘠的多年生牧草沙打旺作为植被恢复的主要品种，其次为两年生牧草草木犀。在平整后的地段建立草、灌、乔结合的林网草地，几年后可以改善土壤养分状况，增加植被覆盖度，使牧草产量达到天然草地的数倍。

5.2.3.2 *矿山尾矿库的植物修复*

矿区地表的尾矿库，不仅占用大量的土地和农田，而且尾矿库表面常年暴露于大气中，在干旱或炎热的夏天，由于气温高，水分蒸发快，使尾矿表面常常处于干涸状态。尤其地处山沟风流之中的尾矿库，遇到一定风速的山沟风流，会导致产生“沙尘暴”，严重污染矿区环境。当风速超过5m/s时，还能引起吹沙磨蚀现象，使尾矿库附近的植物遭到破坏，同时尾矿库流出来的废水，也会使周围地区受到污染。因此，修复尾矿库是矿山环境管理和保护的重要内容之一。

(1) 限制尾矿库植物修复的因素

矿山固体废物不具备天然表土的特性，而且还具有不利于植物生长的因素。

① 金属和其他污染物含量高　通常情况下，矿山固体废物中含有大量的铜、铅、锌、镉等重金属元素。这些元素的存在与植物生长的关系很大。当这些金属元素微量存在时，可作为土壤中的营养物质促进植物生长。但当这些元素超量存在时就成为植物的毒性物质，对植物生长不利，尤其是这些过量的金属元素共同存在时由于毒性的协同作用，对植物生长危害更大。在一般情况下，可溶性的铝、铜、铅、锌、镍等对植物显示出毒性的浓度为1～10mg/kg，锰和铁为20～50mg/kg。土壤中可溶性碱金属盐的含量，也是修复中应当注意的问题。当固体废物中的比导电性超过7mΩ时将会呈现毒性，对植物生长极为不利。其次，含黄铁矿的固体废物，可能自然产生二氧化碳和硫化氢等有毒气体，危害植物生长。

② 酸碱性强且变化大　多数植物适宜生长在中性土壤中。当固体废物中的pH值超过7～8.5时，则呈强碱性，可使多数植物枯萎，当pH值小于4时，固体废物则呈强碱性，对植物生长有强烈的抑制作用。这不仅是因为酸本身的危害，而且在酸性环境中，重金属离子更易变化而发生毒害作用。新采掘出来的煤矸石，呈现碱性。当堆放时间在5年以上，由于其中的黄铁矿、黄铜矿类型的矿物，氧化产生游离的硫酸，pH值甚至可能降低到2，呈现强酸性。如果硫酸从矸石中浸出，煤矸石堆放几十年以后，煤矸石中的pH值可能又上升到6，变成中性。因此，煤矸石堆放时间越长，对植物生长越有利。

③ 植物营养物质含量低　植物正常生长需要多种元素，其中氮、磷、钾等元素不能低于正常含量，否则植物就不能正常生长。矿山固体废物中一般都缺少土壤构造和有机物，不

能保存这些养分，但堆放时间越长，固体废物表面层中有机物的含量就越高，对植物生长就越有利。

④ 固体废物表面不稳定　由于矿山固体废物固结性能不好，很容易受到风、水和空气的侵蚀，尤其尾矿受侵蚀以后，其表面出现蚀沟、裂缝，导致覆盖在尾矿和废石上的表土层破裂。由于重力作用，可能使表土层出现蠕动，使表土层稳定性降低和移动。而这种表土层的不稳定性及位移，均会严重地破坏植物的正常生长。

鉴于上述情况，在植物修复以前，必须针对矿山固体废物的结构和特性，通过试验，做出全面分析，然后有选择地种植一些适应性较强的植物，以利于生态发展。

(2) 尾矿库植物修复程序

尾矿库植物修复程序，一般可分为整治、中和、覆盖和种植等工序。

① 整治尾矿库　为了便于修复，对长期积水、类似沼泽地形的尾矿库，应先采用专门的机械设备排除积水，待干涸后在进行疏松、整平。对于干涸的尾矿床，由于表面易形成一层不透气的硬壳，则应予以疏松。在整治尾矿库的过程中，不强求统一整平，可根据植物修复的要求，进行局部整平或缓和地形即可。

② 酸碱中和处理　在整治尾矿库的基础上，应对尾矿进行酸碱中和处理。一般地，对碱性尾矿可采用硫化矿碎片进行中和处理，对酸性尾矿可采用石灰石矿碎片进行中和处理。为了充分进行中和反应，参与中和反应的碎石粒径应越小越好，通常不应大于6mm。这些碎石不仅能起中和反应，改变尾矿的性质，而且能改善尾矿表层的“土壤”结构，有利于植物生长。

③ 覆盖、种植　为了恢复生态，促进植物生长，在整治尾矿库、中和尾矿的基础上，用粗、细物料覆盖尾矿库表面，也是不可缺少的工序。对覆盖物料的选择，国外有些矿山的尾矿库，采用废石进行覆盖，以作植物生长的介质。实践证明，碎石能抑制水分蒸发，有利于植物生长，而且还能稳定尾矿，抵抗风、水和空气的侵蚀，阻止尾矿流动，减少尾矿粉和水蚀所引起的环境污染。如美国的欧埃钼矿，利用邻近的亨特生钼矿基建剥离出来的废石覆盖尾矿库，其厚度平均为1m左右，这不仅完成了修复要求，而且还加固了尾矿库，防止尾矿流失污染环境。

我国不少矿山，在废石堆或尾矿库上，主要是覆盖泥土，然后再进行种植，均取得了比较好的效果。例如，山东南野石墨矿、中条山的篦子沟铜矿等，在尾矿库上采用整治、中和、覆土等工序，先后分别修复造田50多公顷，种植高粱、小麦等农作物，均收到了良好的技术经济效果。又如广东坂潭锡矿，在尾矿库上采用疏干、整平、覆底土（厚度为100cm），覆耕植土（厚度为20cm）等工序。先后修复造田近80hm^{2}种植农作物也获得了比较好的经济效果。该矿修复造田后第一年种花生，产量平均达1.5t/hm^2，第二年种水稻，亩产平均达3.0t/hm^2，连续种植4年以后，水稻产量就恢复到开采以前的生产水平。

(3) 尾矿库植物修复的注意事项

在尾矿床表面上进行植物修复，是防止废水和尾矿粉污染环境最理想的方法。但在修复过程中也存在不少问题，如尾矿粉的固结问题；尾矿粉中缺少植物生长所需要的营养成分问题；尾矿粉中含有过量的重金属，在种植农作物时是否会造成二次污染问题；不同成分与性质的尾矿粉对植物生长的影响等。诸如此类问题，在植物修复之前，都必须根据实际情况，通过实验加以解决，然后才能针对性地进行植物修复。加拿大的鹰桥镍矿针对酸性尾矿粉

（高硫铁矿），进行了较长时间的植物修复研究。研究表明，在酸性尾矿库上进行植物修复，适宜性最强的植物是冬黑麦、豆类植物等，当有稻草或麦秆覆盖时，植物生长长势比无覆盖为好。在含锌尾矿库上覆盖5cm厚的表土后，植物生长状况比较茂盛。同时比较不同类型的表土（如砂土、砂黏土、黑肥土等）以及表土厚度（2.5～15cm）的修复效果，表明铺设15cm厚的黑黏土层上的植物生长情况最好。同时还发现，豆类植物生长盛过草本植物。因此，豆科是酸性尾矿库上植物修复的主要植物材料。

加拿大的石棉矿床，集中在一条80km长的矿带上，在开采过程中产生的强碱性尾矿粉已达六亿多吨，而且每年还以（1.5～2.0）$\times 10^6$t的尾矿增加，针对上述的强碱性尾矿粉，该矿区在魁北克省石棉矿进行了种植试验研究。采用酸性尾矿粉或采用低品位金属矿山的硫化物与强碱性残余尾矿进行中和，使其碱性尾矿粉中的pH值降低到植物生长所需要的范围。同时在中和剂中添加有机元素，以利再种植后植物的生长。试验表明，不论是采用硫化物尾矿中和处理，或采用低品位金属矿山的硫矿粉处理之后，种植豆类植物或种植草本植物生长都比较好。表5-10是美国各州污染场地污染物的种类和植物修复效果。

表5-10 美国污染场地污染物的种类和植物修复效果（赵景联，2006）

地点	应用	污染物	效果
衣阿华州	面源污染控制，1.6km河段种植杨树	硝酸盐、锈去津、甲草胺以及土壤侵蚀	去除硝酸盐和0.1%～20%锈去津
衣阿华州	生活固体废物堆制后施用在杨树、玉米和羊毛草上	BEHP、B[α]P、PCBs、氯丹	有机物固定
俄勒冈州	生活垃圾填埋场覆土上种植杂交杨	有机物、重金属和BOD	成功
衣阿华州衣阿华市	杨树处理垃圾填埋渗滤液	有机氯溶剂、金属、BOD和NH_3	杨树在污染物浓度1200mg/L下生长
马里兰州乔治王子县	杨树种植在施用污水污泥的土地	污泥中的氯	每公顷420t污泥，种植6年
俄勒冈州Corvallis	水培系统的有机物，栽培杨树、沙枣、大豆处理	硝基苯及其他	基本完全吸收
新墨西哥州	污染土壤种植曼陀罗属和番茄属植物	TNT三氯乙烯及其他	基本完全吸收
田纳西州橡树岭	有机物污染土壤种植松树、一枝黄花属、巴伊亚雀稗	五氯酚和菲	加强生物矿化
犹他州盐湖城	污染土壤种植冰草	硝酸盐和氨氮	促进矿化
伊利诺伊州新泽西	浅层地下水和杨树	氨和盐分	降低污染流的大小
俄勒冈州Mcminnville	用填埋渗滤液灌溉6hm²杨树	TNT	零排放、替代送入污水处理厂
阿拉巴马州Childersherg	土壤用狐尾藻处理		促进降解

综上所述，无论是酸性尾矿粉或碱性尾矿粉，只要通过试验，了解其结构和特性，因地制宜地进行植物修复是完全可行的。我国不少矿山，在尾矿上植物修复方面都有成功的经验，但值得注意的是，尾矿床植物修复时，可能受到自然如风害、洪水等自然因素的影响，使尾矿库的人工栽植遭到破坏。因此，在植物修复中，必须加强管理，预留洪管或排洪沟，

以保证人工栽植工作的顺利进行。

5.2.4 植物对大气污染物的净化作用

5.2.4.1 植物对大气中化学污染物的净化

(1) 植物的净化机理

植物净化大气化学性污染物的主要过程是持留和去除。持留过程涉及植物截获、吸附、滞留等，去除过程包括植物吸收、降解、转化、同化等。有的植物有超同化的功能，有的植物具有多过程的作用机制。

① 植物的吸收与吸附　植物对于化学性污染物的吸附与叶片形态、粗糙程度、叶片着生角度和分泌物有关。植物的枝叶表面可以吸附、吸收气体分子、固体颗粒及溶液中的离子，如 O_3、SO_2 等可以被吸附在植物叶面、枝干上的灰尘中，尤其是对污染物不敏感的植物均可吸附大量污染物（王月菡，2004；王清人等，2001）。植物还可吸附亲脂性的有机污染物，包括多氯联苯（PCBs）和多环芳烃（PAHs），其吸附效率主要取决于其辛醇-水分配系数（Trapp 等，2001）。植物叶面的气孔可以直接吸收并储存有害气体，尤其是当湿度增大时，植物对可溶性气体的吸收量也大大增加（William，1981）。

② 植物的代谢降解　植物降解是指植物通过代谢过程来降解污染物或通过植物自生的物质如酶类来分解植物体内外来污染物的过程。植物含有一系列代谢异生素的专性同工酶及基因，以束缚保存代谢产物（Sandermann，1994）。参与植物代谢异生素的酶主要包括：细胞色素 P450、过氧化物酶、加氧酶、谷胱甘肽 *S*-转移酶、羧酸酯酶、*O*-糖苷转移酶、*N*-糖苷转移酶、*O*-丙二酸单酰转移酶和 *N*-丙二酸单酰转移酶等。能直接降解有机污染物的酶类主要为：脱卤酶、硝基还原酶、过氧化物酶、漆酶和腈水解酶等（Schoor 等，1995）。植物中的酶可以直接降解 TCE，最后生成 CO_2 和 Cl_2（Gordan 等 1998）。Kas 等（1997）发现几种植物在无菌培养条件下可有效降解 PCBs。在生长季由于树冠的吸收作用，可使大气中的 H^+、NO_3^- 和 NH_4^+ 减少 50%～70%，NH_3 则几乎全部被吸收（Schoor 等，1995）。也有研究认为，植物体内的脂肪族脱卤酶可直接降解 TCE（Anderson 和 Walton，1996）。对于一些较难降解的污染物如 PCBs，可通过转基因技术将微生物体内能降解这些污染物的基因转入植物体内提高植物降解有机污染物的能力。

③ 植物的转化作用　植物转化是植物保护自身不受污染物影响的生理反应过程。植物通过其生理过程可将污染物转化为其他形态并同化到自身体内（陶福禄和冯宗炜，1999；陈学泽等，1997）。植物转化需要乙酰化酶、巯基转移酶、甲基化酶、葡糖醛酸转移酶等多种酶类参与。O_3 是大气中主要的二次污染物，可利用专性植物有效地吸收 O_3，并利用其体内的酶如超氧化物歧化酶、过氧化物酶、过氧化氢酶等和一些非酶抗氧化剂如维生素 C、维生素 E、谷胱甘肽等进行转化清除（Chaudiere 和 FerrariIliou，1999）。促使植物将有毒有害的污染物转化为低毒低害的物质是大气污染的植物修复主要研究内容之一。大气有害物质中的硫、碳、氮等同时是植物生命活动所需要的营养元素。植物通过气孔将 CO_2、SO_2、NO_2 等吸入体内，参与代谢，最终以有机物的形式储存在氨基酸和蛋白质中（王清人等，2001；William，1981）。近年来，具有超吸收和代谢大气污染物能力的天然或转基因同化植物被发现，这种植物可以将大气污染物作为营养物质源高效吸收、同化，促进自身生长，减轻大气污染（Omasa 等，2002）。

④ 植物的同化作用　植物同化是指植物对含有植物营养元素的污染物的吸收，并同化

到自身物质组成中，促进植物体自身生长的现象。除了以上所提到的CO_2外，植物可以有效地吸收空气中的SO_2，并迅速将其转化为亚硫酸盐至硫酸盐，再加以同化利用。在大气中，多环芳烃类污染物以固体和液体汽溶胶形式存在，它们都可被高等植物同化。不同植物之间同化大气中毒性物质的能力差异显著。同样条件下，普通枫树和胡颓子属植物对大气中苯的吸收量比桤木和榆树高数百倍，比白桑树和美洲椴高数千倍（Omasa等，2002)。对于大气中氮氧化合物的同化是目前研究热点之一。

⑤ 植物的中和缓冲作用　植被冠层对酸雨具有阻滞、吸收和蓄存作用。植被冠层可与酸沉降发生强烈的相互作用，包括酸沉降中H^+与树叶内部阳离子交换、树叶对营养元素和某些重金属元素的吸收、酸沉降对盐基离子和分泌物的淋洗等。植物代谢物的释放和运输，蓄积在树叶表面的大气沉降物和植物分泌物的生物地球化学过程，都会影响进入森林和土壤的雨水的酸度、化学成分及含量。据研究，阔叶林对酸沉降有很强的缓冲作用。植物通过叶表面吸附K^+、Ca^{2+}、Mg^{2+}等阳离子可与H^+进行交换，或与叶片中淋失的弱碱与强酸中和形成盐（Treshow，1984)，从而吸收H^+，降低酸雨浓度。针叶树种虽然可能由于吸收NH^+、释放H^+而使降雨酸化，但其冠层及凋落物的缓冲作用仍可起到减轻酸雨危害的作用。

(2) 植物的净化作用

大气中的化学污染物包括二氧化碳、二氧化氮、氟化氢、氯气、乙烯、苯光化学烟雾等无机有机气体，以及汞、铅等重金属蒸气及大气飘尘所吸附的重金属化合物。植物对大气中的多种污染气体有吸收作用，从而对受到化学性气体污染的大气进行修复。据报道，每公顷臭椿和毛白杨每年可分别吸收SO_2 13.02kg与14.07kg，1kg柳杉林叶在生长季节中每日可吸收3g SO_2，女贞叶中含硫量可占到叶片干物质的2%。SO_2在通过高宽分别为15m的林带后，其浓度下降25%～75%；每公顷蓝桉阔叶林叶片干重2.5t，在距污染源400～500m处，每年可吸收氯气几十千克，在较高浓度的熏气实验条件下，女贞叶在2h内每平方米可吸收氯气121.2mg。

目前对于NO_2污染修复技术的研究是世界性热点之一（骆永明等，2002)。王燕等(2004）筛选出构树、黑松、泡桐、珊瑚树、无花果、楝树和桑树等对NO_2气体具有较强吸收净化能力的植物；对70种行道树吸收同化NO_2能力的研究结果显示，阔叶植物比针叶植物、落叶木本植物比常绿木本植物具有更高的吸收同化能力（Takahashi，2005)；Hiromichi和Ozgurce（2003）对人工培育的107种木本植物、60种草本植物和217种高等植物、50种野生草本植物净化吸收NO_2能力进行研究，发现辛荑具有最高的NO_2吸收量，其他如杨柳科、菊科、茄科和桃金娘科植物也均有较高的净化吸收能力。

潘文等（2012）采用人工模拟熏气法，研究了36种广州市园林绿化植物对SO_2和NO_2气体吸收净化能力，并以系统聚类分析方法将参试植物的吸收净化能力划分为强性、较强、中等、较弱及弱5个等级。结果显示，在SO_2质量浓度为0.448mg/m^{3}的环境下，黄槐、鸡冠刺桐、红花银桦、木棉、红千层、大花紫薇、复羽叶栾树吸收SO_2能力强或较强；在NO_2质量浓度为0.428mg/m^{3}的环境下，黄槐、黄葛榕、红花银桦、红千层、麻楝、复羽叶栾树、大花紫薇和小叶榄仁吸收净化NO_2能力较强或强；在不同SO_2和NO_2浓度环境下，黄槐、红花银桦、红千层、复羽叶栾树和大花紫薇叶片对SO_2和NO_2吸收净化能力强或较强（表 5-11）。

表 5-11 广州市园林绿化植物对 SO_2、NO_2 气体的吸收量和吸收能力等级（潘文等，2012）

序号	植物名称	SO_2 吸收净化量/(g/kg)	SO_2 吸收净化等级	NO_2 吸收净化量/(g/kg)	NO_2 吸收净化等级
1	罗汉松 *Podocar pusmacrophyllus*	1.206±0.122	弱	2.796±0.370	弱
2	竹柏 *Podocar pusnagi*	0.841±0.184	弱	13.035±1.558	中等
3	深山含笑 *Michelia maudiae*	1.466±0.150	较弱	6.599±0.665	弱
4	乐昌含笑 *Michelia chapensis*	2.621±0.221	较弱	14.308±1.603	中等
5	乳源木莲 *Manglietia yuyuanensis*	3.397±0.180	中等	13.929±1.828	中等
6	观光木 *Tsoongiodendr onodorum*	1.867±0.151	较弱	11.333±0.671	中等
7	樟树 *Cinnamomum camphora*	1.622±0.100	较弱	10.123±1.333	较弱
8	阴香 *Cinnamomum burmannii*	2.626±0.180	较弱	7.429±0.516	弱
9	黄槐 *Cassia surattensis Burm*	18.033±1.296	强	70.096±7.541	强
10	红花羊蹄甲 *Bauhinia blakeana*	4.854±0.653	较强	12.810±1.661	中等
11	双翼豆 *PeltophorumtonkinensePeltophorum pterocarpum*	2.630±0.192	较弱	9.677±2.150	较弱
12	印度紫檀 *Pterocarpus indicus*	2.262±0.133	较弱	17.374±0.768	中等
13	鸡冠刺桐 *Erythrina cristagalli*	7.830±0.735	较强	51.075±6.983	强
14	黄葛榕 *Ficus virens var. virens*	3.510±0.436	中等	37.735±5.552	较强
15	菩提榕 *Ficus religiosa*	4.004±0.428	中等	12.230±1.464	中等
16	红花银桦 *Grevillea banksii*	5.886±0.230	较强	33.508±2.835	较强
17	大花五桠果 *Dillenia turbinate*	1.991±0.065	较弱	18.610±0.929	中等
18	长芒杜英 *Elaeoc arpusapiculatus*	0.450±0.026	弱	11.900±0.279	中等
19	木棉 *Gossampinus malabarica*	6.820±0.174	较强	12.740±1.353	中等
20	秋枫 *Bischofia javanica*	4.158±0.778	中等	14.436±1.546	中等
21	五月茶 *Antidesma bunius*	2.736±0.411	较弱	8.820±0.745	较弱
22	海南蒲桃 *Syzygium hainanense*	0.580±0.109	弱	6.419±0.502	弱
23	肖蒲桃 *Acmena acuminatissima*	5.079±0.268	较强	8.635±0.799	较弱
24	红千层 *Callistemon rigidus*	12.681±0.902	强	77.469±7.194	强
25	麻楝 *Chukrasia tabularis*	5.261±0.204	较强	50.368±4.068	强
26	复羽叶栾树 *Koelreuteria bipinnata*	7.263±0.138	较强	26.473±4.303	较强
27	芒果 *Mangifera indica*	0.973±0.022	弱	5.214±0.356	弱
28	人面子 *Dracontomelon uperreranum Pierre*	7.685±1.241	较强	8.556±1.253	较弱
29	菜豆树 *Radermachera sinica(Hance)Hemsl*	3.264±0.446	中等	29.438±1.149	较强
30	大花紫薇 *Lagerstroemia speciosa*	4.774±0.252	较强	25.944±1.789	较强
31	海南红豆 *Ormosia pinnata*	1.467±0.075	弱	9.224±0.770	较弱
32	糖胶树 *Alstonia scholaris*	1.029±0.157	弱	9.509±0.800	较弱
33	香港四照花 *Dendrobenthamia hongkongensis*	3.539±0.143	中等	7.597±0.738	弱
34	幌伞枫 *Heteropanax fragrans*	1.161±0.223	弱	8.647±1.230	较弱
35	桂花 *Osmanthus fragrans*	3.455±0.396	中等	2.080±0.209	弱
36	小叶榄仁 *Terminalia mantaly*	6.185±0.311	较强	38.223±1.695	较强

植物对氟化物也具有极高的吸收能力，桑树林叶片中含氟量可达对照区的 512 倍，在含氟浓度 5.5μg/m³ 蒸气中，番茄叶子可吸收 3000mg/kg 的氟，氟化氢气体在通过加拿大杨、桂香柳可吸收醛、酮、酚等有机物蒸气。大部分高等植物均可吸收空气中的 Pb 与 Hg，其能力除因树种而有很大不同外，也与大气中 Pb 和 Hg 的浓度有关。一般来说，落叶阔叶树高于长绿针叶树种。每公顷臭椿每年可吸收 46g 与 0.105g 的 Pb 与 Hg，桧柏则分别为 3g 与 0.021g。据实测，北京燕山石化区 1hm² 苗木的 Pb、Hg 累积量以分别达 36g 与 0.05g。

树木对大气中的 CO_2 与 O_2 平衡也发挥着很大的作用，据测定，1hm² 阔叶在夏季每天可消耗 1t CO_2，释放 0.73t O_2，一定密度的针叶林对氧的释放量可达 30t/(ha·a)。在内蒙古霍林河煤矿，1390ha 的林地每年吸收 CO_2 9093t，释放氧气 6495.7t，有效地改善了当地局部生态环境。

根据中国科学院沈阳应用生态研究所研究结果，对大气中芳烃抗性较强的植物品种包括：侧柏、龙柏、桧柏、毛白杨、山桃、臭椿、紫穗槐、刺槐、银杏、垂柳、泡桐、大叶女贞、新疆杨等。对大气中烯烃污染物抗性较强的树种包括：侧柏、云杉、臭椿、垂柳、紫穗槐、毛白杨、新疆杨、刺槐、大叶黄杨等。

人们通常认为，对某种污染物吸附性强的植物品种对该种污染物的耐性较差，进一步的研究表明，二者并无如此关系，相反，在选择植物对大气污染物净化时，不仅要考虑其对污染物的净化吸收能力，同时也要求其对该污染物有较强的耐性。

5.2.4.2　植物对大气物理性污染的净化作用

大气污染物除有毒气体外，也包括大量粉尘，据估计，地球上每年由于人为活动排放的降尘为 3.7×10^5t。利用植物吸尘、减尘常具有满意效果。

（1）植物对大气飘尘的去除效果

植物对空气中的颗粒污染物有吸收、阻滞、过滤等作用，使空气中的灰尘含量降低，从而起到净化空气的作用。植物除尘的效果与植物种类、种植面积、密度、生长季节等因素有关。一般情况下，高大、树叶茂密的树木较矮小、树叶稀少的树木吸尘效果好，植物的叶型、着生角度、叶面粗糙度等也对除尘效果有明显的影响。植物滞尘效应随所滞尘量的增加有所降低。山毛榉林吸附灰尘量为同面积云杉的 2 倍，而杨树的吸尘仅为同面积榆树的1/7，后者的滞尘量可达 12.27g/m^3。

根据国外资料，云杉成林的吸尘能力为 32t/(ha・a)，对比之下，桧树为 36.4t/(ha・a)，水青冈则为 68t/(ha・a)。据测定，绿化较好的城市平均降尘只相当于未绿化好的城市的1/9～1/8。

李新宇等（2015）为研究植物叶片的滞尘规律，选择北京市具有代表性的 60 种绿化植物对单位叶面积 7d 与 14d 的滞尘量与滞尘累积量、整株植物滞尘量分别进行分析，并利用聚类分析方法对植物滞尘能力进行系统评价，按照滞尘能力大小进行分类，乔木中圆柏、银杏、毛白杨与刺槐属于高滞尘能力植物；灌木中胡枝子、榆叶梅与木槿属于高滞尘能力植物（表 5-12）。

表 5-12　北方常用园林植物滞尘能力分类结果（李新宇等，2015）

类别	滞尘能力		
	强	中	弱
乔木	圆柏、银杏、刺槐、毛白杨	元宝枫、小叶朴、臭椿、国槐、家榆	雪松、樱花、柿树、紫叶李、白玉兰、杜仲、西府海棠、油松、流苏、黄栌、楸树、北京丁香、旱柳、栾树、碧桃、七叶树、白蜡、山桃、构树、垂柳、丝绵木、绦柳
灌木	胡枝子、榆叶梅、木槿	红丁香	小叶黄杨、大叶黄杨、锦带花、棣棠、牡丹、天目琼花、女贞、紫薇、迎春、卫矛、钻石海棠、紫叶矮樱、沙地柏、红瑞木、紫丁香、月季、黄刺玫、蔷薇、金银木、连翘、金钟花、紫叶小檗、紫荆

（2）植物对噪声的防治效果

由于植物叶片、树枝具有吸收声能与降低声音振动的特点，成片的林带可在很大程度上减少噪声量。影响植物减噪的因素包括：a. 具有重叠排列、大而健壮的坚硬叶片的植物减噪效应最好；b. 分枝和树冠都低的树种比分枝和树冠都高的减噪效应好；c. 阔叶树的树冠能吸收其上面声能的26%，反射和散射74%；d. 森林能更强烈地吸收和优先吸收对人体危害最大的噪声。植物对噪声传播减弱的程度与声源频率、树种、树叶密度等因素有关。

孙伟等（2014）对北京市郊国道边或市区内有代表性的绿化带进行实时交通噪声的降噪效果进行研究，并分析了季节和距噪声源的距离对各林带降噪效果的影响。结果表明，30m宽刺槐纯林和油松-刺柏混交林的平均降噪效果较好；构树-刺槐混交林、毛白杨纯林和旱柳纯林对实时交通噪声的平均衰减效果接近，而旱柳纯林的降噪效果最弱（表5-13）。冬季路侧林带对实时交通噪声的衰减效果均小于夏季。其中，油松-刺柏混交林在夏、冬季的降噪效果接近，其他阔叶树纯林和阔叶混交林的冬季降噪效果约为夏季的75%～78%（表5-14）。随距噪声源距离的不同，10m宽林带的降噪效果有明显差异。在0～10m处林带的降噪效果大多优于10～20m及20～30m处林带的降噪效果，0～10m处林带的降噪值占30m宽林带总降噪值的37%～86%（表5-15）。

表5-13 路侧不同类型林带对实时交通噪声的降噪值

林带类型	降噪值/dB
刺槐纯林 Pure forest of *Robinia pseudoacacia*	9.9
油松-刺柏混交林 Mixed forest of *Pinus tabulaeformis-Juniperus formosana*	9.8
构树-刺槐混交林 Mixed forest of *Broussonetia papyrifera-Robinia pseudoacacia*	6.7
毛白杨纯林 Pure forest of *Populus tomentosa*	6.6
旱柳纯林 Pure forest of *Salix matsudana*	6.4

表5-14 路侧不同类型林带在不同季节对实时交通噪声的降噪值

林带类型	不同季节降噪值/dB		冬季降噪值与夏季降噪值的百分率/%
	冬季	夏季	
刺槐纯林	8.5	11.4	75
油松-刺柏混交林	9.4	10.3	91
构树-刺槐混交林	5.9	7.6	78
毛白杨纯林	5.7	7.5	76
旱柳纯林	5.5	7.3	75

表5-15 距路侧噪声源不同距离的等宽林带对实时交通噪声的降噪值

林带类型	不同距离林带的降噪值/dB		
	0～10m	10～20m	20～30m
刺槐纯林	4.3	2.9	2.8
油松-刺柏混交林	4.7	3.5	1.7
构树-刺槐混交林	4.2	0.8	1.8
毛白杨纯林	2.5	2.3	1.9
旱柳纯林	4.1	1.4	0.8

（3）植物对城市热污染的防治作用

城市是人类改变地表状态的最大场所，城市建设使大量的建筑物、混凝土或沥青路面代替了田野和植物，大大改变了地表反射和蓄洪能力，形成了同农村差别显著的热环境。同时，由于人口稠密、工业集中，因此形成了市区温度明显高于周围地区的现象，这一现象称为热岛效应。由热岛效应造成的城市内外温差一般达0.5～1.5℃。在市区种植树木可有效地缓解热岛效应，据报道片林及林荫道下，可见光辐射量减少88%左右，气温降低3℃左右，高温持续时间明显缩短。同时，大气其他指标也有明显改善。因此，提高城市绿化覆盖率是减轻热岛效应的重要措施之一。

(4) 植物对放射物质的去除

植物可阻碍放射性物质的传播与辐射，特别是对放射性尘埃有明显的吸收与过滤作用。据测定，在每平方米含有1m Ci的放射性 ^{131}I 条件下，某些树木叶片在中等风速时，吸收能力为每公斤叶片1Ci放射性 $^{131}I/h$，其中1/3进入叶组织，2/3被组滞在叶面上。值得注意的是，有许多植物在吸收较高剂量辐射条件下仍能生长正常，如栎树在γ射线辐射下，吸收1500拉德（1拉德 $=10^{-2}Gy$）中子辐射仍然生长良好。

5.2.4.3 *植物对大气生物污染的净化效果*

大气中一些微生物（如芽孢杆菌属、八迭球菌属、无色杆菌属等）和某些病原微生物都可能成为经空气传播的病原体。病原体一般都附着在尘埃或飞沫上随气流移动，植物的滞尘作用可以减小病原体在空气中的传播范围，并且植物的分泌物有杀菌作用，因此植物可以减轻生物性大气污染（Cunningham 和 Ow，1996）。林区大气中各种细菌数量明显低于林外大气中，据调查，林内空气中含菌量仅300～400个/m³，是林缘空地的1.0%，而后者中约为城区百货商店附近空气中的1/100000（叶镜中，2000）。研究表明，茉莉、黑胡桃、柏树、柳杉、松柏等均能分泌挥发性杀菌或抑菌物质，柠檬、桦树等也有较好的杀菌能力，绿化较差的街道较之绿化较好的街道空气中的细菌含量可高出1～2倍。据测算，阔叶林能产生植物杀菌素2kg/(ha・d)，针叶林产生5kg/(ha・d)以上，其中桧柏林、圆柏林和松树林可达30kg/(ha・d)（李雷鹏，2002）。1ha松柏树或松林，一昼夜可分泌30～60kg的杀菌素，足以清除一个中等城市空气中的各种细菌（Sandemann，1992）。树木还能增加空气中负离子浓度，促进人体心血管和呼吸道疾病的康复（叶镜中，2000）。

5.3 植物修复技术的发展前景及存在的问题

5.3.1 植物修复技术的发展前景

植物修复技术是一种很有前途的技术，不仅成本低，而且有良好的综合生态效益，特别适合在发展中国家采用。近年来，由于社会发展和实践的极大需求，植物修复技术发展迅速，许多学者对其进行了卓有成效的研究，在植物及微生物对污染物的吸收、转移和降解机制方面获得了大量的科学数据。它从一个经验性利用传统植物进行污染物净化的研究发展成为一个用现代科学理论与高技术武装起来的、多学科渗透与交叉的现代化超级学科，特别是借助分子生物学和基因工程的手段改造目标植物，使植物修复更具针对性，修复效率也大幅度提高。但是由于这项技术起步时间不长，在理论体系、修复机理和修复技术工艺上有许多不成熟、不完善之处，因此在基础理论研究和应用实践方面还有许多工作要做。

5.3.1.1 *超累积植物的筛选与培育*

寻找更多的野生超积累植物，并将它们应用于矿山复垦，改良重金属污染的土壤和固化污染物。我国的野生植物资源十分丰富，研究、开发野生植物在植物修复中的作用和应用是具有重要意义的工作。

目前筛选超积累植物的方法主要有两种。一是从自然界中筛选，即在长期处于高污染的环境中寻找耐受型植物，是从自然界中筛选超积累植物的常用方法，利用该方法获得超富积植物的可能性较大（Nouri 等，2011）。目前的超富集植物均为在野外矿山开采区或冶炼区发现的，这些区域土壤中的重金属含量一般较高（韦朝阳和陈同斌，2001）。二是利用突变体技术培育新的植物品种，此方法是将不同植物的不同优良超累积特性集中于同一植物上，其针对性更强、目标较明确、研究周期相对较短。

在筛选和培育过程中，植物的生物量、根系深度及分布范围、富积能力和抗逆性是经常用到的选择指标，其中植物体内累积污染物的浓度可达生长环境中污染物浓度的 100 倍以上，是理想的超积累植物（Jr 和 Trevors，2010）。同时，农作物也被列入超累积植物的选择范畴。另外，对业已发现的超累积植物的挖掘利用也是重要的研究内容之一。

5.3.1.2 分子生物学和基因工程技术的应用

国外这方面的工作还刚刚开始，将来的研究工作是把能使超积累植物个体长大、生物量增高、生长速率加快和生长周期缩短的基因传导到该类植物中并得到相应的表达，使其不仅能克服自身的生物学缺陷（个体小、生物量低、生长速率慢、生长周期长），而且能保持原有的超积累特性，从而更适合于栽培环境下的机械化作业，提高植物修复重金属污染土壤的效率。

生物技术获得植物修复的超级植物主要有两种方法：一是通过限速酶的过表达，加速现在已知的植物降解机制的开发利用；二是通过转入外部基因获得全新降解途径，这种方法可将外部基因导入植物细胞染色体组中，从而获得具有目标特征的植物，如植物对多种污染物具有更高的抗逆性、富集能力和降解能力。分子生物学在该领域的应用主要有 3 个方面（王庆海和却晓娥，2013）。

（1）将微生物的基因转入植物

将微生物的基因转入植物，一个成功的案例就是利用转基因植物将有机汞化合物和具有毒性的离子态汞（Hg^{2+}）进行转化和去除（Arthur 等，2005）。来自细菌的 Hg 原酶基因 merA 可以使 Hg^{2+} 还原为 Hg^0，裂解酶基因 merB 可以将高毒性的 CH_3Hg 中 Hg^{3+} 转化为毒性较低的 Hg^0。转 merAPe9 基因的拟南芥在 50～100μmol/L $HgCl_2$ 的培养基上可以正常生长，而对照植株的生长则被明显抑制。随着生物技术在植物修复中的应用，转基因植物在野外应用的环境风险评估也应予以足够重视，包括转基因植物释放到环境中可能产生的影响，挥发性 Hg 沉降后对环境是否构成威胁，富集了重金属的植物组织是否会增加对野生生物的暴露，转基因植物逃逸后是否会和野生近缘种进行杂交等（Pilon-Smits 和 Pilon，2000）。

（2）植物间解毒机制的结合

许多植物都具有可作为植物修复作用植物的某种特征，或是有较高的生物量，或是对某种污染物具有较强耐受性或超富集能力。因此，挖掘不同植物的优良性状并将它们在一种植物上表现出来，这是基因工程技术在该领域应用的一个重要方面。天蓝遏蓝菜（*Thlaspi caerulescens*）是典型的重金属超富集植物，具有极高的重金属累积和耐受能力，也是修复土壤重金属污染植物的重要基因来源（Rascio 和 Navari-Izzo，2011），然而由于其生物量很小，生长非常缓慢，因而限制了其在植物修复中的广泛应用。天蓝遏蓝菜和甘蓝型油菜（*B. napus*）的体细胞融合诱导形成的植株，不仅具有较高的生物量，而且还能富集较高浓度的 Zn，该浓度水平的 Zn 对甘蓝型油菜却具有毒性，该杂交体对 Pb 也有较高的去除能力。

（3）将哺乳动物控制代谢功能的基因转入植物

为提高有机污染物的植物修复效率，将哺乳动物基因转入植物的尝试也取得了初步成效。例如，哺乳动物P450单加氧酶在除草剂的转化（氧化和羟基化）过程中起关键作用，人类P450 2E1通过单加氧作用可氧化多种外源物质（如三氯乙烯等），转入该基因的烟草对地下水的常见卤代烃污染物TCE和EDB的代谢能力增强。通过检测TCE的代谢物三氯乙醇发现，转基因烟草对TCE最高降解能力，根、茎和叶分别增加了642倍、171倍和140倍（Doty等，2000）。

5.3.1.3 联合应用多种修复技术，有效改善生态环境

植物修复系统中，根际微生物不仅可以直接降解污染物，还能缓解逆境对植物的胁迫，促进植物生长；植物也可以为微生物提供良好的生存条件，植物-微生物互作促进了污染物的降解（Sriprapat等，2011；Van Loon，2007）。现已明确了许多关于植物-微生物互作在污染物吸收、运输和解毒过程中作用机制的基础知识，但仍有许多问题尚不明确，使植物修复效率受到一定限制。今后研究重点应集中在有机污染物吸收水平较高且根系具有特异分泌能力植物的筛选上，再接种有利于有机污染物降解的微生物，建立高效的植物修复体系（魏树和等，2006）。

植物修复还应与其他建设需求相结合。一方面，植物修复可以和园林景观建设相结合。在城区污染场所（如公园、自然开阔地域）进行的修复工程，在设计时要考虑景观建设需求，这样当污染物对公众健康风险较低时，无论是在修复过程中或修复结束后可向公众开放。另一方面，植物修复可以和生物质能源利用、观赏植物种苗生产结合。利用污染物高风险田进行观赏植物种苗生产，克服了纯粹利用超富集植物进行污染土壤修复难以维持正常的农业生产的弊端，可以实现高风险农田的经济价值，符合广大人民的现实需求。

5.3.1.4 完善对植物富集的重金属回收处理技术

植物提取修复环境重金属污染会产生大量的重金属富集植物生物质，如何安全地处置重金属富集植物生物质已成为亟需解决的重要科学问题之一。近年来，基于减量化、无害化和资源化原则，众多研究者陆续开展了重金属富集植物生物质处置技术的研究，取得了一系列重要研究成果（刘维涛等，2014）。

（1）传统处置技术

① 焚烧法　焚烧法是将需要处理的植物放入焚烧炉内并通入过量空气进行燃烧，在高温条件下污染物被氧化、热解，是一种可同时使被焚烧的植物变为无害和最大限度的减量、避免或减少产生新的污染物、产生的热能可回收利用的“三化”高温处理技术（李宁等，2005）。

② 热解法　指在缺氧条件下，通过加热手段将植物热降解为木炭（固体）、生物原油（液体）和燃料气体的技术（Demirbas和Arin，2002）。热解法是处理城市垃圾的新方法，也被推荐用于处理重金属富集植物生物质（Sas-Nowosielska等，2004）。热解法的整个处理过程是在密闭条件下进行的，不会向空气中排放有毒有害气体，使植物的体积明显减少，所获得的裂解气可作为燃料利用。

③ 堆肥法　堆肥法是一种高效和环境友好的有机固体废弃物处理技术，通过微生物作用使固体废弃物中的有机质得到降解和稳定，实质上就是有机质稳定化和腐殖化的过程（Greenway和Song，2002）。

④ 压缩填埋法　压缩填埋法通常用于处理城市固体废弃物，利用由压缩容器和渗滤液收集系统组成的压缩填埋系统处理植物提取修复产后的重金属富集植物。

⑤ 灰化法　灰化法是利用高温条件使样品中有机质挥发而重金属等残留在灰分中，并可进一步利用的处理方法。

(2) 新兴的资源化处置技术

① 植物冶金　植物冶金是使用超富集植物在富含金属的土壤中生长，使金属超富集在植物组织内，成熟后收获进行处理，进而提取金属的技术。植物冶金是一种比较有前景的重金属富集植物生物质处置技术，它不仅可以收获可观的金属，获得较高的经济利益，而且能够改善环境和提高土壤的农用性能，降低有毒重金属元素通过食物链对人类健康的风险。据报道，美国内华达州里诺矿务局最早开展了植物冶金的野外试验，将 Ni 超富集植物 *Streptanthus polygaloides* 种植于 Ni 含量约为 3500mg/kg 的蛇纹岩土中，收获的生物量干重为 10t/ha，Ni 含量为 10000mg/kg，按当时 Ni 的市场价格估算，可获得 513 $/ha 纯收益 (Sheoran 等，2009)。

② 热液改质法　热液改质法是一种将生物质转变为高热值生物燃料的技术，一般在亚临界条件（300～350℃，10～18MPa）下利用水处理生物质 5～20min，生成热值为 30～35MJ/kg 的有机液体即生物原油（Srokol 等，2004）。Yang 等（2010）利用热液改质法处理东南景天，在 22.1MPa、370℃并添加 10mg/L K_2CO_3的条件下处理 60s 后，伴矿景天中超过 99.5%的重金属（Cu、Pb 和 Zn）被去除，并且生物油（主要为酚烃化合物及其衍生物）产率高达 61.76%。剩余残渣中的各种重金属含量都满足生物固体安全处置的国家标准。

③ 超临界水技术　水的临界压力和临界温度分别为 22.1MPa 和 374℃，当水的温度和压力超过临界点时，称为超临界水。超临界水技术通过超临界气化和液化过程，可将生物质转换为气体（CO、H_2、CO_2、CH_4和 N_2）和液体（液体燃料和有价值的化学品），是一种新兴的能源转换技术（Loppinet-Serani 等，2008）。众多亚/超临界水技术的研究主要处理模式化合物如葡萄糖、木质素和纤维素，近两年来才用于处理重金属富集植物生物质 (Saisu 等，2003)。

近年来，基于无害化、减量化和资源化原则，众多研究者开展有关重金属富集植物处置技术的研究，取得了一系列重要研究成果。但对于这些处置技术的选择问题，学术界还存在一定争议。今后处置技术应将研究重点放在资源化利用而非简单的无害化或减量化处置；对于生物量较小的重金属超富集植物，可开展基于高价值金属回收的资源化处置技术；对于大生物量的能源植物（如柳树和玉米等），重点开展基于能源利用的资源化处置技术；利用最新的科学技术手段，重点开发基于资源化利用的新处置技术。此外，可考虑多种处置技术联用。

5.3.2 植物修复技术存在的问题

① 植物修复具有不确定性和多学科交叉性　修复植物正常生长需要光、温、水、气等环境条件，同时会受到病、虫、草害的影响，进而导致植物修复具有极大的不确定性；植物以及微生物的生命活动十分复杂，为使植物修复达到理想效果，就要涉及植物学、微生物学、植物生理学、植物病理学、植物毒理学、作物育种学、植物保护学、基因工程等多学科共同强化、改进。

② 植物修复受到植物栽培与生长的限制　植物修复必须通过修复植物的正常生长来实现修复目的。一要针对不同的污染种类、污染程度选择不同类型的植物，因为一种植物只能忍耐或吸收一种或两种重金属，所以限制了植物修复技术在多种重金属污染土壤治理方面的应用；二是植物生长周期较长，单季修复植物生物量累积有限，需要经过多个生长季才能达到修复要求，因此修复时间长；再者，修复植物累积重金属的器官往往会通过腐烂、脱落等统计返回土壤，必须在植物落叶前收割植物，进行无害化处理。

③ 需要对植物修复的实施及有关技术进行规范与示范，包括建立相应的特异植物种子库及有关快速培育、繁殖技术体系。

④ 需要建立植物修复安全评价标准，包括建立环境化学、生态毒理学评价检测治疗体系。

第6章 植物对环境污染的监测作用

工业革命以来，人类改变自然的手段有了更进一步的提高，燃烧矿石、发电、合成成千上万的化学物质等工业活动向环境中释放了许多对生物有害的污染物，这些污染物的增加致使环境质量明显下降。严重的污染唤醒了人们对自己生存环境的关注，各国政府纷纷花费大量的资金用于环境污染的治理，同时有效的环境监测变得十分必要。在此背景下产生了利用生物指示和监测环境污染的想法，生物监测应运而生。

生物监测是指利用生物对环境中污染物质或环境变化所产生的反应，即利用生物在各种污染环境下所发出的各种信息，来判断环境污染状况的一种手段。可根据指示生物、生物指数、物种多样性指数、群落代谢、生物测试、生理生化特征及残毒含量等方法监测大气、水体、土壤环境质量或污水、废水毒性等，并根据生物中毒症状判断某地的污染状况。

生物监测的目的是希望在有害物质还未达到受纳系统之前，在工厂或现场就以最快的速度把它检测出来，以免破坏受纳系统的生态平衡；或是能侦察出潜在的毒性，以免酿成更大的公害。生物监测是定期而系统地利用生物对环境的反应来确定环境质量，它意味着对一个或多个环境参数进行定期、连续评价，从而探明环境的污染情况。

作为生物监测，至少应具备 2 个重要条件：a. 对比性，即有已建立的标准可供参考；b. 重复性，在一定观测点上每隔一定时间采样分析。否则就没有实际意义了。

6.1 植物监测及其应用

6.1.1 植物监测的定义及特点

6.1.1.1 植物监测的定义

早在 19 世纪，人们就已经开始利用敏感植物叶片的伤害症状，对大气中的 SO_2进行监测，后来又推广到对其他污染物的监测。20 世纪初，Kolkwitz 和 Marsson 又提出了污水生物系统，用以判断地表水体受有机污染的程度。后来又陆续出现了许多利用生物监测环境污染的手段和方法。

生物监测按照生物类群可分为植物监测、动物监测、微生物监测等几类。植物监测就是以植物与环境的相互关系为依据，以污染物对植物的影响及植物对环境污染物的反应为指标来监测环境的污染状况。由于植物位置固定、管理方便，且对大气污染敏感等特点，大气污染的植物监测已被广泛应用。利用植物对环境污染或变化所产生的反应，可从生物学角度为环境评价和环境管理提供依据。

6.1.1.2 植物监测的特点

与物理、化学监测相比，植物监测具有如下优点。

（1）能反映环境污染物对生物的综合效应

当今世界上已知的各类物质有百万种之多，其中仅人工合成的物质就达数十万种。这些物质中的绝大部分在生产和使用的过程中，都可能对环境造成不同程度的污染。因此，环境污染物的成分极为复杂，即使使用世界上最先进的理化检测技术和手段，要对如此繁多的污染物全部进行监测分析，无论是在技术上或经济上都是不可能的。通过理化监测虽然能确定环境中部分污染物质的浓度水平及时空分布状况，但不能确切地说明环境中所有污染物在自然条件下对生物的综合影响。因为环境中各种污染物对生物的作用并不是简单的数学关系，各种离子或分子之间既有协同作用、加成作用，还有拮抗作用等，情况十分复杂。生物监测可以反映出多种污染物在自然条件下对生物的综合影响，更加客观、全面地评价环境状况。

（2）能直观地反映出环境的污染状况

理化监测可以测定出环境污染物的种类及数量，但不能直接反映出环境的污染程度，即使是通过综合评价，也只能是理论推断。而生物监测具有直观性，环境污染对生物产生危害，生物就表现出相应的受害症状，生物的受害程度能直观地反映出环境的污染状况。

（3）能对生态环境进行连续监测

目前，由于受到技术和经济条件的限制，理化监测仅少数项目可以进行连续自动监测，多数监测项目还靠人工采样测试瞬时浓度或平均浓度值，时空代表性较差，不能反映监测前后污染物的变化情况。由于生物体生活周期较长，它们能储存整个生活时期周围环境因素变化的各种信息。环境的污染和破坏必然作用于生物体，可通过生物体表征和非表征变化监测环境污染。如根据生物个体数量及群落结构变动资料、宏观及微观受害症状的观察、急性和慢性毒理试验、生物体残毒分析、模拟试验等，能反映较长时期内的环境污染状况。所以，在监测环境污染物变化的全过程方面，生物是理想的监测工具。

（4）对环境污染物的监测具有长期性

环境中污染物的含量及性质会因时间和环境条件而变化。理化监测只能代表取样前后的瞬时污染情况，而生物监测可以把过去长时间的污染状况反映出来。美国加利福尼亚工科大学的研究人员，对 3 棵具有 8000 年树龄的针叶松进行研究，分析树木年轮中氢和重氢的比率，找到了地球处于寒冷期的根据，这一结论同冰样标本反映的地球气候变化几乎是一致的。

（5）对环境污染物的监测具有敏感性

某些生物对环境污染很敏感，在一些情况下，甚至连精密仪器都不能测出的微量污染物质，对某些生物却有严重的影响，表现出受害症状。利用它们作为“指示生物”，可以灵敏地监测环境污染，既快速又简便。在水生生态和陆生生态系统中，已筛选出许多“指示生物”，用于监测水质污染和大气污染，均已获得良好的效果。一般情况下，SO_2 浓度 1～5μg/g 时人能闻到气味，10～20μg/g 才能有明显的刺激作用。而敏感植物在 0.3～0.5μg/g 时就会产生受害症状。当 SO_2 浓度为 0.087～0.154μg/g 时，苔藓就不能正常生长。地衣对有毒气体最敏感，它只要吸收空气中微量毒气，就会枯黄。由于苔藓、地衣生长在树皮、墙壁、岩石上，不受土壤成分和土壤污染的影响，所以对空气中污染物发出的警报信号最准确，被称为“毒气自动检测站”。

（6）多功能性

一般的理化监测方法专一性较强，一种方法或一台仪器只能测定一种污染物。生物监测则具有多功能性，一种生物可以对多种污染物产生反应，而表现不同的受害症状。根据这一特点可以监测多种污染物质，如用金荞麦可以监测氟化氢、二氧化硫等。

生物监测除具有以上优点外，还具有经济、方便、操作简单等特点。

植物监测也有自己的不足之处：a. 它不能定性和定量地测定环境污染；b. 检测的灵敏性和专一性方面不如理化检测；c. 某些生物检测需时较长；d. 由于生物对环境污染有适应性，对污染物产生忍耐能力，从而降低了敏感性。另外，生物之间及生物与环境之间关系复杂，也降低了生物监测的专一性，使生物监测具有一定的局限性和片面性。因此，植物监测不能代替理化检测，只能是理化监测的辅助和补充。

6.1.2 植物监测的任务

概括地讲，植物监测的任务就是指示和监测环境变化。其任务可具体表现在以下几个方面。

(1) 揭示环境变化的过程和程度

由于人为排放的气体，导致全球性气候和生态系统的改变，包括水热失调、气候异常、海平面上升、荒漠化扩展、环境污染、生物多样性丧失、生态系统变迁与退化等。如何对全球变化的影响进行有效的预测呢？生物监测可助一臂之力。通过对北极泥炭藓碳同位素的测定，使人们了解到几百年前甚至几万年前大气 CO_2 浓度的变化。目前所进行的全球变化及其影响的研究，从方法和理论上都是生物对大气污染物质的反应及其应用。树木年轮和古生物化石的一些指标如元素含量、放射性同位素含量及其变化也能帮助人们对环境污染的过程和程度进行监测。所有这些工作都会对揭示区域及全球性环境变化过程和程度起重要作用，是传统仪器监测所不能实现的。

(2) 监测和评价环境污染

随着工农业生产的发展，“三废”排放及农药的施用所造成的局部地区（尤其是发展中国家）环境恶化的现象仍持续出现。利用生物监测可对环境污染做出迅速指示，以便及时采取措施。生物监测能够实现这一目的。大量研究表明：生物能够十分有效地监测大气、水体及土壤污染，并可根据若干生物指数（如大气洁净指数、生物含污指数等）评价环境质量。如根据生物个体数量和群落结构的变动资料，宏观及微观的受害症状，急性和慢性的毒理反应和生物体污染物含量的分析，可以综合地监测和评价环境污染。

(3) 反应污染物对生物的综合效应

当今世界，已知的各类物质达百万之多，这些自然或人造的环境物质极其复杂，加上环境因子多变性导致的污染物影响效应的复杂多变，即使最先进的理化手段对如此众多的物质监测也无能为力。而生物监测能够反应污染物对生物体、生态系统以及人体健康的综合影响，通过分析监测生物的受害症状、群落结构的变化及污染物含量，可以确定污染物对生物的危害部位及程度和阈值。

6.1.3 分子标志物在植物监测中的应用

生物体暴露在有毒环境中时，其生物体在分子、细胞、生理生化水平等发生变化的信号指标称为生物标志物。某些分子水平的生物标志物具有特异性、预警性和广泛性等优点，将越来越多地应用于环境监测中。

(1) 金属结合蛋白

环境污染可影响植物正常代谢，并改变植物体内的营养成分，如重金属污染会影响植物体内某些蛋白质的含量。研究表明，植物体内的金属硫蛋白（Metallothionein，MT）和螯合肽（PC）等一类金属结合蛋白可由重金属诱导产生，并反映环境中的重金属水平，因此可作为重金属暴露和早期预警的标志物，用于监测植物受重金属胁迫的风险及毒理学诊断指标。MT是一富含半胱氨酸及金属的低分子量蛋白质，其分子中含有大量巯基，与重属Ag、Cd、Cu、Hg及Zn等有很强的结合力，MT还可以清除植物体内的自由基，增强植物的抗氧化能力。还有一些重金属转运蛋白在转录水平上与重金属离子的积累之间有相关性，在植物受重金属污染中也可以起一定监测作用。

（2）抗氧化酶防御系统

抗氧化酶防御系统，也称为活性氧（ROS）清除系统，可保护生物免受自由基和活性氧的损伤。它包含了抗氧化酶（超氧化物歧化酶、过氧化氢酶、谷胱甘肽过氧化酶等），以及一些小分子的化合物（如谷胱甘肽、维生素C和E等）。受污染时，植物细胞内产生大量自由基引起膜组分过氧化，从而改变细胞膜的结构与功能，最终影响植物正常生命活动。

（3）腺苷三磷酸酶（ATPase）

腺苷三磷酸酶（ATPase）存在于植物细胞质膜和液泡膜中，负责细胞内外的离子交换，为细胞正常活动提供能量物质ATP。已有较多研究表明，生物体内多种ATPase对重金属离子的暴露非常敏感，可用于监测植物的重金属污染。朱毅勇等研究了铜离子胁迫下印度芥菜根系细胞膜上P型ATPase活性变化，这种专一性运输铜离子的细胞膜转运蛋白，通过水解ATP获得能量，从而将铜离子排除细胞，减轻其在细胞积累产生的毒性，但当外界铜离子浓度达到16μmol/L时，该酶活性会呈现降低趋势。

（4）DNA损伤

正常情况下，植物体内的遗传物质DNA稳定存在，但是在遭受环境污染，如电离辐射、紫外照射、化学试剂诱变等，有可能损害DNA的结构，导致突变。植物在污染胁迫下，可通过诱导体内的氧化反应影响DNA的结构，或损伤其修复系统，造成DNA损伤、染色体改变、DNA单双链断裂、染色单体交换及DNA蛋白交联等情况发生。DNA损伤的主要形式有碱基插入或缺失、错配、DNA甲基化损伤、DNA链内和链间交联等。有多种方式检测植物的DNA损伤，如微核实验、错配修复、DNA的甲基化水平等。

6.2 植物在大气污染监测中的作用

利用植物监测和评价大气污染状况，尤其是定性监测，一直是生物监测的主要内容之一。大气污染的生物监测是利用植物对存在于大气中的污染物的反应，监测有害气体的成分和含量，以确定大气的环境质量水平。目前，在德国、荷兰等欧洲国家，已建立了大气污染生物监测网络；我国起步虽较晚，但也已开展了许多工作，积累了大量资料。

在生物体系中，植物更易遭受大气污染的伤害，其原因为：植物能以庞大的叶面积与空气接触，进行活跃的气体交换；植物缺乏动物的循环系统来缓冲外界的影响；植物固定生长的特点使其无法避开污染物的伤害。正因为植物对大气污染的反应敏感性强，加上本身位置的固定，便于监测与管理，大气污染的生物监测主要是利用植物进行监测，根据敏感植物的受害症状即可判断污染物的种类及浓度。如根据地衣、苔藓的生存种类及受害症状，可以定量反映大气中SO_2的含量，当黄腹雪花地衣正常生长，并且有良好的繁殖器官时，说明空

气中 SO_2 浓度很低；当 SO_2 浓度在 0.087～0.154μg/g 时，即引起慢性受害；SO_2 浓度大于 0.154μg/g 时，可使其出现急性伤害症状。

对大气污染反应灵敏，用以指示和反映大气污染状况的植物，称为大气污染的指示植物。不同的污染物一般具有不同的敏感生物，如 SO_2 的敏感植物有紫花苜蓿、雪松、油松、棉花等；Cl_2 的敏感植物有柳树、葡萄、百日草等，HF 的敏感植物有唐菖蒲、海棠、美人蕉等。

大气污染物的种类很多，按其存在状态可概括为两大类：气溶胶状态污染物、气体状态污染物。气溶胶状态污染物指固体、液体粒子或它们在气体介质中的悬浮体。气体状态污染物简称气体污染物，是以分子状态存在的污染物，大部分为无机气体。常见的有五大类：以 SO_2 为主的含硫化合物、以 NO 和 NO_2 为主的含氮化合物、CO_x、烃类化合物以及卤素化合物等。

6.2.1 植物监测大气污染的有关方法与技术

国内外常用的植物监测空气污染的有关方法与技术概述如下。

6.2.1.1 利用低等植物监测空气污染

苔藓和地衣是分布广泛的低等植物，国内外学者多年来的研究表明，它们对空气污染的反应特别敏感。当 SO_2 年平均浓度在 0.015～0.105μg/g 时，地衣绝迹。鉴此，在荷兰（1968 年）举行的大气污染对动植物影响会议上推荐此两类植物为大气污染监测植物。目前使用的主要监测方法如下。

（1）生态调查法

就地调查附生在树干上的苔藓或地衣，根据种类和多度绘制大气污染分级图。首先确定监测地区的采样点，每点确定 5～10 株（最少不能低于 5 株）树木作为被调查的植株。一般在监测点上选老龄阔叶树作为标准树，各点树木种类应力求一致，或树皮性质基本相同，否则会因树皮性质不同而使附生苔藓的种类不同，使调查结果出现误差。调查时记录从树基到树高 2.5m 处附生苔藓的种类和各种的多度。多度可分三级：Ⅰ级，稀少，表示偶然出现，覆盖率很低；Ⅱ级，较丰富，表示经常出现，覆盖率低或有时很高；Ⅲ级，表示经常出现，覆盖率也很高。对各点调查结果，以树木的株为单位取平均值，最后以各监测点的种类和多度，确定各监测点的污染等级，并绘制污染分级图。

日本学者通过对东京及其周围地区附生苔藓植物的分布调查发现，21 种苔藓植物分成深入市中心的种、扩展到郊区的种、在多尘地区特别丰富的种和仅在农村才见分布的种四个生态类型组，然后根据苔藓植物分布状况，将本地区分成五个带，各带的大气污染程度各有所不同。如果将这些结果绘制到地图上，就可得到本地区大气污染图。英国曾在 100 多个工业和都市中心进行地衣生态调查，绘出地衣分布图，评价空气环境质量。

应用此法需要有一定的苔藓或地衣的分类知识。

（2）清洁度指数法（IAP）

此法在生态调查法的基础上有所发展。一般在监测点上调查苔藓或地衣的种类、多度、盖度和频度，再进行分类和统计，最后计算各监测点大气清洁度指数（IAP）。大气清洁度指数（IAP）计算公式为：

$$\mathrm{IAP}=\sum_{i=1}^{n} Qf/10$$

式中　IAP——大气清洁度；

n——监测区苔藓植物种类数；

Q——苔藓植物的生态指数，即各测试点共同存在苔藓植物种数的平均值；

f——种的优势度，即目测盖度及频度的综合，通常采用1～5级值。

IAP指数越大，说明监测区大气清洁度指数值高，表示污染程度轻；指数值低，表示污染严重。该法的特点是监测结果能定量化。

我国学者高谦等（1992）曾对我国西南部分酸雨重污染区的树附生苔藓的种类、分布、盖度和频度进行了野外调查，在此基础上计算了各样点的大气污染指数（IAP），据此，可将样区划分为：a. 严重污染区，树附生苔藓0～2种，IAP 10以下，降水pH 3～3.5；b. 污染区，树附生苔藓4～13种，IAP值10～30，降水pH 4～5；c. 基本纯净区，树附生苔藓19种以上，IAP 40～90，降水pH 5.5～6.5。由此可见，IAP值与大气SO_2和酸雨的污染分布相一致，说明苔藓植物是简便实用而有效的大气污染生物指示之一。

（3）污染影响指数法（IA）

在生态调查的基础上，将调查结果进行定量化，就可得到污染影响指数，其公式如下：

$$IA=W_o/W_m$$

式中　IA——污染影响指数；

W_o——清洁（未受污染）区苔藓植物的生长量；

W_m——污染区监测附生苔藓植物的生长量。

污染影响指数（IA）越大，表示大气污染程度越重。由于苔藓植物个体小，生长缓慢，其生物量（生长量）也小，采集和定量较容易，因而这一方法具有较强的实用性。

（4）移植法

选择生长在树干上对空气污染比较敏感的苔藓或地衣种类，把它们连同树皮一起切下，移植到需要监测地区的同种植物的树干上，使其生态条件尽量与原来一致，或者把地衣连同树皮切下后用胶或蜡固定在木质的盘里，移到需要监测的地区。然后定期观察苔藓或地衣的受害程度和死亡率，根据地衣的受害情况，估测大气的污染程度。监测时可观察苔藓或地衣色泽的变化，分析叶绿素含量，观察细胞的质壁分离以及测定苔藓或地衣体内污染物质的含量等，以这些变化为依据，对大气污染做出评价。

（5）栽培法

地衣类植物不易栽培，而苔藓类植物却容易盆栽。将敏感的苔藓种类移植于盛有培养材料的容器内栽培，待生长正常后，放到监测点上，定期观察与记录苔藓的生长与受害情况，或分析苔藓原植体的吸污量。曾用此法在有SO_2污染的南京某工厂进行实地监测，表明它具有直观性强、症状明显、灵敏度高等优点，而且不受土壤和水污染的影响，特别适合于工厂污染源监测。

（6）苔（藓）袋法

加拿大安大略省的科研人员把敏感的苔藓装在特制的袋子里，将藓袋放到都市监测点上，一个月后取回分析苔藓吸附的污染物成分和含量，绘制都市空气污染图，取得了良好的效果。该法的原理是苔藓有巨大的表面积，能够吸附空气中的硫化物、氯化物及重金属等。

该方法起源于20世纪70年代的英国，当时用于气传重金属的监测。至20世纪80年代，苔袋法为世界各国所采用。Goodman等以灰藓（*Hypnum cupressiforme*）为苔（藓）

袋材料，测定了威尔士西南某工业区重金属镉、镍、铅、锌的含量。Little 以及 Cameron 等测定了不列颠某铅锌冶炼厂周围重金属元素镉、铅、锌的浓度。Hynninen 以白齿藓为材料，监测了芬兰南部 Harjavalta 地区的气传重金属，测定了镉、铜、镍、铅、锌 5 种重金属元素，揭示了污染物的空间分布规律。苔（藓）袋之所以用作大气污染监测，不仅因为苔藓的多毛分枝结构，而且因为它们有良好的离子交换特性。

当污染区无苔藓分布时，特别是在人口密集的大城市或厂区，苔（藓）袋法不失为一种有效的监测手段。

杜庆民等（1989）曾用苔袋监测大气颗粒物及其他污染物，结果表明，由于苔藓植物的特殊结构决定苔袋可以吸附、持留大量的颗粒物及其他污染物，可反映污染物沉积的相对速率、污染程度及范围。

(7) 苔藓监测器

设计制作苔藓监测器。选择较为敏感的苔藓种类，分别移于净化室和污染室，经一定时间后进行观测，求出受害率（HR）：

$$HR=1-S_1/S_0\times100\%$$

式中　S_0——净化室内苔藓绿色部分的面积；

S_1——污染室内苔藓绿色部分的面积。

据受害率的大小，对大气污染进行评价。若大气污染程度轻，苔藓不出现受害症状，则可以两室苔藓植物的生长量之差为依据，对大气污染进行评价，因为污染室苔藓的生长量会明显降低。

日本学者设计了一种利用地衣、苔藓监测大气污染的装置——自测器。这种装置用乙烯塑料板制成两个 $50cm^3$ 的小室，放入地衣或苔藓，一个小室通入的空气经活性炭过滤，另一个小室则不过滤。监测时，将仪器放在监测点上，经过一段时间，观察对比两个小室内地衣或苔藓的生长情况，或分析原植体含污量。

6.2.1.2　利用高等植物监测空气污染

虽然高等植物对空气污染的敏感性不及低等植物，但由于其种类繁多，分布广泛，可以就地取材，一株活的植物就是一个自动生物监测器。利用高等植物监测空气污染的方法分为两类。

① 现场调查法　在污染地区调查敏感植物的生长特别是叶片受害情况，为了便于比较，对某些抗性强或较强的植物也进行观察与记载。此法适合对工厂急性污染事故及污染严重的工业区的空气污染状况调查。

② 主动监测法　将敏感植物直接栽植于监测点上，或栽植于容器内，在清洁区培育，待植株生长正常后，移于监测现场进行监测。

利用高等植物监测空气污染的具体方法如下。

(1) 种类多样性指数法

大气污染会影响植物种类的分布及群落结构的变化，使得某些敏感种类减少，另一些种类的个体数增加。种类多样性指数可以比较各个群落的结构特征，反映植物群落生境差异，从而评价大气环境质量。

(2) 可见伤害症状的应用

植物受大气污染物影响后，随植物对污染物的抗性不同，发生不同的反应。在污染物浓度较低时，一些敏感的植物会出现可见伤害症状。例如唐菖蒲的白雪公主品种，在氟化物浓度 0.1×10^{-9} 以上时就会出现可见危害，一些抗性中等的植物可以在污染物浓度稍高的情况下，出现中毒症状。一个污染区域，如只有敏感植物出现可见症状，说明污染是轻微的。当中等敏感植物受害时，表明污染是中度的。在严重污染时，敏感植物绝迹，中等抗性植物可出现明显症状，甚至较强抗性的植物也可出现部分症状。因此，不同植物出现的可见症状可以作为污染状况的指示标志。

宽大的叶片一般用受害叶面积占总叶面积的百分比，针叶或披针形的叶片用受害长度来表示。受害叶面积越大或叶片受害部分越长，空气污染越重。也可用受害指数来表达。

(3) 生活力指标法

利用植物在污染和清洁环境下生长量，如高度、长度、干物质、叶面积等的差异来说明污染程度。通常在监测区，先确定调查点及调查树种，然后确定植物生活力指标调查项目并分级定出评价标准，再根据调查项目逐项评价。实地调查时，先选定样树，对每株样树进行评定，将各项目的评价值相加除以调查项目，就可得到影响指数。指数越大，空气污染越重。日本曾用这种方法评价东京、京都等一些城市的空气污染。

(4) 含污量分析法

利用植物叶片（应用的最多）、茎干、枝条、树皮、根、种子等所含污染物的变化来监测空气污染。这是我国目前应用最广泛的一种监测方法，目前国内含污量的分析项目主要有硫、氟、氮化物、铜、铅、汞、铬、镉、锌等。

应用此法时，一般采用以下监测指标：a. 含污量值，即直接用植物组织（如叶片）中某种污染物的含量值或将含量值划分成若干等级来评价空气污染；b. 污染指数，将监测点植物组织含污量与清洁点同种植物组织的含污量进行比较，计算出污染指数，再根据污染指数的分级标准来评价空气环境质量。第二种方法应用较多。

我国学者刘荣坤等利用某些树木枝条的树皮含硫量监测沈阳某地区的大气 SO_2 污染，取得了较好的结果。这种方法对我国北方冬季开展生物监测有一定的实践意义。

(5) 树木年轮法

树木的年轮能反映当年的气候、环境特征，利用年轮可对过去若干年的环境污染进行回顾性的研究。美国曾对一个散发 SO_2 和 NO_2 的军工厂附近的美洲五针松等树种进行年轮分析，发现这些树木的年轮宽窄与该厂年生产量和排污量有密切的关系。根据年轮宽窄或含污量变化可以推算过去若干年大气污染情况。

(6) 相关分析法

利用植物叶片（或其他组织）含污量与空气中污染物浓度建立相关方程，然后监测空气污染状况。其特点是能测算出各监测点污染物的实际浓度，它比叶片含污量法有所发展，目前国内已广泛应用，但树种选择要适当。

(7) 微核法

这是一种建立在细胞水平上的遗传毒性的监测方法，1980 年美国学者马德修将此法介绍到我国，利用紫露草、蚕豆根尖、大蒜根尖、蚕豆叶尖及大蒜鳞茎细胞做微核监测试验，取得了成功。微核技术监测水体重金属及有机物污染方面也取得了一定的经验，证明这些方法在大气及水环境监测中具有广阔应用前景。

(8) 遥感法

利用卫星或航空遥感照片上的植物影像特征来监测大气污染。绿色植物对红外线非常敏感，对它的反射率比可见光大几倍。生长正常的植物叶片，对红外波段反射强，在彩色红外相片上颜色鲜艳，色调明亮；受到污染的叶片，由于叶绿素受到破坏，红外线反射率下降，影像色调发暗。因此，根据遥感照片上的植被色调及形态特征就能判断生态污染的大体情况。

中国科学院遥感应用研究所和中国环境科学院生态所共同合作，从1981年起较系统开展了环境污染与植物光谱反射特性关系的研究，研究的对象有针叶树、阔叶树和棉花、玉米、水稻、高粱、谷子、大豆等作物。污染物有 SO_2、金属铜、镉等。结果表明，植物无论是受 SO_2 污染，还是受铜、镉毒害，其光谱反射特性均发生了规律性的变化。在可见光区反射率普遍增加，在近红外区反射率不同程度地降低，且污染越严重，变化越明显。污染物浓度、植物损伤程度与光谱反射特性的变化三者之间存在一定的相关性，从而证实通过野外观测植物光谱反射特性的变化来监测环境污染是可行的。

今后这种监测方法将在宏观监测方面将发挥重要作用。

(9) 生理生化法

研究表明，空气污染对植物的生理代谢活动造成一系列的影响。植物的叶绿素含量、花粉生活力、细胞膜透性、酶的活性、光合作用、呼吸作用、蒸腾作用、叶片吸收光谱、花青素含量、叶片应激乙烯和乙烷的产生等生理生化活动，在受到大气污染影响后都会发生变化。但由于能引起这些变化的因素较多，原因复杂，因此单独应用这些指标来监测污染尚有困难。

6.2.2 大气污染植物主动监测

早期，大气污染植物监测多采用被动监测，即对当地的植物进行调查和分析。由于植物所处环境各异，水分和营养状况差别较大，加之植物自身的生长状况和年龄不一造成了一些误差，影响了对大气污染状况的正确评价。主动监测是在清洁地区对监测植物进行标准化培育后，再放置在各监测点上，克服了被动监测中的问题且易于规范化，因而可比性强，监测结果可靠。

6.2.2.1 监测植物的选择

不同的植物对大气污染的反应不一样，有的比较敏感，有的抗性较强，且同种植物对不同的大气污染物的敏感程度也不一样；即使是同样的大气污染物，植物在不同季节、不同生长发育时期的反应差异很大。因此，正确地选择监测植物是大气污染生物主动监测的关键环节之一。

虽然监测植物对不同的大气污染均可产生或强或弱的反应，但由于大气污染物种类多、性质差异大，监测植物对不同的大气污染物反应的灵敏程度和表现形式不尽相同。因此，针对不同的大气污染物应选择不同的监测植物。在西欧，已经进行了几十年生物主动监测的研究，针对不同的大气污染物筛选出了相应的监测植物。在我国，这些植物也有分布或已引种，可以结合各地具体情况，选择适当的植物进行监测。表6-1给出了一些大气污染物的主动监测植物。

表 6-1 一些大气污染物的主动监测植物

污染物种类	植物种类及品种
SO_2	紫花苜蓿(*Medicago sativa* L.),大车前(*Plantago major* L.),豌豆(*Pisum sativum* L.),绛三叶草(*Trifolium incarnatum* L.),荞麦(*Fagopyrum esculentum* Moench)
NO_2	旱芹(*Apium graveolens* L.),烟草属一种(*Nicotianu glutionsa* L.),矮牵牛(*Pefunia hybrida* Vilm.)
HF	唐菖蒲(*Gladiolus gandavensis* L.),品种"白雪公主",郁金香(*Tulipa gesneriana* L.),品种"绿鹦鹉"
O_3	烟草(*Nicotianu tabacum* L.),品种 Bei Wa,大豆(*Glycine max* Merr.)
PAN	早熟禾(*Poa annua* L.),荨麻(*Urtica urens* L.)

6.2.2.2 监测方式及时间

(1) 监测方法

根据植物累积大气污染物质和反应症状，可将监测植物分为2种类型。

① 积累植物 这类植物大多是对大气污染不太敏感，它们能将污染物积累在体内，至少在一段时间内不致造成严重伤害，可通过分析其体内某些污染物的含量来判断大气污染的程度。如通过测定多花黑麦草的叶片内重金属含量，即可判断大气重金属污染状况。

② 敏感植物 在很低浓度的污染物质存在时，这类物质可在各方面得到反映。如唐菖蒲的"白雪品种"，接触0.85μg/m³氟化氢，一定时间后，可出现明显伤斑。因此，在实际监测工作中，可根据工作条件选择敏感性植物或积累植物。

在利用敏感植物进行大气污染生物主动监测时，敏感性植物在不同层次上均会发生相应的反应，而在不同层次上又有不同的监测方法。一般来讲，接触大气污染物后，植物首先在较低水平上发生反应；超过一定程度，表现出可见伤害症状。如在利用蚕豆监测大气 SO_2 污染时，在21d暴露时间内，各样点上蚕豆植株均未表现出明显的可见伤害，而过氧化物歧化酶活性、过氧化物酶活性、抗坏血酸含量、游离氨基配含量以及叶绿素含量均有不同程度变化。表6-2为敏感植物不同层次反应的监测方法。

表 6-2 敏感植物不同层次反应的监测方法

反应层次	监测手段
个体水平	生态生理学、症状学方法
器官、组织水平	生物化学、生理学方法及显微镜技术
细胞水平	细胞生理学方法及显微镜技术
亚细胞水平	生物化学、生物物理学方法及电镜技术

(2) 监测时间

在不同季节，植物生长存在差异，对大气污染敏感程度或累积程度不一致，且用作主动监测的植物多为一年生的。因此，进行大气污染生物主动监测时，在不同季节，需根据选择的监测植物，确定相应的监测时间，建立对应的评价标准。

(3) 监测植物的标准化

监测植物的标准化是生物主动监测的关键环节，直接关系到监测结果的可信程度，也是主动监测中最难控制的环节。因此，对监测植物必须建立一套从选择、种植到处理的规范操作程序。

① 监测植物的种植

用作监测的植物，其品种必须一致。同一批监测植物应来源于同一批种子。栽培用的土壤应一致，土壤中待监测污染物含量应在正常范围之内。统一施肥，做好监测植物的养护管理，用作监测的植株应无病虫害。装载容器（花盆）内监测植物的数量应一致。

② 放样前处理

为了使监测植物在放样前的状况基本一致，应对监测用的植株进行统一处理。如在利用多花黑麦草进行大气硫化物和重金属监测时，根据其生长习性，在放样前，统一沿离基部4cm处剪齐，新长出的叶片内污染物的差异基本上是各样点大气硫化物和重金属污染差异造成的。利用蚕豆叶片超氧物歧化酶（SOD）活性监测大气污染时，放样前，对用来监测的蚕豆叶片内SOD活性进行测定，对结果进行显著性检验，以保证监测用的蚕豆植株叶片中SOD活性没有显著差异。

6.2.3 大气中几种主要污染物的植物监测

6.2.3.1 植物在污染环境中的受害症状

(1) 二氧化硫（SO_2）污染的危害症状

SO_2除了自身的毒性外，还是形成酸雨的主要成分之一。植物受SO_2伤害后，开始的表现症状是植物叶片细胞逐渐失去膨压，光泽减褪，叶面上出现暗绿色的水渍状斑点，以及少许水分渗出后形成的皱折。这些症状可以单独出现，也可同时出现。随着时间的推移，症状将发展为较明显的失绿斑，继而失水干枯，直至出现显著的坏死斑。双子叶植物中典型的急性中毒症状是叶脉间具有不规则的坏死斑，伤害严重时，点斑发展成条状块斑，坏死组织和健康组织之间有一失绿过渡带；单子叶植物在平行脉之间出现斑点状或条状的坏死区；禾本科植物叶片中脉两侧出现不规则坏死，呈淡棕色到白色，尖端易受影响，通常不表现缺绿症状；针叶植物受二氧化硫伤害后，从针叶尖端开始向基部逐渐蔓延，相邻组织缺绿，有时在针叶中部出现坏死的环带，呈红棕色。

(2) 氟化物污染的危害症状

大气中的氟化物以气态氟化物（氟化氢）、颗粒状和以气态形式吸附在其他颗粒物上等三种形态存在，其中以气态氟化氢毒性最大。受气态氟化物污染后的植物，常在叶缘或叶尖出现有色边缘的坏死区。这种坏死区的组织可能与叶片的健康部分发生分离，甚至脱落，但整片叶子通常并不脱落。在针叶树中，氟化氢导致组织的坏死，是从当年生针叶尖端开始，然后逐渐向针叶基部延伸。被伤害的部分逐渐由绿色变为黄色，最后变为赤褐色。严重枯焦的针叶则发生脱落。

(3) 氮氧化物（NO_x）污染的危害症状

NO_x 对植物构成危害的浓度要大于SO_2等污染物。它往往与O_3或SO_2混合在一起显示危害症状，首先在叶片上出现密集的深绿色水浸蚀斑痕，随后这种斑痕逐渐变成淡黄色或青铜色。损伤部位主要出现在较大的叶脉之间，但也会沿叶缘发展。

(4) 臭氧（O_3）污染的危害症状

当植物与其周围环境进行正常的气体交换时，O_3经气孔进入植物叶片，诱发一系列的污染伤害。其急性典型症状为：叶片上均匀地散布着形状、大小较规则的细密点状斑，呈棕色或黄褐色。通常把这种症状称为“点斑”，这些斑点还会连成一片，变成大块的块斑，导致叶片褪绿或脱落。针叶树对臭氧的反应有所不同，先是针叶的尖部变红，然后变为褐色，进而褪为灰色，针叶上会出现一些孤立的黄斑或斑迹。

(5) 过氧酰基硝酸酯类污染的危害症状

过氧酰基硝酸酯类包括过氧硝酸乙酰酯、过氧硝酸丁基酯、过氧硝酸异丁基酯等，其中含量最高、毒性最强的为过氧硝酸乙酰酯，它是一种次生污染物，是烃在阳光照射下发生复杂反应的产物。过氧硝酸乙酰酯诱发的早期症状为叶片背面出现水渍状或亮斑。随着危害的加剧，气孔附近的海绵组织细胞崩溃并被气窝取代，结果使受害叶片的叶背面呈银灰色，2～3d后变为褐色。

6.2.3.2 大气污染监测植物的选择

(1) 二氧化硫污染指示植物

主要有紫花苜蓿、棉花、元麦、大麦、小麦、大豆、芝麻、荞麦、辣椒、菠菜、胡萝卜、烟草、百日菊、麦秆菊、玫瑰、苹果、雪松、马尾松、白杨、白桦、杜仲、腊梅等。

在二氧化硫污染严重地区，可利用上述植物对大气质量进行跟踪、及时控制和防止污染源的扩散。

(2) 氟化物污染指示植物

主要有唐菖蒲、金荞麦、黄杉、小苍兰、葡萄、玉簪、杏梅、榆树叶、郁金香、山桃树、金丝桃、慈竹等。

(3) 二氧化氮（NO_2）污染指示植物

主要有烟草、番茄、秋海棠、向日葵、菠菜等。

(4) 臭氧的指示植物

主要有烟草、矮牵牛、马唐、花生、马铃薯、洋葱、萝卜、丁香、牡丹、美国白蜡、菜豆、黄瓜、葡萄等。

(5) 过氧硝酸乙酯酯（PAN）污染指示植物

长叶莴苣、瑞士甜菜、繁缕、早熟禾、矮牵牛花等草本植物的叶片，对过氧硝酸乙酯酯较为敏感，故可用作对大气中PAN含量的监测。

(6) 氯气（Cl_2）指示植物

白菜、菠菜、韭菜、葱、菜豆、向日葵、木棉、落叶松等。

(7) 氨（NH_3）污染指示植物

紫藤、小叶女贞、杨树、悬铃木、杜仲、枫树、刺槐、棉株、芥菜等。

6.2.3.3 影响植物受害程度的因素

在以植物作为探测器监测污染物时，应注意以下影响其受害程度的因素：a. 在污染源下风向的植物受害程度比上风向的植物重，并且受害植株往往呈带状或扇形分布；b. 植物受害程度随离污染源距离增大而减轻，即使在同一植株上，面向污染源一侧的枝叶比背向污染源一侧明显。无建筑物等屏障阻挡处的植物比有屏障阻挡处的植物受害程度重；c. 对大多数植物来说，成熟叶片及老龄叶片较新长出的嫩叶容易受害；d. 植物受到两种或两种以上有害物质同时作用时，受危害程度可能具有相加、相减或相乘等协同作用。

不同地区选择污染指示植物时，还要注意选取适于当地生长和生长周期较短，以及具有一定观赏价值的植物。

6.3 植物在水体污染监测中的作用

一切污染物的最终归宿是进入水体。我国目前每天排放的污水超过1亿吨，其中80%以上未经处理就直接排入江河。水体中的污染物十分复杂，特别是工业废水中所含毒物种类多，数量大。水体中主要的污染物有：洗涤剂、染料、酚类物质、油类物质、重金属、放射性物质以及一些富营养化物质如氮、磷等。现有的水质污染综合指标如 BOD、COD、TOD、DO 等化学监测只能检测出某一指标，并不能反映出多种毒物的综合影响，而利用生物监测能够避免这一弊端，因此水体污染的生物监测就尤为重要。

水环境中存在着大量的水生生物群落，在一定条件下，水生生物群落和水环境之间互相联系、互相制约，保持着自然的、暂时的相对平衡关系；当水体受到污染而使水环境条件改变时，各种不同的水生生物由于对环境的要求和适应能力不同而产生不同的反应。水污染生物监测就是利用水生生物来了解和判断水体污染的类型和程度，利用水生生物的反应来表征水环境质量的变化。水体污染的植物监测主要利用水生藻类及各种类型（浮水、沉水、挺水）水生植被来进行。

6.3.1 水体污染植物监测的方法

6.3.1.1 利用“指示藻类”来监测水体污染

所谓指示藻类是指能反映环境某些信息的藻类，通过这些藻类种的存在或消亡作为监测指标。用藻类作为水体污染指标，很早就受到人们的注意。有关“指示藻类”应用的是 Kolkwitz 和 Marrson，他们于 1908 年提出河流有机污染的污水生物系统，并在不同的污染带举出了不同的“指示物”，其中大量是指示藻类的种类。20 世纪 40 年代末，生物学工作者已发现在自然的未受污染的河流中，藻类植物的种为大量的，主要种类是硅藻，少数为绿藻和蓝藻；河流污染后，种的数目减少，其中一些变得非常罕见。同时藻类群落的种类组成也从以硅藻占优势改变成以各种丝状绿藻占优势，在少数情况下，以单细胞绿藻、蓝藻占优势。硅藻种类组成也发生改变——从忍耐力较狭窄的种变成忍耐力宽广的种。其改变的类型取决于各种污染物的影响。

Palmer 根据 165 名作者的 295 篇报告，分析了能忍受有机污染的藻类，并对所提及的 240 属 850 种和变种、变型藻类进行了评分分析，评分最高的、可作为污染标志的 7 个属是：裸藻属、颤藻属、衣藻属、栅藻属、小球藻属、菱形藻属和舟形藻属。现已明确，对酸性环境有很高耐受幅的标志种有：异变裸藻、卵形鳞孔藻，能在 $pH<1.3$ 的情况下生活；喜酸衣藻可在 $pH<2$ 的水体中很好地生活；卵形鳞孔藻、间断羽纹藻双头变形、库津新月藻，能在 pH3～5 的水体中生存。已知耐重金属污染的种类有：锐新月藻、梭形裸藻（耐铬）；肘状针杆藻（耐锌）；微绿舟形藻（耐铜）；间断羽纹藻双头变形（耐铜、锌）。

值得注意的是，同一属的种类，其耐污程度（或其指示作用）可能很不相同。例如裸藻属的绿裸藻（*E. viridis*）是最耐污的，可是易变裸藻（*E. mutabilis*）就不太耐有机物。

污染物的种类和性质差别很大，水生藻类对它们的反应也随着污染物的种类而各有不同。所以指示藻类的应用是极为复杂的。在运用某一类作为“指示藻类”时，除必须了解这一种类与某种污染物的关系及其忍受范围外，还要注意藻类对于某种污染物的忍受常因条件的影响而变化，所以并不能截然划定。往往同一种类有的人确定为寡污带藻类，而他人也可能把它确定为中污带或多污带的“指示种”。由于污水生物系统比较烦琐，再加上研究者对指示种认识的差异，以及鉴定各种名必须具有相当专门知识和经验，故不易推广，并未被英美等国学者普遍接受。尽管如此，各国仍有许多学者在污染状况研究中使用该系统，并不断进行修改与补充。例如我国科学工作者在图们江、珠江、沈阳浑河等地污染状况研究中便使了该系统，并且取得了较好的监测效果。

6.3.1.2 利用水藻群落特征监测水体污染

水生藻类群落结构是与水环境相适应，是随水环境的变化而改变的。在有机污染严重、溶解氧很低的水体中，水生生物群落的优势种是由抗低溶解氧的种类组成；在未受污染的水体中，水中藻类群落的优势种则必然是一些清水种类。

Kolkwitz与Marsson提出了污水生物系统用以评价水环境质量，其中水藻群落组成是重要评价参数之一。该系统的实验观察依据是，当绿藻和蓝藻数量多，甲藻、黄藻和金藻数量少时，往往是发生水体污染，而绿藻和蓝藻数量下降，甲藻、黄藻和金藻数量增加时，水质好转。据此可划分污染等级：蓝藻类在70%以上，耐污种大量出现为多污带；蓝藻类在60%左右，为α-中污带；硅藻及绿藻为优势种，各占30%左右为β-中污带；硅藻类为优势种，占60%以上为寡污带。

Fjerdrngstan总结了25年的研究结果，指出以污水生物系统为基础监测污染是不十分妥当的，原因如下：a. 生长最适条件比能生存条件的限度要狭窄的多；b. 污水生态系统中同一带区内将所有污水种类都运用上，实际上这些种在水域中能指示广泛的不同条件；c. 该系统所划分的污染带中，多污染带与中污染带之间的中间类型应予以否定，因为这样划分使整个系统混乱。据此，Fjerdingstad（1964）提出一个用群落中的优势种来划分污染带，他把水体划分为9个污染带。他认为只有在高度有利条件下，占优势的群落才能形成，因此以占优势的生物群落为指标评价水质状况更为确切。

（1）粪生带

尚未稀释的尿、尿、生活污水，BOD很高，总氮也很高，氨与硝酸盐量很少或无。无藻类优势群落，优势群落有下列之一：a. 细菌群落，主要有多皱螺菌（*Spirillum rugula*）、波形螺菌（*S. undala*）；b. 波多虫群落；c. 细菌和波多虫群落，上述两群落同时存在。

（2）甲型多污带

水中有H_2S，溶解氧极少或无，有机物正进行大量分解。因污染程度逐渐减轻而出现的生物群落如下：a. 裸藻群落，优势种为绿裸藻（*Euglena viridis*），亚优势种为华丽裸藻（*E. phacoides*）；b. 红色-硫黄细菌群落；c. 绿杆菌群落。

（3）乙型多污带

溶解氧低，H_2S存在。下列3个群落按污染程度减轻而依次排列。

① 贝氏硫细菌群落 优势种为白色贝氏硫细菌（*Beggia toaalba*）、最小贝氏硫细菌（*B. minina*）。

② 雪白发硫菌群落 主要由雪白发硫菌（*Thiothrix nivea*）和纤细发硫菌（*T. tenuis*）组成。

③ 裸藻群落 优势种为绿裸藻和静裸藻。

（4）丙型多污带

H_2S少量存在，溶解氧饱和度低，NH_4^+含量也很低。

① 绿颤藻群落 绿颤藻（*Oscillatoria chlorino*）等。

② 浮游球衣菌群落 优势种为浮游球衣菌（*Sphaerotilus natans*），如在酸性强的排出污水中则为节霉（*Leptomitus lacefeas*）所代替。

（5）甲型中污带

氨基酸多，无H_2S，溶解氧常在50%饱和度以下，通常BOD>10mg/L。本带内有以下群落之一。

① 环丝藻群落　优势种有环丝藻（*Ulothrix zonata*）。

② 底栖颤藻群落　包括镰头颤藻（*Oscillatoria brevis*）、泥生颤藻（*O. limosa*）、灿烂颤藻（*O. splendida*）、细致颤藻（*O. subtillissins*）、巨颤藻（*O. princeps*）、弱细颤藻（*O. tenuis*）。

③ 小毛枝藻群落　小毛枝藻（*Stigeoclonium tenue*）等。

(6) 乙型中污带

溶解氧饱和度在50%以上，BOD<10mg/L，$NO_3^- > NO_2^- > NH_4^+$，本带有下列群落之一。

① 脆弱刚毛藻群落　脆弱刚毛藻（*Cladophora fracta*）等。

② 席藻群落　包括蜂巢席藻（*Phormidium favosum*）、韧氏席藻（*P. retzii*）。

(7) 丙型中污带

有机物完全分解，溶解氧很高，BOD在3～6mg/L，有下列群落之一。

① 红藻群落　优势种为串珠藻（*Batrachospermum moniliforme*）或河生鱼子菜（*Lemanea fluviatilis*）。

② 绿藻群落　优势种为团刚毛藻（*Ladophora glomerata*）或环丝藻（*Ulothrix zonata*）。

(8) 寡污带

有机物矿化已完成，BOD<3mg/L，具有下列群落之一。

① 绿藻群落　优势种为簇生竹枝藻（*Dreaparnaldia glomerata*）。

② 纯的环状扇形藻群落　环状扇形藻（*Meridion circulare*）等。

③ 红藻群落　包括环绕鱼子菜（*Lemance annulata*）、漫游串珠藻（*Batrachospermum-vagum*）、胭脂藻（*Hildenbrandia rivularis*）。

④ 无柄无隔藻群落　无柄无隔藻（*Vauchecria sissilis*）等。

⑤ 洪水席藻群落　洪水席藻（*Phormidium inundatum*）等。

(9) 清水带

未污染前的水。

① 绿藻群落　优势种为羽枝竹枝藻（*Draparnaldia plumose*）。

② 红藻群落　包括胭脂藻等。

③ 蓝藻群落　包括波兰管胞藻（*Chamaesiphon polonicus*）和眉藻属的多种种类。

用藻类群落来代替指示藻类种，显然是污水生物系统的一个发展。

6.3.1.3　生物指数法

污水生物系统法只是根据指示生物对水质进行定性描述，以后许多学者逐渐引进了定量的概念。他们以群落中优势种为重点，对群落结构进行研究，并根据水生生物种类的数量设计出许多公式，即用生物指数来评价水质状况。常用的生物指数主要有以下几种。

(1) 硅藻生物指数

渡道仁治（1961年）根据硅藻对水体污染耐性的不同，提出了硅藻生物指数：

$$I=(2A+B-2C/A+B-C)\times 100$$

式中　I——硅藻生物指数；

A——不耐污染的种类数；

B——耐有机污染的种类数；

C——在污染区独有的种类数。

指数值越高，表示污染越轻；指数值低，表示污染重。

（2）藻类种类商

Thunmark（1945）将绿藻类/鼓藻类的种类数商作为划分水体营养类型的标准。Nygard（1946 年）也提出用各门藻类的种类数计算各种商。其公式分别为：

蓝藻商＝蓝藻种数/鼓藻种数

绿藻商＝绿藻种数/鼓藻种数

硅藻商＝中心硅藻目种数/羽纹硅藻目种数

裸藻商＝裸藻种数/（裸藻＋绿藻种数）

复合藻商＝（蓝藻＋绿藻＋中心硅藻＋裸藻种数）/鼓藻种数

按公式计算结果，绿藻商 0～1 为贫营养型，1～5 为富营养型，5～15 为重富营养型。复合藻商小于 1 为贫营养型，1～2.5 为弱富营养型，3～5 为中度富营养型，5～20 为重度富营养型，20～43 为严重富营养型。

6.3.1.4　种类多样性指数法

种类多样性指数是反映生物群落组成特征的参数，它是由群落中生物的种类数和各个种的数量分布组成的。种类多样性指数越高，表明群落中生物的种类越多，群落结构越复杂，自动调节的能力越强，群落的稳定性越大。当环境受到污染等外界的不良影响时，敏感种迅速消失，抗性强的种类大量繁殖，种类多样性指数明显下降。人们根据这一现象，把种类多样性指数用来作为对环境质量进行生物学评价的一种手段。常用的多样性指数很多，主要有以下几种。

（1）Shannon-Wiener（1963 年）多样性指数

其公式为：

$$D=-\sum_{I=1}^{s}(n_i/N)\log_2(n_i/N)$$

式中　D——多样性指数；

N——样品中藻类总个体数；

s——样品中藻类种数；

n_i——样品中 i 种的个体数。

该方程式具有反映种类和个数两个变量的特点，种类越多，D 值越大，水质越好；反之，种类越少，D 值越小；若所有个体同属一种，D 值最小，水体污染严重，水质恶化。香农指数与水质的关系为：0 无生物的严重污染，0～1.0 重污染，1.0～2.0 中度污染；2.0～3.0 轻度污染，＞3.0 清洁水体。

（2）Margalef 指数

这一指数是由 Margalef（1958 年）提出的，其数学表达式为：

$$(\mathrm{M.I.})=(S-1)/\log_E N$$

式中　(M.I.)——Margalef 指数；

S——样品中种类数；

N——样品中个体总数。

这一计算简便，但由于只考虑了种类数和个体总数两个参数，未考虑个体在各种类间的分配情况，易掩盖不同群落的种类和个体的差异，并易受样品大小的影响。根据这一公式，指数值高，表示污染重；指数值低，表示污染轻。

(3) 连续比较指数

连续比较指数是 Carins 于 1968 年提出的，其数学表达式为：

$$S.C.I.=R/N$$

式中 S.C.I——连续比较指数；

R——组数；

N——被比较的生物总个体数。

所谓“组”并非生物学上的种或属，而是镜检时，从左至右或从上到下将相邻个体加以比较，只要相邻两个体形态相同者（非分类学上的同种、同属……）均为一组。例如，外观上为圆形与圆形具一根鞭毛及圆形具双鞭毛或椭圆形等均可组成“组”。在循序比较时，如连续 3 个个体按规定标准要求均相同，即可列为一组；连续出现的第 4、5 个个体与前 3 个个体不同，彼此却相同，则可列为第 2 组；若第 6 个个体又与第一组个体相同，则又可列为第 3 组。如此一直比较 200 个个体，即可按上式进行计算，求出 S.C.I. 值。一般认为指数值越小，污染越重。

种类多样性指数的运用，比指示生物法和生物指数法又前进了一步，在许多情况下能更好地反映水体污染的状况。但是，多样性指数只是定量地反映了群落结构，未能反映出个体生态学的信息及各类生物的生理特性，当水中营养盐类或其他理化性质发生变化时，群落结构会发生改变，会对多样性指数评价的效果产生干扰。因此，对水体进行植物监测时，最好能选择几种监测方法，从不同角度反映出更多的信息，得出更切合实际的结论。

6.3.1.5 利用水生植物生化特征监测水体污染

利用污染物对水生植物细胞生化成分或酶活性变化的影响，监测水体污染已有成功尝试。刘瑞民等（2001）应用统计学方法，研究了太湖中植物叶绿素 a 的空间分布与水体污染关系，借助计算机生成叶绿素 a 在太湖中的等值线，再以太湖水质评价标准和太湖富营养化程度评价标准绘成叶绿素 a 在太湖中的空间分布图，精确区分并成功评价了太湖水质等级与污染状况。刘红玉等（2001）研究发现，水生植物稀脉浮萍、满江红、水网藻的过氧化物酶（POD）与过氧化氢酶（CAT）活性同环境污染物直链烷基本磺酸钠（LAS）之间存在明显的剂量-效应关系，当 LAS 浓度为 0～9 时，活性升高，逾之（LAS＞10mg/L）则 POD 与 CAT 活性下降。可将 POD、CAT 作为分子生态毒理学指标，评价水体中 LAS 的污染程度。李宏文等（2001）在水生植物生态敏感度研究中也发现，水花生的 CAT 活性同水体中的 Pb、Zn 之间存在剂量-效应关系，当水环境中的 Pb、Zn 为 5mg/L 时，引起 CAT 活性明显变化。因此，可根据 CAT 变幅评价水体重金属污染情况。浩云涛和李建宏（2001）在电镀厂附近的水塘中分离纯化得到一株椭圆小球藻（*Chlorella ellipsoilea*），研究了不同浓度的重金属 Cu、Zn、Ni、Cd 对该藻生长和叶绿素 a 含量的影响，以及该藻对重金属离子的吸附富集作用。结果表明，重金属浓度越高，对藻的抑制越强，叶绿素 a 的含量与重金属浓度呈明显的负相关；该藻对重金属具有很好的去除效果，可进一步应用于含重金属废水的处理。多项利用藻类监测重金属的研究表明，同一种重金属由于价态、化合态和结合态不同，对藻类的毒性也不同，藻类对重金属的富集存在特异性。因此，利用藻类监测重金属污染可能存在特异性。

6.3.1.6 利用遗传毒理学监测水体污染

环境污染物质对人类及其他生物危害最为严重的问题是对细胞遗传物质造成的损害。因此，近年来环境生物检测技术的研究和应用，尤其是细胞微核技术和四分体微核技术在动植物以及人类染色体受外界理化因子的损伤等方面的分析，诱变剂的测试筛选，以及应用于环境监测的研究得到了广泛的发展。

微核在生物细胞内的形成途径以及与染色体畸变的相关性早已被人们所认识，用微核测定法替代染色体畸变方法来监测环境污染物对生物遗传物质的损伤具有简便、快速、灵敏度高等优点。最常用的蚕豆根尖细胞微核试验技术是一种以染色体损伤及纺锤丝毒性等为测试终点的植物微核监测方法，该技术自1982年由Degrassi等建立以来，在环境诱变和致癌因子的检测研究中，特别是在水质污染和致突变剂检测研究中得到了广泛应用。

（1）利用微核技术进行监测

细胞分裂时染色体要进行复制，在复制过程中如果受到外界诱变因子的作用，就会产生一些游离染色体片段或染色体单体，形成包膜，变成大小不等的小球体，这就是微核。在形态上，微核的染色及结构与主核一致，体积小于主核1/3。这种效应在花粉母细胞的减数分裂时特别灵敏，在细胞分裂的四分体时期易观察到微核大小和多少。以观察细胞中微核的形成来检测污染效应，称为微核实验。由于样品产生微核的数量与外界诱变因子的强弱成正比，故微核实验用微核出现的百分率来评价环境污染水平和对生物的危害程度。随着计算机图像分析技术的成熟，目前已实现了微核识别与技术自动化。

微核试验不要求中期相细胞，几乎所有的细胞都能观察到微核，所用的材料可以是植物或动物组织和细胞。植物微核测定常用根尖和四分体。

随着微核形成机理和意义的阐明以及检测手段和试验技术的不断改进和完善，微核试验，特别植物微核试验，在水体致畸、致癌、致突变物的监测中得到广泛应用，目前应用最多的微核试验是紫露草微核技术（也称紫露草四分体微核监测法）和蚕豆根尖细胞微核技术和水花生根尖微核技术。

① 蚕豆根尖微核技术　蚕豆根尖细胞的染色体数目少（$2n=12$），染色体大，DNA含量多，有长的中间着丝粒染色体一对，其他5对是较短的近端着丝粒染色体，便于观察，对诱变物反应敏感，可常年使用，适用于水质致变性污染的常规监测。

② 紫露草微核技术　紫露草是一种多年生草本植物，属鸭趾草科，植株矮小，披针形叶，花小，呈蓝色。这种植物不仅适应性强，且能终年不断开花。紫露草花粉母细胞的减数分裂，有高度的同步现象，分裂期敏感期又有不同。利用这两个特性，可以在高度敏感的分裂期中，诱导产生大量的染色体损伤，并且在同步的四分体中得到大量的微核，因此特别适合于微核实验。

③ 水花生根尖微核技术（MCN）　吴甘霖在对马鞍山市废水的监测研究中发现，利用水花生根尖微核可作为监测水体污染的新材料。其根尖细胞微核率MCN（‰），不仅可用于监测不同废水的污染程度，而且由于该植物长期生活在污染水体中，还能反映不同废水的污染物富集程度及现状。当外界环境中存在一定浓度的致突变物时，可使细胞发生损伤，从而使微核细胞率上升。另外，微核细胞率的上升，提示环境中存在有致突变物，即受试水样中含有能打断DNA分子的诱变剂或能打断纺锤丝的纺锤丝毒剂，从而表现出遗传毒性。

（2）单细胞凝胶电泳（SCGE）

单细胞凝胶电泳即彗星试验，也是一种通过检测DNA链损伤来判别遗传毒性的技术。

它比微核试验更有益，因为环境中的遗传毒物浓度一般很低，而彗星试验检测低浓度遗传毒物具有高度灵敏性，所研究的细胞不需要处于有丝分裂期。同时，这种技术只需要少量细胞。目前它已经被用于检测哺乳动物、蚯蚓、一些高等植物、鱼类、两栖动物以及海洋无脊椎动物的细胞。

6.3.1.7 微型生物监测（PFU 法）

以前生物监测的研究重点多放在分类和结构方面。然而，生物系统的结构变化并非总与生物系统的其他变化相关联，仅以某个种类、某个种群构成的生物反应系统的变化来评价一个水生生态系统，其偏差较大。因此，为掌握水生生态系统对环境污染的完整反应，要求我们在生物系统（细胞、组织、个体、种群、群落、生态系统）中选择超出单一种类水平的生物反应系统，并对该系统的结构和功能变化均进行研究。美国 Cains 创建了用聚氨酯泡沫塑料块（简写为 PFU）测定微型生物群落的结构和功能参数，进而进行监测预报的新方法。中科院水生所沈韫芬（1997）研究员把 PFU 应用到生物监测中，并使 PFU 法成为我国生物监测的一种标准方法。它的特点是将聚氨酯泡沫塑料块这种三维的基质投入水体，收集其中的微型生物。基质的使用不受时间和空间的限制，即可在任何时间浸泡于任何水体的任何深度；加上实践证明所获得的微型生物群落达 85%种类，因此具有环境的真实性。研究还表明，相对于其他生物群落法（如浮游生物法，底栖动物法等），它具有快速、经济和准确等优点；并同样适用于工业废水的监测。PFU 法适用于原生动物、藻类对水质的检测。此方法可以鉴别水体是有机污染还是毒性污染。尹福祥和杨立辉（2001）应用 PFU 法对某印染厂印染废水处理设施的净化效能进行了监测。结果表明，微型生物群落的结构参数和功能参数均较好地反映了印染废水的净化效果。与经典的生物监测方法相比，PFU 法由单一监测结构（或功能）参数转变为结构参数（种类组成、优势种）和功能参数（群集参数）同时监测，提高了生物监测的信息捕获能力，并使监测信息能更完整、准确、精密地评价环境状况。PFU 法可快速、准确地监测水质的突变，通过一天的试验结果就能预测、预报受纳系统环境质量的状态及其变化过程。如某样点的群集曲线突然大幅下降，说明该点的水质发生了突变，应调查有无事故性排放。

由于潮汐流和环流的影响，PFU 法用于海水水质监测的有效性不如在淡水中监测。Kuidong X 等用一种改良的 PFU 法——瓶装聚氨酯泡沫塑料块（BPFU）法进行海水的生物监测。BPFU 法是将 2 块聚氨酯泡沫塑料块装入 1 个圆柱形塑料瓶中，塑料瓶有 4 道裂缝，用于保护聚氨酯泡沫塑料块不受粗糙条件的干扰，同时便于微生物群落进入聚氨酯泡沫塑料块，达到平衡。BPFU 法比传统的 PFU 法在海水生物监测中的优越性体现在：a. 取样稳定；b. 海水生物评价结构和功能的精确性；c. 定量比较时可以保持水体积的稳定性。实验结果表明，用 BPFU 法进行海水生物监测比 PFU 法更加有效。通过 BPFU 法聚集的物种数量随污染物强度的增大而减少，减少程度大于 PFU 法。由 BPFU 法计算出的多样性指数同样也高于 PFU 法。

6.3.2 水体污染植物监测举例

6.3.2.1 海菜花花粉母细胞微核技术监测滇池水质污染状况

翟书华等（2011）以海菜花（*Ottelia acuminata var. lnuanensis* H Li）为材料，利用花粉母细胞微核技术监测评价滇池水质污染物致突变的情况。试验以海菜花生长环境水（路南长湖水）处理作阴性对照，以滇池5个样点的水样为处理水样，测定各水样的海莱花花粉母细胞微核千分率并分析污染指数，监测结果如下。

1）该试验检测的5个采样点的微核千分率均明显高于对照组，经方差分析，为极显著差异，表明所取5个点的滇池水样污染程度仍然相当严重，皆属于重度污染水质；但污染程度仍有区别。

2）试验结果反映了海莱花对水体污染的敏感性，证明了海莱花作为水生植物在水环境污染监测中优于陆生植物。建议用海莱花作为监测水体污染的手段，可避免因用陆生植物在监测水体时因改变生长环境而造成的误差，该方法可用于湖泊、河流及生活用水等淡水的污染检测。

3）微核试验结果得出了污染使染色体断裂是导致滇池海莱花绝灭原因之一的结论，提示对湖泊的水质监测，除了物理和化学指标外，还需要对生物安全性加强监测，以利于从食物链至人类的健康保护角度进行水体环境的保护。

6.3.2.2 硅藻生物监测法监测浙江金华江支流白沙溪水质

李钟群等（2012）以浙江金华江支流白沙溪为示范区，对白沙溪4个断面的硅藻生态类群组成进行了研究，并应用特定污染敏感指数（SPI）和硅藻生物指数（BDI）对白沙溪进行了水生态评估，监测结果如下：a. 硅藻生态类群组成显示前3个断面以耐低污染硅藻、自养硅藻和喜好很高氧饱和度硅藻为主；4号断面（除2010年11月）以耐中污染和强污染硅藻、异养硅藻、喜好低氧硅藻类群占优势；全年水体各断面均以喜中性和碱性的硅藻类群为主；b. 硅藻特定污染敏感指数和硅藻生物指数评价白沙溪水质为“优”到“差”均有出现，二者评价结果总体上相吻合，同时亦存在一定差异；c. 特定污染敏感指数和硅藻生物指数均与理化指标电导率、总磷、氨氮、氯化物之间呈显著负相关，此外硅藻生物指数还与高锰酸盐指数、总氮、亚硝酸盐氮和可溶性磷酸盐之间呈显著负相关。研究结果为我国开展河流水质生物监测提供了一定的借鉴。

6.3.2.3 附着硅藻指数在龙江和柳江水质监测中的应用

易燃等（2015）以龙江和柳江中段18个代表性的采样点作为研究样点，采用相关分析法、主成分分析法、最优分割分类法等方法，从16项国际上广泛使用的硅藻指数中筛选适合广西龙江和柳江水质和生态质量评价的硅藻指数。结果表明，特定污染敏感指数和硅藻营养化指数（TDI）与环境因子、与其他大多数硅藻指数及两者间的相关性好。因此，认为特定污染敏感指数和硅藻营养化指数最适合进行龙江和柳江中段的水质生物监测评价。

6.4 植物在土壤污染监测中的作用

土壤是自然生态系统的重要亚系统，也是生物多样性发生、发展的自然基础。土壤污染源于生产生活中的“三废”在土壤中的积累，土壤污染的显著特点是具有持续性、长期性和难去除性。土壤受污染后，还会通过食物链和地下水殃及人类。

6.4.1 利用植物监测与评价土壤环境质量的方法

土壤污染程度的监测方法很多，不同方法适用的对象和范围有一定差异。目前常用的监测方法主要有物理化学监测法和生物监测法两种。利用植物监测与评价土壤环境质量的方法主要有如下几种。

6.4.1.1 根据植物形态异常变化判定土壤污染

主要是通过肉眼观察植物体受污染影响后发生的形态变化。生长在污染土壤中的敏感植物受污染物的影响，会引起根、茎、叶在色泽、形状等方面的症状。如锰过剩引起植株中毒，会使者叶边缘和叶尖出现许多焦枯褐色的小斑并逐渐扩大；铜、铅、锌复合污染使水稻的植株高度减小、分蘖数减少、茎叶及稻谷产量降低；锌使印度芥菜的根量随处理浓度的升高而显著减少；铜、铅、镉、锌的单一及复合污染均使其叶片失绿；镉进入植物体内并积累到一定程度，会出现生长迟缓、植株矮小、退绿、产量下降等现象；大麦受镉污染后，种子的萌发率、根生长速率降低。研究发现，当土壤中 Cu 过量时，罂粟植株矮化；Ni 过量时，白头翁的花瓣变为无色；Mo 过量时，植物叶片畸形、茎呈金黄色；而土壤中 Mn、Fe、S 超量时，石竹、紫菀、八仙花的花色分别呈深紫色、无色（原玫瑰色）和天蓝色（原玫瑰色）。

6.4.1.2 根据植物生态习性判定土壤污染

有些植物具有超量积累重金属能力，通常分布于重金属过量土壤上，此生态习性可用来判断土壤重金属污染与否。如萱麻能在含汞丰富土壤上分布，早熟禾、裸柱菊、北美独行菜能在铜污染土壤上生存；北美车前、蚊母草、早熟禾、裸柱菊则能在镉污染土壤上存活。

6.4.1.3 根据植物分子标志物判定土壤污染

分子生态毒理学研究表明，植物体内的重金属植物螯合肽（PC），有望成为重金属污染的标志物而用于土壤污染监测。实验发现，PC 的产生与重金属的胁迫剂量有关。对 Cd 而言，10～100μmol/L 是 PC 合成酶的最适活化浓度；10μmol/L 的 Cu、Pb、Ni、Co 对 PC 合成酶的催化能力影响最大；而 50μmol/L 时，为 Ag、Zn；100μmol/L 时，为 Hg、Mg。进一步研究证实，重金属对 PC 的影响与重金属总浓度的关系不大，主要取决于自由离子浓度。

6.4.1.4 根据植物体内污染物含量

生活在重金属污染土壤中的植物都能够不同程度地吸收一些重金属。通过分析这些植物体内重金属的含量，可以判断土壤受重金属污染的程度。目前最常用的分析方法是：分析植物种植前后土壤中重金属含量的变化与植物吸收重金属量的相关性，寻找相关性较好的植物作为指示植物。

用黑麦幼苗法指示重金属污染程度是在 Neubauer 等提出用黑麦幼苗法测定土壤中营养元素的有效性后发展起来的，由于该法是一种十分有效、简便而且快速的生物实验技术，近十年来已经广泛应用到环境科学实验中，来研究一些痕量元素的生物有效性，并通过试验找到了可以替代黑麦的最佳植物——小麦。用可食用植物如萝卜的重金属含量和生理生化反应指示土壤中镉、铅的浓度，用胡萝卜吸收镉的量表征土壤受重金属镉的污染程度等也已经被广泛应用于土壤污染监测。

6.4.1.5 植物微核法

梁剑茹（1997）等报道应用紫露草微核技术检测土壤污染状况具有灵敏度高、快速和操作简便等待点。

6.4.2　指示植物的选择

利用指示植物监测土壤污染目前主要用于监测重金属污染。指示法的首要问题是指示植物的选择问题。要求用于污染指示的植物既具有一定的吸收重金属的能力，又对重金属有一定的忍耐能力，同时指示植物吸收的重金属的量与环境中重金属的浓度之间还应有一定的可比性。指示植物对重金属的吸收随土壤/沉积物中重金属可利用性部分的增多而增加，一般要求对单一重金属离子的吸收，或吸收多种互不干扰吸收量的重金属离子，这样才能通过分析植物体内的重金属的浓度来衡量土壤被污染的程度。

6.4.2.1　指示植物的选择

选择方法主要有以下3种。

(1) 直接实验法

即在不添加任何化学试剂的情况下，将受试植物直接种植在污染土壤中，用植物吸收的重金属的量表征土壤的污染程度。对于土壤污染程度的植物指示，从目前所做的工作来看，还只是处于实验模拟阶段而没有考虑植物在生长过程中所受外界因素以及土壤中各种生理生化条件的影响。如Punsiion等曾在控制温度的条件下试验了蔬菜及谷类植物吸收积累镉的特性，实验结果表明，大多数谷类植物都可用做土壤中镉的生物可利用性的指示植物。杨林书等用盆栽小麦幼苗地上部分的含镉量、生物减产量和幼苗过氧化物酶POD活性突变点所对应的土壤含镉量表征土壤镉污染，发现麦苗在三叶期、返青期和拔节期三段苗期，其地上部分的含镉量都比抽穗期、成熟期的茎、叶、籽粒高，且与籽粒含镉量、土壤投镉量呈极显著的正相关，苗含镉量与过氧化物酶（POD）活性变化呈显著正相关，表明用小麦幼苗表征土壤镉污染是可行的。

(2) 外加化学试剂法

外加试剂法是在原来的土壤的理化性质基础上，用试剂处理土壤。其基本原理是运用试剂和土壤中的重金属作用，形成溶解性的重金属离子或金属-试剂络合物，进入到土壤溶液中为植物所吸收。这种方法考虑到了土壤的潜在污染因素，为重金属污染土壤的修复治理打下了良好的基础。试剂对土壤中重金属生物可利用性的影响，首先表现在土壤酸性变化产生的影响上。土壤pH值的变化显著影响土壤中重金属的存在形态和土壤对重金属的吸附性。一般来说，土壤pH值越低，以阳离子形式存在的重金属被解吸的就越多，其活动性也就越强，从土壤中向植物体内迁移的重金属的数量就越多。大量实验证明，土壤pH值升高，土壤对重金属的吸附量增加。Cordovll等的实验表明，在酸性淤泥肥土中加入石灰后，土壤pH值增加，植物对铅、铜的吸收降低，这两种重金属在植物体内的迁移能力也降低。在重金属污染的土壤中加入有机溶剂可促进土壤中重金属的溶解，增加植物对重金属的吸收。吴龙华等（2000）研究发现，在铜污染的红壤中加入EDTA后，可明显降低红壤对铜的吸附率和解吸率，且与加入的EDTA含碳量的对数呈极显著的负相关。王果等（2000）的研究表明，添加外源镉的条件下，有机物料猪粪和泥炭显著地降低了水溶性镉、易解离态镉和可解离态镉的含量，降低了水稻对镉的吸收。

(3) 无土栽培法

污染土壤中存在的重金属元素往往不止一种，而且各种元素之间往往存在着加和、拮抗、协同等作用，影响受试植物对单一重金属元素的吸收量。为研究单一重金属污染及多种重金属复合污染对植物的生理生化作用产生的影响，常采用无土栽培试验法，又称水培法。即根据实验需要，用不同浓度、不同重金属元素处理营养液，然后将植物种植在这种处理过的营养液里，定期收获植物的各个部分，分析重金属元素的含量；或者用不同浓度的重金属溶液，处理植物的种子，观测种子的发芽率。采用这种方法时，没有考虑土壤中各种物理化学条件及生理生化作用对作物生长的影响。Schat 等（1999）曾经用水栽法研究重金属镍、锌在植物 *Thlaspi caerulescens* 体内的积累情况；李锋民等（1999）通过种子萌发和砂培实验用不同浓度的含铅营养液处理几种高等植物的种子，即通心菜、小白菜、雪里红、大白菜、萝卜，对其种子萌发率、幼苗含铅量进行分析发现，在种子萌发阶段通心菜与雪里红的种子在各处理浓度下都保持了较高的萌发率。萝卜在幼苗生长阶段具有较高的耐性指数，在几种植物中含铅量最高，主要蓄积在根部。与无土栽培法原理类似的另外一种实验方法是，根据试验所需，采用不同浓度的重金属元素处理无污染的土壤。

6.4.2.2 影响指示植物正确反映环境污染程度的因素

重金属在环境中的赋存状态受各种条件的影响很大。土壤 pH 值、有机物、化学溶剂、黏土含量或其他重金属离子的存在，都会影响重金属的溶出量，进而影响植物对重金属的可吸收利用性。另外，指示植物的种类对实验结果也有很大影响。

参 考 文 献

[1] Al-Taweel K, Iwaki T, Yabuta Y, et al. A bacterial transgene for catalase protects translation of d1 protein during exposure of salt-stressed tobacco leaves to strong light [J]. Plant Physiology. 2007, 145: 258-265.

[2] Anderson T A, Walton B T. Comparative fate of [14C] trichloroethylene in the root zone of plants from a former solvent disposal site [J]. Environmental Toxicology and Chemistry, 1995, 14 (12): 2041-2047.

[3] Andersson A, Nilsson KO. Influence of lime and soil pH on Cd availability to plants [J]. Ambio, 1974: 198-200.

[4] Arnold W. The effect of ultraviolet light on photosynthesis [J]. The Journal of general physiology, 1933, 17 (2): 135-143.

[5] Arthur EL, Rice PJ, Rice PJ, et al. Phytoremediation-An overview [J]. Critical Reviews in Plant Sciences, 2005, 24 (2): 109-122.

[6] Badawi G H, Yamauchi Y, Shimada E, et al. Enhanced tolerance to salt stress and water deficit by overexpressing superoxide dismutase in tobacco (*Nicotiana tabacum*) chloroplasts [J]. Plant Science. 2004, 166: 919-928.

[7] Baker A J M. The use of tolerant plants and hyperaccumulators [J]. Restoration and management of derelict lands: modern approaches. World Scientific Publishing, Singapore, 2002: 138-148.

[8] Baker A J M. Terreatrial higher plants which hyperaccumulate metallic elements-a review of their distribution, ecology and phytochemsitry [J]. Biorecovery, 1989, 1: 81-126.

[9] Baxter I R, Vitek O, Lahner B, et al. The leaf ionome as a multivariable system to detect a plant's physiological status [J]. Proceedings of the National Academy of Sciences, 2008, 105 (33): 12081-12086.

[10] Berry W L, Wallace A. Toxicity: The concept and relationship to the dose response curve [J]. Journal of Plant Nutrition, 1981, 3 (1-4): 13-19.

[11] Bizily S P, Rugh C L, Meagher R B. Phytodetoxification of hazardous organomercurials by genetically engineered plants [J]. Nature biotechnology, 2000, 18 (2): 213-217.

[12] Bolwell G P, Bozak K, Zimmerlin A. Plant cytochrome P450 [J]. Phytochemistry, 1994, 37 (6): 1491-1506.

[13] Bradshaw A D, McNeilly T. Evolution in relation to environmental stress [M] //Ecological genetics and air pollution. Springer New York, 1991: 11-31.

[14] Brooks R R, Morrison R S, Reeves R D, et al. Hyperaccumulation of nickel by*Alyssum linnaeus* (Cruciferae) [J]. Proceedings of the Royal Society of London B: Biological Sciences, 1979, 203 (1153): 387-403.

[15] Carbonell-Barrachina A A, Jugsujinda A, Burlo F, et al. Arsenic chemistry in municipal sewage sludge as affected by redox potential and pH [J]. Water Research, 2000, 34 (1): 216-224.

[16] Cedeno-Maldonado A, Swader J A, Heath R L. The cupric ion as an inhibitor of photosynthetic electron transport in isolated chloroplasts [J]. Plant Physiology, 1972, 50 (6): 698-701.

[17] Chao DY, Silva A, Baxter I, et al. Genome-wide association studies identify heavy metal ATPase3 as the primary determinant of natural variation in leaf cadmium in *Arabidopsis thaliana* [J]. PLoS Genet, 2012, 8: e1002923.

[18] Chardonnens A N, Koevoets P L M, van Zanten A, et al. Properties of enhanced tonoplast zinc transport in naturally selected zinc-tolerant*Silene vulgaris* [J]. Plant Physiology, 1999, 120 (3): 779-786.

[19] Chaudière J, Ferrari-Iliou R. Intracellular antioxidants: from chemical to biochemical mechanisms [J]. Food and Chemical Toxicology, 1999, 37 (9): 949-962.

[20] Chen Z, Gallie D R. Increasing tolerance to ozone by elevating folia ascorbic acid confers greater protection against ozone than increasing avoidance [J]. Plant Physiology. 2005, 138: 1673-1689.

[21] Chlopecka A, Adriano D C. Influence of zeolite, apatite and Fe-oxide on Cd and Pb uptake by crops [J]. Science of the Total Environment, 1997, 207 (2): 195-206.

[22] Clemens S, Kim E J, Neumann D, et al. Tolerance to toxic metals by a gene family of phytochelatin synthases from plants and yeast [J]. The EMBO Journal, 1999, 18 (12): 3325-3333.

[23] Cobbett C S. A family of phytochelatin synthase genes from plant, fungal and animal species [J]. Trends in plant science, 1999, 4 (9): 335-337.

[24] Cobbett C S. Phytochelatins and their roles in heavy metal detoxification [J]. Plant physiology, 2000, 123 (3):

825-832.

[25] Coombes A J, Phipps D A, Lepp N W. Uptake patterns of free and complexed copper ions in excised roots of barley (*Hordeum vulgare* LCV Zephyr) [J]. Zeitschrift für Pflanzenphysiologie, 1977, 82 (5): 435-439.

[26] Cunningham S D, Ow D W. Promises and prospects of phytoremediation [J]. Plant physiology, 1996, 110 (3): 715.

[27] Cunningham S D, Ow D W. Promises and prospects of phytoremediation [J]. Plant Physiology. 1996. 110: 715-719.

[28] Demirbas A, Arin G. An overview of biomass pyrolysis [J]. Energy Sources, 2002, 24 (5): 471-482.

[29] Donaldson R P, Luster D G. Multiple forms of plant cytochromes P-450 [J]. Plant physiology, 1991, 96 (3): 669-674.

[30] Doty S L, Shang T Q, Wilson A M, et al. Enhanced metabolism of halogenated hydrocarbons in transgenic plants containing mammalian cytochrome P450 2E1 [J]. Proceedings of the National Academy of Sciences, 2000, 97 (12): 6287-6291.

[31] Dunn D B. Some effects of air pollution on Lupinus in the Los Angeles area [J]. Ecology, 1959, 40: 621-625.

[32] Durst F. Biochemistry and physiology of plant cytochrome P-450 [J]. Frontiers in biotransformation, 1991, 4: 191-232.

[33] Eltayeb A E, Kawano N, Badawi G H, et al. Overexpression of monodehydroascorbate reductase in transgenic tobacco confers enhanced tolerance to ozone, salt and polyethylene glycol stresses [J]. Planta, 2007, 225: 1255-1264.

[34] Ezaki B, Gardner R C, Ezaki Y, et al. Expression of aluminuminduced genes in transgenic Arabidopsis plants can ameliorate aluminum stress and/or oxidative stress [J]. Plant Physiology. 2000, 122: 657-666.

[35] Ezaki B, Katsuhara M, Kawamura M, et al. Different mechanisms of four aluminum (Al) -resistant transgenes for Al toxicity in Arabidopsis [J]. Plant Physiology. 2001, 127: 918-927.

[36] Frear D S, Swanson H R, Tanaka F S. N-demethylation of substituted 3- (phenyl) -1-methylureas: isolation and characterization of a microsomal mixed function oxidase from cotton [J]. Phytochemistry, 1969, 8 (11): 2157-2169.

[37] Gaber A, Yoshimura K, Yamamoto T, et al. Glutathione peroxidase-like protein of Synechocystis PCC 6803 confers tolerance to oxidative and environmental stresses in transgenic Arabidopsis [J]. Physiologia Plantarum, 2006, 128 (2): 251-262.

[38] Gartside D W, McNeilly T. The potential for evolution of heavy metal tolerance in plants [J]. Heredity, 1974, 32: 335-348.

[39] Gichner T, Patková Z, Száková J, et al. Cadmium induces DNA damage in tobacco roots, but no DNA damage, somatic mutations or homologous recombination in tobacco leaves [J]. Mutation Research /Genetic Toxicology and Environmental Mutagenesis, 2004, 559 (1): 49-57.

[40] Gill S S, Tuteja N. Reactive oxygen species and antioxidant machinery in abiotic stress tolerance in crop plants [J]. Plant Physiology and Biochemistry, 2010, 48 (12): 909-930.

[41] Gordon M, Choe N, Duffy J, et al. Phytoremediation of trichloroethylene with hybrid poplars [J]. Environmental Health Perspectives, 1998, 106 (Suppl 4): 1001.

[42] Greenway G M, Song Q J. Heavy metal speciation in the composting process [J]. Journal of Environmental Monitoring, 2002, 4 (2): 300-305.

[43] Ha S B, Smith A P, Howden R, et al. Phytochelatin synthase genes from Arabidopsis and the yeast Schizosaccharomyces pombe [J]. The Plant Cell, 1999, 11 (6): 1153-1163.

[44] Harada E, Yamaguchi Y, Koizumi N, et al. Cadmium stress induces production of thiol compounds and transcripts for enzymes involved in sulfur assimilation pathways in Arabidopsis [J]. Journal of Plant Physiology, 2002, 159 (4): 445-448.

[45] Hickey D A, McNelly T. Competition between metal tolerant and normal plant populations; a field experiment on normal soil [J]. Evolution, 1975: 458-464.

[46] Hiromichi M R, Ozgurce C E. Basic processes in phytore-mediation and some applications to air pollution control [J]. Chemosphere, 2003, 52: 1553-1558.

[47] Hong P K A, Li C, Banerji S K, et al. Extraction, recovery, and biostability of EDTA for remediation of heavy metal-contaminated soil [J]. Journal of Soil Contamination, 1999, 8 (1): 81-103.

[48] Jogeswar G, Pallela R, Jakka N M, et al. Antioxidative response in different sorghum species under short-term salinity stress [J]. Acta Physiologiae Plantarum, 2006, 28 (5): 465-475.

[49] Johnson H B, Polley H W, Mayeux H S. Increasing CO_2 and plant-plant interactions: effects on natural vegetation [M] //CO_2 and biosphere. Springer Netherlands, 1993: 157-170.

[50] Jr M H S, Trevors J T. Phytoremediation [J]. Water, Air and Soil Pollution, 2010, 205 (Suppl 1): 61-63.

[51] Kärenlampi S, Schat H, Vangronsveld J, et al. Genetic engineering in the improvement of plants for phytoremediation of metal polluted soils [J]. Environmental Pollution, 2000, 107 (2): 225-231.

[52] Kas J, Burkhard J, Denmerová K, et al. Perspectives in biodegradation of alkanes and PCBs [J]. Pure and applied chemistry, 1997, 69 (11): 2357-2370.

[53] Kham A G, Knek C, Chaudhry T M, et a. l Role of plants, mycorrhizae and phytochelators in heavy metal contaminated land remediation [J]. Chemosphere, 2000, 41 (1-2): 197- 207.

[54] Kornyeyev D, Logan B A, Payton P R, et al. Elevated chloroplastic glutathione reductase activities decrease chilling-induced photoinhibition by increasing rates of photochemistry, but not thermal energy dissipation, in transgenic cotton [J]. Functional plant biology, 2003, 30 (1): 101-110.

[55] Korte F, Kvesitadze G, Ugrekhelidze D, et al. Organic toxicants and plants [J]. Ecotoxicology and Environmental Safety, 2000, 47 (1): 1-26.

[56] Krämer U, Cotter-Howells J D, Charnock J M, et al. Free histidine as a metal chelator in plants that accumulate nickel [J]. 1996.

[57] Kriebel H B, Leben C. impact of SO_2 air pollution on the gene pool of eastern white pine [C] //XVII IUFRO World Congress, Japan 1981/International Union of Forest Research Organizations= Internationaler Verband Forstlicher Forschungsanstalten = Union internationale des instituts des recherches forestieres. Ibaraki, Japan: Japanese IUFRO Congress Council, [1981?] ., 1981.

[58] Kwon S Y, Choi S M, Ahn Y O, et al. Enhanced stress-tolerance of transgenic tobacco plants expressing a human dehydroascorbate reductase gene [J]. Journal of Plant Physiology. 2003, 160: 347-353.

[59] Lee S H, Ahsan N, Lee K W, et al. Simultaneous overexpression of both CuZn superoxide dismutase and ascorbate peroxidase in transgenic tall fescue plants confers increased tolerance to a wide range of abiotic stresses [J]. Journal of Plant Physiology. 2007, 164: 1626-1638.

[60] Lepp N W. Copper [M] //Effect of heavy metal pollution on plants. Springer Netherlands, 1981: 111-143.

[61] Li Z S, Lu Y P, Zhen R G, et al. A new pathway for vacuolar cadmium sequestration in*Saccharomyces cerevisiae*: YCF1-catalyzed transport of bis (glutathionato) cadmium [J]. Proceedings of the National Academy of Sciences, 1997, 94 (1): 42-47.

[62] Loppinet-Serani A, Aymonier C, Cansell F. Current and foreseeable applications of supercritical water for energy and the environment [J]. ChemSusChem, 2008, 1 (6): 486-503.

[63] Marquenie-Van der Werff M, Ernst W H O. Kinetics of copper and zinc uptake by leaves and roots of an aquatic plant, *Elodea nuttallii* [J]. Zeitschrift für Pflanzenphysiologie, 1979, 92 (1): 1-9.

[64] Mathys W. The role of malate, oxalate, and mustard oil glucosides in the evolution of zinc-resistance in herbage plants [J]. Physiologia Plantarum, 1977, 40 (2): 130-136.

[65] Matsumura T, Tabayashi N, Kamagata Y, et al. Wheat catalase expressed in transgenic rice can improve tolerance against low temperature stress [J]. Physiologia Plantarum. 2002, 116: 317-327.

[66] Meagher R B. Phytoremediation of toxic elemental and organic pollutants [J]. Current opinion in plant biology, 2000, 3 (2): 153-162.

[67] Mejáre M, Bülow L. Metal-binding proteins and peptides in bioremediation and phytoremediation of heavy metals [J]. TRENDS in Biotechnology, 2001, 19 (2): 67-73.

[68] Melchiorre M, Robert G, Trippi V, et al. Superoxide dismutase and glutathione reductase overexpression in wheat protoplast: photooxidative stress tolerance and changes in cellular redox state [J]. Plant Growth Regulation. 2009, 57: 57-68.

[69] Melin E, Nilsson H. Transport of labelled nitrogen from an ammonium source to pine seedlings through mycorrhizal mycelium [J]. Sven. Bot. Tidskr, 1952, 46 (34): 281-285.

[70] Minguzzi C, Vergnano O. Il contenuto di nichel nelle ceneri di Alyssum bertolonii Desv [J]. Mem. Soc. Tosc. Sci. Nat. Ser. A, 1948, 55: 49-77.

[71] Nie G Y, Long S P, Garcia R L, et al. Effects of free-air CO_2 enrichment on the development of the photosynthetic apparatus in wheat, as indicated by changes in leaf proteins [J]. Plant, Cell & Environment, 1995, 18 (8): 855-864.

[72] Nouri J, Lorestani B, Yousefi N, et al. Phytoremediation potential of native plants grown in the vicinity of Ahangaran lead-zinc mine (Hamedan, Iran) [J]. Environmental Earth Sciences, 2011, 62 (3): 639-644.

[73] O'Leary J W, Knecht G N. Elevated CO_2 concentration increases stomate numbers in *Phaseolus vulgaris* leaves [J]. Botanical Gazette, 1981: 438-441.

[74] Omasa K, Saij H, Youssefian S, Kondo N. Air pollution and plant biotechnology prospects for phytomonitoring and phytoremediation [M]. Tokyo: Springer-Verlag, 2002: 383-401.

[75] Pan A, Tie F, Duau Z, et al. α-domain of human metallothionein IA can bind to metals in transgenic tobacco plants [J]. Molecular and General Genetics MGG, 1994, 242 (6): 666-674.

[76] Pan A, Tie F, Yang M, et al. Construction of multiple copy of α-domain gene fragment of human liver metallothionein IA in tandem arrays and its expression in transgenic tobacco plants [J]. Protein engineering, 1993, 6 (7): 755-762.

[77] Pilon-Smits E A H, De Souza M P, Hong G, et al. Selenium volatilization and accumulation by twenty aquatic plant species [J]. Journal of Environmental Quality, 1999, 28 (3): 1011-1018.

[78] Pilon-Smits E, Pilon M. Breeding mercury-breathing plants for environmental cleanup [J]. Trends in Plant Science, 2000, 5 (6): 235-236.

[79] Poorter H. Interspecific variation in the growth response of plants to an elevated ambient CO_2 concentration [J]. Vegetatio, 1993, 104 (1): 77-97.

[80] Popp M. Genotypic differences in the mineral metabolism of plants adapted to extreme habitats [M] //Genetic Aspects of Plant Nutrition. Springer Netherlands, 1983: 189-201.

[81] Prashanth S R, Sadhasivam V, Parida A. Over expression of cytosolic copper/zinc superoxide dismutase from a mangrove plant Avicennia marina in indica Rice var Pusa Basmati-1 confers abiotic stress tolerance [J]. Transgenic research, 2008, 17 (2): 281-291.

[82] Prashanth S R, Sadhasivam V, Parida A. Over expression of cytosolic copper/zinc superoxide dismutase from a mangrove plant *Avicennia marina* in indica Rice var Pusa Basmati-1 confers abiotic stress tolerance [J]. Transgenic Research. 2008, 17: 281-291.

[83] Punsiion T, Leep Nicholos W, Alloway B. Cadmium uptake and accumulation characteristics in a range of vegetable crops. 5th International Conference on the Biogeochemistry of Trace Elements, 1999, Vienna, Austria. Volume 1: 578-579.

[84] Qian J H, Zayed A, Zhu Y L, et al. Phytoaccumulation of trace elements by wetland plants: III. Uptake and accumulation of ten trace elements by twelve plant species [J]. Journal of Environmental Quality, 1999, 28 (5): 1448-1455.

[85] Rackham O. Radiation, transpiration, and growth in a woodland annual [J]. Light as an ecological factor. Oxford: Blackwell Scientific Publications, 1966: 167-185.

[86] Rao M V, Davis K R. The physiology of ozone induced cell death [J]. Planta, 2001, 213 (5): 682-690.

[87] Rascio N, Navari-Izzo F. Heavy metal hyperaccumulating plants: How and why do they do it? And what makes them so interesting? [J]. Plant Science, 2011, 180 (2): 169-181.

[88] Reeves RD, et al. Metal accumulating plants. Phytoremediation of toxic metals: using plants to clean up the envi-

ronment (eds. Rask in I. and Ensley B. D.) [J]. John Wiley & Sons, 2000: 193- 229.

[89] Reid R, Gridley K, Kawamata Y, et al. Arsenite elicits anomalous sulfur starvation responses in barley [J]. Plant physiology, 2013, 162 (1): 401-409.

[90] Reuveni J, Gale J. The effect of high levels of carbon dioxide on dark respiration and growth of plants [J]. Plant, Cell & Environment, 1985, 8 (8): 623-628.

[91] Ricken B, Hoefner W. Effect of arbuscular mycorrhizal fungi (AMF) on heavy metal tolerance of alfalfa (*Medicago sativa* L.) and oat (*Avena sativa* L.) on a sewage-sludge treated soil [J]. Zeitschrift fuer Pflanzenernaehrung und Bodenkunde (Germany), 1996.

[92] Robinson B H, Brooks R R, Howes A W, et al. The potential of the high-biomass nickel hyperaccumulator *Berkheya coddii* for phytoremediation and phytomining [J]. Journal of Geochemical Exploration, 1997, 60 (2): 115-126.

[93] Robinson N J, Procter C M, Connolly E L, et al. A ferric-chelate reductase for iron uptake from soils [J]. Nature, 1999, 397 (6721): 694-697.

[94] Rubio M C, Gonzalez E M, Minchin F R, et al. Effects of water stress on antioxidant enzymes of leaves and nodules of transgenic alfalfa overexpressing superoxide dismutases [J]. Physiologia Plantarum . 2002, 115: 531-540.

[95] Ryle G J A, Stanley J. Effect of elevated CO_2 on stomatal size and distribution in perennial ryegrass [J]. Annals of Botany, 1992, 69 (6): 563-565.

[96] Saisu M, Sato T, Watanabe M, et al. Conversion of lignin with supercritical water-phenol mixtures [J]. Energy & Fuels, 2003, 17 (4): 922-928.

[97] Samuelsen A I, Martin R C, Mok D W S, et al. Expression of the yeast FRE genes in transgenic tobacco [J]. Plant Physiology, 1998, 118 (1): 51-58.

[98] Sandermann H. Plant metabolism of xenobiotics [J]. Trends in biochemical sciences, 1992, 17 (2): 82-84.

[99] Sandermann Jr H. Higher plant metabolism of xenobiotics: the'green liver'concept [J]. Pharmacogenetics and Genomics, 1994, 4 (5): 225-241.

[100] Sas-Nowosielska A, Kucharski R, Małkowski E, et al. Phytoextraction crop disposal—an unsolved problem [J]. Environmental Pollution, 2004, 128 (3): 373-379.

[101] Schnoor J L, Light L A, McCutcheon S C, et al. Phytoremediation of organic and nutrient contaminants [J]. Environmental Science & Technology, 1995, 29 (7): 318-323.

[102] Schoor J L, Light L A, McCutcheon S C, et al. Phyremedaition of organic and nutrient contaminants [J]. Environmental science & technology, 1995, 29: 318-323.

[103] Schuler M A. Plant cytochrome P450 monooxygenases [J]. Critical reviews in plant sciences, 1996, 15 (3): 235-284.

[104] Shat H, Liugany M, Bernhard R, et al. Accumlation and tolerance of Zine and Nickle in Thlaspi Caerulescens from serpentine calamine and normal soil. 5th International Conference on the Biogeochemistry of Trace Elements, 1999, Vienna, Austria. Volume 1: 18-19.

[105] Sheoran V, Sheoran A S, Poonia P. Phytomining: A review [J]. Minerals Engineering, 2009, 22 (12): 1007-1019.

[106] Sriprapat W, Kullavanijaya S, Techkarnjanaruk S, et al. Diethylene glycol removal by Echinodorus cordifolius (L.): The role of plant-microbe interactions [J]. Journal of Hazardous Materials, 2011, 185 (2/3): 1066-1072.

[107] Srokol Z, Bouche A G, van Estrik A, et al. Hydrothermal upgrading of biomass to biofuel; studies on some monosaccharide model compounds [J]. Carbohydrate Research, 2004, 339 (10): 1717-1726.

[108] Takahashi M, Higaki A, Nohno M, et al. Differential assimilation of nitrogen dioxide by 70 taxa of roadside trees at an urban pollution level [J]. Chemosphere, 2005, 61 (5): 633-639.

[109] Taylor H J, Bell J N B. Studies on the tolerance to SO_2 of grass populations in polluted areas [J]. New phytologist, 1988, 110 (3): 327-338.

[110] Thomas J F, Harvey C N. Leaf anatomy of four species grown under continuous CO_2 enrichment [J]. Botanical Gazette, 1983: 303-309.

[111] Thomas R B, Griffin K L. Direct and indirect effects of atmospheric carbon dioxide enrichment on leaf respiration of *Glycine max* (L.) Merr [J]. Plant Physiology, 1994, 104 (2): 355-361.

[112] Tiffin L O. Translocation of micronutrients in plants [J]. Micronutrients in agriculture, 1972.

[113] Tissue D T, Griffin K L, Thomas R B, et al. Effects of low and elevated CO_2 on C_3 and C_4 annuals [J]. Oecologia, 1995, 101 (1): 21-28.

[114] Trapp S, Miglioranza K S B, Mosbæk H. Sorption of lipophilic organic compounds to wood and implications for their environmental fate [J]. Environmental science & technology, 2001, 35 (8): 1561-1566.

[115] Treshow M. Air pollution and plant life [M]. New york Us: Johniley & Sons, 1984.

[116] Tseng M J, Liu C W, Yiu J C. Enhanced tolerance to sulfur dioxide and salt stress of transgenic Chinese cabbage plants expressing both superoxide dismutase and catalase in chloroplasts [J]. Plant Physiology Biochemstry. 2007, 45: 822-833.

[117] Ushimaru T, Nakagawa T, Fujioka Y, et al. Transgenic Arabidopsis plants expressing the rice dehydroascorbate reductase gene are resistant to salt stress [J]. Journal of Plant Physiology. 2006, 163: 1179-1184.

[118] Van Loon L C. Plant responses to plant growth-promoting rhizobacteria [J]. European Journal of Plant Pathology, 2007, 119 (3): 243-254.

[119] Vatamaniuk O K, Mari S, Lu Y P, et al. AtPCS1, a phytochelatin synthase from Arabidopsis: isolation and in vitro reconstitution [J]. Proceedings of the National Academy of Sciences, 1999, 96 (12): 7110-7115.

[120] Wang Y C, Qu G Z, Li H Y, et al. Enhanced salt tolerance of transgenic poplar plants expressing a manganese superoxide dismutase from Tamarix androssowii [J]. Molecular biology reports, 2010, 37 (2): 1119-1124.

[121] Wang Y, Wisniewski M, Meilan R, et al. Overexpression of cytosolic ascorbate peroxidase in tomato confers tolerance to chilling and salt stress [J]. Journal of the American Society for Horticultural Science, 2005, 130 (2): 167-173.

[122] Wang Y, Wisniewski M, Meilan R, et al. Transgenic tomato (*Lycopersicon esculentum*) overexpressing cAPX exhibits enhanced tolerance to UV-B and heat stress [J]. J Appl Hort, 2006, 8: 87-90.

[123] Wang Y, Ying Y, Chen J, et al. Transgenic Arabidopsis overexpressing Mn-SOD enhanced salt-tolerance [J]. Plant Science, 2004, 167 (4): 671-677.

[124] William H S. Air pollution and forest-interaction between contaminants and forests ecosystem [M]. New York: Springer-verlag New York Ine. 1981.

[125] Wilson J B. The cost of heavy-metal tolerance: an example [J]. Evolution, 1988: 408-413.

[126] Winner W E, Coleman J S, Gillespie C, et al. Consequences of evolving resistance to air pollutants [M]. In Ecological genetics and air pollution (pp. 177-202). Springer New York.

[127] Xu W F, Shi W M, Ueda A, et al. Mechanisms of salt tolerance in transgenic *Arabidopsis thaliana* carrying a peroxisomal ascorbate peroxidase gene from barley [J]. Pedosphere, 2008, 18: 486-495.

[128] Yan J, Wang J, Tissue D, et al. Photosynthesis and seed production under water-deficit conditions in transgenic tobacco plants that overexpress an arabidopsis ascorbate peroxidase gene [J]. Crop Science. 2003, 43: 1477-1483.

[129] Yang J G, Tang C B, He J, et al. Heavy metal removal and crude biooil upgrade from Sedum alfredii Hance harvest using hydrothermal upgrading [J]. Journal of Hazardous materials, 2010, 179, (1-3): 1037-1041.

[130] Yoshimura K, Miyao K, Gaber A, et al. Enhancement of stress tolerance in transgenic tobacco plants overexpressing *Chlamydomonas* glutathione peroxidase in chloroplasts or cytosol [J]. Plant Journal, 2004, 37: 21-33.

[131] Zhao F, Zhang H. Salt and paraquat stress tolerance results from co-expression of the Suaeda salsa glutathione S-transferase and catalase in transgenic rice [J]. Plant cell, tissue and organ culture, 2006, 86 (3): 349-358.

[132] 曹同，王敏，娄玉霞等. 监测环境污染的藓袋法技术及其应用 [J]. 上海师范大学学报（自然科学报），2011, 40 (2): 213-220.

[133] 曹向东，王宝贞，蓝云兰等. 强化塘-人工湿地复合生态系统中氮磷的去除规律 [J]. 环境科学研究，2000, 13 (2): 5-19.

[134] 曹玉伟，马军，郭长虹等. 植物彗星实验及其在生态毒理监测中的应用 [J]. 生态毒理学报，2009, 2 (4): 183-189.

[135] 陈宏，徐秋曼，王葳等. 镉对小麦幼苗脂质过氧化和保护酶活性的影响 [J]. 西北植物学报，2000，20 (3)：399-403.
[136] 陈怀满等著. 土壤-植物系统中的重金属污染 [M]. 北京：科学出版社，1996.
[137] 陈慧男，胡大鹏，陈琛等. 分子标记物在监测植物重金属污染重的应用 [J]. 杭州师范大学学报（自然科学报），2013，12 (4)：319-322.
[138] 陈小勇，宋永昌. 蚕豆监测大气 SO_2 污染的指标筛选研究 [J]. 应用生态学报，1994，5 (3)：303-308.
[139] 陈小勇. 大气污染生物主动监测 [J]. 上海环境科学，1995，14 (6)：29-31，34.
[140] 陈学泽，谢耀坚，彭重华. 城市植物叶片金属元素含量与大气污染的关系 [J]. 城市环境与城市生态，1997，10 (1)：45-47.
[141] 陈一萍. 重金属超积累植物的研究进展 [J]. 环境科学与管理，2008，33 (3)：20-24.
[142] 陈愚，任长久，蔡晓明. 镉对沉水植物硝酸还原酶和超氧化物歧化酶活性的影响 [J]. 环境科学学报，1998，18 (3)：313-317.
[143] 陈玉成编. 污染环境生物修复工程 [M]. 北京：化学工业出版社，2003.
[144] 戴全裕，戴文宁. 水生高等植物对废水中银的净化与富集特性研究 [J]. 生态学报，1990，10 (4)：343-348.
[145] 邓义祥，张爱军. 藻类在水体污染监测中的运用 [J]. 资源开发与市场，1998，14 (5)：197-199.
[146] 段昌群. 植物对环境污染的适应与植物的微进化 [J]. 生态学杂志，1995，14 (5)：43-50.
[147] 方云先. 紫露草微核技术在环境监测中的应用 [J]. 环境科学与技术，1993，(2)：27-30.
[148] 付士磊. 银杏、油松对 CO_2 和 O_3 浓度升高的生理响应 [D]. 中国科学院沈阳应用生态研究所，博士论文. 2007.
[149] 高峰，张静波，郑国臣等. 深水型河流生物评价方法分析 [J]. 东北水利水电，2013，11：57-60.
[150] 高绪评. 植物在监测空气污染中的应用 [J]. 环境监测管理与技术，1992，4 (2)：15-19.
[151] 高拯民主编. 土壤-植物系统污染生态研究 [M]. 北京：中国科学技术出版社，1986.
[152] 郭明，徐雅丽，刘明等. 几种农药对棉花过氧化氢酶过氧化物酶活性的影响 [J]. 农业环境保护，2001，20 (1)：10-12，22.
[153] 郭涛，段昌群，王海娟. 植物对环境污染的适应代价 [J]. 云南科学研究，2001，20 (增刊)：17-20，137.
[154] 郝卓莉，黄晓华，张光生等. 城市环境污染的植物监测 [J]. 城市环境与城市生态，2003，16 (3)：1-4.
[155] 浩云涛，李建宏. 椭圆形小球藻对 4 种重金属的耐性及富集 [J]. 湖泊科学，2001，13 (2)：158-162.
[156] 贺锋，吴振斌. 水生植物在污水处理和和水质改善中的应用 [J]. 植物学通报，2003，20 (6)：641-647.
[157] 贺艳，王爱国，胡蔚等. 三种植物对南京秦淮河重金属污染的监测 [J]. 环境科学与技术，2011，34 (4)：93-96，175.
[158] 胡晓东，阮晓红，宫莹. 植物修复技术在我国水环境污染治理中的可行性研究 [J]. 云南环境科学，2004，23 (1)：48-50.
[159] 黄铭洪，骆永明. 矿区土地修复与生态恢复 [J]. 土壤学报，2003，40 (2)：161-169.
[160] 黄铭洪等著. 环境污染与生态恢复 [M]. 北京：科学出版社，2003.
[161] 黄瑞复等译. 生态遗传学 [M]. 北京：科学出版社，1991.
[162] 黄文琥，王之明，梁盛. 不同生境苔类和角苔类植物对生态环境的指示作用 [J]. 中国环境监测，2014，30 (3)：70-74.
[163] 黄先玉，刘沛然. 水体污染生物检测的研究进展 [J]. 环境科学进展，1999，7 (4)：14-18.
[164] 黄迎春，梁永红. 蚕豆根尖细胞微核技术在环境监测中的应用 [J]. 南京农专学报，1998，(2)：13-16.
[165] 黄韵珠，浦铜良，王勋陵等. 植物学净化塘处理油漆废水的实验研究 [J]. 兰州大学学报（自然科学版），1995，31 (2)：127-132.
[166] 江苏省植物研究所. 防污绿化植物 [M]. 北京：科学出版社，1978，53.
[167] 江行玉，王长海，赵可夫. 芦苇抗镉污染机理研究 [J]. 生态学报，2003，23 (5)：27-31.
[168] 江行玉，赵可夫. 铅污染下芦苇体内铅的分布和铅胁迫相关蛋白 [J]. 植物生理与分子生物学学报，2002，28 (3)：169-174.
[169] 蒋高明. 试论生物监测的任务及其在实际中的意义 [J]. 环保科技，1994，(2)：20-23.
[170] 蒋志学，邓士谨. 环境生物学 [M]. 北京：中国环境科学出版社，1989，116-150.
[171] 焦芳婵，毛雪，李润植. 植物清除环境污染物的策略和应用 [J]. 农业环境保护，2002，21 (3)：281-284.

[172] 金相灿. 湖泊富营养化控制与管理技术 [M]. 北京：化学工业出版社，2001.
[173] 赖发英，郭成志，李萍等. 重金属污染土壤生态修复和利用的初步研究 [J]. 江西科学，2003，21 (3)：180-182.
[174] 李博文，郝晋珉. 土壤镉、铅、锌的植物效应研究进展 [J]. 河北农业大学学报. 2002，3：24-26.
[175] 李锋民，熊治廷，郑振华等. 7 种高等植物对铅的耐性及其生物蓄积研究 [J]. 农业环境保护，1999，18 (6)：246-250.
[176] 李合生主编. 现代植物生理学 [M]. 北京：高等教育出版社，2002.
[177] 李宏文，Paol KC. 水生植物的生态敏感度研究 [J]. 农业环境保护，2001，20 (3)：160-163.
[178] 李慧蓉. 生物监测技术及其研究进展 [J]. 江苏石油化工学院学报，2002，14 (2)：57-60.
[179] 李雷鹏. 绿色植物在改善环境方面的效应初探 [J]. 东北林业大学学报，2002，30 (3)：63-64.
[180] 李雷鹏. 绿色植物在改善环境方面的效应初探 [J]. 东北林业大学学报. 2002. 30 (3)：63-64.
[181] 李宁，吴龙华，孙小峰等. 修复植物产后处置技术现状与展望 [J]. 土壤，2005，37 (6)：587-592.
[182] 李倩瑚，刘明新，颜素珠等. 水生维管束植物对水体铬污染的反应和净化作用 [J]. 暨南大学学报：自然科学与医学版，1991，12 (3)：79-83.
[183] 李涛. 植物对污染物的解毒 [J]. 生物学通报，1999，34 (10)：19-20.
[184] 李卫平，王军，李文等. 应用水葫芦去除电镀废水中重金属的研究 [J]. 生态学杂志，1995，14 (4)：30-35.
[185] 李新宇，赵松婷，李延明等. 北方常用园林植物滞留颗粒物能力评价 [J]. 中国园林，2015，3：016.
[186] 李玄，贾瑞宝，孙韶华等. 饮用水中有机物毒性的生物识别技术研究进展 [J]. 化学分析计量，2010，19 (6)：89-92.
[187] 李再培. 论水质生物监测中的生物学指标 [J]. 黑龙江环境通报，2001，27 (3)：62-64.
[188] 李钟群，袁刚，郝晓伟等. 浙江金华江支流白沙溪水质硅藻生物监测方法 [J]. 湖泊科学，2012，24 (3)：436-442.
[189] 梁剑茹，周立祥，胡霭堂. 应用紫露草微核技术检测土壤污染状况 [J]. 湖南农业大学学报，1997，23 (1)：74-76.
[190] 林碧琴，姜彬慧. 藻类与环境保护 [M]. 沈阳：辽宁民族出版社，1999.
[191] 林肇信，刘天齐. 环境保护概论 [M]. 北京：高等教育出版社. 1999.
[192] 刘常富，陈玮主编. 园林生态学 [M]. 北京：科学出版社，2003.
[193] 刘红玉，廖柏寒，鲁双庆等. LAS 和 AE 对水生植物损伤的显微和亚显微结构观察 [J]. 中国环境科学，2001，21 (6)：527-530.
[194] 刘红玉，周扑华，杨仁斌等. 阴离子表面活性剂对水生植物生理生化特性的影响 [J]. 农业环境保护，2001，20 (5)：341-343.
[195] 刘家尧，孙淑斌，衣艳君. 苔藓植物对大气污染的指示监测作用 [J]. 曲阜师范大学学报，1997，23 (1)：92-96.
[196] 刘建武，林逢凯，王郁. 水生植物净化萘污水能力研究 [J]. 上海环境科学，2002，21 (7)：412-415.
[197] 刘健康主编. 东湖生态学研究（二）[M]. 北京：科学出版社，1995. 302-310.
[198] 刘启明，施晶，黄云风等. 大气中氟化物污染的生物学指标监测评价 [J]. 生态环境学报，2010，19 (3)：509-512.
[199] 刘瑞民，王学军，王翠红等. 应用地统计学方法研究湖泊中叶绿素的空间分布 [J]. 农业环境保护，2001，20 (5)：308-310.
[200] 刘维涛，倪均成，周启星等. 重金属富集植物生物质的处置技术研究进展 [J]. 农业环境科学学报. 2014，33 (1)：15-27.
[201] 刘文彰，孙典兰. 铜的过剩和不足对棉花幼苗生长、酶的活性及植物内铜的累积的影响 [J]. 河北农业大学学报，1986，3：19-21.
[202] 刘文彰，孙典兰. 铜对黄瓜幼苗生长及过剩氧化酶和吲哚乙酸氧化酶活性的影响 [J]. 植物生理学通讯，1985，3：22-24.
[203] 刘增新. 生物在环境监测中的作用 [J]. 生物学教学，1996，(1)：46-47.
[204] 刘祖祺，张石城. 植物抗性生理学 [M]. 北京：中国农业出版社，1994.

[205] 鲁敏，郭天佑，闫红梅等. 耐阴观叶植物对室内甲醛敏感监测能力研究 [J]. 山东建筑大学学报，2014，29 (6)：504-511.
[206] 栾会妮，孙志明. 水体污染的生物监测与生物净化 [J]. 重庆水产，2004，(1)：30-33.
[207] 骆永明，查宏光，宋静等. 大气污染的植物修复 [J]. 土壤，2002，(3)：113-119.
[208] 马原. 水质中生物监测技术的应用与探讨 [J]. 黑龙江环境通报，2013，37 (4)：34-37.
[209] 潘文，张卫强，张方秋等. 广州市园林绿化植物苗木对二氧化硫和二氧化氮吸收能力分析 [J]. 生态环境学报，2012，21 (4)：606-612.
[210] 彭芳. 细胞色素 P450 在有机磷农药研究中的作用 [J]. 中国公共卫生，1993，9 (4)：156-157.
[211] 祁迎春，王建，同延安等. 陕北石油污染土壤植物修复品种的筛选 [J]. 生态科学，2015，34 (1)：148-153.
[212] 任继凯，陈清朗，陈灵芝等. 土壤中镉、铅、锌及其相互作用对作物的影响 [J]. 植物生态学报与地植物学丛刊. 1982，6：320-329.
[213] 尚爱安，刘玉荣，梁重山等. 土壤中微量重金属元素的生物可利用性研究进展 [J]. 土壤，2000，(6)：294-300，314.
[214] 申继忠. 农药对高等植物次生代谢的影响及其生态学意义 [J]. 农药译丛，1998，20 (1)：41-46.
[215] 沈芬，顾曼如，冯伟松. 水污染的微型生物监测 [J]. 生命科学，1997，9 (2)：81-85.
[216] 沈钧，金锡鹏. 苯与细胞色素 P450 的关系研究进展 [J]. 职业卫生与应急救援，1998，16 (2)：74-76.
[217] 沈振国，刘友良. 重金属超量累积植物研究进展 [J]. 植物生理学通讯，1998，34 (2)：133-139.
[218] 施国新，杜开和，解凯彬等. 汞、镉污染对黑藻叶细胞伤害的超微结构研究 [J]. 植物学报，2000，42 (4)：373-378.
[219] 史建君，陈晖. 水生植物对水体中放射性锶的富集动态 [J]. 上海交通大学学报：农业科学版，2002，20 (1)：38-41.
[220] 史建君，杨子银，陈晖. 水生植物对水体中低浓度^{95}Zr 的富集效应 [J]. 核农学报，2004，18 (1)：51-54.
[221] 史瑞和. 植物营养原理 [M]. 南京：江苏科学技术出版社，1989，40-42.
[222] 史宇，何玉科. 重金属污染环境的植物修复及其分子机制 [J]. 植物生理与分子生物学学报，2003，29 (4)：267-274.
[223] 苏金为，王湘平. 镉诱导的茶树苗膜脂过氧化和细胞程序性死亡 [J]. 植物生理与分子生物学学报，2002，28 (4)：292-298.
[224] 孙铁珩，周启星，李培军主编. 污染生态学 [M]. 北京：科学出版社，2002.
[225] 孙兴滨，闫立龙，张宝杰. 环境物理性污染控制 [M]. 第二版. 北京：化学工业出版社，2010，215，221-233.
[226] 覃保林. 试析用典型植物监测环境中有机氟污染物的可行性 [J]. 大科技（研究园地），2014，8：357.
[227] 陶福禄，冯宗炜. 植物对酸沉降的净化缓冲作用研究综述 [J]. 农村生态环境，1999，15 (2)：46-49.
[228] 汪琼，宋钰红，樊国盛. 环境监测在园林景观评价中的应用 [J]. 西南林学院学报，2002，22 (2)：32-34.
[229] 王德中，魏福香，赵玉刚. 环境中铬的分布、迁移与积累. 农业环境保护研究资料 [J]. 农业环境背景值专辑（第一集）. 1982，49-63.
[230] 王国祥. 生物监测若干问题的探讨 [J]. 环境监测管理与监测，1994，6 (3)：7-10.
[231] 王果，李建超，杨佩玉等. 有机物料影响下土壤溶液中镉形态及其有效性研究 [J]. 环境科学学报，2000，20 (5)：621-62.
[232] 王焕效. 污染生态学基础 [M]. 昆明：云南大学出版社，1990.
[233] 王焕效主编. 污染生态学 [M]. 高等教育出版社. 2000. 北京：施普林格出版社. 海德堡.
[234] 王清人，崔岩山，董艺婷. 植物修复——重金属污染土壤整治有效途径 [J]. 生态学报，2001，21 (2)：326-331.
[235] 王庆海，却晓娥. 治理环境污染的绿色植物修复技术 [J]. 中国生态农业学报. 2013，21 (2)：261-266.
[236] 王燕，齐向辉，贾志斌. 抗性植物在园林中的运用 [J]. 河北农业科技，2004，2 (4)：39-40.
[237] 王月菡. 基于生态功能的城市森林绿地规划控制式指标研究-以南京市为例 [D]. 南京：南京林业大学硕士论文，2004.
[238] 韦朝阳，陈同斌. 重金属超富集植物及植物修复技术研究进展 [J]. 生态学报，2001，21 (7)：1196-1203.
[239] 韦朝阳，陈同斌. 重金属超富集植物及植物修复技术研究进展 [J]. 生态学报，2001，21 (7)：1196-1203.

[240] 韦朝阳，陈同斌. 重金属污染植物修复技术的研究与应用现状 [J]. 地球科学进展. 2002，17 (6)：834-838.
[241] 魏树和，周启星，Pavel V等. 有机污染环境植物修复技术 [J]. 生态学杂志，2006，25 (6)：716-721.
[242] 魏树和，周启星，王新等. 一种新发现的镉超积累植物龙葵 [J]. 科学通报. 2004，49 (24)：2568-2573.
[243] 温达志，陆耀东，旷远文等. 39种木本植物对大气污染的生理生态反应与敏感性 [J]. 热带亚热带植物学报 3002，11 (4)：341-347.
[244] 吴方正. 土壤的PAHs污染及其生物治理技术进展 [J]. 土壤学进展，1995，(1)：32-44.
[245] 吴家燕，夏增禄，巴音等. 土壤重金属污染的酶学诊断-紫色土中镉、铜、砷对水稻根系过氧化的影响 [J]. 环境科学学报，1990，10 (1)：73-76.
[246] 吴云龙，骆永明，黄焕忠. 铜污染土壤修复的有机调控研究. Ⅰ. 可溶有机物和EDTA对污染土壤铜的释放作用 [J]. 土壤，2000，(2)：62-66.
[247] 吴振斌，詹发萃，邓家齐. 综合生物塘处理城镇污水研究 [J]. 环境科学学报，1994，14 (2)：223-228.
[248] 夏北成编著. 环境污染物生物降解 [M]. 北京：化学工业出版社，2002.
[249] 夏会龙，吴良欢，陶勤南. 凤眼莲加速水溶液中马拉硫磷降解 [J]. 中国环境科学，2001，21 (6)：553-555.
[250] 夏家淇，杨桂芬，李德波等. 我国南方某些铜矿区土壤铜的环境化学形态与水稻效应研究 [M]. 环境中污染物及其生物效研究文集，1992. 北京：科学出版社. 125-131.
[251] 夏增禄. 北京地区铬的土壤化学地理 [J]. 地理学报，1989，44 (4)：449-458.
[252] 鲜思淑. 环境监测与环境影响评价关系研究 [J]. 环境科学与管理，2014，39 (8)：34-37.
[253] 邢前国，潘伟斌，张太平. 重金属污染土壤的植物修复技术 [J]. 生态科学，2003，22 (3)：275-279.
[254] 熊礼明. 施肥与植物的重金属吸收 [J]. 农业环境保护，1993，12 (5)：217-222.
[255] 熊治廷. 植物抗污染进化及其遗传生态学代价 [J]. 生态学杂志，1997，16 (1)：53-57.
[256] 徐礼生，吴龙华，高贵珍等. 重金属污染土壤的植物修复及其机理研究进展 [J]. 地球与环境. 2010，38 (3)：372-375.
[257] 许嘉琳，杨居荣编著. 陆地生态系统中的重金属 [M]. 北京：中国环境科学出版社，1995.
[258] 许炼峰，刘付强，韩超群等. 砖红壤添加铜对作物生长和残留的影响 [J]. 农村生态环境. 1993，(3)：44-47.
[259] 阳娟. 几种水生植物对毒死蜱的去除能力 [D]. 华中农业大学. 硕士学位论文. 2008.
[260] 杨昌述. 生物监测及其研究进展 [J]. 环境科学动态，1989，1-3.
[261] 杨琳璐，王中生，周灵燕等. 苔藓和地衣对环境变化的响应和指示作用 [J]. 南京林业大学学报 (自然科学报)，2012，36 (3)：137-143.
[262] 杨培莎，朱艳华. 水质生物监测方法及应用展望 [J]. 北方环境，22 (2)：71-73，91.
[263] 杨新兴，尉鹏，冯丽华. 环境中的光污染及其危害 [J]. 前沿科学. 2013 (1)：11-22.
[264] 杨扬，韩静磊，吴振斌等. 家用洗涤剂磷对斜生栅藻生长的影响 [J]. 水生生物学报. 2003，27 (4)：339-344.
[265] 姚伦芳，滕应，刘方等. 多环芳烃污染土壤的微生物-紫花苜蓿联合修复效应 [J]. 生态环境学报，2014，23 (5)：890-896.
[266] 叶镜中. 城市林业的生态作用与规划原则 [J]. 南京林业大学学报. 2000. 24：13-16.
[267] 叶居新，何池全，陈少风. 石菖蒲的克藻效应 [J]. 植物生态学报，1999，23 (4)：379-384.
[268] 易燃，蔡德所，文宏展等. 附着硅藻指数在河流水质监测中的适用性技术研究 [J]. 环境科学学报，2015，35 (6)：1741-1751.
[269] 殷永超，吉普辉，宋雪英等. 龙葵 (*Solanum nigrum* L.) 野外场地规模Cd污染土壤修复试验 [J]. 生态学杂志，2014，33 (11)：3060-3067.
[270] 尹福祥，杨立辉. 应用PFU法监测印染废水净化效能的研究 [J]. 环境与科学，2001，16 (2)：32-33.
[271] 尤力群. 利用苔藓、地衣对大气污染进行监测 [J]. 生物学教学，1999，24 (12)：34.
[272] 于典司，郭长虹. 转基因植物在环境污染监测中的应用 [J]. 生物技术通报，2010，(3)：17-20，24.
[273] 余叔文，汪嘉熙，朱成珞等. 大气污染伤害植物症状图谱 [M]. 上海：上海科学技术出版社，1981.
[274] 俞子文，孙文浩，郭克勤等. 几种高等水生植物的克藻效应 [J]. 水生生物学报，1992，16 (1)：1-7.
[275] 曾健，徐婉琴，虞登洋等. 水生植物净化三肼污水的研究 [J]. 环境污染与防治，1997，9 (4)：17-20.
[276] 翟书华，樊传章，侯思名等. 海菜花花粉母细胞微核技术监测滇池水质污染状况 [J]. 水资源保护，2011，27 (4)：55-57.

[277] 张从. 夏立江编著. 污染土壤生物修复技术 [M]. 北京：中国环境科学出版社，2000.
[278] 张桂萍，栗建华. 植物在环境保护中的作用 [J]. 晋东南师范专科学校学报，2002，19 (2)：35-36.
[279] 张鸿，陈清武，姚丹等. 用典型植物监测环境中有机氟污染物的可行性 [J]. 深圳大学学报理工版，2013，30 (1)：35-41.
[280] 张金平，刘清竹. 植物对大气污染物的反应及其在环境监测中的应用 [J]. 洛阳师专学报，1998，17 (2)：35-36.
[281] 张太平. 植物对重金属的抗性和抗性代价 [J]. 云南环境科学，1997，16 (2)：19-21.
[282] 张土乔，吴小刚，应向华. 水质生物监测体系建设的若干问题探讨 [J]. 水资源保护，2004，1：25-27.
[283] 赵丰，张勇，黄民生等. 水生植物浮床对城市污染水体的净化效果研究 [J]. 华东师范大学学报（自然科学版），2011. (6)：57-64.
[284] 赵景联. 环境修复原理与技术 [M]. 北京：化学工业出版社，2006.
[285] 郑相宇，张太平，刘志强. 水体污染物“三致”效应的生物监测研究进展 [J]. 生态学杂志，2004，23 (4)：140-145.
[286] 种云霄，胡洪营，钱易. 大型水生植物在水污染治理中的应用研究进展 [J]. 环境污染治理技术与设备. 2003，4 (2)：36-40.
[287] 周晓峰主编. 中国森林与生态环境 [M]. 北京：中国林业出版社，1999.
[288] 周晓红，王国祥，冯冰冰等. 3 种景观植物对城市河道污染水体的净化效果环境科学研究 [J]. 2009，22 (1)：108-113.
[289] 朱斌，陈飞星，陈增奇. 利用水生植物净化富营养化水体的研究进展 [J]. 上海环境科学，2002，21 (9)：564-568.
[290] 朱云集，王晨阳，马元喜等. 砷胁迫对小麦根系生长及活性氧代谢的影响 [J]. 生态学报. 2000，20 (4)：707-710.
[291] 左玉辉. 环境学 [M]. 北京：高等教育出版社，2002，197.